获中国石油和化学工业优秀教材奖一等奖

无机及分析化学

第四版

韩忠霄　孙乃有　主　编

郭立达　徐鹏程　副主编

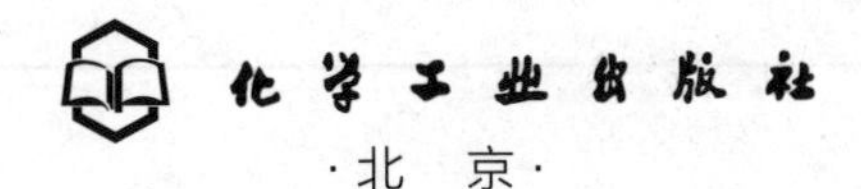

·北　京·

本书第一版自2005年出版以来，得到全国众多高等职业院校的普遍欢迎，曾多次重印，2010年出版了第二版，2014年出版了第三版。此次修订在保持第三版的基本结构和编写特色的基础上，对部分内容进行了补充和更新，同时书中以二维码的形式加入了微课、视频、动画、国家标准（PDF格式）等相关资源，便于师生教学。本书有配套的电子教案和同步练习参考答案，可登陆 www. cipedu. com. cn 免费下载。

本书为“十四五”职业教育国家规划教材，在讲述专业知识的同时，有机融入了“推动绿色发展，促进人与自然和谐共生”“弘扬科学家精神”等党的二十大报告内容，有利于培养学生的家国情怀，提高学生的道德素养。

全书共分九章，内容包括物质结构、化学反应速率和化学平衡、重要元素及其化合物、定量分析基础、酸碱平衡与酸碱滴定法、配位化合物与配位滴定法、氧化还原反应与氧化还原滴定法、沉淀溶解平衡与沉淀滴定法、常用分离方法简介。每章末均有同步练习，便于学生更好地理解和应用课程内容。为拓宽学生视野，每章末还编排了相关的阅读材料。

本书可作为高职高专制药技术类、生物技术类、化工类、环境类、医学类、农林类、食品类、材料类、国防公安类等相关专业的教材，也可作为以上各相关专业成人教育、职业培训教材，还可供有关专业人员参考。

图书在版编目（CIP）数据

无机及分析化学/韩忠霄，孙乃有主编．—4版．—北京：化学工业出版社，2020.7 （2025.7重印）

“十二五”职业教育国家规划教材

ISBN 978-7-122-36502-6

Ⅰ.①无… Ⅱ.①韩…②孙… Ⅲ.①无机化学-高等职业教育-教材②分析化学-高等职业教育-教材 Ⅳ.①O61②O65

中国版本图书馆CIP数据核字（2020）第046876号

责任编辑：蔡洪伟 陈有华

责任校对：边　涛　　装帧设计：关　飞

出版发行：化学工业出版社（北京市东城区青年湖南街13号 邮政编码100011）

印　　装：河北延风印务有限公司

787mm×1092mm 1/16 印张17¼ 彩插1 字数422千字 2025年7月北京第4版第10次印刷

购书咨询：010-64518888　　售后服务：010-64518899

网　　址：http://www. cip. com. cn

凡购买本书，如有缺损质量问题，本社销售中心负责调换。

定　　价：**46.00元**

前 言

本教材自2005年第一版出版以来，又经多次修订再版，一直得到化学工业出版社和广大用户的好评，受到全国众多高职院校的普遍欢迎，被许多相关专业广泛选作无机及分析化学课程和分析化学课程教学的教材。为贯彻《全国大中小学教材建设规划》基本精神，落实《国家职业教育改革实施方案》《职业院校教材管理办法》，着力培养学生精益求精的专业精神、职业精神、工匠精神，本教材以“育人为宗旨，就业为导向”，突出重点、培养能力、强化实用为原则，结合对相关行业企业分析领域的调研情况、融合编者及使用本教材的部分高职院校课程改革教学实践的体会及意见，进行了修订。

本书为“十四五”职业教育国家规划教材，每章设置了素质目标，同时在不同章节还选取了一些典型的思政事例及启示。在传授知识和技能的同时，将党的二十大报告体现的新思想、新理念，有机地融入到教学过程中。提高学生的思想境界和道德素养，落实立德树人根本任务，践行“人才强国，坚持为党育人、为国育才”，增强文化自信。

为提高学生的职业素质、工作适应性和岗位胜任力，遵循职业教育规律、技术技能人才成长规律以及学生认知特点，适应人才培养模式创新需求，本次修订在保留第三版教材特色及知识框架的基础上，主要做了以下更新与资源增配：

1. 突出理论和实践相统一，强调实践性。注重以企业真实工作任务、典型分析检验项目等实际案例为载体组织教学单元。针对“滴定分析方法”的学习，对应采集了企业真实的常规分析检验项目，录制成视频用于教学，以衔接岗位工作，培养学生的实践能力。

2. 新增了二维码关联数字化资源。将多媒体技术应用于教学活动中，教材中以二维码的形式关联了若干动画、视频、微课、国家标准（PDF格式）等多种形态的数字化资源。以方便学生随处学习之用，利于学生对相关知识的深入理解，以及对规范操作和操作技能的熟练掌握，提高学生的学习兴趣、学习效率和学习质量。

3. 更新选引了若干最新版的国家标准和行业标准。使教材中涉及的化学名词、术语、名称、分析方法及测定步骤等，符合国家最新的技术质量标准和规范，培养学生的国标意识和规范理念。

4. 为响应“1＋X证书”制度的落实，促进学历证书和职业技能等级证书互通衔接，本次修订增写了与本课程联系密切的“工业分析检验”相关知识练习题，以期能对学生取得相关职业技能等级证书有所帮助。

5. 以电子文本形式给出了各章同步练习的参考答案，以帮助学生加强对本课程应知应会内容的学习和巩固；对原配套的教学课件进行了修改。这些资源可通过出版社教学服务网站（www.cipedu.com.cn）免费获取。

在前三版各位编者编写、修订的基础上，参加本次修订工作的有河北工业职业技术学院韩忠霄、郭立达、宋瑛，河北化工医药职业技术学院徐鹏程，中国化学品安全协会邢宏达，日照钢铁控股集团有限公司何向辉。具体分工为：各章内容的修订由韩忠霄、郭立达、宋瑛完成，动画由韩忠霄、郭立达、徐鹏程完成，视频由宋瑛、邢宏达、何向辉完成，微课由韩忠霄、郭立达、宋瑛完成，国标由徐鹏程、邢宏达、何向辉更新整理，同步练习及参考答案由郭立达、徐鹏程整理，工业分析检验相关知识练习题由韩忠霄、何向辉、邢宏达编写。

本书由韩忠霄、孙乃有任主编，郭立达、徐鹏程任副主编。全书由韩忠霄主持修订及统稿。

本次修订承蒙化学工业出版社、兄弟院校同仁及相关企业专家的悉心指导与通力协助，在此谨致衷心感谢！河北工业职业技术学院的付翠彦、王惠娟两位老师对本次修订给予了大力支持和帮助，深表谢意！教材修订过程中汲取了其他优秀书籍的精华，在此对各位编者谨致谢意！

鉴于编者学识和能力所限，不妥之处在所难免，恳切希望各位专家、使用本书的师生和广大读者提出批评和建议。在此向关心和使用本书的各位朋友致以诚挚的谢意。

编者

前言

编者

第一版前言

随着教育改革的不断深化，高职高专教育教学内容和课程体系的改革已势在必行，无机及分析化学课程就是高职高专院校化学课程改革的产物，它是高职高专院校制药技术类、生物类、化工类、环境类、医学类、农林类、食品类、材料类、国防公安类等相关专业必修的一门化学基础课程。本教材是高职高专教育国家规划教材之一，是根据高职高专教育专业人才的培养目标和规格以及高职高专学生应具有的知识与能力结构和素质要求编写的。编写时，竭力贯彻以“素质为基础、能力为本位”的教育教学指导思想，打破学科型的教材体系，紧扣学以致用原则，构建适用于高职高专教育相关专业的《无机及分析化学》教材新体系。与高职高专院校传统的《无机化学》、《分析化学》相比，本教材具有以下特点：

1. 本着理论“必需、够用”为度，结合各相关专业特点和后续课需要，将原属于两门课程的基本内容进行精选，突出重点，加强基础。精简复杂公式和烦琐计算的推导，删除了过深的理论分析和阐述，力求做到言简意赅、通俗易懂。

2. 本书将与有机化学、物理化学、仪器分析等课程相重叠的内容进行了删减，以原无机化学及定量化学分析内容作为主干，使本教材既满足本门课程的需要，又为与相关平行课程和后续课程的衔接建立了一个很好的起点，同时也为将来从事有关化学及其检测工作奠定了扎实的基础。

3. 充分考虑高职高专特点，立足于构建无机及分析化学新的体系，对无机化学、分析化学两门课程的教学内容精心遴选后进行有机整合，将定量化学分析中的四大滴定分析融入四大化学平衡，实现了两门课程真正意义上的有机结合，充分体现基础理论与应用技术的一体化。

4. 对原无机化学的有关内容进行了大胆的删减，元素化学部分只介绍了最具代表性的元素及其化合物，并简单介绍了生命元素化学的基本概念；对各种基本化学分析方法强化实际应用，使教学内容更切合高职高专院校实际，既体现化学课程的特色，又以培养学生分析问题和解决实际问题的能力为重。

5. 在知识点的选取上，注意补充新知识，所述观点、所言技术、所选实例力求具有时代特色并反映科技进步现状，突出先进性；同时为拓展学生的知识视野，在部分章后给出了相关的阅读材料。在涉及国家或行业的规格或标准时采用了最新的国家标准或行业标准，并贯彻我国法定计量单位，力求体现准确性和规范性。

6. 为更好地突出高职高专教育教学的应用性和实践性，培养学生的技术应用能力和综合实践素质，把从属于理论课程的实验部分独立出来单独设课，使无机及分析化学实验教材另成一册，与本教材配套使用。

为适应不同院校不同专业的需要，本书设有选学章节，以“*”号标示，根据专业不同，教学内容可进行适当调整。

本书第六章、第七章由韩忠霄（河北工业职业技术学院）编写；绪论、第五章、第九章由孙乃有（承德石油高等专科学校）编写；第一章、第二章、第三章由池利民（河北化工医药职业技术学院）编写；第四章、第八章由朱伟军（徐州工业职业技术学院）编写。全书由韩忠霄统稿。

本书由河北化工医药职业技术学院的雷和稳教授主审，其间雷教授提出了宝贵的修改意见，在此谨致衷心感谢。河北科技大学的李景印教授对有关章节的编写给予了精心指导，在此谨致衷心感谢。

本书的编写得到了化学工业出版社和河北化工医药职业技术学院领导和同行们的热情关心和帮助，在此谨向他们表示感谢。

鉴于编者水平和能力所限，疏漏在所难免，恳请有关专家、老师和广大读者指正。

编者

2005 年 2 月

第二版前言

本书为普通高等教育“十一五”国家级规划教材。为进一步把“育人为宗旨，就业为导向”的高职教育理念渗透于教材中，更好地落实我国高等职业教育发展“1221”模式下对专业基础课程的要求，同时力求修订后的教材更能体现国家建设对高职教育发展的要求，更符合高职教育目前的改革与发展需要，更切合相关专业人才培养目标和规格，更利于培养学生将来从事企业生产分析检验等专业领域相关岗位工作的职业能力，本教材结合高职教育课程改革及教学基本要求，以上述指导思想为原则，融入编者在教学改革实践中的体会，并征求了使用本教材的部分高职院校的意见后进行了修订。

本次修订除保持了第一版的主要特点外，更能体现高职教育的特色，并注重教学的启发性和对学生思维能力、学习能力、职业能力的培养。本次修订主要基于以下几方面的思考：

1. 作为专业基础课程，基础理论贯彻“实用为主，必需和够用为度”的教学原则，以应用型理论作为出发点和落脚点，而非学科原理性理论，突出以“应用”为主旨的高职教育特征。此外，还介绍了一些对学生向专业高层次发展所需要的知识内容，并采用广而不深、点到为止的修订思路，为学生的可持续发展奠定基础。

2. 突出“双证书”高职教育特色，适当引入了“化学检验工”国家职业标准的技能要求和相关知识内容，使职业技能鉴定的部分考核点成为本教材教学的知识点和技能点，冀望对学生在获取国家职业资格证书以及今后从事本职工作方面有所帮助。

3. 为使本教材更贴近企业实际，更具实用性，本次修订除将各标准滴定溶液的制备按国家标准所示的方法修订外，还注重将企业的真实工作任务纳入教材内容之中，把企业依据国家标准或行业标准所做的一些分析检验项目作为相关分析方法的应用实例，并将其实际分析检验项目数据编写成例题或习题收入本书。将基础理论融入企业生产实际，使教材内容与职业工作更好地衔接。同时通过举例阐明概念，“以例释理”。

4. 在介绍成熟稳定的、在实践中广泛应用的技术为主要内容的同时，更注重无机化学和分析化学的融合，并充实了一些在现今企业生产中的新方法、新技术或新方向，使教材具有一定的前瞻性。

5. 本教材作为一门专业基础课程，将以企业真实工作任务为导向的教学内容在理论与实践“教学做”一体、两者深度融合方面进行积极探索与尝试，相信会使学生在理解知识与驾驭技能方面相得益彰，同时也是以本课程为载体，对学生的实践能力、思维能力、知识迁移能力、信息收集与加工能力等进行培养。

为适应不同院校不同专业的需要，本书设有选学章节，以“*”号标示，根据专业不同，教学内容可进行适当调整。

韩忠霄负责本次修订的组织工作。在第一版各编者原稿的基础上，本次修订工作的分工为：韩忠霄（河北工业职业技术学院）修订第五、六章；孙乃有（承德石油高等专科学校）修订绪论、第九章；郭东萍（河北工业职业技术学院）修订第七、八章；孙乃有、郭东萍共同修订第四章；池利民（河北化工医药职业技术学院）修订第一、二、三章。全书由韩忠霄定稿；郭东萍任副主编，并参加了修订内容的整理工作。

本次修订中，雷和稳教授（河北化工医药职业技术学院）对修订内容提出了许多审阅意见，河北科技大学的李景印教授对本次修订提出了宝贵意见，在此对两位教授致以衷心的感谢。

由于编者水平和能力所限，不当之处在所难免，恳切希望各位专家、使用本书的教师和广大读者提出批评和建议。在此向关心和使用本书的同仁们致以诚挚的谢意。

编者

2009 年 11 月

第三版前言

为贯彻《国家中长期教育改革和发展规划纲要（2010—2020年)》基本精神，落实《教育部关于“十二五”职业教育教材建设的若干意见（教职成［2012］9号)》，着力培养学生的职业道德、职业技能和就业创业能力，本教材以“育人为宗旨，就业为导向”、突出重点、培养能力、强化实用为编写原则，以课程教学内容与职业标准、教学过程与工作过程、学历证书与职业资格证书有效对接的高职教育要求为修订宗旨，结合对相关行业企业分析领域的调研情况、融合编者及使用本教材的部分高职院校课程改革教学实践的体会及意见，进行了本次修订。

为提高学生的职业素质、工作适应性和岗位胜任力，遵循职业教育规律和技能型人才成长规律，利于学生知能结构的培养与建立，在保留第二版教材特色及知识框架的基础上，本次修订主要体现了以下特点。

1. 教学内容的表现形式做了特色改进。每章开始设有知识目标和能力目标，使学生学习更为有的放矢；章中设有“想一想”“查一查”“知识链接”等形式多样的小栏目，启发学生思维，培养学习能力；章后编有相关阅读材料，以拓宽学生视野。

2. 将第二版“思考题”“习题”改编为题型多样且题量丰富的“同步练习”，便于学生对课程内容更好的理解和应用。

3. 突出学历证书与职业资格证书有效对接。引入了“化学检验工”国家职业标准的主体内容，使其应知应会考核点成为教材的课程教学内容，同时把职业道德、职业思想等职业资格标准作为课程教育的内涵要求引入教学，培养学生的职业素养、职业能力和实践能力，真正做到“双证融通”。

4. 突出教材课程内容与职业标准及岗位要求有效对接。密切联系企业分析检验岗位工作，收录了相关企业众多典型分析项目的现行国家标准、行业标准，规范给出教材的教学知识点和技能点，培养学生的国标意识和规范理念，体现了依据现行国家标准、行业标准重构课程结构及教学内容而进行的课程建设，使课程教材更具规范性及可读性。

5. 突出工学结合，教学过程与工作过程有效对接。采集了企业多个真实工作任务、分析检验项目及其原始分析数据编成例题或同步练习，做到衔接岗位工作“学为所用”，使教材更具适用性和实用性。

6. 充实了教材数字化资源。增加实训规范操作视频，配有特色鲜明的成套教学课件、电子教案，连同“同步练习答案”组成“教学学习包（电子版）”。本教材有配套的《无机及分析化学实验》，以满足师生的多元化和职业性需求。

书中标“*”号的为选学内容。

为了更好地反映职业岗位能力标准，对接企业用人需求，本次修订吸纳了企业经验丰富的质检部门相关人员参与，具体分工为：孙乃有（承德石油高等专科学校）修订绪论、第四、第九章；郭立达（河北工业职业技术学院）修订第一、第二章；刘晓东（承德石油高等专科学校）修订第三章；韩忠霄（河北工业职业技术学院）和张涛（华北制药股份有限公司，高级工程师）修订第五、第六章；郭东萍（河北工业职业技术学院）和桂建业（中国地质科学院水文地质环境地质研究所，高级工程师）修订第七、第八章。

本书由韩忠霄、孙乃有主编，郭东萍任副主编，郭东萍和郭立达参加了修订内容的整理工作，全书由韩忠霄统稿。

本次修订承蒙化学工业出版社、兄弟院校同仁及相关企业专家的悉心指导与通力协助，在此谨致衷心感谢。教材修订过程中汲取了其他优秀书籍的精华，在此对各位编者谨致谢意。

鉴于编者学识和能力所限，不妥之处在所难免，恳切希望各位专家、使用本书的师生和广大读者提出批评和建议。在此向关心和使用本书的各位朋友致以诚挚的谢意。

编者

2014年4月

目 录

绪论 …… 1

一、无机及分析化学的任务和作用 …… 1

二、分析方法的分类 …… 1

三、无机及分析化学课程的基本内容 …… 3

四、无机及分析化学课程的学习方法 …… 4

第一章　物质结构 …… 6

第一节　原子核外电子的运动状态 …… 6

一、电子云 …… 6

二、核外电子的运动状态 …… 7

第二节　原子核外电子的排布 …… 8

一、电子排布和近似能级图 …… 8

二、核外电子的排布规则 …… 9

三、原子的电子结构与元素周期律 …… 10

第三节　元素性质的周期性变化 …… 13

一、原子半径 …… 13

二、电负性 …… 14

三、元素的金属性与非金属性 …… 15

四、氧化数 …… 15

第四节　化学键 …… 16

一、离子键 …… 16

二、共价键 …… 17

*三、杂化轨道理论 …… 21

第五节　分子的极性 …… 23

一、键的极性与分子的极性 …… 23

*二、分子的极性与偶极矩 …… 24

*第六节　分子间的作用力 …… 24

一、分子的极化 …… 24

二、分子间力 …… 25

三、氢键 …… 26

阅读材料 1　四个量子数 …… 28

阅读材料 2　晶体知识 …… 28

阅读材料 3　纳米技术与纳米材料 …… 29

同步练习 …… 29

第二章　化学反应速率和化学平衡 …… 32

第一节　化学反应速率 …… 32

一、化学反应速率的概念及表示方法 …… 32

二、影响化学反应速率的因素 …… 33

第二节　化学平衡 …… 35

一、可逆反应和化学平衡 …… 35

二、化学平衡常数 …… 36

三、有关化学平衡的计算 …… 38

四、化学平衡的移动 …… 40

五、反应速率与化学平衡的综合应用 …… 41

阅读材料　化学反应速率理论简介 …… 42

同步练习 …… 42

第三章　重要元素及其化合物 …… 46

第一节　概述 …… 46

一、元素在自然界中的分布 …… 46

二、元素的分类 …… 47

三、元素在自然界中的存在形态 …… 47

第二节　非金属元素及其化合物 …… 47

一、卤素及其化合物 …… 48

二、氧、硫及其化合物 …… 50

三、氮、磷及其化合物 …… 53

四、碳、硅、硼及其化合物 …… 55

第三节　金属元素及其化合物 …… 57

一、过渡元素的通性 …… 57

二、铜、银、锌和汞 …… 58

三、铬、锰和铁 …… 60

*第四节　生命元素简介 …… 62

一、宏量元素 …… 62

二、微量元素 …… 62

三、有害元素 …… 63

阅读材料 1　化学元素家族的新成员——113 号、115 号、117 号、118 号元素 …… 63

阅读材料 2　过渡元素的生物作用 …… 65

同步练习 …… 66

第四章　定量分析基础 …… 68

第一节　定量分析的一般程序 …… 68

一、试样的采集与制备 …… 68

二、试样的分解 …… 69

三、试样的预处理 …… 70

四、测定 …… 70

五、数据处理 …… 71

六、分析检验记录与检验报告 …… 71

第二节　提高分析结果准确度的方法 ……… 72
一、分析检验中的误差 ………………… 72
二、分析检验的准确度与精密度 ………… 73
三、提高分析结果准确度的方法 ………… 76
第三节　分析数据的处理 ………………… 77
一、有效数字及其运算规则 ……………… 77
*二、置信度与平均值的置信区间 ………… 79
三、可疑数据的取舍 ……………………… 81
第四节　滴定分析概述 …………………… 82
一、滴定分析的基本概念 ………………… 83
二、滴定分析方法 ………………………… 84
三、滴定分析对化学反应的要求 ………… 84
四、滴定方式 ……………………………… 85
第五节　标准滴定溶液的制备 …………… 86
一、溶液浓度的表示方法 ………………… 86
二、标准滴定溶液的制备方法 …………… 87
第六节　滴定分析的计算 ………………… 90
一、基本单元的概念 ……………………… 90
二、计算示例 ……………………………… 91
阅读材料　在线分析 ……………………… 94
同步练习 …………………………………… 95
第五章　酸碱平衡与酸碱滴定法……… 100
第一节　酸碱质子理论……………………… 100
一、质子酸碱的概念……………………… 101
二、酸碱反应……………………………… 101
三、水溶液中的酸碱反应及其平衡………………………… 102
*第二节　影响酸碱平衡的因素 …………… 104
一、稀释作用……………………………… 104
二、同离子效应与盐效应………………… 105
三、酸度及其对弱酸弱碱型体分布的影响………………… 106
第三节　酸碱水溶液 pH 的计算 ………… 108
一、质子条件式…………………………… 108
二、一元弱酸、弱碱水溶液 pH 的计算……………………… 110
三、多元弱酸、弱碱水溶液 pH 的计算…… 110
四、两性物质水溶液 pH 的计算 ………… 111
五、缓冲溶液及其 pH 的计算 …………… 112
第四节　酸碱指示剂……………………… 116
一、酸碱指示剂的变色原理……………… 116
二、酸碱指示剂的变色范围……………… 117
三、混合指示剂…………………………… 118
第五节　酸碱滴定曲线和指示剂的选择…… 119
一、强酸强碱的滴定……………………… 119
二、一元弱酸弱碱的滴定………………… 121
三、多元酸碱的滴定……………………… 124
第六节　酸碱滴定法的应用……………… 126
一、酸碱标准滴定溶液的制备…………… 126
二、应用实例……………………………… 128
三、计算示例……………………………… 132
第七节　非水溶液中的酸碱滴定………… 134
一、溶剂的种类与性质…………………… 134
二、非水滴定条件的选择………………… 135
三、非水滴定的标准滴定溶液和终点的检测………………………… 136
四、非水滴定法的应用实例……………… 137
阅读材料　绿色化学……………………… 138
同步练习…………………………………… 138
第六章　配位化合物与配位滴定法 …… 143
第一节　概述……………………………… 144
一、配位化合物及配位平衡……………… 144
二、配位滴定对反应的要求……………… 148
三、氨羧配位剂…………………………… 148
第二节　EDTA 及其配合物……………… 149
一、EDTA 的性质及其解离平衡………… 149
二、EDTA 与金属离子的配位特点……… 150
第三节　EDTA 配合物的解离平衡……… 151
一、EDTA 与金属离子的主反应及配合物的稳定常数……………………… 151
二、影响配位平衡的主要因素…………… 152
三、条件稳定常数………………………… 153
四、滴定所允许的最低 pH 和酸效应曲线………………………… 155
第四节　配位滴定法的基本原理………… 157
一、配位滴定曲线………………………… 157
二、金属指示剂…………………………… 158
第五节　提高配位滴定选择性的方法…… 160
一、利用控制溶液酸度的方法…………… 161
二、利用掩蔽和解蔽的方法……………… 162
三、选用其他配位剂滴定………………… 164
第六节　配位滴定法的应用……………… 164
一、EDTA 标准滴定溶液的制备 ………… 164
二、应用实例……………………………… 166
阅读材料　配合物在生化、医药中的应用…… 168
同步练习…………………………………… 168
第七章　氧化还原反应与氧化还原滴定法 ……………………… 174

第一节　氧化还原反应 …… 174
一、基本概念 …… 174
二、氧化还原反应方程式的配平 …… 177
*第二节　电极电势 …… 179
一、能斯特方程式 …… 179
二、标准电极电势 …… 180
三、条件电极电势 …… 180
四、电极电势的应用 …… 183
第三节　氧化还原滴定法的基本原理 …… 184
一、氧化还原滴定曲线 …… 185
二、氧化还原滴定中的指示剂 …… 186
第四节　常用的氧化还原滴定法 …… 188
一、高锰酸钾法 …… 188
二、重铬酸钾法 …… 191
三、碘量法 …… 193
四、亚硝酸钠法 …… 198
五、其他氧化还原滴定法简介 …… 201
第五节　氧化还原滴定计算示例 …… 202
阅读材料 1　能斯特 …… 204
阅读材料 2　双氧水在日常生活和生产中的作用 …… 205
同步练习 …… 205
第八章　沉淀溶解平衡与沉淀滴定法 …… 210
第一节　难溶电解质的溶解平衡 …… 210
一、溶度积 …… 210
二、分步沉淀 …… 212
三、沉淀的溶解方法 …… 213
四、沉淀的转化 …… 214
第二节　沉淀滴定法 …… 214
一、莫尔法 …… 215
*二、佛尔哈德法 …… 216
*三、法扬司法 …… 217
第三节　沉淀滴定法的应用 …… 219
一、银量法标准滴定溶液的制备 …… 219
二、应用实例 …… 219
第四节　称量分析法 …… 221
一、沉淀法 …… 221
*二、挥发法 …… 225
*三、萃取法 …… 225
同步练习 …… 225
第九章　常用分离方法简介 …… 230
第一节　组分分离的意义及回收效果 …… 230
一、分离与富集 …… 230
二、分离与富集的效果评价 …… 230
第二节　沉淀与共沉淀分离法 …… 231
一、常量组分的沉淀分离 …… 231
二、共沉淀及微（痕）量组分的分离富集 …… 232
第三节　溶剂萃取分离法 …… 233
一、溶剂萃取的基本原理 …… 233
二、重要的萃取体系 …… 235
三、溶剂萃取分离技术及操作 …… 236
第四节　离子交换分离法 …… 237
一、离子交换树脂的种类及性质 …… 237
二、离子交换树脂的性能参数 …… 238
三、离子交换树脂对离子的亲和力 …… 238
四、离子交换分离技术及操作 …… 239
第五节　色谱分离法 …… 239
一、纸色谱法 …… 240
二、薄层色谱法 …… 241
三、色谱分离操作与定性定量方法 …… 241
阅读材料　超临界流体萃取 …… 242
同步练习 …… 242
工业分析检验相关知识练习题 …… 245
附录 …… 252
附录 1　弱酸弱碱在水中的解离常数（25℃，$I=0$） …… 252
附录 2　金属配合物的稳定常数 $\lg K$（18～25℃，$I=0.1$） …… 254
附录 3　标准电极电势（25℃） …… 255
附录 4　条件电极电势 …… 258
附录 5　一些常见难溶化合物的溶度积（18～25℃） …… 260
附录 6　一些化合物的分子量 …… 261
附录 7　不同温度下标准滴定溶液的体积补正值 …… 263
参考文献 …… 264

二维码资源目录

序号	资源名称	资源类型	页码
1	鲍林近似能级图	动画	9
2	σ键和π键的形成	动画	19
3	可逆反应及化学平衡	动画	35
4	浓度对化学平衡的影响	动画	40
5	过氧化氢的氧化还原性	视频	51
6	硝酸的氧化性	视频	54
7	CrO_4^{2-} 与 $Cr_2O_7^{2-}$ 之间的平衡	动画	60
8	高锰酸钾的氧化性	动画	61
9	国标:GB/T 14666—2003 分析化学术语(第 8 部分)	PDF	72
10	随机误差的正态分布	动画	73
11	国标:GB/T 14666—2003 分析化学术语(第 2 部分)	PDF	82
12	国标:GB/T 601—2016 化学试剂　标准滴定溶液的制备	PDF	87
13	标准滴定溶液的制备方法—直接法	微课	87
14	天平称量方法—直接法	视频	88
15	标准滴定溶液的制备方法—间接法	微课	89
16	天平称量方法—减量法	视频	89
17	水的质子自递反应	动画	102
18	国标：GB/T 603—2002 化学试剂　试验方法中所用制剂及制品的制备	PDF	114
19	工业烧碱中氢氧化钠和碳酸钠含量的测定	视频	128
20	国标:GB/T 4348.1—2013 工业用氢氧化钠　氢氧化钠和碳酸钠含量的测定	PDF	132
21	EDTA 各型体在不同 pH 时的分布曲线	动画	150
22	国标:GB/T 6682—2008 分析实验室用水规格和试验方法	PDF	165
23	水质　钙和镁总量的测定	视频	166
24	国标:GB/T 14666—2003 分析化学术语(第 3 部分)	PDF	179
25	过氧化氢含量的测定	视频	190
26	碘量法概述	微课	193
27	水中氯离子含量的测定	视频	220
28	国标:GB/T 223.23—2008 钢铁及合金　镍含量的测定　丁二酮肟分光光度法	PDF	232

绪　论

世界是由物质构成的，化学则是人类用以认识和改造物质世界的主要方法和手段之一，它既是一门历史悠久而又富有活力的学科，也是一门以实践为基础的学科。

一、无机及分析化学的任务和作用

无机化学是化学科学中发展最早的一个分支学科，它的研究对象是元素和非碳氢结构的化合物。无机化学的主要任务是研究无机物质的组成、结构、性质及其变化规律。无机化学的研究范围较为广泛，它所涉及的一些理论和普遍规律是其他化学分支学科研究的基础。

分析化学是化学科学的一个重要分支学科，它的研究对象不仅包括无机物，也包括有机物。分析化学的主要任务是鉴定物质的化学组成、测定有关组分的含量以及表征物质的化学结构，这些任务分别隶属于定性分析、定量分析和结构分析的范畴。

在研究和应用不同物质的性质及其变化规律时，化学科学逐渐发展成为若干个分支学科，但在探索和处理某一具体物质对象时，一些分支学科又相互联系、相互渗透。无机物、有机物的制备、性质及其利用总是无机化学和有机化学研究的出发点和落足点，但在反应和应用过程中的条件控制还必须用分析化学的测试结果来加以检验，这一切当然也离不开物理化学的理论指导。因此，无机及分析化学是一切化学科学的理论与应用基础，对其他化学分支学科和化学化工知识与技能的学习具有重要意义。无机及分析化学所涉及的面十分广泛，常常作为一种手段而广泛应用于化学学科本身的发展以及与化学有关的各学科领域中。在国民经济建设中，无机及分析化学具有更重要的实用意义，无论是工农业生产的原料选择、生产过程的控制与管理、成品的质量检验，还是新技术的探索应用、新产品的开发研究等，都要以分析结果作为重要参考依据。医药卫生、环境保护、国防公安等方面也都离不开分析检验。因此无机及分析化学是人们认识物质及其变化规律的“导航员”，是科学研究的“参谋”，是指导工农业生产及各领域相关工作的“眼睛”。

二、分析方法的分类

根据分析对象、分析任务、测定原理、试样用量及待测组分含量和具体要求的不同，无机及分析化学的分析方法可分为如下几种类型。

(1) 无机分析和有机分析　无机分析的对象是无机化合物，通常要求鉴定物质的组成和测定各组分的含量；有机分析的对象是有机化合物，虽然构成有机化合物的元素种类不多，但所涉及的结构相当复杂，故分析方法不仅有元素分析，还有官能团分析和结构分析。

(2) 定性分析、定量分析和结构分析　定性分析的任务是鉴定物质由哪些组分组成；定量分析的任务是测定物质中有关组分的含量；结构分析的任务是研究物质的分子结构或晶体结构。

(3) 化学分析和仪器分析 以物质的化学反应为基础的分析方法称为化学分析法。化学分析法是无机及分析化学的重要内容，主要包括滴定分析法（也称容量分析法）和称量分析法等。根据化学反应的类型不同，滴定分析法又可分为酸碱滴定法、配位滴定法、氧化还原滴定法和沉淀滴定法。以物质的物理或物理化学性质为基础的分析方法称为物理或物理化学分析法。这类分析方法通常需用特殊的仪器设备，所以又称为仪器分析法，包括光学分析、电化学分析、色谱分析、放射化学分析、质谱分析，以及核磁共振波谱分析、电子探针和离子探针微区分析等。

(4) 常量分析、半微量分析、微量分析和超微量分析 根据分析时所需试样量的多少及操作规模的不同，可分为常量分析（试样质量大于0.1g，试样体积大于10mL）、半微量分析（试样质量为0.01～0.1g，试样体积为1～10mL）、微量分析（试样质量小于0.01g，试样体积小于1mL）和超微量分析（试样质量小于0.1mg，试样体积小于0.01mL）等。在无机定性分析中，一般采用半微量分析法；在滴定分析中，一般采用常量分析法。

(5) 常量组分分析、微量组分分析和痕量组分分析 根据待测组分相对含量的高低不同，可分为常量组分分析（质量分数大于1%）、微量组分分析（质量分数为0.01%～1%）和痕量组分分析（质量分数小于0.01%）。

(6) 快速分析、例行分析和仲裁分析 快速分析适用于需要迅速得出分析结果的情况，分析误差往往比较大，准确度只需满足车间生产要求即可。例行分析也称常规分析，是工厂化验室对日常生产过程中的质检分析，通常使用标准实验方法。仲裁分析是不同单位对同一试样的分析结果发生争议时，请权威机构用公认的标准实验方法进行的裁决性分析。

随着现代分析技术与手段的不断进步，快速分析法也在向提高准确度的方向发展，例行分析法也在向快速得出结果的方向发展，两者之间的差别已逐渐变小且越来越不明显。有些实验方法既能保证准确度，操作又非常迅速；有些实验方法既可用于例行分析，又可用于快速分析，甚至还可作为仲裁分析的公认标准实验方法。

科学家介绍

丁绪贤（1885—1978），分析化学家、化学教育家和化学史家。中国半微量分析化学研究和世界化学通史研究的开拓者之一，最先在大学讲授这两门课程，在长期教学实践中培育了大批化学人才。

编写中国第一部世界化学通史。《化学史通考》将化学史断代为：①上古时代（远古至公元500年）；②中古时代，下分点金（公元300—1500年）、制药（公元1500—1700年）及燃素（公元1700—1770年）三个阶段；③近世时代，下分第一（公元1770—1800）、第二（1800—1860年）及第三（公元1860—1900年）三个阶段；④最近时代（公元1900—1920年）。这种分期断代是正确的，符合化学自身发展实际。丁绪贤于1925年谈研究化学史的意义时写道："可见化学史的范围、性质和目的，是将全部化学合拢起来，算一个通盘筹算的账目，也是将上下五千年、纵横九万里的化学思想和观察的成功和失败、影响和趋势导出一种条理，订出一种沿革，证出一种因果，使大家可以比较，可以批评，可以推测，可以激发而兴起。观往知来，志在千秋，正是一般史诏我之事，难道化学史独能例外？所以化学史者是极活动的、极有趣的，而且是极有重要关系的。”这些话确实言之有理。丁绪贤认为学习化学史有下列益处：①打破狭窄专业局限，能统观化学全局、扩充视野；②养成观察问题的发展观点及正确历史观；③从根本上给人以训练，提供化学知识基础；④从前人成败中取得借鉴、观往知来。他对化学史重要性的认识颇有见地。因此在他的影响下，国内一些高等院校也一度开设化学史课。《化学通史考》从而成为化学界教研及自学的参考文献。培育了不少爱好化学史的学者，也受到国际上的关注。这是丁绪贤对科学事业做出的第一个独到贡献。

革新中国半微量定性分析。作为化学家，丁绪贤在分析化学领域内很重视基础理论研究及先进分析方法、分析仪器和分析试剂的采用。在这方面他同样做出应有的贡献。过去中国科研、教学及生产部门多沿用传统常量分析，耗去不少时间、人力及财力，而国外则已发展半微量分析新技术。为使中国分析化学迎头赶上国际先进水平，丁绪贤最早在国内倡导并推广使用半微量定性分析法。然而那时国内尚无现成的文献与仪器，于是他将恩格尔德（E. C. Engelder）等著的《半微量定性分析》一书译成中文，1947 年出版。又将霍布金等著《试验金属及酸根用有机试剂》一书译成中文，于 1949 年出版。为将半微量分析化学技术引入中国，丁绪贤于 1948 年令其留美的次子丁光生自费购回一套半微量定性分析仪器及有机试剂共 1500 件，全部赠送浙江大学化学系。他亲手用这套仪器、试剂做半微量定性分析，培养年轻人掌握这套技术。取得实际经验后，再向国内各地推广。他在国内最早提出在定性分析中使用硫代乙酰胺代替硫化氢。按传统方法，做此分析时必用有毒有臭的硫化氢气体，有害操作人员，也污染环境。自丁绪贤发表《硫代乙酰胺的制备及其在半微量分析中的应用》论文后，各地皆仿效此法，并且编入大中专院校教材之中，从此，中国定性分析废除了传统旧法，既提高工效，又操作安全。丁绪贤是中国半微量分析化学的倡导者和革新家之一。

丁绪贤在新中国成立之前饱尝国弱民贫及外强欺凌之辛酸，为人刚直不阿，有民族气节。他从不奉迎权贵，多年过着清贫教师生活，安贫乐道。花甲之后喜迎新中国诞生，决心为国家再做贡献。自 1949 年起，丁绪贤一直任教于浙江大学，讲授分析化学，从事科学研究。

在教学实践中，丁绪贤重视理论联系实际，重视实验教学，提倡讲堂示范，亲自设计、制作各种挂图。他工作负责，诲人不倦。年逾古稀仍指导学生做实验。1956 年退休后仍指导完成多项课题研究。他历任浙江省化学会副理事长、省政协委员，浙江大学学术委员会顾问等职。1978 年 9 月 20 日，这位 94 岁高龄的化学家因病辞世。遗嘱中表示将遗体供医学界研究，然后将骨灰撒于钱塘江内。这是他最后一次将自己献给科学事业的举动。他遗留的化学、化学史及诗词手稿，均以小楷毛笔手书。他的藏书已捐赠给浙江大学。他一生两袖清风，留给后世的财富是他的事业、著作和更可贵的高尚精神。

三、无机及分析化学课程的基本内容

无机及分析化学课程是立足于现实高职高专教学需要，在原无机化学和分析化学两门课程的基本理论、基本知识、基本操作的基础性和应用性基础上，进行优化整合、有机结合而形成的一门专业基础课程，以无机物质（兼顾少量有机物质）的性质、组成、结构、反应和应用为主要学习对象。

理论部分，以物质的结构与化学键、元素与分子的性质、化学反应与平衡为主要线索，同时又适当介绍一些重要元素及其化合物，以加深理解单质和化合物的性质及其在周期系中的变化规律，使内容层次在论述过程中体现理论化、系统化。并在掌握无机化学基本理论、分析化学定量分析知识与操作技能的基础上，逐步展开化学定量分析法有关理论和实际应用的介绍，其中包括酸碱平衡与酸碱滴定法、配位化合物与配位滴定法、氧化还原反应与氧化还原滴定法、沉淀溶解平衡与沉淀滴定法、称量分析法以及重要的化学分离方法。重点介绍化学基础理论和化学分析方法，突出化学基础理论及基本分析方法在企业生产实际和分析检测中的应用。

实验部分，重点以化学定量分析中的滴定分析训练项目为主，兼顾无机物制备、离子鉴定和部分化学（定量）分离方法。如此筛选实践教学内容，不仅为巩固无机及分析化学的基本理论和提高滴定分析技术创造了有利条件，也为复杂物质的分离、鉴定及含量测定给出了一个整体轮廓。

四、无机及分析化学课程的学习方法

学习无机及分析化学课程（含配套实验教材）必须掌握科学的方法，树立实践的观点。科学的方法，即在感性认识或实验观察的基础上，通过分析、比较、判断，再经过推理、归纳得到概括性和理论化的概念，进而掌握定律、原理等理性知识，再将这些理性知识应用到实际生产和科研中去，在实践的基础上，进一步丰富和检验理性知识。实践的观点是马克思主义的一个基本观点。“知行相资以为用”“力行而后知之真”，“行”即是付诸实践，是认识和掌握知识的归宿，理论本身的意义就在于指导实践，改造客观世界。因此，在无机及分析化学课程的学习和实践操作的训练中，不仅要重视理论知识，更应遵循“从实践到理论再到实践”的客观规律，重视实验操作。这是学好本课程应具备的基本认识。

化学实验是认识物质化学性质，揭示化学变化规律，检验化学理论和从事相关实际工作的重要手段。无机及分析化学是一门实践性很强的课程，是学习制药、化工、生物、环境、农林、医学、食品、材料等专业课程的基础，而且是未来从事化工产品、药物开发，开展各种分析检验工作的基础。因此，对于无机及分析化学实验，要认真完成，通过实际训练掌握实验的基本操作技能，提高分析判断和解决实际问题的能力。科学的态度和严谨的作风，也将从中得到培养。

任何一个学科或理论的建立和发展，都是由感性认知开始的。感性知识有的是直接的，是通过自身的实践获得的。但大多数的感性知识是间接获得的，是前人实践的经验总结。因此在学习新的概念、原理及其实际应用时，首先要注意问题是如何提出的，其主要依据是什么，应用条件又如何，其实用价值有哪些，还存在哪些问题，然后再思考如何去理解、验证和应用解决有关问题。在学习过程中（包括对待实验条件与操作规范等），必须注意掌握重点、突破难点，凡属重点内容一定要学懂，融会贯通；对难点要作具体分析，有的难点亦是重点，有的难点并非重点，切忌抓不住重点。由于融为一体后的无机及分析化学理论和实验内容较多，因此要在预习的基础上听懂每一节课，做好每一次实验或训练，根据各章知识目标与能力目标的要求，紧紧抓住主要内容及重点、难点来学习。架构起系统的知识与技能脉络，且能运用所学的知识，分析和解决无机及分析化学涉及的实际问题，并能独立、规范地进行实践操作，获得可靠的分析结果。

由于本教材较多地应用了现行国家（或行业等）分析领域的标准，且密切注重了高等职业教育获取职业资格证书的特点，使得内容涉及的实际应用领域及外延性更加广泛，这就要求学生必须善于主动搜集相关信息，尤其是能借助学校图书馆、网络以及数据库资源，查阅有关标准文献全文和国家职业技能鉴定的相应内容，逐步养成探究性自主学习的习惯，培养和提高学习能力。

通过无机及分析化学理论和实践的学习，应掌握化学的基本内容，熟悉化学变化的基本规律，了解化学反应发生的条件，为物质的制备和具体应用打好基础；要学会用物质结构的观点解释元素及其化合物的性质，正确掌握各类化学平衡的原理及计算，掌握用定量分析的方法来测定物质中相关组分的含量。学好无机及分析化学课程，将为学习后续专业课程夯实基础，进而为今后从事生产、科研，解决实际问题，做好准备。

第一章 物质结构

【知识目标】

1. 了解s亚层和p亚层的电子云形状，理解原子核外电子运动状态的描述和核外电子的排布规律。

2. 熟悉元素周期律和元素周期表的结构，掌握元素周期表中元素性质的递变规律。

3. 理解离子键和共价键的本质、形成过程及其基本特点，熟悉共价键理论及其类型。

4. 了解分子间作用力及氢键的有关概念及它们对物质性质的影响。

【能力目标】

1. 能正确写出1～36号元素原子的电子排布式、轨道表示式和价电子构型。

2. 会分析主族元素单质及化合物的物理化学性质。

3. 能正确判断分子的极性和简单分子的空间构型。

【素质目标】

培养学生严谨认真、耐心专注的工作态度。

原子是物质进行化学反应的基本微粒。原子是由带正电荷的原子核和带负电荷的电子组成的，一般在化学反应中，原子核不发生变化，变化的只是核外电子。通常所说的原子结构是指核外电子的数目、排布、能量以及运动状态。世界是由物质构成的，物质的分子又是由原子构成的，因此，要了解物质的性质及其变化，首先必须了解原子和分子的内部结构。本章主要讨论原子核外电子的运动状态、核外电子排布、元素的基本性质和结构的关系、化学键、分子的形成、分子的空间构型以及分子间力。

第一节 原子核外电子的运动状态

一、电子云

电子是带负电荷的微粒，其质量很小。它在原子核外直径为10^{-10} m的空间作高速运动，这样小而速度极高的微粒，其运动规律与常见的宏观物体不同。电子在核外运动，没有固定轨道，很难准确地测量和计算它在某一瞬间的位置和运动速度。一般只统计电子在核外空间某区域内出现机会的多少。以氢原子为例，氢原子核外只有一个电子，对于这一个电子的运动，其瞬间的空间位置是毫无规律的，但如用统计的方法（假设用特殊的照相机，给氢原子照相），把该电子在核外空间的成千上万的瞬间位置叠加起来，即得到图1-1所示的图像。

图1-1表明，电子经常在核外空间一个球形区域内出现，如同一团带负电荷的云雾，笼罩在原子核的周围，人们形象地称之为电子云。这团“电子云雾”呈球形对称，离核越近，密度越大；离核越远，密度越小。即离核越近，单位体积空间内电子出现的概率越大；离核越远，单位体积空间内电子出现的概率越小。空间某处单位体积内电子出现的概率称为概率

密度。因此，电子云是电子在核外空间出现的概率密度，是用来描述核外电子运动状态的。

电子云的表示方法通常有两种，一种是电子云示意图，如图 1-1 所示。原子核位于中心，小黑点的疏密表示核外电子概率密度的相对大小，即电子在核外空间各处出现机会的多少。电子云的另一种表示方法是电子云界面图，如图 1-2 所示，图中显示的是氢原子电子云界面的剖面图。它的界面是等密度面，即该面上每个点的电子云密度相等，界面以内电子出现的概率很大（90%），界面以外电子出现的概率很小（10%以下）。

图 1-1　氢原子的电子云示意图

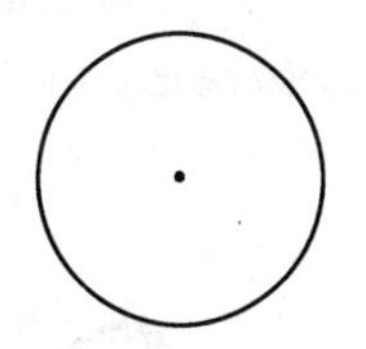

图 1-2　氢原子的电子云界面图

二、核外电子的运动状态

1. 电子层

在多电子原子中，电子之间的能量是不相同的。能量低的电子通常在离核较近的区域内运动；能量高的电子在离核较远的区域内运动。电子能量由低到高，运动的区域离核由近及远。为此，人们将这些离核距离不等的电子运动区域，称为电子层，用 n 表示。电子层是确定核外电子运动能量的主要因素。n 的取值只能是正整数 1、2、3、…，表示电子距原子核的远近，n 值越大，表示电子所在的电子层离核越远，能量越高。有时也用 K、L、M、N、O、P、Q 等字母分别表示 n=1、2、3、4、5、6、7 等电子层。

2. 电子亚层和电子云的形状

科学研究发现，即使在同一电子层中，电子的能量还有微小的差别，且电子云的形状也不相同，所以，根据能量差别及电子云的形状不同，把同一电子层又分为几个电子亚层，这些亚层分别用 s、p、d、f 表示。s 亚层的电子云是以原子核为中心的球体，如图 1-3 所示。p 电子云为无柄哑铃形，如图 1-4 所示。d 电子云和 f 电子云的形状较为复杂，本书不作介绍。

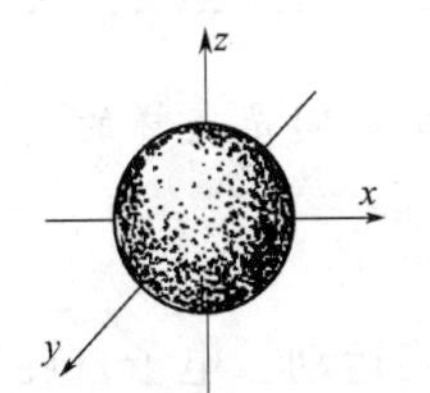

图 1-3　s 电子云示意图

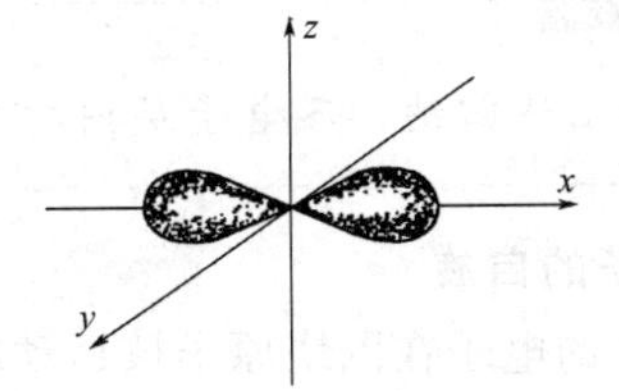

图 1-4　p 电子云示意图

K 层（n=1）只有一个亚层，即 s 亚层；L 层（n=2）包括两个亚层，即 s 亚层和 p 亚层；M 层（n=3）包括三个亚层，即 s 亚层、p 亚层和 d 亚层；N 层（n=4）包括四个亚层，即 s 亚层、p 亚层、d 亚层和 f 亚层。在 1～4 电子层中，电子亚层的数目等于电子层的序数。

为了表明电子在核外所处的电子层、电子亚层及其能量的高低和电子云的形状，通常将电子层的序数 n 标注在亚层符号的前面。例如，处在 K 层中 s 亚层的电子记为 1s 电子；处在 L 层中 s 亚层和 p 亚层的电子分别记为 2s 电子和 2p 电子；处在 M 层中 d 亚层的电子记为 3d 电子；处在 N 层中 f 亚层的电子记为 4f 电子等。

3. 电子云的伸展方向

电子云不仅有确定的形状，而且在空间有一定的伸展方向。s 电子云呈球形对称，在空间各个方向出现的概率都是一样的，所以没有方向性。p 电子云在空间可沿坐标系的 x、y、z 轴三个方向伸展，如图 1-5 所示。d 电子云有五个伸展方向，f 电子云有七个伸展方向。同一亚层不同伸展方向的电子云其能量相同。习惯上，把在一定的电子层中，具有一定形状和伸展方向的电子云所占有的原子空间称为原子轨道，简称“轨道”。原子轨道是描述核外电子运动状态的特殊函数，它由电子层、电子亚层和电子云的伸展方向三个方面加以描述，必须同时指明这三个方面方能描述一个确定的轨道。因而，各个电子亚层可能有的最多轨道数，由该亚层电子云伸展方向的个数决定，即 s、p、d、f 亚层分别有 1、3、5、7 个轨道。

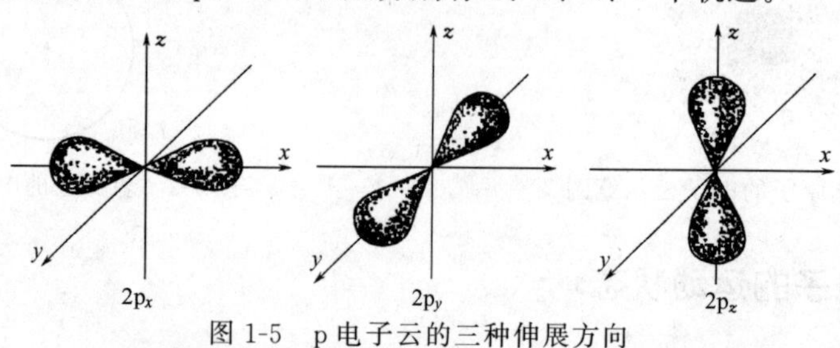

图 1-5　p 电子云的三种伸展方向

如果用方框“□”或圆圈“○”表示一个轨道，则各亚层上的轨道可用轨道式来表示。例如 2p 亚层有三个轨道，它们可表示为：

现将各电子层可能有的轨道数归纳如下：

电子层(n)	电子亚层	轨道数
K($n=1$)	1s	$1=1^2$
L($n=2$)	2s 2p	$1+3=4=2^2$
M($n=3$)	3s 3p 3d	$1+3+5=9=3^2$
N($n=4$)	4s 4p 4d 4f	$1+3+5+7=16=4^2$
n		n^2

想一想

结合上述归纳，各电子层内所含有的轨道数与该电子层数 n 间是怎样的关系？

4. 电子的自旋

原子中的电子在围绕原子核运动的同时，还存在本身的自旋运动。电子自旋状态只有两种，即顺时针方向和逆时针方向，通常用“↑”和“↓”表示两种不同的自旋方向。

用轨道表示式表示核外电子的运动状态时，应标明其自旋方向。例如，氦原子的 1s 轨道上有两个电子，其自旋方向相反，可表示为⇅。

综上所述，描述原子核外电子的运动状态时，必须同时指明电子所处的电子层、电子亚层、电子云的伸展方向和电子的自旋方向。

第二节　原子核外电子的排布

一、电子排布和近似能级图

对氢原子来说，其核外的一个电子通常是位于 1s 的轨道上。而对多电子原子来说，其核外电子是按能级顺序分层排布的。根据光谱实验结果，并结合原子核外电子运动状态，得出原子中电子所处轨道的能量（E）的高低，主要由电子层序数 n 决定。n 越大，能量越高。不同电子层的同类型亚层的能量，按电子层序数递增，如 $E_{1s}<E_{2s}<E_{3s}<E_{4s}<\cdots$；$E_{2p}<E_{3p}<E_{4p}<\cdots$。

在多电子原子中，轨道的能量也与电子亚层有关。在同一电子层中，各亚层能量按 s、p、d 、f 的顺序递增，即 $E_{ns}<E_{np}<E_{nd}<E_{nf}$。这好像阶梯一样，一级一级的，称为原子的能级。一个亚层也称为一个能级，如 1s、2s、2p、3d、4f 等都是原子的一个能级。

在多电子原子中，由于各电子间存在着较强的相互作用，造成某些电子层序数较大的亚层能级，其能量反而低于某些电子层序数较小的亚层能级的现象。例如 $E_{4s}<E_{3d}$，$E_{5s}<E_{4d}$，$E_{6s}<E_{4f}<E_{5d}$ 等，这种现象称为能级交错。

根据上述经验，将这些能量不同的轨道按能量高低的顺序排列起来，如图 1-6 所示。图中每一个方框表示一个轨道，方框的位置越低，表示轨道的能量越低；方框的位置越高，表示能量越高。从第三电子层开始出现能级交错现象。

1. 动画：鲍林近似能级图

图中按能量高低，将邻近的能级用虚线方框分为 7 个能级组。每个能级组内各亚层轨道间的能量差别较小，而相邻能级组间的能量差别则较大。

根据多电子原子的近似能级图来排布核外电子，是呈现一定规律的。需要指出的是，无论是实验结果还是理论推导都证明：原子在失去电子时的顺序与填充时的顺序并不对应。例如，Fe 的最高能级组电子填充的顺序为先填 4s 轨道上的 2 个电子，再填 3d 轨道上的 6 个电子，而在失去电子时，先失去 2 个 4s 电子（成为 Fe^{2+}），再失去 1 个 3d 电子（成为 Fe^{3+}）。

二、核外电子的排布规则

根据光谱实验结果，人们总结出核外电子排布遵守以下原则。

1. 能量最低原理

物体能量越低，越稳定。实验证明，核外电子总是优先排布在能量最低的原子轨道中，然后再依次排布在能量较高的原子轨道，这个规律称为能量最低原理。

根据多电子原子的近似能级图和能量最低原理，可得核外电子填入各亚层轨道的顺序，如图 1-7 所示。

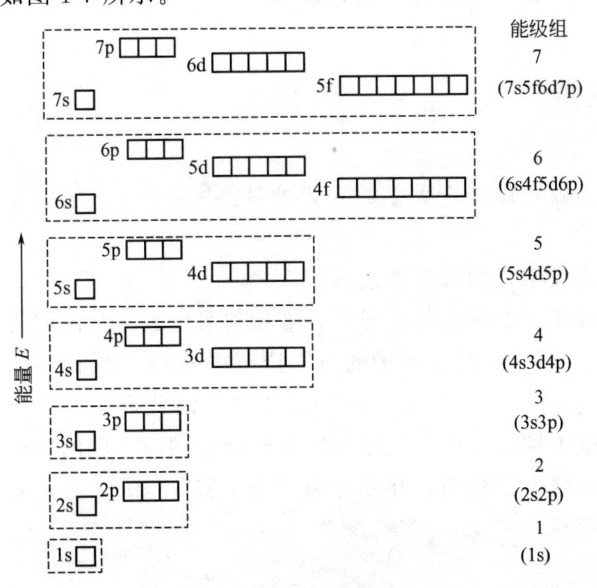

图 1-6　多电子原子的近似能级图

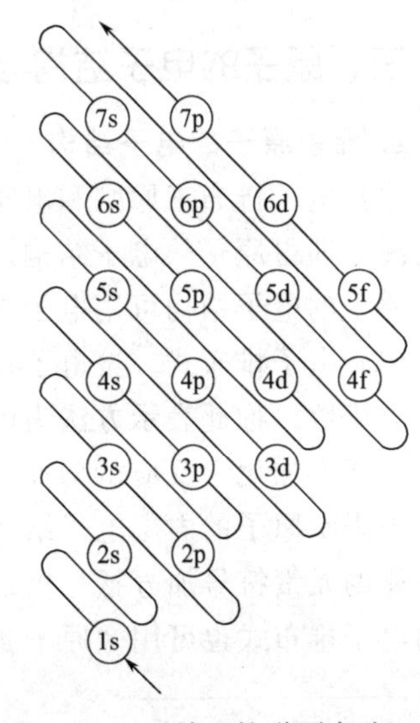

图 1-7　电子填入轨道顺序助记图

2. 泡利不相容原理

科学实验证明，在同一个原子中，不可能有运动状态完全相同的电子存在，这就是泡利不相容原理。换言之，如果两个电子处于同一轨道，那么，这两个电子的自旋状态必定不同。因此，每一个原子轨道中最多只能容纳 2 个自旋方向相反的电子，而每个电子层中最多有 n^2 个轨道，所以，各电子层最多可能容纳 $2n^2(n \leqslant 4)$个电子。表 1-1 列出了 1～4 电子层最多可能容纳的电子数。

表 1-1　1～4 电子层最多可能容纳的电子数

电子层 n	K $n=1$	L $n=2$		M $n=3$			N $n=4$			
电子亚层	1s	2s	2p	3s	3p	3d	4s	4p	4d	4f
亚层中的轨道数	1	1	3	1	3	5	1	3	5	7
亚层中的电子数	2	2	6	2	6	10	2	6	10	14
表示符号	$1s^2$	$2s^2$	$2p^6$	$3s^2$	$3p^6$	$3d^{10}$	$4s^2$	$4p^6$	$4d^{10}$	$4f^{14}$
电子层最多可能容纳的电子数	2	8		18			32			

3. 洪德规则

原子中在同一亚层的等价轨道（即能量相同的轨道）排布电子时，应尽可能分占不同的轨道，且自旋状态相同，以使整个原子的能量最低，这个原则称为洪德规则。

例如，原子序数为 6 的碳元素，核外有 6 个电子，碳原子 2p 轨道上的 2 个电子的排布应为 $C(2p_x^1, 2p_y^1)$。

练一练

原子序数为 7 的氮元素核外电子是如何排布的？试写出其电子排布式。

此外，由量子力学的计算表明，作为洪德规则的特例，在等价轨道上，当电子处于全充满（如 p^6、d^{10}、f^{14}）、半充满（如 p^3、d^5、f^7）或全空（如 p^0、d^0、f^0）状态时，能量较低，因而是较稳定的状态。

应当指出，核外电子排布的三条原则是根据大量实验事实及光谱实验结果得出的一般结论。绝大多数原子的核外电子排布符合这些原则，但也有少数元素例外。个别元素原子的电子排布的特殊性，还有待于进一步地探讨。

三、原子的电子结构与元素周期律

1. 元素原子的电子结构

根据电子排布三原则和电子填充顺序，就可以确定大多数元素的基态❶原子中电子的排布情况，即得原子的电子结构。

原子的电子结构可用电子排布式和轨道表示式两种方法表示。

（1）电子排布式　按电子在原子核外各亚层中分布的情况，在亚层符号的右上角注明排列的电子数，称此表示方法为电子排布式。例如 11 号元素钠的电子排布式为 $1s^2 2s^2 2p^6 3s^1$。

由于参加化学反应的只是原子的外层电子，内层电子结构一般不变，因此可用“原子实”来表示原子的内层电子结构。当内层电子构型与稀有气体的电子构型相同时，就用该稀有气体的元素符号加方括号来表示原子的内层电子构型，并称之为“原子实”。如 11 号元素钠的电子排布式也可用“原子实”表示式简写为“Na：[Ne]$3s^1$”。

❶ 在正常状态下，电子尽可能处于离核较近能量较低的轨道上，这时原子（或电子）所处的状态称为基态。

练一练

试用“原子实”表示式简写出24号元素铬的电子排布式。

(2) 轨道表示式 为更好地表示电子在等价轨道中的运动状态，常在表示轨道的方框或圆圈内，用向上或向下的箭头表示电子的自旋状态，称此表示方法为轨道表示式。如6号元素碳的轨道表示式为：

$$\underset{\textcircled{\uparrow\downarrow}}{1s}\quad \underset{\textcircled{\uparrow\downarrow}}{2s}\quad \underset{\textcircled{\uparrow}\textcircled{\uparrow}\bigcirc}{2p}$$

在电子排布式中，价电子所在的电子层分布又称价电子层结构。价电子是指发生化学反应时，参与成键的电子。主族元素的 ns、np 电子，副族元素（镧系、锕系元素除外）的 $(n-1)$d 和 ns 电子称为价电子。例如：

$_{24}Cr\ \ 3d^5 4s^1$； $_{29}Cu\ \ 3d^{10} 4s^1$； $_{19}K\ \ 4s^1$； $_{17}Cl\ \ 3s^2 3p^5$

化学反应的实质是元素价电子的运动状态发生了变化，因此在讨论化学键的形成时，价电子层结构尤为重要。

根据能量最低原理、泡利不相容原理和洪德规则，按照多电子原子的近似能级图，可将原子序数为1～36的元素原子的核外电子排布列于表1-2中。

表1-2 原子序数为1～36的元素原子的核外电子排布

核电荷数	元素符号	电子层									
		K	L		M			N			
		1s	2s	2p	3s	3p	3d	4s	4p	4d	4f
1	H	1									
2	He	2									
3	Li	2	1								
4	Be	2	2								
5	B	2	2	1							
6	C	2	2	2							
7	N	2	2	3							
8	O	2	2	4							
9	F	2	2	5							
10	Ne	2	2	6							
11	Na	2	2	6	1						
12	Mg	2	2	6	2						
13	Al	2	2	6	2	1					
14	Si	2	2	6	2	2					
15	P	2	2	6	2	3					
16	S	2	2	6	2	4					
17	Cl	2	2	6	2	5					
18	Ar	2	2	6	2	6					
19	K	2	2	6	2	6		1			
20	Ca	2	2	6	2	6		2			
21	Sc	2	2	6	2	6	1	2			
22	Ti	2	2	6	2	6	2	2			
23	V	2	2	6	2	6	3	2			
24	Cr	2	2	6	2	6	5	1			
25	Mn	2	2	6	2	6	5	2			
26	Fe	2	2	6	2	6	6	2			
27	Co	2	2	6	2	6	7	2			
28	Ni	2	2	6	2	6	8	2			
29	Cu	2	2	6	2	6	10	1			
30	Zn	2	2	6	2	6	10	2			
31	Ga	2	2	6	2	6	10	2	1		
32	Ge	2	2	6	2	6	10	2	2		
33	As	2	2	6	2	6	10	2	3		
34	Se	2	2	6	2	6	10	2	4		
35	Br	2	2	6	2	6	10	2	5		
36	Kr	2	2	6	2	6	10	2	6		

2. 原子的电子结构与元素周期律

元素的单质及其化合物的性质，随着原子序数的递增而呈现周期性的变化。这一规律叫做元素周期律。它是1869年由俄国的化学家门捷列夫发现的。

元素周期律产生的基础是随着核电荷的递增，原子最外层电子排布呈周期性变化，即最外层电子构型重复着从 ns^1 开始到 ns^2np^6 结束这一周期性变化。元素周期表是元素周期律的表现形式。现从几个方面讨论元素周期表与原子电子层结构的关系。

(1) 原子的电子层结构与周期的关系　具有相同电子层，且按原子序数递增顺序排列的一系列元素，叫做一个周期。元素周期表共有7个横行，分别对应7个周期：一个特短周期（2种元素）、两个短周期（8种元素）、两个长周期（18种元素）、两个特长周期（32种元素）。每一周期中元素的数目等于相应能级组中原子轨道所能容纳的电子总数。由于能级交错的存在，所以产生以上各长短周期的分布。各周期元素的数目与原子结构的关系见表1-3。

表1-3　各周期元素的数目与原子结构的关系

周期	元素数目	能量组	相应的轨道				容纳电子总数
1	2	1	1s				2
2	8	2	2s			2p	8
3	8	3	3s			3p	8
4	18	4	4s		3d	4p	18
5	18	5	5s		4d	5p	18
6	32	6	6s	4f	5d	6p	32
7	32	7	7s	5f	6d	7p	32

元素在周期表中所处的位置与原子结构的关系为：

周期序数＝电子层层数

因此每增加一个电子层，就开始一个新的周期。

(2) 原子的电子层结构与族的关系　元素周期表的纵行，称为族。周期表有18个纵行，共16个族。其中ⅠA～ⅧA为主族，ⅠB～ⅧB为副族。除第ⅧB族包括三个纵行外，其他每一纵行为一族，每一族元素的外层电子结构大致相同，因此，它们的性质相似。元素的族序数与其原子的外层电子结构关系密切。

① 主族元素。对于ⅠA～ⅧA族元素，主族元素的族序数＝元素的最外层电子数＝其价电子数。例如，Mg的最外层电子构型为 $3s^2$，最外层有2个电子，所以属于ⅡA族。

第ⅧA族元素为稀有气体元素，其最外层电子数为2或8。

② 副族元素。ⅠB和ⅡB族元素的族序数＝元素的最外层电子数；

ⅢB～ⅦB族元素的族序数＝最外层电子数＋次外层d电子数；

第ⅧB族包括左数第8、9、10三个纵行，其最外层电子数与次外层d电子数之和分别为8、9、10。

(3) 原子的电子层结构与元素的分区　根据元素原子的价电子构型，可以把周期表中的元素分成五个区：

① s区。它包括ⅠA、ⅡA族元素，价电子结构特征为 $ns^{1\sim2}$，价电子容易失去，为活泼金属元素。

② p区。它包括ⅢA～ⅧA族元素，价电子结构特征为 $ns^2np^{1\sim6}$。p区元素有金属元素，也有非金属元素，还有稀有气体元素，它们在化学反应中只有最外层的s电子和p电子参与反应，不涉及内层电子。

③ d 区。它包括ⅢB～ⅧB 族元素，价电子结构特征为$(n-1)d^{1\sim9}ns^{1\sim2}$。d 区元素又称过渡元素。

④ ds 区。它包括ⅠB 和ⅡB 族，价电子结构特征为$(n-1)d^{10}ns^{1\sim2}$。ds 区元素也称为过渡元素。

d 区和 ds 区最外层只有 1～2 个 s 电子，故 d 区和 ds 区元素都是金属元素。它们在化学反应中，不仅最外层的 s 电子参与反应，而且次外层的 d 电子也可以部分或全部参与反应。

⑤ f 区。包括镧系和锕系元素，又称为内过渡元素。其价电子构型特征为$(n-2)f^{1\sim14}(n-1)d^{0\sim2}ns^2$。

第三节　元素性质的周期性变化

由于元素原子的电子结构呈周期性变化，导致了元素的基本性质——包括原子半径、金属性和非金属性、酸碱性、氧化数等性质——随着核电荷数的递增呈周期性变化。

一、原子半径

根据量子力学的观点，电子在核外空间是按概率分布的，这种分布没有一个明确的界面，所以原子的大小无法直接测定。

1. 原子半径的类型

通常所说的原子半径，是根据原子不同的存在形式来定义的，常用的有以下三种。

（1）金属半径　在金属晶体中，相邻两金属原子核间距的一半称为金属半径。

（2）共价半径　同种元素的两个原子以共价键结合时，两原子核间距离的一半，称为共价半径。周期表中各元素原子的共价半径见表 1-4。

表 1-4　元素原子的共价半径　　单位：pm

H 32																	He 93
Li 123	Be 89											B 82	C 77	N 70	O 66	F 64	Ne 112
Na 154	Mg 136											Al 118	Si 117	P 110	S 104	Cl 99	Ar 154
K 203	Ca 174	Sc 144	Ti 132	V 122	Cr 118	Mn 117	Fe 117	Co 116	Ni 115	Cu 117	Zn 125	Ga 126	Ge 112	As 121	Se 117	Br 114	Kr 169
Rb 216	Sr 191	Y 162	Zr 145	Nb 134	Mo 130	Tc 127	Ru 125	Rh 125	Pd 128	Ag 134	Cd 148	In 144	Sn 140	Sb 141	Te 137	I 133	Xe 190
Cs 235	Ba 198	La 169	Hf 144	Ta 134	W 130	Re 128	Os 126	Ir 127	Pt 130	Au 134	Hg 144	Tl 148	Pb 147	Bi 146	Po 146	At 145	Rn 220

（3）范德华半径　稀有气体在低温下形成单原子分子晶体时，分子之间是以范德华力结合的，这时相邻两原子核间距离的一半，称为范德华半径。

值得注意的是：同种原子用不同形式的半径表示时，半径值不同；一般金属半径比共价半径大；范德华半径比共价半径大得多。

2. 原子半径的递变情况

同一周期从左至右（稀有气体元素除外），主族元素的原子半径逐渐减小。因为同周期的主族元素，从左至右随着原子序数的增加，核电荷数增大，原子核对电子的吸引力增强，致使原子半径缩小；卤素以后，稀有气体元素原子半径又加大，此时已不是共价半径，而是范德华半径了。对过渡元素和镧系、锕系元素而言，同周期从左至右，元素的原子半径减小的幅度没有主族元素大。因为这些元素的新增电子处于次外层上或是倒数第三层上，因此，随着核电荷的增大，原子半径减小得不明显。

同一主族自上而下，元素的原子半径逐渐增大。因为同一主族的元素，自上而下随着原子序数的增大，电子层增多，核对外层电子吸引力减弱，原子半径增大；尽管随着原子序数的增大，核电荷数也增大，会使原子半径缩小，但这两种作用相比，由于电子层数的增加而使半径增大的作用较强，所以总的效果是原子半径自上而下逐渐增大。

电离能（I）

原子失去电子的难易程度可用电离能（I）来衡量。

电离能是指一个基态原子失去一个电子所需的最小能量，其符号为 I，单位为 kJ/mol。

对于多电子原子，失去第一个电子所需的能量称为第一电离能（I_1）；失去第二个电子所需的能量称为第二电离能（I_2）；依次类推。通常 $I_1<I_2<I_3<\cdots$，例如：

$$M(g) \longrightarrow M^{+}(g) + e \qquad I_1$$

$$M^{+}(g) \longrightarrow M^{2+}(g) + e \qquad I_2$$

电离能的大小反映原子失电子的难易。电离能越大，原子失电子越难；反之，电离能越小，原子失电子越容易。通常用第一电离能来衡量原子失电子的能力。表 1-5 列出元素原子的第一电离能。

表 1-5　元素原子的第一电离能（I_1）　　单位：kJ/mol

H 1312																
Li 520	Be 889											B 801	C 1086	N 1402	O 1314	F 1681
Na 496	Mg 738											Al 578	Si 789	P 1012	S 999	Cl 1251
K 419	Ca 590	Sc 631	Ti 658	V 650	Cr 653	Mn 717	Fe 759	Co 758	Ni 737	Cu 746	Zn 906	Ga 579	Ge 762	As 944	Se 941	Br 1140
Rb 403	Sr 549	Y 616	Zr 660	Nb 664	Mo 685	Tc 702	Ru 711	Rh 720	Pd 805	Ag 731	Cd 868	In 558	Sn 709	Sb 832	Te 869	I 1008
Cs 376	Ba 503	La 538	Hf 654	Ta 761	W 770	Re 760	Os 840	Ir 880	Pt 870	Au 890	Hg 1007	Tl 589	Pb 716	Bi 703	Po 812	At 917
Fr	Ra	Ac														

可以看出，元素原子的电离能呈现规律性的变化：同一周期从左至右，元素原子的电离能基本上逐渐增大，原子失电子的能力逐渐减弱；同一主族自上而下，元素原子的电离能逐渐减小，即元素原子的失电子能力逐渐增强。

二、电负性

元素的电负性是指分子中元素的原子吸引成键电子的能力。电负性概念是 1932 年由鲍林（L. Pauling）首先提出来的，他指定最活泼的非金属元素氟的电负性为 4.0，然后通过计算得出其他元素电负性的相对值，如表 1-6 所示。

表 1-6　元素原子的电负性

H																
2.1																
Li	Be											B	C	N	O	F
1.0	1.5											2.0	2.5	3.0	3.5	4.0
Na	Mg											Al	Si	P	S	Cl
0.9	1.2											1.5	1.8	2.1	2.5	3.0
K	Ca	Sc	Ti	V	Cr	Mn	Fe	Co	Ni	Cu	Zn	Ga	Ge	As	Se	Br
0.8	1.0	1.3	1.5	1.6	1.6	1.5	1.8	1.9	1.9	1.9	1.6	1.6	1.8	2.0	2.4	2.8
Rb	Sr	Y	Zr	Nb	Mo	Tc	Ru	Rh	Pd	Ag	Cd	In	Sn	Sb	Te	I
0.8	1.0	1.2	1.4	1.6	1.8	1.9	2.2	2.2	2.2	1.9	1.7	1.7	1.8	1.9	2.1	2.5
Cs	Ba	La-Lu	Hf	Ta	W	Re	Os	Ir	Pt	Au	Hg	Tl	Pb	Bi	Po	At
0.7	0.9	1.0～1.2	1.3	1.5	1.7	1.9	2.2	2.2	2.2	2.4	1.9	1.8	1.8	1.9	2.0	2.2
Fr	Ra	Ac	Th	Pa	U	Np-No										
0.7	0.9	1.1	1.3	1.4	1.4	1.4～1.3										

从表 1-6 可以看出，同一周期从左至右，主族元素的电负性依次递增，这也是由于原子的核电荷数逐渐增大，半径依次减小的缘故，使原子在分子中吸引成键电子的能力增加。同一主族自上而下，元素的电负性趋于减小，说明原子在分子中吸引成键电子的能力趋于减弱。过渡元素电负性的变化没有明显的规律。

三、元素的金属性与非金属性

元素的金属性是指元素的原子失去电子的能力，非金属性是指元素的原子得到电子的能力。元素的电负性综合反映了原子得失电子的能力，故可作为元素金属性与非金属性统一衡量的依据。一般来说，金属元素的电负性小于 2.0，非金属元素的电负性大于 2.0。电负性越大，表明该元素原子在分子中吸引电子的能力越强，元素的非金属性越强；反之，电负性越小，表明该元素的非金属性越弱，金属性越强。

同一周期从左至右，主族元素的原子半径逐渐减小，电离能、电负性逐渐增大，金属性逐渐减弱，非金属性逐渐增强。同一主族元素自上而下，原子半径逐渐增大，电负性逐渐减小，原子失电子能力逐渐增强，得电子能力逐渐减弱，元素的金属性逐渐增强，非金属性逐渐减弱。

四、氧化数

元素的氧化数是指在单质和化合物中元素的一个原子的形式电荷数。氧化数是反映元素的氧化状态的定量表征，它与原子的电子层结构密切相关，特别是与价电子层电子数有关。

1. 主族元素的氧化数

主族元素的价电子构型是 $ns^{1\sim2}$ 和 $ns^2np^{1\sim6}$，当其价电子全部参与反应时，元素呈现的最高氧化数等于它们的 ns 电子和 np 电子数之和，也等于它所在族的序数，所以ⅠA～ⅦA 各主族元素的最高氧化数从 +1 逐渐升高到 +7。从ⅣA 族开始出现负氧化数，各主族非金属元素的最高氧化数和它的负氧化数绝对值之和为 8，从ⅣA～ⅦA 各主族非金属元素的负氧化数分别为 −4、−3、−2、−1。

2. 副族元素的氧化数

副族元素的价电子结构比较复杂，但它们都是金属元素，负氧化数少见，多呈现可变的正氧化数，ⅡB～ⅦB 的最高正氧化数等于它所在的族数。

第四节 化 学 键

通过原子结构理论的学习可知，除稀有气体元素外，其他元素的原子都未达到稳定结构，因此都不能以原子的形式孤立存在，而必须结合形成化合物分子，使各自达到稳定构型。分子是保持物质化学性质的最小微粒，是参与化学反应的基本单元。物质的性质主要决定于分子的性质，而分子的性质又是由分子的内部结构所决定的。因此，研究分子的内部结构，对于了解物质的性质和化学反应规律有极其重要的作用。

物质的分子是由原子结合而成的，说明原子之间存在着强烈的相互作用力。分子（或晶体）中相邻原子（或离子）之间主要的、强烈的相互作用称为化学键。根据化学键的特点，一般把化学键分为离子键、共价键、金属键三种基本类型。本节仅讨论离子键、共价键及用杂化轨道理论解释分子的空间构型。

一、离子键

1. 离子键的形成

离子键的概念是德国化学家柯塞尔（W. Kossel）于 1916 年提出的。他认为原子间相互化合时，原子失去或得到电子以达到稀有气体元素的稳定结构。这种靠原子得失电子形成阴、阳离子，由阴、阳离子间靠静电作用形成的化学键叫离子键。如金属钠与氯气反应生成氯化钠：

$$\mathrm{Na}\quad 1s^2 2s^2 2p^6 3s^1 \xrightarrow{-e} 1s^2 2s^2 2p^6 \quad \mathrm{Na^+}$$

$$\mathrm{Cl}\quad 1s^2 2s^2 2p^6 3s^2 3p^5 \xrightarrow{+e} 1s^2 2s^2 2p^6 3s^2 3p^6 \quad \mathrm{Cl^-}$$

钠原子属于活泼的金属原子，最外电子层有 1 个电子，容易失去；氯原子属于活泼的非金属原子，最外电子层有 7 个电子，容易得到 1 个电子，从而使最外层都达到 8 个电子，形成稳定结构。当钠原子与氯原子接触时，钠原子最外层的 1 个电子就转移到氯原子的最外电子层上，形成带正电的钠离子（Na^+）和带负电的氯离子（Cl^-）。阴、阳离子间存在的异性电荷间的静电吸引力，使两种离子相互靠近，达到一定距离时，静电引力和电子与电子、原子核与原子核之间同性电荷间的排斥力达到平衡，于是钠离子与氯离子间就形成了稳定的化学键——离子键。

活泼的金属原子（主要指ⅠA 族和ⅡA 族）和活泼的非金属原子（主要指ⅦA 族和ⅥA 族的 O、S 等原子）化合时，都能形成离子键。

2. 离子键的特征

离子键的本质是阴、阳离子的静电作用力，在离子键模型中，可以近似地将离子的电荷分布看作球形对称，所以离子键具有以下特征。

（1）离子键没有方向性　因为离子所带的电荷分布呈球形对称，在空间各个方向上的静电作用相同，可从任何一个方向同等程度地吸引带相反电荷的离子，所以说离子键没有方向性。

（2）离子键没有饱和性　一个阳离子在空间允许范围内，可以尽可能多地吸引阴离子；同样，一个阴离子也可以尽可能多地吸引阳离子。例如，在 NaCl 晶体中，每个钠离子（或氯离子）的周围排列着6个相反电荷的氯离子（或钠离子）。但除了这些近距离相接触的吸引外，每个离子还会受到所有其他异性离子的作用，只不过距离较远，相互作用较弱而已。

（3）离子键的离子性与元素的电负性有关　离子键形成的重要条件是相互作用的原子其电负性差值较大。一般认为，若两原子电负性差值大于1.7时，可判断它们之间形成离子键。但近代化学实验和量子化学的计算指出，即使典型的离子化合物中，离子间的作用力也并不完全是静电引力，仍有原子轨道的重叠成分，即离子键中也有部分共价性。

3. 离子键的强度

离子键的强度影响离子化合物的性质，而阴、阳离子的性质又影响离子键的强度。对同构型离子来说，一般离子半径越小，电荷越高，离子间引力越强，离子键的强度就越大，离子化合物就越稳定。离子键的强度或离子晶体的强度通常用晶格能来衡量。晶格能是指在标准状态下，由气态离子生成1mol晶体放出的能量，用U表示，单位是kJ/mol。晶格能越大，离子键越强，离子晶体越稳定。

二、共价键

1. 共价键理论

1916年美国化学家路易斯（Lewis）首先提出共价键的概念，他认为原子结合成分子时，原子间可以共用一对或几对电子，以形成类似稀有气体的稳定结构，例如Cl_2、N_2、O_2等分子的形成。像这样原子与原子间通过共用电子对所形成的化学键，叫做共价键。除同种非金属原子形成共价键分子外，性质比较相近的不同非金属元素的原子也能相互结合生成共价化合物分子，如HCl、H_2O。化学上，常用“—”表示一个共用电子对，用“═”表示两个共用电子对，用“≡”表示三个共用电子对等。因此Cl_2、HCl、H_2O、N_2、CO_2可以分别表示为：

Cl—Cl　　H—Cl　　H—O—H　　N≡N　　O═C═O

这种表示方式又称为结构式。

路易斯（Lewis）的经典共价键理论成功地解释了同种元素的原子以及性质相近的元素的原子的成键情况，初步揭示了共价键的本质，对分子结构的认识前进了一步。但这一理论遇到了许多不能解释的问题，如两个电子都带负电荷，为何不相互排斥，反而相互配对成键？两个氢原子可以形成电子对，三个氢原子能否共用电子形成H_3？为了解决这些矛盾，一些化学家在经典共价键理论基础上，从量子力学的角度发展了这一成果，建立了现代价键理论，又称电子配对法。其要点如下。

（1）电子配对原理　一个原子有几个未成对的电子，便可和几个自旋相反的电子配对形成几个共用电子对。

（2）能量最低原理　成键过程中，具有自旋方向相反的成单电子的原子相互靠近时，电子云重叠，核间电子云密度较大，体系能量将会降至最低，可以形成稳定的共价键。

（3）原子轨道最大重叠原理　原子间形成共价键时，原子轨道一定要发生重叠，重叠程度越大，核间电子云密度越大，形成的共价键就越牢固，因此共价键尽可能地沿着原子轨道最大重叠的方向形成。

下面以H_2分子的形成来说明共价键的本质。每个氢原子都有一个未成对的1s电子，

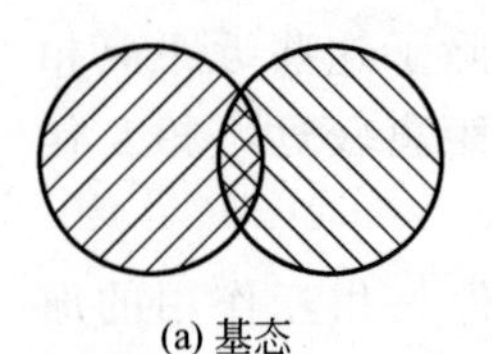

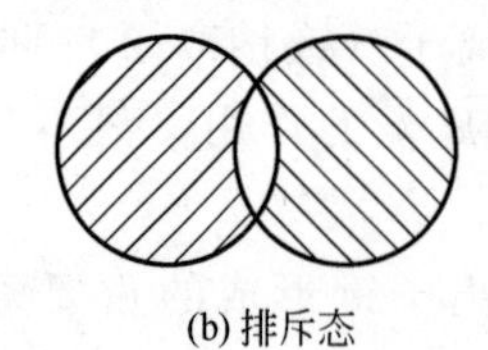

图 1-8　氢分子的形成

当两个氢原子相互靠近时有两种可能性。如果两个氢原子的电子自旋方向相反，原子轨道发生重叠，在两原子核间电子云密度变大，构成一个负电荷的“桥”，把两个带正电的核吸引在一起，形成了稳定的 H_2 分子，这种状态称为 H_2 分子的基态，如图 1-8(a) 所示。如果两个氢原子的电子自旋方向相同，电子之间互相排斥，使两原子核间电子云密度减小，不可能形成稳定的 H_2 分子，这种状态称为 H_2 分子的排斥态，如图 1-8(b) 所示。必须指出，形成共价键分子的两个原子间除了由负电“桥”产生的吸引力外，还存在着两核间的排斥力，两个氢原子越靠近，这种排斥力越大。当两个原子靠近到一定距离时，吸引力与排斥力达到平衡，此时便形成了稳定的共价键，两核间的距离叫平衡距离。

总之，共价键的形成，实际上是原子轨道重叠的结果，在分子中相邻原子轨道重叠越多，共价键也就越稳定。

2. 共价键的特征

共价键的形成以共用电子对为基础，因此与离子键有本质的区别，其特点如下。

① 共价键结合力的本质是电性的，但不能认为纯粹是静电作用力。因为共价键的形成是原子核对共用电子对的吸引力，区别于阴、阳离子间的库仑引力。共价键的强度取决于原子轨道成键时重叠的多少、共用电子对的数目和原子轨道重叠的方式等因素。

② 共价键的形成是由于原子轨道的重叠，两核间电子云概率密度增大。但这并不意味着电子对仅存在于两核之间，电子对应该在两核周围的空间运动，只是在两核间空间出现的概率最大。

③ 共价键的饱和性。根据共价键形成的条件，一个原子的未成对电子跟另一个原子的自旋相反的电子配对成键后，就不能再与第三个原子的电子配对成键。因此，一个原子中有几个未成对电子，就只能和几个自旋相反的电子配对成键，这就是共价键的饱和性，是共价键与离子键的重要区别之一。

④ 共价键的方向性。根据原子轨道最大重叠原理，原子间总是尽可能地沿着原子轨道最大重叠的方向成键。s 轨道是球形对称的，因此，无论在哪个方向上都可能发生最大重叠。而 p、d 轨道在空间都有不同的伸展方向，为了形成稳定的共价键，原子轨道尽可能沿着某个方向进行最大限度的重叠，这就是共价键的方向性，是与离子键的另一重要区别。

下面以氯化氢分子的形成为例，说明共价键的方向性。氯原子核外仅有一个未成对的 3p 电子（若为 $3p_x$ 电子），它与氢原子的 1s 电子云在两原子核间距离相同的情况下，电子云按图 1-9 所示的三种情况配对重叠。

氢原子沿 x 轴同氯原子接近，轨道重叠程度最大，形成稳定的共价键；氢原子沿 z 轴

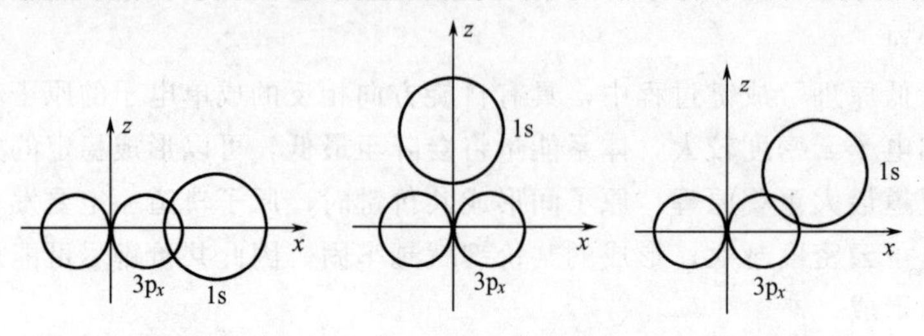

图 1-9　氢原子的 s 电子云和氯原子的 p 电子云的三种重叠情况

向氯原子接近，轨道不能重叠，无法成键；氢原子沿 y 轴倾斜方向同氯原子接近，轨道重叠程度较小，结合不牢固。

概括起来，对于有成单的 s 电子和 p 电子的原子来说，能形成稳定共价键的原子轨道是 s-s、p_x-s、p_x-p_x、p_y-p_y、p_z-p_z。如图 1-10 所示。

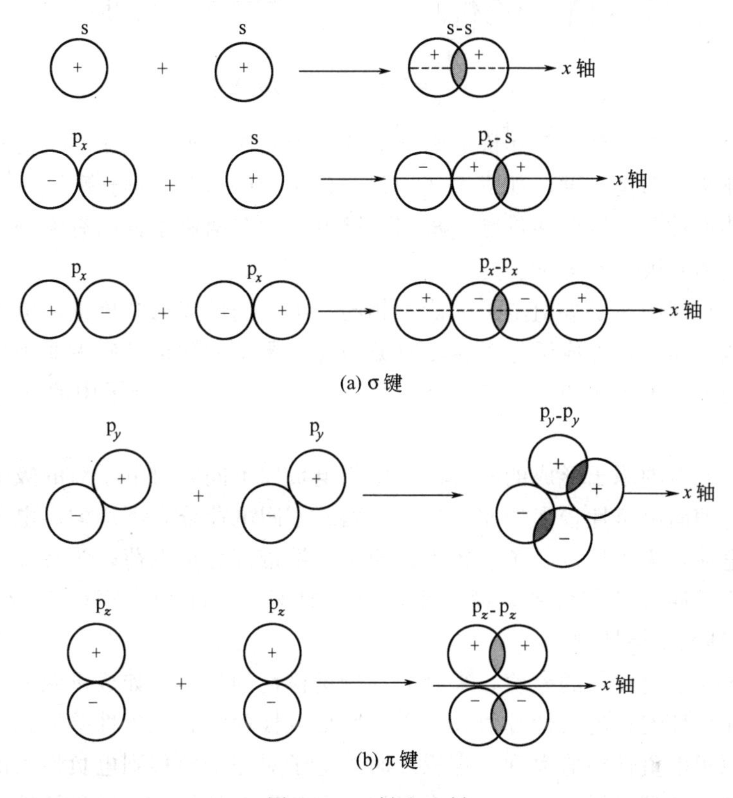

图 1-10　σ 键和 π 键

3. 共价键的类型

（1）σ 键和 π 键　根据原子轨道重叠方式的不同，共价键可分为 σ 键和 π 键。一种是沿键轴方向，以“头碰头”的方式重叠，形成的共价键叫 σ 键，如图 1-10(a) 所示。如 H_2 分子中的 s-s 键，HCl 分子中的 p_x-s 键，Cl_2 分子中的 p_x-p_x 键都是 σ 键。另一种是在键轴的两侧，以“肩并肩”的方式重叠，形成的共价键叫 π 键。如图 1-10(b) 所示的 p_y-p_y、p_z-p_z 键。

从原子轨道重叠程度来看，π 键的重叠程度比 σ 键小，而且 π 键电子能量较高，键较易断开，易活动，表现为化学活泼性较强。因此，形成分子时 π 键不能单独存在，只能与 σ 键共存。例如，N_2 分子就是由两个 N 原子以 1 个 σ 键和 2 个 π 键结合在一起的。每个氮原子有三个未成对电子（$2p_x^1$、$2p_y^1$、$2p_z^1$），分别密集于三个互相垂直的对称轴上。当两个氮原子的 $2p_x^1$ 轨道沿键轴以“头碰头”的方式重叠形成 p_x-p_x σ 键的同时，p_y-p_y 和 p_z-p_z 只能采取“肩并肩”的方式重叠成两个互相垂直的 π 键，如图 1-11 所示。因此，N_2 分子中两个 N 原子间有三个共价键，其结构可表示为N≡N。

2. 动画：σ 键和 π 键的形成

σ 键是构成分子的骨架，能单独存在于两个原子间，如果两个原子间只能形成一个共价键时，一定是 σ 键。共价化合物中的单键都是 σ 键，如 CH_4 的四个碳氢键都是 σ 键；双键

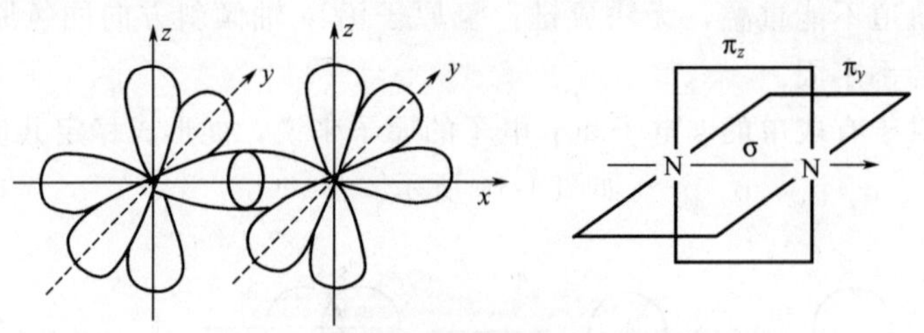

图 1-11 氮气分子形成的示意图

中有一个共价键是σ键，另一个共价键则是π键，如 CO_2、C_2H_4 分子；三键中有一个共价键是σ键，另外两个都是π键，如 N_2、C_2H_2（H—C≡C—H）分子等。

（2）极性共价键和非极性共价键　根据成键电子对在两原子核间有无偏移，可把共价键分为极性共价键和非极性共价键。

两个电负性相同的原子吸引电子的能力相同，由它们形成的共价键，电子云密集的区域位于两个原子核中间。这种成键电子对没有偏向任一原子的共价键叫做非极性共价键，简称非极性键。由同种原子形成的共价键，如单质 H_2、Cl_2、N_2 等分子中的共价键就是非极性共价键。

由两种不同元素的原子形成的共价键，由于电负性不同，对电子对的吸引力不同，电子云密集的区域将偏向电负性较大的原子一方，两原子间电荷分布不均匀。电负性较小的原子一端带部分正电荷，为正极；电负性较大的原子一端带部分负电荷，为负极。这种共用电子对有偏向的共价键叫极性共价键，简称极性键。如 HCl、H_2O、NH_3 等分子中的 H—Cl、H—O、N—H 键就是极性键。

通常以成键原子电负性的差值，来判断共价键极性的强弱。如成键两原子的电负性差值为零，则形成非极性键；电负性差值大于零，则形成极性键。电负性差值越大，键的极性越强。当成键两原子电负性差值大到一定程度时，电子对完全转移到电负性大的原子上，就形成了离子键。离子键是极性共价键的一个极端。电负性差值越小，键的极性越弱。非极性共价键则是极性共价键的另一个极端。显然，极性共价键是非极性共价键与离子键的过渡键型。

（3）普通共价键和配位共价键　按共用电子对由成键原子提供的来源不同，也可将共价键分为普通共价键和配位共价键。如果共价键的共用电子对是由成键的两个原子各提供1个电子所组成，称为普通共价键，如 H_2、O_2、Cl_2、HCl 等。如果共价键的共用电子对是由成键两原子中的一个原子提供，而另一原子只是提供空轨道，则称为配位共价键，简称配位键。例如，NH_3 分子与 H^+ 之所以能生成 NH_4^+，是因为 NH_3 中 N 原子有一对未参与成键的电子（称为孤电子对），而 H^+ 有 1s 空轨道，N 原子的孤电子对进入 H^+ 的空轨道，这一对电子为氮、氢两原子所共用，于是形成了配位键。通常用“→”表示配位键，箭头指向电子对接受体，箭尾指向电子对供给体，以区别于普通共价键。但应该注意，普通共价键和配位键的差别，仅仅表现在键的形成过程中，虽然共用电子对的电子来源不同，但在键形成之后，二者并无任何差别。如在 NH_4^+ 中，虽然有一个 N—H 键跟其他三个 N—H 键的形成过程不同，但是形成后四个键表现出来的性质完全相同。

$$\left[\begin{array}{c} \mathrm{H} \\ | \\ \mathrm{H—N\rightarrow H} \\ | \\ \mathrm{H} \end{array}\right]^+$$

配位键具有共价键的一般特性。但共用电子对毕竟是由一个原子单方提供，所以配位键是极性共价键。

形成配位键必须具备两个条件：①一个原子的价电子层有未共用的孤电子对；②另一个原子的价电子层有空轨道。

知识链接

键参数

共价键的性质及分子的空间构型可由某些物理量来描述，例如，键能、键长说明键的强弱，用键角描述分子的空间构型。这些物理量称为键参数。

(1) 键能　键能是从能量角度来衡量化学键强弱的物理量。键能是指在0.1013MPa、298.15K的条件下，将1mol气态双原子分子AB中的化学键断开，使其断裂成两个气态中性原子A和B所需的能量，单位是kJ/mol。例如，H_2分子的键能是436.0kJ/mol，这个能量就是H—H的键能。键能越大，表示化学键越牢固，含有该键的分子越稳定。

(2) 键长　分子中成键的两个原子核间的平均距离叫键长，以皮米(pm)为单位。一般两原子之间所形成键的长度越短，键越牢固。表1-7列出一些共价键的键能和键长。

表1-7　一些共价键的键能和键长

共价键	键长/pm	键能/(kJ/mol)	共价键	键长/pm	键能/(kJ/mol)
H—H	74.6	436.0	C—H	109	413.4
C—C	154	347.7	C—N	147	291.6
N—N	141	160.7	N—H	101	390.8
O—O	148	138.9	O—H	96	462.8
Cl—Cl	198.8	242.7	S—H	135	339.3
Br—Br	228	192.9	C═C	133	615
I—I	226	151.8	C≡C	121	828.4
S—S	204	213	N≡N	109.4	941.8

(3) 键角　分子中两相邻共价键之间的夹角叫键角。键角是确定分子空间结构的重要参数之一。例如，水分子中两个O—H键间的夹角是104.5°，水分子是钝角形结构；二氧化碳分子中，两个C═O键成直线，夹角是180°，CO_2分子是直线形分子；甲烷分子中四个C—H键之间的夹角为109°28′，CH_4分子构型是正四面体。

*三、杂化轨道理论

价键理论成功地揭示了共价键的本质，阐明了共价键的饱和性和方向性。但对某些共价化合物分子的形成和空间构型却无法解释。例如，C原子的价电子为$2s^2 2p_x^1 2p_y^1$，按照电子配对法它只能形成两个近乎互相垂直的共价键。但实验证明，CH_4分子中有四个能量相同的C—H键，键角为109°28′，分子的空间构型为正四面体。这用价键理论是解释不通的。1931年鲍林(L. Pauling)提出了杂化轨道理论，解释了许多用价键法不能说明的实验事实，从而发展了价键理论。

1. 杂化和杂化轨道

碳原子最外电子层只有两个未成对的p电子，如何形成四个稳定的C—H键呢？杂化轨道理论认为：碳原子在成键时，它的一个2s电子吸收外界能量激发到2p轨道上，形成了四个未成对的电子；又由于2s、2p轨道能量相近，它们可以混合起来，重新组合成四个能量相等的新轨道。这一过程可表示为：

2s 2p —激发→ 2s 2p —杂化→ sp^3

碳原子的基态　　碳原子的激发态　　碳原子的 sp^3 杂化态

在原子形成分子时，同一原子中能量相近的原子轨道混合起来，重新组合成一系列能量和数目完全相等的利于成键的新轨道，而改变了原有轨道的状态，这一过程称为“杂化”，所形成的新轨道叫做“杂化轨道”。杂化后的轨道能量和空间伸展性都发生了变化，形成的杂化轨道形状一头大、一头小，大的一头与另一原子成键时，轨道能达到更大程度的重叠，成键能力增强，成键后使整个分子体系能量降低，分子更加稳定。因此杂化轨道理论认为只有在形成分子时，才会发生原子轨道的杂化。

2. 杂化轨道类型

根据参与杂化的原子轨道的种类及数目的不同，杂化轨道分为不同的类型。本章只对 ns 轨道和 np 轨道进行杂化的三种方式作简单介绍。

(1) sp^3 杂化　同一原子内由一个 ns 轨道和三个 np 轨道混合，重新组成四个能量相等的 sp^3 杂化轨道的过程，叫做 sp^3 杂化。每个 sp^3 杂化轨道含有 1/4 的 s 成分和 3/4 的 p 成分。它的形状和单纯的 s 轨道、p 轨道不同，而呈葫芦形，一头特别大，如图 1-12(c) 所示。成键时，原子轨道重叠得多，形成的共价键更稳定，如图 1-12(b) 所示。四个 sp^3 杂化轨道，分别指向正四面体的四个顶角，四个轨道对称轴间的夹角互为 109°28′，空间构型为正四面体，如图 1-12(a) 所示。常见的分子有 CH_4、CCl_4、$SiCl_4$。

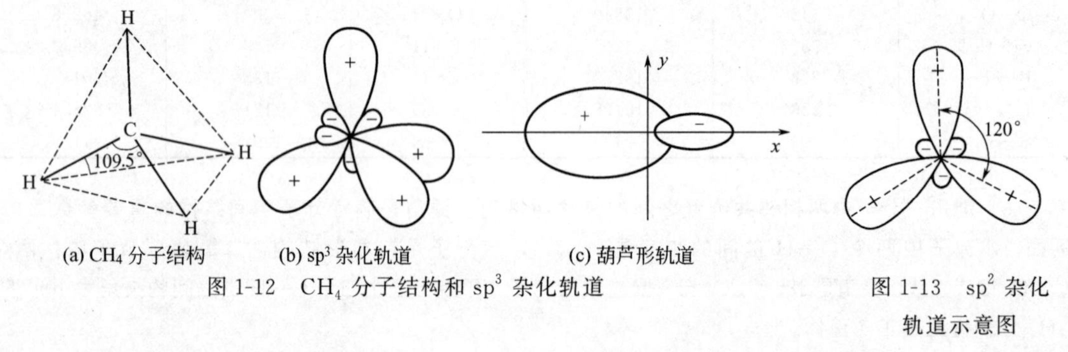

(a) CH_4 分子结构　(b) sp^3 杂化轨道　(c) 葫芦形轨道

图 1-12　CH_4 分子结构和 sp^3 杂化轨道

图 1-13　sp^2 杂化轨道示意图

(2) sp^2 杂化　同一原子内由一个 ns 轨道和两个 np 轨道混合，重新组成三个能量相等的 sp^2 杂化轨道的过程，叫做 sp^2 杂化。每个 sp^2 杂化轨道含有 1/3 的 s 成分和 2/3 的 p 成分。sp^2 杂化轨道也呈葫芦形，空间构型为平面三角形。这三条杂化轨道各指向平面三角形的三个顶点，夹角为 120°，如图 1-13 所示。BF_3、BCl_3、BBr_3 及 CO_3^{2-}、NO_3^- 的中心原子均采取 sp^2 杂化轨道成键，它们都具有平面三角形的结构。如 BF_3 的四个原子在同一平面上，三个 B—F 之间键角为 120°，硼原子位于平面三角形的中心，三个氟原子分别位于平面三角形的三个顶点。

(3) sp 杂化　同一原子内由一个 ns 轨道和一个 np 轨道混合，重新组成两个能量相等的 sp 杂化轨道的过程，叫做 sp 杂化。每个 sp 杂化轨道含有 1/2 的 s 成分和 1/2 的 p 成分。sp 杂化轨道也是葫芦形的，比较大的一端参与成键。两个 sp 杂化轨道在一条直线上，夹角为 180°，空间构型为直线型。$HgCl_2$、$BeCl_2$、C_2H_2、$ZnCl_2$ 等分子的中心原子均采用 sp 杂化轨道成键，故都是直线型分子。例如，$BeCl_2$ 分子的形成和 sp 杂化轨道如图 1-14 所示。

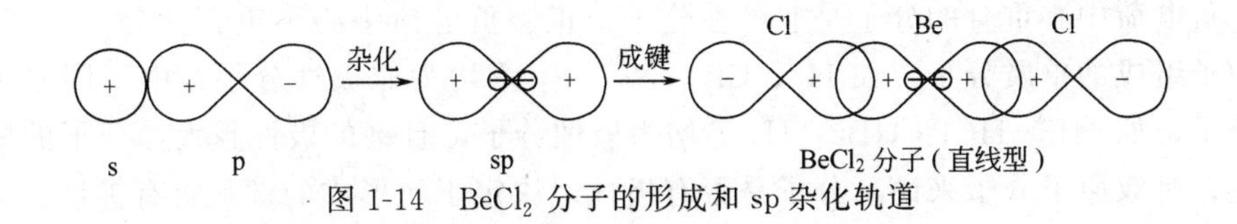

图 1-14 $BeCl_2$ 分子的形成和 sp 杂化轨道

等性杂化和不等性杂化

前面几种杂化都是能量和成分完全等同的杂化，称为等性杂化。如果参加杂化的原子轨道中有不参加成键的孤对电子存在，杂化后所形成的杂化轨道的形状和能量不完全等同，这类杂化称为不等性杂化。例如 NH_3 分子中，N 原子中的一个 s 轨道和三个 p 轨道混合，形成四个 sp^3 杂化轨道。其中一个杂化轨道已有一孤对电子，该孤对电子不参与成键。显然，杂化后各轨道所含成分不相同，电子云分布不一样，因而是不等性杂化。由于孤电子对对成键电子对有排斥作用，使 H—N—H 键角被压缩为 107°18′。所以 NH_3 分子的空间构型为三角锥形。H_2O 分子同样有两个 sp^3 杂化轨道被孤对电子占据，对成键的两个杂化轨道的排斥作用更大，致使两个 O—H 键间的夹角压缩成 104°45′，H_2O 分子的空间结构为钝角形，如图 1-15 所示。

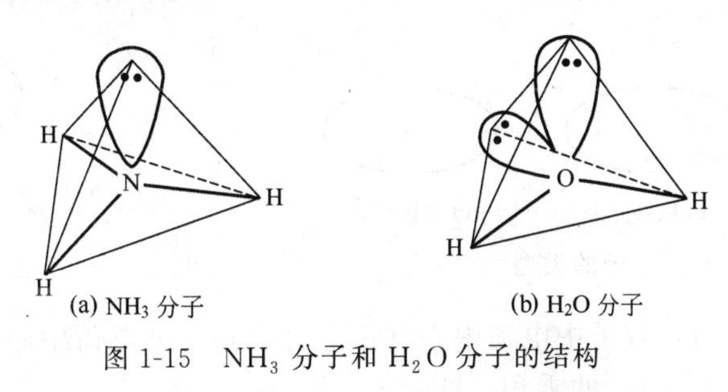

图 1-15 NH_3 分子和 H_2O 分子的结构

第五节 分子的极性

一、键的极性与分子的极性

由离子键构成的分子如气态 NaCl 分子，显然是有极性的。由共价键构成的分子是否有极性，主要取决于分子中正、负电荷的分布情况。

1. 电荷中心

在任何中性分子中，都有带正电荷的原子核和带负电荷的电子。可设想分子内部，两种电荷（正电荷或负电荷）分别集中于某一点上，就像任何物体的重量可以认为集中在其重心上一样。把电荷的这种集中点叫做“电荷重心”或“电荷中心”，其中正电荷的集中点叫“正电荷中心”，负电荷的集中点叫“负电荷中心”。分子中正、负电荷中心可称为分子的正、负两个极，用“+”表示正电荷中心，即正极，用“−”表示负电荷中心，即负极。

2. 极性分子和非极性分子

根据分子中正、负电荷中心是否重合，可把分子划分为极性分子和非极性分子。

正、负电荷中心重合的分子是非极性分子，正、负电荷中心不重合的分子是极性分子。由相同原子组成的单质分子，如 H_2、Cl_2、N_2、P_4 等均为非极性分子；由不同原子组成的双原子分子，如 HF、HCl、HBr、HI 等均为极性分子，且键的极性越大，分子的极性也越大。可见，对双原子分子来说，分子是否有极性，决定于所形成的键是否有极性。对于由不同原子组成的多原子分子来说，键有极性，而分子是否有极性，则决定于分子的空间构型是否对称。当分子的空间构型对称时，键的极性相互抵消，使整个分子的正、负电荷中心重合，因此这类分子是非极性分子，如 CO_2、CH_4、BF_3、$BeCl_2$、C_2H_2 等。当分子的空间构型不对称时，键的极性不能相互抵消，分子的正、负电荷中心不重合，因此这类分子是极性分子，如 H_2O、NH_3、SO_2、CH_3Cl 等分子。

由上述讨论可知，分子的极性与键的极性是两个概念，但两者又有联系。极性分子中必含有极性键，但含有极性键的分子不一定是极性分子。共价键是否有极性，决定于相邻两原子间共用电子对是否有偏移；而分子是否有极性，决定于整个分子的正、负电荷中心是否重合。

*二、分子的极性与偶极矩

按照分子的极性大小，分子可分为三种类型：离子型分子、极性分子、非极性分子，如图 1-16 所示。分子极性的大小，通常可用偶极矩来表示，如图 1-17 所示。

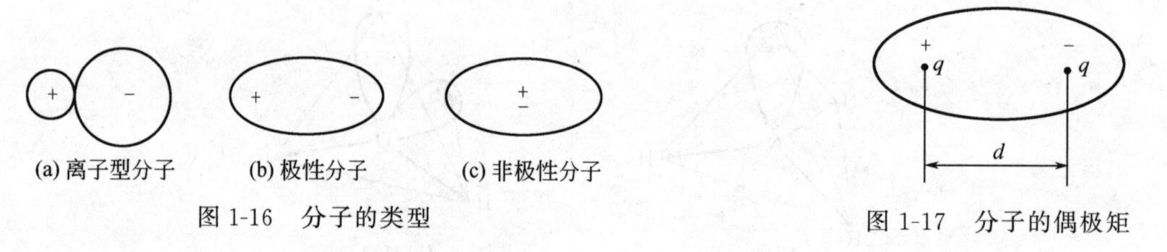

图 1-16　分子的类型

图 1-17　分子的偶极矩

偶极矩(μ) 定义为：分子中电荷中心（正电荷中心或负电荷中心）上的电荷量（q）与正、负电荷中心间距离（d）的乘积，即

$$\mu = qd$$

d 又称为偶极长度。分子偶极矩的数值可以通过实验测出，它的单位是库仑·米（C·m），数量级为 10^{-30}(C·m)。偶极矩是矢量，其方向规定为由正到负。

偶极矩等于零的分子为非极性分子，偶极矩不等于零的分子为极性分子。偶极矩越大，分子的极性越强。因而，可以根据偶极矩数值的大小比较分子极性的相对强弱。此外，还常根据偶极矩数值验证和推断分子的空间构型。例如，通过实验测知 H_2O 分子的偶极矩不为零，可以确定 H_2O 分子中正、负电荷中心是不重合的，由此可以认为 H_2O 分子不可能是直线型分子，H_2O 分子为钝角型分子的说法就此得到证实。又如，通过实验测知 CS_2 分子的偶极矩为零，说明 CS_2 分子的正、负电荷中心是重合的，由此可以推断 CS_2 分子应为直线型分子。

*第六节　分子间的作用力

一、分子的极化

极性分子和非极性分子的结构通常是指在没有外界影响下分子本身的属性。如果分子受到外电场的作用，分子的内部结构将会发生变化，其性质也受到影响。例如，非极性分子在未受电场作用时，正、负电荷中心是重合的，当受到外电场作用后，带正电的核被吸引向负极，电子云则被吸引向正极。电子云与核产生了相对位移，分子发生了变形，分子内正、负电荷中心发生了分离，产生了偶极，这一过程叫做分子的极化，如图 1-18 所示。

这种因外电场的诱导作用所形成的偶极叫做诱导偶极。电场越强，分子变形越厉害，诱导偶极越大。当外电场取消后，诱导偶极也随之消失，正、负电荷中心又重合起来，这时分子恢复为原来的非极性分子。

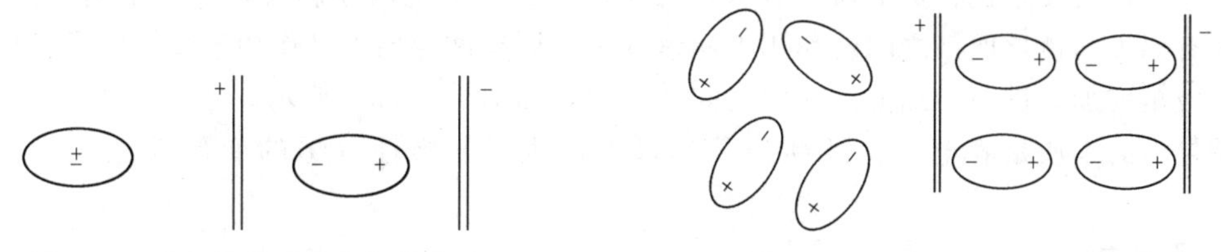

图 1-18　非极性分子与电场的关系　　图 1-19　极性分子在电场中的极化

极性分子在外电场作用下，也能发生极化，但与非极性分子稍有不同。极性分子本身就已具有偶极，这种偶极称为固有偶极。如将极性分子置于外电场中，本来运动着的杂乱无序的分子，受到外电场作用，分子的正极引向负极，负极引向正极，这种作用称为取向作用，如图 1-19 所示。同时在电场影响下，分子也会发生变形，产生诱导偶极，诱导偶极加上固有偶极，分子的极性就更强了。因而，极性分子的极化是分子的取向和变形的总结果。

分子的极化不仅能发生在外电场的作用下，也可以在相邻分子间发生。这是因为极性分子的固有偶极就相当于无数个微型电场，所以当极性分子与极性分子、极性分子与非极性分子相邻时同样也会发生极化作用。这样的极化作用就是分子间力。

二、分子间力

原子间通过化学键结合成分子，而分子聚集成物质靠的是分子间力和氢键。稀有气体、氢气、氧气、氯气、氨和水能液化或凝固，说明分子间力的存在。荷兰物理学家范德华 (J. D. van der Waals，1837—1923) 对这种力进行了卓有成效的研究，因此又把分子间力叫做范德华力，主要包括色散力、诱导力和取向力三种。

1. 色散力

当非极性分子相互靠近时，由于分子中的电子永不停止的运动和原子核的不断振动，经常发生电子和原子核之间的相对位移，因而产生了瞬时偶极。不同分子间，瞬时偶极总处于异极相邻的状态，如图 1-20(c) 所示。虽然瞬时偶极存在的时间短暂，但这种异极相邻的状

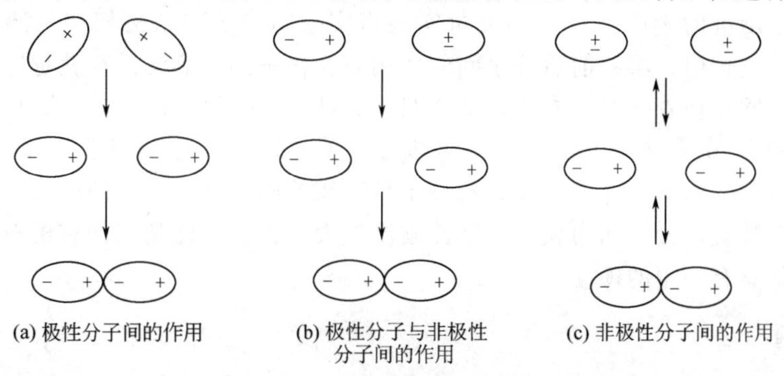

(a) 极性分子间的作用　(b) 极性分子与非极性分子间的作用　(c) 非极性分子间的作用

图 1-20　分子间的作用

态总是在不断地重复，使分子间始终存在着引力。瞬时偶极间的作用力叫色散力，它是分子间普遍存在的作用力。一般来讲，分子的变形性越大，色散力越大。对于同类分子间，如卤素分子间、稀有气体分子间、直链烷烃分子间等，分子量越大，色散力越大。

2. 诱导力

当极性分子与非极性分子相互靠近时，因每种分子都有变形性，都会产生瞬时偶极，所以，这两种分子间同样具有色散力。此外，由于极性分子的固有偶极产生的电场使非极性分子发生变形，使原来正、负电荷中心重合的非极性分子产生诱导偶极，使分子间产生引力。这种固有偶极与诱导偶极之间的作用力叫诱导力。同样诱导偶极又作用于极性分子，使极性分子偶极矩增加，进一步加强了它们之间的吸引，如图 1-20(b) 所示。

诱导力的本质是静电力。极性分子的极性越大，非极性分子的变形性越大，诱导力越大。

3. 取向力

当极性分子彼此靠近时，由于分子的固有偶极之间同极相斥、异极相吸，使得分子在空间按异极相邻状态取向，因此而产生的分子间力叫取向力。分子的极性越大，分子间的取向力越大。另外，由于取向力的存在使极性分子更加靠近，在相邻分子的固有偶极作用下，使每个分子的正、负电荷中心更加远离，从而产生诱导偶极，因此，极性分子间也还存在着诱导力，如图 1-20(a) 所示。

综上所述，分子间力有以下特点：

① 在非极性分子之间只存在色散力；在极性分子与非极性分子之间存在色散力和诱导力；在极性分子之间则三种力都存在。色散力存在于一切分子之间，而且一般是最主要的一种力，只有当分子的极性很强时（如 H_2O 分子之间）才以取向力为主，而诱导力一般都很小。

② 分子间力较弱，一般比化学键的键能小 1～2 个数量级。

③ 分子间力是静电引力，没有方向性和饱和性，其作用范围随分子间距离增大而迅速减小。

***4. 分子间力对物质性质的影响**

（1）对熔点、沸点的影响　对于化学性质相似的同类型物质，如稀有气体、卤素、直链烷烃、烯烃等，分子间力的大小主要决定于色散力，故随分子量的增大，分子间色散力增强，分子间吸引作用增强，熔点、沸点升高。

对于分子量相近而极性不同的分子，极性分子的熔点、沸点往往比非极性分子的高。这是因为极性分子间除了色散力之外，还存在取向力和诱导力。如 CO 与 N_2 分子量相近，但 CO 熔点、沸点高。

（2）对相互溶解的影响　人们用大量实验事实总结出了“结构相似相溶”规律，即溶质、溶剂的结构越相似，溶解前后分子间的作用力变化越小，溶解过程就越容易发生。

强极性分子间存在着强的取向力，如 NH_3 和 H_2O 可以互溶。CCl_4 是非极性分子，几乎不溶于水。而 I_2 分子与 CCl_4 分子都是非极性分子，故 I_2 分子易溶于 CCl_4，而难溶于水。

（3）对物质硬度的影响　分子间力对分子型物质的硬度也有一定的影响，极性小的聚乙烯、聚异丁烯等物质，分子间力较小，因而硬度不大；含有极性基团的有机玻璃等物质，分子间力较大，就具有一定的硬度。

三、氢键

按前面对分子间力的讨论，结构相似的同系列物质的熔点、沸点一般随分子量的增加而升高，但在氢化物中唯有 NH_3、H_2O、HF 的熔点、沸点高于同族其他元素。卤族元素氢化物的沸点见表 1-8。

表 1-8 卤族元素氢化物的沸点

氢化物	HF	HCl	HBr	HI
沸点/℃	19.4	−84.9	−67	−35.1

氟化氢沸点的反常现象，说明氟化氢分子之间有更大的作用力，致使这些简单分子缔合为复杂分子。所谓缔合，就是由简单分子结合成比较复杂的分子，而不引起物质化学性质改变的现象。

$$n\text{HF} \rightleftharpoons (\text{HF})_n$$

HF 分子缔合的重要原因是由于分子间形成了氢键。氟原子的电负性很大，HF 中的共用电子对极度偏向氟原子一方，而使氢原子变成一个几乎没有电子且半径极小的“裸核”。因此，这个带正电的氢原子能和另一个 HF 分子中含孤对电子的氟原子相互吸引，形成氢键。

F F
H H H H
F F F

和电负性大的原子形成强极性共价键的氢原子，还能和另一个电负性大的原子相互吸引，形成一种特殊的结合作用，称之为氢键。

若以 X—H 表示氢原子的一个强极性共价键，以 Y 表示另一个电负性很大的原子，以 H---Y 表示氢键，则氢键的通式可表示为 X—H---Y。X、Y 可以是同种原子，也可以是不同种原子。

1. 氢键形成的条件

由上例可总结出氢键形成的条件：X—H 为强极性共价键，即 X 元素电负性很大，且半径要小；Y 元素要有吸引氢核的能力，即 Y 元素电负性也要大，原子半径要小，而且有孤电子对。

总之，X、Y 元素电负性越大，原子半径越小，形成的氢键越牢固。一般氟、氧、氮原子都能形成氢键。例如，H_2O、NH_3、邻硝基苯酚等分子均可以形成氢键。氯原子的电负性虽大，但原子半径也较大，形成的氢键 Cl—H---Cl 非常弱；而碳原子的电负性小，不能形成氢键。氢键可以在同种分子间形成，也可以在不同种分子间形成。如 NH_3 的水溶液中，存在着 NH_3 分子之间的氢键 N---H—N；也存在着氨与水分子间的氢键 N---H—O 或 N—H---O。

2. 氢键的特点

氢键不是化学键，但具有饱和性和方向性。当化合物中氢原子与一个 Y 原子形成氢键后，就不能和第二个 Y 原子形成氢键了，这就是氢键的饱和性；X—H---Y 形成氢键时，只有 X—H---Y 三个原子在一条直线上，作用力最强，这就是氢键的方向性。

氢键的键能一般在 40kJ/mol 以下，与分子间力是同一数量级。分子间氢键的形成，增强了分子间的作用力，欲使这些物质汽化，除了克服分子间力以外，还要破坏氢键，这就需要消耗更多的能量，所以 NH_3、H_2O、HF 的沸点高于同族其他元素的氢化物。总的来说，形成氢键的物质熔点、沸点常有反常的现象。氢键的形成对化合物的物理、化学性质有各种不同的影响。如氨极易溶于水，就是由于氨分子与水分子间形成了氢键；水分子之间形成了具有方向性的氢键，使其结构疏松，所以冰的密度比水小。

【阅读材料1】

四个量子数

量子力学对核外电子运动状态的描述引入了四个量子数，即电子的运动状态可以用四个量子数来规定。它们是：主量子数（n）、角量子数（l）、磁量子数（m）和自旋量子数（m_s）。

（1）主量子数 n　它描述了核外电子离核的远近和电子能量的高低。由近及远，能量由低至高。n 可取正整数，即 1、2、3、4、…、n。n 值越大，表示电子离核越远，能量越高。反之，n 越小，则电子离核越近，能量越低。由于 n 只能取正整数，所以电子的能量是不连续的，或者说能量是量子化的。这也相当于把核外电子分为不同的电子层，凡 n 相同的电子属于同一层，习惯上用 K、L、M、N、O、P、Q 来代表 $n=1$、2、3、4、5、6、7 的电子层。

（2）角量子数 l　根据光谱实验及理论推导，即使在同一电子层中，电子的能量也有所差别，运动状态也有所不同，即一个电子层还可以分为若干个能量稍有差别、原子轨道形状不同的亚层。角量子数（又称副量子数）l 就是用来描述不同亚层的量子数。它规定电子在原子核外出现的概率密度随空间角度的变化，即决定原子轨道或电子云的形状。l 可取小于 n 的正整数，即 0、1、2、3、…、$n-1$。如 $n=4$，l 可以是 0、1、2、3，相应的符号是 s、p、d、f。例如 $l=0$ 就用 s 表示，$l=1$ 用 p 表示等。对于多电子原子，当 n 相同时，l 越大，电子能量越高。因此，常把 n 相同、l 不同的状态称为电子亚层。

（3）磁量子数 m　它描述了电子运动状态在空间伸展的取向。m 的数值可取 0、±1、±2、…、±l。对某个运动状态，可有 $2l+1$ 个伸展方向。s 轨道的 $l=0$，所以只有一种取向，它是球形对称的。p 轨道的 $l=1$，$m=-1$、0 或 1，所以有三种取向，用 p_x、p_y 和 p_z 表示。

（4）自旋量子数 m_s　电子除绕核运动外，它本身还作自旋运动。电子自旋运动有顺时针和逆时针两个方向，分别用 $m_s=+\frac{1}{2}$ 和 $m_s=-\frac{1}{2}$ 表示，也常用"↑"和"↓"符号表示自旋方向相反的电子。

【阅读材料2】

晶体知识

固体物质可分为晶体和非晶体两类。物质微粒（原子、分子、离子等）在空间有规则地排列成的具有整齐外形的多面体固体称为晶体；微粒无规则地排列成的固体称为非晶体。组成晶体的微粒排列成的空间格子称为晶格。微粒在晶格中所占的位置叫做晶格结点。

1. 离子晶体

离子晶体的晶格结点上交替排列着阴、阳离子，阴、阳离子之间的作用力是离子键。如 NaCl 和 CsCl 晶体的结构。在 NaCl 晶体中，晶格结点上的质点为 Na^+、Cl^-，质点间的作用力为离子键。由于离子键没有方向性和饱和性，每一个 Na^+ 同时吸引 6 个 Cl^-，每一个 Cl^- 也同时吸引 6 个 Na^+。在 CsCl 晶体中，每一个 Cs^+ 同时吸引 8 个 Cl^-，每一个 Cl^- 也同时吸引 8 个 Cs^+。因此在 NaCl 或 CsCl 晶体中，都不存在单个的 NaCl 分子或单个的 CsCl 分子。

在离子晶体中，阴、阳离子间有强烈的静电引力，所以属于离子型的化合物具有较高的熔点、沸点和硬度。晶格能越大，离子晶体的熔点、沸点越高，硬度越大，离子化合物越稳定。绝大多数盐类、强碱及许多金属氧化物都属于离子晶体结构。

2. 原子晶体

原子晶体在晶格结点上排列着中性原子，原子和原子之间以非极性共价键结合。由于它们的键非常牢固，键的强度也较大，所以原子晶体的硬度很大，熔点、沸点很高，如金刚石的熔点高达

3550℃，硬度最大。这类晶体通常不导电（熔融时也不导电），是热的不良导体，延展性差。除金刚石外，单质硅、锗以及 SiC、SiO_2 等也都是原子晶体。

3. 分子晶体

分子晶体在晶格结点上排列着极性分子或非极性分子。如固态的卤素单质、冰、干冰等，以及绝大多数有机化合物都属于分子晶体。在分子晶体中，分子内原子间的共价键相当牢固，但分子间的作用力却相当弱。因此，分子晶体的熔点和沸点较低（通常在 300℃以下），硬度较小，挥发性较大，有的甚至可以升华，如碘、萘等。多数分子晶体难溶于水，不导电，即使熔融状态下也不导电。只有那些极性很强的分子晶体（如 HCl）溶于极性溶剂（H_2O）后可以导电。

除上述三种典型晶体外，还有混合型（或过渡型）晶体。其特点是晶格结点间的结合力不止一种，例如石墨是层状结构晶体，同层 C 原子以 sp^2 杂化轨道形成共价键，与另外三个 C 原子连接，层与层之间则以范德华力相结合，故石墨片层间易滑动，是优良的固体润滑剂。

【阅读材料3】

纳米技术与纳米材料

人们对固体物质的认识，首先是从物质的熔点、硬度、强度、导电性、导磁性、传热性、溶解度以及反应活性等宏观性质开始的，进而深入到原子、分子的层次，从原子、分子的结构理论描述性质与结构的关系。

什么是“纳米”？纳米（nm）又称毫微米，如同厘米（cm）、分米（dm）和米（m）一样，是长度的度量单位，它是英文 nanometer 的中译文“纳诺米特”的简称。具体地说，一纳米等于十亿分之一米的长度，亦即蚕丝的 12000 分之一，相当于 4 倍原子大小，万分之一头发粗细。形象地讲，一纳米的物体放到乒乓球上，就像一个乒乓球放在地球上一般。这就是纳米长度的概念。

近二十多年来，由于高分辨电子显微镜的应用和纳米级材料制备技术的发展，科学家们发现在宏观物体和微观粒子之间还存在着一些介观的层次：

约 0.1nm　　1nm　　100nm　　μm

←——→ ←——→ ←——→ ←——→ ←——→

微观　　团簇　　纳米　　介观　　宏观

其中，纳米、团簇颗粒的大小、质量、运动速度介于微观粒子与宏观物体之间，具有与宏观材料决然不同的奇特的光、电、磁、热、力和化学性质。例如，普通金块的熔点为 1063℃，而纳米金的熔点仅为 330℃；纳米铁的抗断裂应力比普通铁高 12 倍。

纳米技术就是在纳米尺寸范围内对物质进行研究和应用，对原子、分子进行加工，将它们组装成具有特定功能的纳米材料。例如，纳米刻蚀技术应用到微电子介质上，制造所得的存储器的记录密度为磁盘的 3 万倍，一张邮票大小的衬底上可记录 400 万页资料。又如，纳米材料的纺织品具有绿色环保、无毒、不会引起皮肤过敏、加工性好、效能持久、不改变原材料手感、保持原材料的透气性、抑制细菌滋生、不需特别维护等特点。

随着科学技术的发展，纳米技术广泛应用于信息产业、生物技术、传统产业的升级，如电子封装材料、塑料、橡胶、涂料、陶瓷、化妆品、服装等行业，纳米技术将把潜在于物质内部丰富多彩的结构性能开发出来。

同步练习

一、填空题（请将正确答案写在空格上）

1-1　在描述原子核外电子的运动状态时，需要同时指明电子所处的电子层、________、电子云的________和电子的________。

1-2　在电子层$n \leqslant 4$时，每个电子层内所含有的轨道数为________。

1-3　$_{28}Ni^{2+}$的核外电子分布是________。

1-4　在同一电子层中，各亚层能量按 s、p、d 、f 的顺序递增。即$E_{ns}<E_{np}<E_{nd}<E_{nf}$，这种现象称为原子的________。

1-5　11 号元素钠的电子排布式为________，用原子实表示为________。

1-6　共价键是以________为基础而形成的化学键。其形成实际上是原子轨道重叠的结果，在分子中相邻原子轨道重叠越多，共价键也就越________。

1-7　根据共用电子对的偏移程度可将共价键分为________和________。

1-8　BF_3分子的空间构型为________形，中心原子 F 采取________杂化，键角________120°（提示：填写＞，＝或＜）。

1-9　电离能的大小反映了原子失电子的难易程度，一般电离能越大，原子失电子越________。

1-10　________是反映元素的氧化状态的定量表征，它与原子的电子层结构密切相关。

二、单项选择题（在每小题列出的备选项中只有一个是符合题目要求的，请将你认为是正确选项的字母代码填入题前的括号内）

1-11　下列能级中，不存在的能级是（　　）。

A. 2p　　B. 2s　　C. 3d　　D. 3f

1-12　根据元素在元素周期表中的位置，指出下列物质中，化学键极性最大的是（　　）。

A. SO_2　　B. CO_2　　C. H_2O　　D. CH_4

1-13　根据元素在元素周期表中的位置，指出下列同浓度溶液中，酸性最强的是（　　）。

A. H_3PO_4　　B. H_2SO_4　　C. $HClO_4$　　D. $HBrO_4$

1-14　下列各键中，具有饱和性和方向性特征的是（　　）。

A. 氢键　　B. 离子键　　C. 金属键　　D. 肽键

1-15　下列分子中，采取sp^2杂化轨道成键，且具有平面三角形的结构的是（　　）。

A. CH_4　　B. BCl_3　　C. C_2H_2　　D. CCl_4

1-16　下列分子中，偶极矩不为零的是（　　）。

A. HCN　　B. CH_4　　C. BF_3　　D. C_2H_2

1-17　下列分子中，属于非极性分子的是（　　）。

A. H_2O　　B. CO_2　　C. SO_2　　D. CH_3Cl

1-18　下列分子中，含有极性键的是（　　）。

A. H_2　　B. Cl_2　　C. HCl　　D. N_2

1-19　在$n=4$的电子层中，能容纳的最多电子数是（　　）。

A. 16　　B. 18　　C. 28　　D. 32

1-20　根据电负性的数据判断下列分子中键极性最强的是（　　）。

A. HF　　B. HCl　　C. HBr　　D. HI

三、是非判断题（请在题前的括号内，对你认为正确的打√，错误的打×）

1-21　（　　）在多电子原子中，电子之间的能量基本上是相同的。

1-22　（　　）不同电子层的同类型亚层的能量，按电子层序数递减。

1-23　（　　）原子轨道是描述核外电子运动状态的特殊函数，必须同时指明电子层、电子亚层和电子云的伸展方向这三个方面方能描述一个确定的轨道。

1-24　（　　）在等价轨道上，当电子处于全充满（p^6、d^{10}、f^{14}）、半充满（p^3、d^5、f^7）或全空（p^0、d^0、f^0）状态时，能量较低，因而是较稳定的状态。

1-25　(　　) H_2S分子的构型为葫芦形，中心原子S采取sp^2杂化方式。

1-26　(　　) 离子键具有饱和性和方向性的特征。

1-27　(　　) $_{26}Fe^{2+}$的核外电子分布是[Ar] $3d^4 4s^2$，而不是[Ar] $3d^6$。

1-28　(　　) 在基态多电子原子中，$E_{4d}>E_{5s}$的现象称为能级交错。

1-29　(　　) 共价键的强度取决于原子轨道成键时重叠的多少、共用电子对的数目和原子轨道重叠的方式等因素。

1-30　(　　) 分子极性的大小，通常用偶极矩来表示，一般偶极矩越大，分子的极性越弱。

1-31　(　　) 晶格能越大，离子键越强，离子晶体越稳定。

1-32　(　　) NH_3分子的空间构型为三角锥形，属于不等性杂化。

1-33　(　　) 配位键是一种不具有饱和性和方向性特征的共价键。

1-34　(　　) 极性分子中必含有极性键，但含有极性键的分子不一定是极性分子。

1-35　(　　) BCl_3分子采取sp^2杂化方式，其空间构型为正四面体。

1-36　(　　) 诱导力存在于一切分子之间。

1-37　(　　) 分子间力属于静电引力，没有方向性和饱和性。

1-38　(　　) 由于氨分子与水分子间形成了氢键，因此氨极易溶于水。

四、简答题

1-39　核外电子排布应遵循哪些规律?

1-40　当$n=4$时，该电子层中有哪几个电子亚层?共有多少不同的轨道，最多能容纳多少个电子?

1-41　元素周期表中的周期、族及分区是如何划分的?族数是如何确定的?各分区的电子构型有何特点?

1-42　原子的共价半径、金属半径和范德华半径有何区别?说明理由。

1-43　CH_4分子中的C和H_2O分子中的O实施的都是sp^3杂化，其空间构型是否相同?为什么?

1-44　BF_3分子具有平面三角形的构型，而NF_3分子的构型却是三角锥形，试用杂化轨道理论进行解释。

1-45　写出钠、氯、硫三种元素的电子排布式和轨道表示式。

1-46　如何判断分子的极性?

1-47　分子间力有几种类型?

1-48　判断下列分子间存在哪些分子间力?

(1) Cl_2和CCl_4　(2) H_2O和CO_2　(3) H_2S和H_2O　(4) NH_3和H_2O

第二章　化学反应速率和化学平衡

【知识目标】

1. 掌握化学反应速率的表示方法。
2. 了解应用反应速率理论解释反应速率的快慢。
3. 正确理解平衡常数的物理意义及表示方法。

【能力目标】

1. 能运用化学反应速率理论指导相关实验。
2. 能进行化学平衡的有关计算。
3. 能利用平衡移动原理，提高反应物的转化率。

【素质目标】

培养学生认真负责、科学严谨的学习态度及精益求精、追求卓越的工匠精神。

将任何一个化学反应应用于科学研究和生产实践时，都要涉及两个基本问题：化学反应进行的快慢和化学反应进行的程度，即化学反应速率和化学平衡。这两个问题对于理论研究和生产实践都有重要的意义。人们总希望有利于生产的反应进行得快些、完全些，对于不希望发生的反应采取某些措施抑制甚至阻止其发生。这就必须研究化学反应速率和化学平衡，以掌握化学反应的规律。掌握好化学反应速率和化学平衡知识，将为今后学习解离平衡、氧化还原反应及配位反应等奠定基础。

第一节　化学反应速率

一、化学反应速率的概念及表示方法

在化学反应中，随着反应的进行，反应物浓度不断减小，生成物浓度不断增大。通常用单位时间内反应物或生成物浓度的变化来表示化学反应速率。浓度单位为mol/L，时间单位为秒（s）、分（min）、小时（h），因此，反应速率的单位为mol/(L·s)、mol/(L·min)、mol/(L·h）等。绝大多数化学反应的反应速率是不断变化的，一般用平均反应速率或瞬时反应速率来表示。

1. 平均反应速率

平均反应速率是指某一段时间内反应的平均速率，可表示为：

$$\bar{v}=-\frac{\Delta c(\text{反应物})}{\Delta t} \quad \text{或} \quad \bar{v}=\frac{\Delta c(\text{产物})}{\Delta t}$$

式中　$\bar{v}$——平均反应速率，mol/(L·s)；

Δc——反应物或生成物浓度的变化，mol/L；

Δt——反应时间，s。

因为反应速率总是正值，所以用反应物浓度的减小来表示时，必须在式子前加一个负号，使反应速率为正值。

【例题 2-1】 今有合成氨的反应，其中各种物质浓度变化如下：

	N_2	+ $3H_2$ ⟶	$2NH_3$
起始浓度/(mol/L)	1.0	3.0	0
2s 时浓度/(mol/L)	0.8	2.4	0.4

求此合成氨反应的平均反应速率。

解 如用单位时间内反应物氮气或氢气的浓度减小表示，分别为：

$$\bar{v}(N_2)=-\frac{\Delta c(N_2)}{\Delta t}=-\frac{0.8-1.0}{2}=0.1[\mathrm{mol/(L\cdot s)}]$$

$$\bar{v}(H_2)=-\frac{\Delta c(H_2)}{\Delta t}=-\frac{2.4-3.0}{2}=0.3[\mathrm{mol/(L\cdot s)}]$$

若用产物氨气的浓度增加表示反应速率，则为：

$$\bar{v}(NH_3)=\frac{\Delta c(NH_3)}{\Delta t}=\frac{0.4-0}{2}=0.2[\mathrm{mol/(L\cdot s)}]$$

在同一时间间隔内，反应物减小量（mol）、产物生成量（mol）与化学反应方程式的计量数成正比。在合成氨反应中，用氮气、氢气或氨气表示的反应速率与化学反应方程式的计量数的关系成正比，即

$$\bar{v}=-\frac{\bar{v}(N_2)}{1}=-\frac{\bar{v}(H_2)}{3}=\frac{\bar{v}(NH_3)}{2}$$

因此，在表示化学反应速率时，必须指明具体物质。

2. 瞬时反应速率

某一时刻的化学反应速率称为瞬时反应速率。它可以用极限的方法来表示。如对一般反应，以反应物 A 的浓度来表示反应速率，则有

$$v(A)=-\lim_{\Delta t\to 0}\frac{\Delta c(A)}{\Delta t}$$

二、影响化学反应速率的因素

反应速率的大小首先决定于参加反应的物质的本性，其次是外界条件，如反应物的浓度、温度和催化剂等。

1. 浓度对反应速率的影响

（1）基元反应和非基元反应　反应方程式只能表示反应物与生成物之间的数量关系，并不能表明反应进行的实际过程。实验证明，大多数化学反应并不是简单地一步完成，而是分步进行的。一步就能完成的反应称为基元反应，例如：

$$2NO_2(g)\longrightarrow 2NO(g)+O_2(g)$$

分几步进行的反应称为非基元反应，例如：

$$H_2(g)+I_2(g)\longrightarrow 2HI(g)$$

实际上该反应是分两步进行的：

第一步　$I_2(g)\longrightarrow 2I(g)$

第二步 $H_2(g)+2I(g) \longrightarrow 2HI(g)$

每一步为一个基元反应，总反应为两步反应的加合。

(2) 经验速率方程式 一定温度下，增大反应物的浓度可加快反应速率。例如，物质在纯氧中燃烧比在空气中燃烧更为剧烈。显然，反应物浓度越大，反应速率越大。化学家在大量实验的基础上总结出：在一定温度下，基元反应的化学反应速率与各反应物浓度幂（幂次等于反应方程式中该物质化学式前的系数）的乘积成正比，这一规律称为质量作用定律。例如：

$$2NO_2(g) \longrightarrow 2NO(g)+O_2(g) \qquad v \propto c^2(NO_2) \qquad v=kc^2(NO_2)$$

$$NO_2+CO \longrightarrow NO+CO_2 \qquad v \propto c(NO_2)c(CO) \qquad v=kc(NO_2)c(CO)$$

在一定温度下，对一般简单反应

$$aA+bB \longrightarrow gG+hH$$

有

$$v \propto c^a(A)c^b(B)$$

$$v=kc^a(A)c^b(B) \tag{2-1}$$

式(2-1) 即为经验速率方程式。比例系数 k 称为速率常数。显然，一定温度下，当 $c(A)=c(B)=1mol/L$ 时，$v=k$。因此，速率常数 k 的物理意义是单位浓度时的反应速率。k 是化学反应在一定温度下的特征常数，其数值的大小，取决于反应的本质。一定温度下，不同反应的速率常数不同。k 值越大，反应速率越快。对于同一反应，k 值随温度的改变而改变，一般情况下，温度升高，k 值增大。

必须指出，质量作用定律只适用于基元反应和非基元反应中的每一步基元反应，对于非基元反应的总反应，则不能由反应方程式直接写出其反应速率方程式。

此外，在书写反应速率方程式时，反应物的浓度是指气态物质或溶液的浓度。固态或纯液体的浓度是常数，可以并入速率常数内，因此在质量作用定律表达式中不包括固体或纯液体物质的浓度。例如：

$$C(s)+O_2(g) \longrightarrow CO_2(g) \qquad v=kc(O_2)$$

对于有固体物质参加的反应，由于反应只在固体表面进行，因此反应速率仅与固体表面积的大小和扩散速率有关，可以通过增大固体物质的表面积，即通过固体物质的粉碎来加快反应速率。

对于有气态物质参加的反应，压力会影响反应速率。在一定温度时，增大压力，气态反应物的浓度增大，反应速率加快；相反，降低压力，气态反应物的浓度减小，反应速率减慢。例如反应：

$$N_2(g)+O_2(g) \longrightarrow 2NO(g)$$

当压力增大一倍时，反应速率增大至原来的四倍。

对于没有气体参加的反应，由于压力对反应物的浓度影响很小，所以当改变压力而其他条件不变时，对反应速率影响不大。

2. 温度对反应速率的影响

温度对化学反应速率的影响特别显著。不同的化学反应，其反应速率与温度的关系比较复杂，一般情况下，大多数化学反应速率随着温度的升高而加快。荷兰物理化学家范特霍夫(J. H. Van't Hoff) 根据实验事实归纳出一条经验规律：一般化学反应，在一定的温度范围内，温度每升高 10℃，反应速率或反应速率常数一般增大 2～4 倍。例如，氢气和氧气化合生成水的反应：

$$2H_2+O_2 \longrightarrow 2H_2O$$

在室温下，反应慢到难以察觉；如果将温度升至 500℃，只需 2h 左右就可以完全反应，而 600℃以上则以爆炸的形式完成。

日常生活中温度对化学反应速率的影响随处可见。夏天，由于气温高，食物易变质；把食物放在冰箱中，由于温度低，反应速率慢，可延长食物的保存期。用高压锅可以缩短煮饭的时间，是因为高压锅内可以得到高于100℃的温度。

在滴定分析中，用高锰酸钾作滴定剂滴定还原性物质时，由于反应在室温下进行缓慢，因此，常常将溶液在水浴中加热，以提高氧化还原反应的速率。

3. 催化剂对反应速率的影响

催化剂是一种能改变化学反应速率，而其自身在反应前后质量和组成及化学性质均不改变的物质。催化剂能改变反应速率的作用称为催化作用。

能加快反应速率的催化剂，叫正催化剂。能减慢反应速率的催化剂，叫负催化剂。如为防止塑料、橡胶老化及药物变质，常添加某种物质以减慢反应速率，这些被添加的物质就是负催化剂。通常所说的催化剂是指正催化剂。

（1）催化剂的基本特征　其具有以下基本特征：①反应前后其质量、组成及化学性质不变；②量小但对反应速率影响大；③有一定的选择性，一种催化剂只催化一种或少数几种反应；④催化剂既催化正反应，也催化逆反应。

在现代化工生产中，催化剂担负着重要的角色，据统计，化工生产中80%以上的反应都采用了催化剂。例如，接触法制硫酸的关键步骤是将 SO_2 转化为 SO_3，自从采用 V_2O_5 作催化剂后，反应速率增加了1.6亿倍。又如，甲苯是重要的化工原料，可从大量存在于石油中的甲基环己烷脱氢而制得，但因该反应极慢，以致过去较长一段时期内不能用于工业生产，直到发现能显著加速反应的铜、镍催化剂后，才有了工业价值。

*（2）酶的催化作用　在生命过程中，生物体内的催化剂——酶，起着重要的作用。据估计，人体内有三万多种酶，它们分别是各种反应的有效催化剂。这些反应包括食物消化，糖类、蛋白质、脂肪的合成和分解，释放生命活动等所需的能量。体内某些酶的缺乏或过剩，都会引起代谢功能失调或紊乱，引起疾病。酶除了具有一般催化剂的催化特性外，还具有催化效率高、选择性专一、反应条件温和等特点。随着生命科学、仿生学的发展，有可能用模拟酶代替普通催化剂，若能如此，将会引发意义深远的技术革新。

第二节　化 学 平 衡

3. 动画：可逆反应及化学平衡

一、可逆反应和化学平衡

在同一条件下，既能向正反应方向进行又能向逆反应方向进行的反应称为可逆反应。通常可逆反应用双箭头表示，例如：

$$A+B \rightleftharpoons D+E$$

绝大多数的化学反应具有一定的可逆性。如在一密闭容器中，将氮气和氢气按1∶3混合，它们将发生如下反应：

$$N_2+3H_2 \rightleftharpoons 2NH_3$$

在一定条件下，反应刚开始时，正反应速率较大，逆反应的速率几乎为零，随着反应的进行，反应物 N_2 和 H_2 的浓度逐渐减小，正反应速率逐渐减小，生成物 NH_3 的浓度逐渐增大，逆反应速率逐渐增大。当正反应速率等于逆反应速率时，体系中反应物和产物的浓度均不再随时间改变而变化，体系所处的状态称为化学平衡。如图2-1所示。

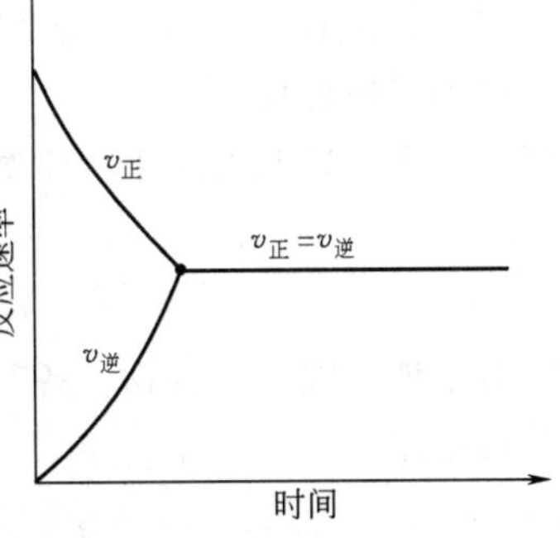

图2-1　可逆反应的正、逆反应速率随时间的变化

如果条件不改变，这种状态可以维持下去。从外表看，反应似乎已经停止，实际上，正、逆反应仍在进行，只不过是它们的速率相等，方向相反，使整个体系处于动态平衡。

化学平衡有以下特点：

① 达到化学平衡时，正、逆反应速率相等（$v_{正}=v_{逆}$）。外界条件不变，平衡会一直维持下去。

② 化学平衡是动态平衡。达到平衡后，反应并没有停止，因为 $v_{正}=v_{逆}$，所以体系中各物质浓度保持不变。

③ 化学平衡是有条件的。当外界条件改变时，正、逆反应速率发生变化，原有的平衡将被破坏，反应继续进行，直到建立新的动态平衡。

④ 由于反应是可逆的，因而化学平衡既可以由反应物开始达到平衡，也可以由产物开始达到平衡。

二、化学平衡常数

1. 经验平衡常数

化学反应处于平衡状态时各物质的浓度称为平衡浓度。对于可逆反应：

$$aA+bB \rightleftharpoons gG+hH$$

在一定温度下达平衡时，各生成物浓度幂的乘积与反应物浓度幂的乘积之比为一常数，该常数称为该反应的化学平衡常数，简称平衡常数，用 K 表示。其表达式为：

$$K=\frac{[G]^g[H]^h}{[A]^a[B]^b} \tag{2-2}$$

式中，[G]、[H]、[A]、[B] 分别表示生成物 G、H 和反应物 A、B 的平衡浓度。

若 G、H、A、B 均为稀溶液，写平衡常数表示式时，一般用 K_c 表示。

$$K_c=\frac{c^g(G)c^h(H)}{c^a(A)c^b(B)} \tag{2-3}$$

式中，K_c 称为浓度平衡常数，$c(G)$、$c(H)$、$c(A)$、$c(B)$ 分别表示 G、H、A、B 各物质的平衡浓度[1]，单位为 mol/L。

若为气体反应，由于气体的分压与浓度成正比，因此平衡常数可用各气体相应的平衡分压表示，称为压力平衡常数，用 K_p 表示。

$$K_p=\frac{p^g(G)p^h(H)}{p^a(A)p^b(B)} \tag{2-4}$$

式中，$p(G)$、$p(H)$、$p(A)$、$p(B)$ 分别表示各物质的平衡分压，单位为 MPa。

例如可逆反应 $N_2(g)+3H_2(g) \rightleftharpoons 2NH_3(g)$

其压力平衡常数和浓度平衡常数可分别表示为：

$$K_p=\frac{p^2(NH_3)}{p(N_2)p^3(H_2)} \qquad K_c=\frac{c^2(NH_3)}{c(N_2)c^3(H_2)}$$

对于理想气体混合物，各气体物质的分压 p_i 等于其摩尔分数 x_i 与总压 p 的乘积（道尔顿分压定律）。

$$p_i=x_i p$$

[1] 本书在后面的章节中，均以［ ］表示反应体系中某物质的平衡浓度。

可逆反应　　$CO(g)+H_2O(g) \rightleftharpoons CO_2(g)+H_2(g)$
的平衡常数关系式为：

$$K_p=\frac{p(CO_2)p(H_2)}{p(CO)p(H_2O)}=\frac{x(CO_2)p \cdot x(H_2)p}{x(CO)p \cdot x(H_2O)p}$$

总压一定时，各气体比等于分压比，等于摩尔分数比，等于物质的量(mol)之比：

$$p_1 : p_2=x_1p : x_2p=x_1 : x_2=\frac{n_1}{\sum n} : \frac{n_2}{\sum n}=n_1 : n_2$$

K_c、K_p 值可通过实验测定或质量作用定律推导得到，常用于生产工艺研究和设计中，所以又称经验平衡常数，其单位取决于 Δn，分别为 $(mol/L)^{\Delta n}$、$(MPa)^{\Delta n}$，Δn 为生成物化学计量数与反应物化学计量数之差，即 $\Delta n=(g+h)-(a+b)$。通常 K_c、K_p 只给出数值而不标出单位。

根据理想气体状态方程式和分压定律，经推导可得 K_c 与 K_p 之间的关系为：

$$K_c=K_p(RT)^{-\Delta n} \quad 或 \quad K_p=K_c(RT)^{\Delta n}$$

由此可以看出：参与反应的物质所采用的物理量不同，经验平衡常数具有不同的数值。显然，对于 $\Delta n=0$ 的反应，$K_c=K_p$，此时 K_c、K_p 的量纲均为 1。

上式中，当压力单位为 MPa，体积单位为 L，浓度单位为 mol/L 时，R 的值为 8.314×10^{-3} MPa·L/(mol·K)。

2. 标准平衡常数

标准平衡常数又称热力学平衡常数，用 $K^{\ominus}$表示。在标准平衡常数表达式中，各物质的浓度用相对浓度 $c(A)/c^{\ominus}$表示。对气体反应，各物质的分压用相对分压 $p(A)/p^{\ominus}$表示。$c^{\ominus}$为标准浓度，且 $c^{\ominus}=1mol/L$；$p^{\ominus}$为标准压力，且 $p^{\ominus}=0.101325MPa$。

对于反应　　$aA+bB \rightleftharpoons gG+hH$
若为稀溶液反应，一定温度下达平衡时，则有

$$K^{\ominus}=\frac{[c(G)/c^{\ominus}]^g[c(H)/c^{\ominus}]^h}{[c(A)/c^{\ominus}]^a[c(B)/c^{\ominus}]^b}$$

若为气体反应，一定温度下达平衡时，则有

$$K^{\ominus}=\frac{[p(G)/p^{\ominus}]^g[p(H)/p^{\ominus}]^h}{[p(A)/p^{\ominus}]^a[p(B)/p^{\ominus}]^b}$$

可见，标准平衡常数 $K^{\ominus}$与经验平衡常数 K(K_c 或 K_p）不同[1]，$K^{\ominus}$的量纲为 1。由于 $c^{\ominus}=1mol/L$，$p^{\ominus}=0.101325MPa$，所以，对稀溶液中的反应，$K^{\ominus}$和 K_c 两者在数值上是相等的；而对气体反应，由 $K^{\ominus}$、K_p 的表达式可以得出 $K^{\ominus}$与 K_p 的关系为$K^{\ominus}=K_p(p^{\ominus})^{-\Delta n}$。

3. 书写平衡常数表达式的规则

① 对于有纯固体、纯液体和水参加反应的平衡体系，其中纯固体、纯液体和水无浓度可言，不必写入表达式中。例如：

$$CaCO_3(s) \rightleftharpoons CaO(s)+CO_2(g)$$

$$K=p(CO_2)$$

$$Cr_2O_7^{2-}(aq)+H_2O(l) \rightleftharpoons 2CrO_4^{2-}(aq)+2H^+(aq)$$

[1] 在滴定分析中，依照分析化学的习惯，本书仍采用经验平衡常数 K。

$$K=\frac{[CrO_4^{2-}]^2[H^+]^2}{[Cr_2O_7^{2-}]}$$

② 平衡常数的表达式及其数值随化学反应方程式的写法不同而不同，但其实际含义却是相同的。例如：

$$N_2O_4(g) \rightleftharpoons 2NO_2(g) \qquad K_1=\frac{[NO_2]^2}{[N_2O_4]}$$

$$\frac{1}{2}N_2O_4(g) \rightleftharpoons NO_2(g) \qquad K_2=\frac{[NO_2]}{[N_2O_4]^{1/2}}$$

$$2NO_2(g) \rightleftharpoons N_2O_4(g) \qquad K_3=\frac{[N_2O_4]}{[NO_2]^2}$$

以上三种平衡常数表达式都描述同一平衡体系，但 $K_1 \neq K_2 \neq K_3$。因此，使用时，平衡常数表达式必须与反应方程式相对应。

③ 多重平衡规则。当几个反应相加（或相减）得一总反应时，则总反应的平衡常数等于各相加（或相减）反应的平衡常数之积（或商）。

练一练

某温度下，已知下列反应：

$$2NO(g)+O_2(g) \rightleftharpoons 2NO_2(g) \qquad K_1=a$$

$$2NO_2(g) \rightleftharpoons N_2O_4(g) \qquad K_2=b$$

若两式相加得总反应为：$2NO(g)+O_2(g) \rightleftharpoons N_2O_4(g)$

则总反应的平衡常数 $K=$？

4. 平衡常数的意义

平衡常数是可逆反应的特征常数，它的大小表明了在一定条件下反应进行的程度。对同一类反应，在给定条件下，K 值越大，表明正反应进行的程度越大，即进行得越完全。

平衡常数与反应体系的浓度（或分压）无关，与温度有关。对同一反应，温度不同，K 值不同，因此，使用时必须注明对应的温度。

三、有关化学平衡的计算

1. 由平衡浓度计算平衡常数

【例题 2-2】 合成氨反应 $N_2+3H_2 \rightleftharpoons 2NH_3$ 在某温度下达到平衡时，N_2、H_2、NH_3 的浓度分别是 3mol/L、9mol/L、4mol/L，求该温度时的平衡常数。

解 已知平衡浓度，代入平衡常数表达式，得

$$K=\frac{[NH_3]^2}{[N_2][H_2]^3}=\frac{4^2}{3\times 9^3}=7.32\times 10^{-3}$$

该温度下的平衡常数为 7.32×10^{-3}。

【例题 2-3】 在 973K 时，下列反应达平衡状态：

$$2SO_2(g)+O_2(g) \rightleftharpoons 2SO_3(g)$$

若反应在 2.0L 的容器中进行，开始时，SO_2 为 1.0mol，O_2 为 0.5mol，平衡时生成 0.6mol SO_3，计算该条件下的 K_c、K_p 和 $K^{\ominus}$。

解

	$2SO_2(g)$	+ $O_2(g)$	$\rightleftharpoons$ $2SO_3(g)$
起始 n/mol	1.0	0.5	0
转化 n/mol	0.6	0.3	0.6
平衡 n/mol	0.4	0.2	0.6
平衡 c/(mol/L)	0.4/2.0=0.2	0.2/2.0=0.1	0.6/2.0=0.3

则

$$K_c=\frac{[SO_3]^2}{[SO_2]^2[O_2]}=\frac{0.3^2}{0.2^2\times0.1}=22.5$$

$$K_p=K_c(RT)^{\Delta n}=22.5\times(8.314\times10^{-3}\times973)^{2-3}=2.781$$

$$K^\ominus=K_p(p^\ominus)^{-\Delta n}=2.781\times(0.101325)^{-(2-3)}=0.2818$$

2. 由平衡常数计算平衡转化率

平衡转化率是指反应达到平衡时，某反应物的转化量在该反应物起始量中所占的比例，即

$$某反应物的平衡转化率=\frac{平衡时该反应物的转化量}{该反应物的起始量}$$

【例题 2-4】 已知 298K 时，$AgNO_3$ 和 $Fe(NO_3)_2$ 两种溶液存在反应

$$Fe^{2+}+Ag^+\rightleftharpoons Fe^{3+}+Ag$$

该温度下反应的平衡常数 $K=2.99$。若反应开始时，溶液中 Fe^{2+} 和 Ag^+ 的浓度均为 0.100mol/L，计算平衡时 Fe^{2+}、Ag^+ 和 Fe^{3+} 的浓度及 Ag^+ 的平衡转化率。

解 (1) 计算平衡时溶液中各离子的浓度

设平衡时 $[Fe^{3+}]$ 为 $x$mol/L。

	Fe^{2+}	+ Ag^+	$\rightleftharpoons$ Fe^{3+}	+ Ag
起始浓度/(mol/L)	0.100	0.100	0	
平衡浓度/(mol/L)	$0.100-x$	$0.100-x$	x	

则

$$K=\frac{[Fe^{3+}]}{[Fe^{2+}][Ag^+]}=\frac{x}{(0.100-x)(0.100-x)}=2.99$$

得　　$x=0.0194$ (mol/L)

$[Fe^{3+}]=0.0194$mol/L；$[Fe^{2+}]=[Ag^+]=0.100-0.0194=0.0806$(mol/L)。

(2) 计算 Ag^+ 的平衡转化率

$$Ag^+的平衡转化率=\frac{0.0194}{0.100}=0.194=19.4\%$$

【例题 2-5】 763.8K 时，反应 $H_2(g)+I_2(g)\rightleftharpoons 2HI(g)$ 的 $K_c=45.7$。

(1) 如果反应开始时 H_2 和 I_2 的浓度均为 1.00mol/L，求反应达平衡时各物质的平衡浓度及 I_2 的平衡转化率。

(2) 假定平衡时要求有 90% I_2 转化为 HI，问开始时 H_2 和 I_2 应按怎样的浓度比混合？

解 (1) 设达平衡时 $[HI]=x$mol/L。

	H_2 (g)	+ I_2 (g)	$\rightleftharpoons$ 2HI (g)
起始浓度/(mol/L)	1.00	1.00	0
平衡浓度/(mol/L)	$1.00-\frac{x}{2}$	$1.00-\frac{x}{2}$	x

则

$$K_c=\frac{[HI]^2}{[I_2][H_2]}=\frac{x^2}{\left(1.00-\frac{x}{2}\right)\left(1.00-\frac{x}{2}\right)}=45.7$$

得 $$x=1.54$$

所以平衡时各物质的浓度为：

$$[H_2]=[I_2]=\left(1.00-\frac{1.54}{2}\right)mol/L=0.23mol/L$$

$$[HI]=1.54mol/L$$

I_2 的平衡转化率$=\frac{0.77}{1.00}=0.77=77\%$

(2) 设开始时 $c(H_2)=x$ mol/L，$c(I_2)=y$ mol/L。

$$H_2(g) + I_2(g) \rightleftharpoons 2HI(g)$$

	H_2(g)	I_2(g)	2HI(g)
起始浓度/(mol/L)	x	y	0
平衡浓度/(mol/L)	$x-0.90y$	$y-0.90y$	$1.8y$

则 $$K_c=\frac{[HI]^2}{[I_2][H_2]}$$

因温度不变，故 K_c 值仍为 45.7。

$$K_c=\frac{(1.8y)^2}{(x-0.90y)(y-0.90y)}=45.7$$

得 $$\frac{x}{y}=\frac{1.6}{1.0}$$

所以若开始时 H_2 和 I_2 以 1.6∶1.0 的浓度比混合，则 I_2 的转化率可达 90%。

四、化学平衡的移动

化学平衡是相对的、有条件的。当条件改变时，化学平衡就会被破坏，各种物质的浓度（或分压）就会改变，反应继续进行，直到建立新的平衡。这种由于条件变化导致化学反应由原平衡状态转变到新平衡状态的过程，称为化学平衡的移动。影响化学平衡的因素主要有浓度、压力和温度。

1. 浓度对化学平衡的影响

对于任意可逆反应：$aA+bB \rightleftharpoons gG+hH$

令 $$Q_c=\frac{c^g(G)c^h(H)}{c^a(A)c^b(B)$$

4. 动画：浓度对化学平衡的影响

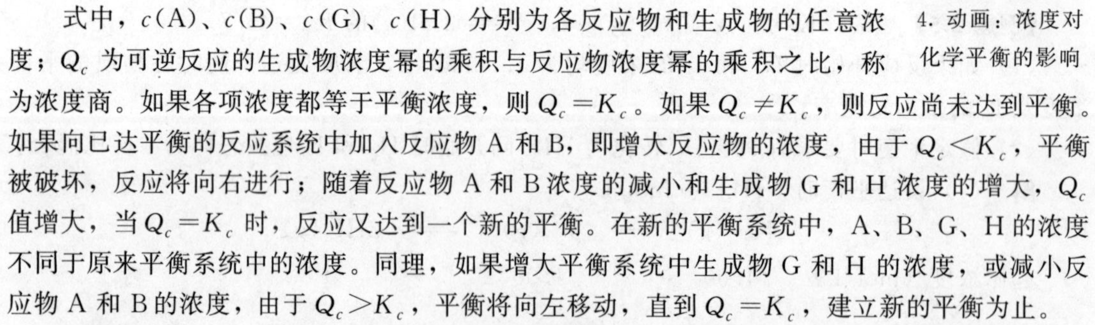

式中，c(A)、c(B)、c(G)、c(H) 分别为各反应物和生成物的任意浓度；Q_c 为可逆反应的生成物浓度幂的乘积与反应物浓度幂的乘积之比，称为浓度商。如果各项浓度都等于平衡浓度，则 $Q_c=K_c$。如果 $Q_c \neq K_c$，则反应尚未达到平衡。如果向已达平衡的反应系统中加入反应物 A 和 B，即增大反应物的浓度，由于 $Q_c<K_c$，平衡被破坏，反应将向右进行；随着反应物 A 和 B 浓度的减小和生成物 G 和 H 浓度的增大，Q_c 值增大，当 $Q_c=K_c$ 时，反应又达到一个新的平衡。在新的平衡系统中，A、B、G、H 的浓度不同于原来平衡系统中的浓度。同理，如果增大平衡系统中生成物 G 和 H 的浓度，或减小反应物 A 和 B 的浓度，由于 $Q_c>K_c$，平衡将向左移动，直到 $Q_c=K_c$，建立新的平衡为止。

浓度对化学平衡的影响可归纳为：当其他条件不变时，增大反应物浓度或减小生成物浓度，平衡向右移动；增大生成物浓度或减小反应物浓度，平衡向左移动。

2. 压力对化学平衡的影响

对液相和固相中发生的反应，改变压力，对平衡几乎没有影响。但对于有气体参加的反应，压力的影响必须考虑。对于有气体参与的反应，例如：

$$aA+bB \rightleftharpoons gG+hH$$

令

$$Q_p=\frac{p^g(G)p^h(H)}{p^a(A)p^b(B)}$$

式中，Q_p 为分压商；$p(A)$、$p(B)$、$p(G)$、$p(H)$ 分别为各反应物和生成物的任意分压。反应达到平衡时，$Q_p=K_p$。恒温下，对已达平衡的气体反应体系，增加总压或减小总压时，体系内各组分的分压将同时增大或减小相同的倍数。因此，总压力的改变对化学平衡的影响有两种情况：①如果反应物气体分子计量总数与生成物气体分子计量总数相等，即 $a+b=g+h$，增加总压或减小总压都不会改变 Q_p 值，仍有 $Q_p=K_p$，平衡不发生移动；②如果反应物气体分子计量总数与生成物气体分子计量总数不等，即 $a+b\neq g+h$，增加总压或减小总压都将会改变 Q_p 值，$Q_p\neq K_p$，则导致平衡移动。例如：

$$N_2(g)+3H_2(g) \rightleftharpoons 2NH_3(g)$$

增加总压力，平衡将向生成 NH_3 的方向移动，即向气体分子数减少的方向移动；减小总压力，平衡将向产生 N_2 和 H_2 的方向移动，即向气体分子数增多的方向移动。

压力对化学平衡的影响可归纳为：当其他条件不变时，增加体系的总压力，平衡将向气体分子计量总数减少的方向移动；减小体系的总压力，平衡将向气体分子计量总数增多的方向移动。

3. 温度对化学平衡的影响

温度对化学平衡的影响与浓度、压力的影响有本质的区别。浓度、压力变化时，平衡常数不变，只导致平衡发生移动。但温度变化时平衡常数发生改变。实验测定表明，对于正向放热（$q<0$）反应，温度升高，平衡常数减小，此时，$Q>K$，平衡向左移动，即向吸热方向移动；对于正向吸热（$q>0$）反应，温度升高，平衡常数增大，此时，$Q<K$，平衡向右移动。

温度对化学平衡的影响可归纳为：当其他条件不变时，升高温度，化学平衡向吸热方向移动；降低温度，化学平衡向放热方向移动。

4. 催化剂与化学平衡

使用催化剂能同等程度地增大正、逆反应速率，平衡常数 K 并不改变；因此使用催化剂不会使化学平衡发生移动，只能缩短可逆反应达到平衡的时间。

综合上述影响化学平衡移动的各种因素，1884 年法国科学家勒夏特列（Le Chatelier）概括出一条普遍规律：如果改变平衡体系的条件之一（如浓度、压力或温度），平衡就向能减弱这个改变的方向移动。这个规律被称为勒夏特列原理，也叫平衡移动原理。此原理适用于所有的动态平衡体系。但必须指出，它只能用于已经建立平衡的体系，对于非平衡体系则不适用。

五、反应速率与化学平衡的综合应用

在化工生产中，如何采用有利的工艺条件，充分利用原料，提高产量，缩短生产周期，降低成本，就需要综合考虑反应速率和化学平衡，采取最有利的工艺条件，以达到最高的经济效益。

① 使一种价廉易得的原料适当过量，以提高另一种原料的转化率。例如，在水煤气转化反应中，为了尽可能利用 CO，使水蒸气过量。又如，在 SO_2 氧化生成 SO_3 的反应中，让氧气过量，使 SO_2 充分转化。但需指出，一种原料的过量应适可而止，如果过量太多，会使另一种原料的浓度相对变小，反而不利于反应的进行。此外，对于气相反应，要注意原料气的性质，防止它们的配比进入爆炸极限范围，以免引起事故。

② 对于气体反应，加大压力会使反应速率加快，并能提高转化率。但增加压力，会提

高对设备材质的要求。故需结合实际，综合考虑。例如合成氨反应，若在 1.012×10^2 MPa 的高压下，可以不用催化剂就能得到很高的转化率；然而这种高压设备价格昂贵。目前我国大多数工厂仍采用中压法（2.03×10MPa）合成。

③ 升高温度能加快反应速率，对于吸热反应，还能提高转化率。但需注意，有时温度过高会使反应物或生成物分解，还会加大能源的消耗。

④ 选用催化剂时，需注意催化剂的活化温度，对容易中毒的催化剂需注意原料的纯化。还需考虑催化剂的价格。

综上所述，在选用生产条件时，应结合企业实际，应用平衡移动原理综合加以考虑。例如，工业上将 SO_2 转化成 SO_3 [反应式为 $2SO_2(g)+O_2(g)\rightleftharpoons 2SO_3(g)$，$q<0$] 时，综合考虑各因素所确定的生产工艺条件为：①原料比为 SO_2 7%、O_2 11%（其余为氮，约占82%），可见 O_2 比理论上大为过量。②多次转化和多次吸收，SO_2 通过转化炉后（转化率可达90%）进入吸收塔，其中的 SO_3 被吸收，余下的气体再次返回转化炉。由于 SO_3 不断从系统中取走，有利于 SO_2 继续转化。由此 SO_2 的总转化率可达99.7%。③采用 V_2O_5 为催化剂，温度控制在420～450℃，由于该反应是放热反应，生产中采用多段催化氧化，通过热交换器将放出的热量不断取走，以维持一定的温度。

【阅读材料】

化学反应速率理论简介

为什么不同的化学反应有不同的速率？决定反应速率的因素是什么？为了解决这一问题，化学家们做了大量的研究，提出了多种学说。其中较重要的是有效碰撞理论和过渡状态理论。在中学已经学习了有效碰撞理论，这里只简单介绍过渡状态理论。

有效碰撞理论可以解释简单的气体分子间的化学反应，但在处理比较复杂的分子间的反应时却遇到了困难，这是因为碰撞理论没有考虑分子具有复杂的结构。过渡状态理论用量子力学的方法，计算反应物分子在相互作用过程中的势能变化。过渡状态理论认为：化学反应是旧键断裂和新键形成的过程，这中间要经历反应物分子彼此靠近→反应物内部结构改变→形成高能量的中间活化配合物→变为生成物，是一个复杂过程。如反应 A+B—C ⟶ A—B+C，其反应历程可表示为：

$$A+B-C \longrightarrow [A\cdots B\cdots C] \longrightarrow A-B+C$$

式中，[A⋯B⋯C] 即为 A 和 B—C 处于过渡状态时，所形成的一种类似配合物结构的物质，称为活化配合物。这时原有的化学键（B—C 键）被削弱但未完全断裂，新化学键（A—B 键）开始形成但尚未完全形成。由此可知，活化能实际上是指在化学反应中，破坏旧键所需的最低能量，见图 2-2。过渡状态理论吸收了有效碰撞理论中合理的内容，给出活化分子比较理想的模型，而且与破坏旧键所需的能量联系起来，使人们对活化能的本质有了进一步了解。由于不同的物质其化学键不同，所以在各种化学反应中所需的活化能也不相同。反应的活化能越大，活化分子越少，反应速率就越慢。故活化能是决定化学反应速率的内在因素。

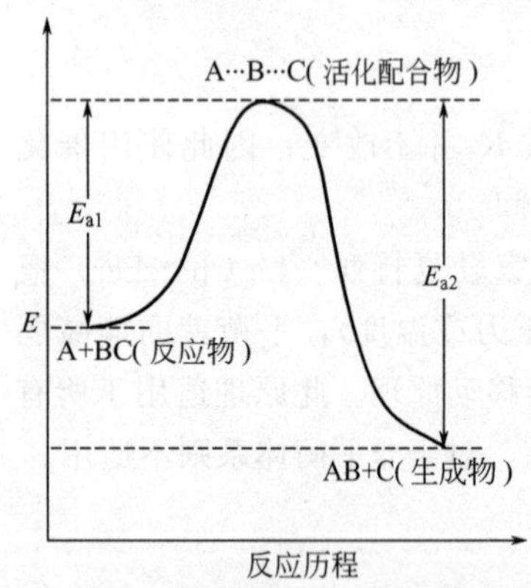

图 2-2 反应历程的能量图

同步练习

一、填空题（请将正确答案写在空格上）

2-1 一般化学反应，在一定的温度范围内，温度每升高10℃，反应速率或反应速率常数一般增大________倍。

2-2　平衡常数是可逆反应的特征常数，对同一反应，温度不同，K 值________。

2-3　已知298K时，$AgNO_3$ 和 $Fe(NO_3)_2$ 两种溶液存在反应：$Fe^{2+}+Ag^+ \rightleftharpoons Fe^{3+}+Ag$

该温度下反应的平衡常数 $K=2.99$。若反应开始时，溶液中 Fe^{2+} 和 Ag^+ 浓度均为0.100mol/L，则平衡时 Fe^{3+} 的浓度为________mol/L，Ag^+ 的平衡转化率为________。

2-4　化学反应速率通常用单位时间内反应物或生成物浓度的变化表示，是衡量化学反应________的参数。

2-5　大多数化学反应并不是简单地一步完成的，而是分步进行的。分几步进行的反应，称为________反应。

2-6　基元反应 $2NO_2(g) \longrightarrow 2NO(g)+O_2(g)$ 的经验速率方程式为________，在一定温度下，对一般简单反应 $aA+bB \longrightarrow eE+fF$，其经验速率方程式为________，当 $c(A)=c(B)=1mol/L$ 时，v ________ k（提示：填写>，=或<）。

2-7　催化剂是一种能改变化学反应速率，而其自身在反应前后质量和化学组成均不改变的物质。通常我们所说的催化剂是指________。

2-8　影响化学反应速率大小的外界因素主要有反应物的浓度（压力）、________和________。

二、单项选择题（在每小题列出的备选项中只有一个是符合题目要求的，请将你认为是正确选项的字母代码填入题前的括号内）

2-9　某一化学反应：$A+3B \longrightarrow 2C$ 是一步完成的。A的起始浓度为1mol/L，B的起始浓度是3mol/L，2s后，A的浓度下降到0.8mol/L，该反应的反应速率为（　　）。

A. 0.5 mol/(L·s)　　B. −0.5mol/(L·s)

C. −0.1mol/(L·s)　　D. 0.1mol/(L·s)

2-10　对于有气态物质参加的反应，压力会影响反应速率。在一定温度时，$N_2(g)+O_2(g) \longrightarrow 2NO(g)$，当压力增大1倍时，反应速率增大至原来的倍数是（　　）。

A. 2　　B. 4　　C. 6　　D. 8

2-11　合成氨反应 $N_2+3H_2 \rightleftharpoons 2NH_3$ 在某温度下达到平衡时，N_2、H_2、NH_3 的浓度分别是：2mol/L、6mol/L、4mol/L，则该温度时的平衡常数是（　　）。

A. 3.70×10^{-1}　　B. 3.70×10^{-2}　　C. 3.33×10^{-1}　　D. 3.33×10^{-2}

2-12　化学平衡是动态平衡。在一定条件下，一个反应达到平衡的标志是（　　）。

A. 各反应物和生成物的浓度相等　　B. 化学反应处于停止状态

C. 正逆反应速率相等　　D. 正逆反应速率常数相等

2-13　可使化学反应达到平衡时增加产率的措施主要有（　　）。

A. 升高温度　　B. 加大压力　　C. 使用催化剂　　D. 以上都有

2-14　保持压力不变的条件下，$3H_2(g)+N_2(g) \rightleftharpoons 2NH_3(g)$ 反应进行时，若反应体系中不参与反应的惰性气体量增加时，氨的产率将（　　）。

A. 增加　　B. 减小　　C. 不变　　D. 不确定

2-15　某一化学反应达平衡后，当其速率常数 k 发生变化时，则平衡常数 K（　　）。

A. 不发生变化　　B. 一定发生变化　　C. 不一定变化　　D. 与 k 无关

2-16　某反应物在一定条件下的平衡转化率为42%，若保持反应条件不变，当加入催化剂后，它的平衡转化率是（　　）。

A. 小于42%　　B. 等于42%　　C. 大于42%　　D. 不确定

三、是非判断题（请在题前的括号内，对你认为正确的打√，错误的打×）

2-17 （　）使用催化剂不会使化学平衡发生移动，只能缩短可逆反应达到平衡的时间。

2-18 （　）对于一个给定条件下的反应，随着反应的进行正反应速率会降低。

2-19 （　）温度变化时可引起平衡常数发生改变。

2-20 （　）当反应达到化学平衡时，平衡混合物中各物质的浓度都相等。

2-21 （　）在一容器中，当反应 $N_2(g)+3H_2(g) \rightleftharpoons 2NH_3(g)$ 达到平衡后，减小总压力，平衡向正反应方向移动。

2-22 （　）绝大多数化学反应在反应进行中其速率是不断变化的。

2-23 （　）对同一类反应，在给定条件下，K 值越大，表明正反应进行得越完全。

2-24 （　）化学平衡是一种动态平衡，当反应达平衡后，体系中各物质浓度保持不变，反应暂时停止。

2-25 （　）一种反应物的转化率会随该反应物的起始浓度不同而异。

2-26 （　）反应方程式并不能表明反应进行的实际过程，仅表示反应物与生成物之间的数量关系。

四、简答题

2-27 影响化学反应速率的主要因素有哪些？影响化学平衡的因素有哪些？举例说明。

2-28 何谓质量作用定律？能否根据配平的化学反应方程式写出质量作用定律表示式？为什么？

2-29 采取什么措施可以加快下列反应的反应速率？

(1) $CH_4(g)+H_2O(g) \rightleftharpoons CO(g)+3H_2(g)$

(2) $C(s)+O_2(g) \longrightarrow CO_2(g)$

2-30 对于恒容气体反应：$aA+bB \longrightarrow gG+hH$，如何用不同物质的浓度变化表示该反应的平均速率？它们之间有什么关系？

2-31 下列反应达平衡后，升高温度或加大压力，各平衡将如何移动？

(1) $CO_2(g)+C(s) \rightleftharpoons 2CO(g)$　　$q>0$

(2) $2CO(g)+O_2(g) \rightleftharpoons 2CO_2(g)$　$q<0$

(3) $CO_2(g)+H_2(g) \rightleftharpoons CO(g)+H_2O(g)$　$q>0$

(4) $3CH_4(g)+Fe_2O_3(s) \rightleftharpoons 2Fe(s)+3CO(g)+6H_2(g)$　$q>0$

2-32 对于可逆反应 $C(s)+H_2O(g) \rightleftharpoons CO(g)+H_2(g)$，$q>0$，下列说法你认为对吗？为什么？

(1) 升高温度，正反应速率（$v_正$）增大，逆反应速率（$v_逆$）减小，所以平衡向右移动。

(2) 由于反应前后分子数相等，所以增大压力对平衡没有影响。

(3) 达到平衡时各反应物和生成物的分压一定相等。

(4) 加入催化剂，使正反应速率（$v_正$）增大，所以平衡向右移动。

2-33 写出下列反应的标准平衡常数表达式：

(1) $C(s)+CO_2(g) \rightleftharpoons 2CO(g)$

(2) $2SO_2(g)+O_2(g) \rightleftharpoons 2SO_3(g)$

(3) $Fe_3O_4(s)+4H_2(g) \rightleftharpoons 3Fe(s)+4H_2O(g)$

(4) $CH_4(g)+H_2O(g) \rightleftharpoons CO(g)+3H_2(g)$

(5) $2NO(g)+O_2(g) \rightleftharpoons N_2O_4(g)$

2-34 采取哪些措施可以使下列平衡向正反应的方向移动？

(1) $2NO(g)+O_2(g) \rightleftharpoons 2NO_2(g)$　　($q<0$)（放热反应）

(2) $C(s)+CO_2(g) \rightleftharpoons 2CO(g)$　　($q>0$)（吸热反应）

(3) $2CO(g)+O_2(g) \rightleftharpoons 2CO_2(g)$　　($q<0$)（放热反应）

(4) $N_2(g)+3H_2(g) \rightleftharpoons 2NH_3(g)$　　($q<0$)（放热反应）

五、计算题（要求写出所用公式、必要的计算步骤、正确表述计算结果以及所求项的单位）

2-35　已知773K时，合成氨反应 $N_2(g)+3H_2(g) \rightleftharpoons 2NH_3(g)$，$K=7.8\times10^{-5}$，计算该温度下以下列形式表示的合成氨反应的平衡常数 K：

(1) $\frac{1}{2}N_2(g)+\frac{3}{2}H_2(g) \rightleftharpoons NH_3(g)$　K_1

(2) $2NH_3(g) \rightleftharpoons N_2(g)+3H_2(g)$　K_2

2-36　可逆反应 $2SO_2(g)+O_2(g) \rightleftharpoons 2SO_3(g)$，已知 SO_2 和 O_2 起始浓度分别为0.4mol/L和1.0mol/L，某温度下反应达到平衡时，SO_2 的平衡转化率为80%。计算平衡时各物质的浓度和反应的平衡常数。

2-37　已知二氧化碳气体与氢气的反应

$$CO_2(g)+H_2(g) \rightleftharpoons CO(g)+H_2O(g)$$

若 $CO_2(g)$ 和 $H_2(g)$ 的起始分压分别为0.101MPa和0.405MPa，在某温度下达到平衡时，$K=1$，计算：

(1) 平衡时各组分气体的分压；

(2) 二氧化碳的平衡转化率。

2-38　可逆反应 $2SO_2(g)+O_2(g) \rightleftharpoons 2SO_3(g)$，在某温度下达到平衡时，$SO_2$、$O_2$ 和 SO_3 的浓度分别为：0.1mol/L、0.5mol/L、0.9mol/L，如果体系温度不变，将体积减小到原来的一半，试通过计算说明平衡移动的方向。

2-39　可逆反应 $Sn+Pb^{2+} \rightleftharpoons Sn^{2+}+Pb$ 在298K达到平衡，该温度下 $K=2.18$。若反应开始时，$c(Pb^{2+})=0.1mol/L$，$c(Sn^{2+})=0.1mol/L$，计算平衡时 Pb^{2+} 和 Sn^{2+} 的浓度。

2-40　已知在某温度下有反应：

$$2CO_2(g) \rightleftharpoons O_2(g)+2CO(g) \qquad K_1=A$$

$$2CO(g)+SnO_2(s) \rightleftharpoons 2CO_2(g)+Sn(s) \qquad K_2=B$$

则同一温度下的反应 $SnO_2(s) \rightleftharpoons O_2(g)+Sn(s)$ 的平衡常数 K_3 应为多少？

2-41　在某温度时，反应 $CO(g)+H_2O(g) \rightleftharpoons CO_2(g)+H_2(g)$ 的 $K=1$，反应开始时CO的浓度为0.20mol/L，$H_2O(g)$ 的浓度为0.30mol/L，计算（1）平衡时各物质的浓度及CO转化为 CO_2 的平衡转化率。（2）温度不变，如将平衡体系中 $H_2O(g)$ 的浓度增至0.40mol/L，当反应再达平衡时，计算CO总的平衡转化率。

2-42　将1.0 mol H_2 和1.0 mol I_2 放入10L容器中，在793K达到平衡。经分析，平衡体系中含HI 0.12 mol，求反应 $H_2(g)+I_2(g) \rightleftharpoons 2HI(g)$ 在793K时的 K。

2-43　合成氨反应：$N_2(g)+3H_2(g) \rightleftharpoons 2NH_3(g)$ 于773K下达平衡，经分析测知氨气、氮气和氢气的平衡分压分别为：$p(NH_3)=3.57MPa$，$p(N_2)=4.17MPa$，$p(H_2)=12.5MPa$。试计算773K时该反应的 K_c、K_p 和 $K^{\ominus}$。

第三章　重要元素及其化合物

【知识目标】

1. 了解非金属元素的通性；掌握卤族、氧族、氮族元素及其重要化合物的性质。
2. 了解磷、碳、硅、硼及其化合物的性质。
3. 了解过渡元素的通性；掌握重要的过渡元素及其化合物的性质。
4. 了解有关离子的鉴定方法。

【能力目标】

1. 能用化学方法对物质进行鉴别。
2. 会书写典型非金属元素和典型金属元素及其重要化合物的主要化学反应式。
3. 能根据元素周期表判断典型非金属元素和典型金属元素的活泼性。

【素质目标】

养成踏实严谨的学习态度、实事求是的工作作风。

迄今为止，人们已经发现的化学元素有118种，它们组成了目前已知的大约五百万种不同的物质。本章将在结构理论和平衡理论的基础上，依次讨论s、p、d区元素中一些典型的、重要的元素及其化合物的性质及应用。

第一节　概　　述

一、元素在自然界中的分布

地壳、大气圈、水圈和生物圈组成了地球的外围地圈。地壳占外围地圈总质量的93.06%，水圈占6.91%，大气圈占0.03%，生物圈的质量与其他圈层相比要小得多，约占外围地圈总质量的0.0001%。现代大气圈的化学组成见表3-1。

表3-1　现代大气圈的化学组成

气体	体积分数/%	气体	体积分数/%	气体	体积分数/%
N_2	78.08	Kr	1.14×10^{-4}	NH_3	$(0\sim1)\times10^{-6}$
O_2	20.95	Xe	8.7×10^{-6}	NO_2	$(0\sim1)\times10^{-7}$
Ar	0.93	CH_4	$(0\sim1.5)\times10^{-4}$	SO_2	$(0\sim2)\times10^{-3}$
CO_2	0.03	H_2	$(0\sim5)\times10^{-5}$	H_2S	$(0\sim2)\times10^{-8}$
Ne	1.82×10^{-3}	N_2O	$(0\sim3)\times10^{-5}$	O_3	1×10^{-6}
He	5.24×10^{-4}	CO	$(0\sim1.2)\times10^{-5}$	H_2O	5×10^{-5}

海水里除组成水的氢、氧元素外，还有氯、硫、溴、碳及微量的铜、锌、锰、银、金、

铀、镭等 50 余种元素。海洋中的元素大多数以离子形式存在于海水中，也有些沉积在海底。由于海水总体积比陆地总体积大得多，可以想象许多元素资源在海洋里的储量比陆地多，例如海洋里锰的储量多达 4000 亿吨，为陆地储量的 4000 倍，可见海洋是元素资源的巨大宝库。由表 3-1 可以看出，大气中的主要成分是氮气、氧气和稀有气体，其中氮气多达 3.8648×10^6 亿吨，所以大气层也是元素资源的一个巨大宝库。

二、元素的分类

元素按其性质可分为金属元素和非金属元素，其中金属元素 94 种，非金属元素 24 种，金属元素占元素总数的 4/5。金属元素和非金属元素在长式周期表中的位置可以通过硼—硅—砷—碲—砹和铝—锗—锑—钋之间的折线来划分。位于这条折线左下方的单质都是金属；右上方的都是非金属。这条折线附近的锗、砷、锑、碲等称为准金属。所谓准金属是指性质介于金属和非金属之间的单质，它们大多数可作半导体材料。

化学上还将元素分为普通元素和稀有元素。所谓稀有元素一般指在自然界中含量少，或分布稀散、被人们发现较晚，或难以实现工业提取制备和应用较晚的元素。例如钛元素，由于对其冶炼技术要求较高，难以制备，长期以来，人们对它的性质了解很少，被列为稀有元素，但它在地壳中的含量排第十位；而有些元素储量并不多但因矿物比较集中，如硼、金等早已被人们所熟悉，被列为普通元素。可见，稀有元素和普通元素的划分不是绝对的。

三、元素在自然界中的存在形态

元素在自然界中的存在形态有游离态（单质）和化合态（化合物）之分。

1. 游离态

自然界中以游离态存在的元素较少，大致可分为三种情况：①气态非金属单质，如 N_2、O_2、H_2、稀有气体等。②固态非金属单质，如 S、C 等。③金属单质，如 Cu、Fe、Ag 等。

从存在的物理形态来说，在常温常压下元素的单质以气态存在的有 12 种，即 N_2、O_2、H_2、F_2、Cl_2 和 He、Ne、Ar、Kr、Xe、Rn、Og；以液态存在的有两种，即 Hg、Br_2；还有两种单质，熔点很低，易形成过冷状态，即 Cs（熔点为 28.5℃）、Ga（熔点为 30℃）；其余元素的单质呈固态。

2. 化合态

大多数元素以化合态（氧化物、硫化物、氯化物、碳酸盐、磷酸盐、硫酸盐、硅酸盐等）存在。它们广泛存在于海水及矿物中。如钠盐（如 NaCl）、钾盐（如 KCl）、光卤石（$KCl\cdot MgCl_2\cdot 6H_2O$）、白云石（$CaCO_3\cdot MgCO_3$）、石膏（$CaSO_4\cdot 2H_2O$）、重晶石（$BaSO_4$）、芒硝（$Na_2SO_4\cdot 10H_2O$）、辉铜矿（$Cu_2S$）、软锰矿（$MnO_2$）、磁铁矿（$Fe_3O_4$）、赤铁矿（$Fe_2O_3$）等。

第二节　非金属元素及其化合物

已发现的非金属元素，除氢外，都位于周期表中的 p 区。非金属元素（氢和氦除外）的原子结构特征是最后一个电子填充在 $np(ns^2np^{1\sim6})$ 轨道上。在各族元素中，第二周期元素由于半径最小，电负性大，表现为与同族其他元素化学性质差别较大，如 F、O、N 与同族元素相比，具有一些特殊性。

生物体中已发现70多种元素，其中60余种含量极微。在含量较多的10余种元素中，多数为非金属元素，如H、C、N、O、P、S、Cl等，可见非金属元素与生物科学有密切的关系。

一、卤素及其化合物

1. 卤素概述

卤素是周期表中第ⅦA族元素，常用X表示，包括氟（F）、氯（Cl）、溴（Br）、碘（I）、砹（At）鿬（Ts）六种元素。其中At和Ts是放射性元素，本书不作讨论。卤素单质的性质见表3-2。

表3-2 卤素单质的性质

性质	氟	氯	溴	碘
常温下的聚集状态	气体	气体	液体	固体
颜色	淡黄色	黄绿色	红棕色	紫黑色
熔点/℃	−219.77	−101.15	−7.35	113.35
沸点/℃	−188.79	−34.75	58.65	184.25
共价半径/pm	64	99	114	133
解离能/(kJ/mol)	156.9	243	193.8	152.6
水合能/(kJ/mol)	−507	−368	−335	−293

表3-2表明卤素的物理性质随原子序数的增加呈现规律性变化，熔点、沸点逐渐升高，这是因为分子间色散力逐渐增大的缘故。单质的颜色逐渐加深，这是由于卤素单质对光的选择吸收不同所致。碘的蒸气压很高，加热时碘即升华。利用碘升华的性质可纯化和分离碘。卤素单质在水中溶解度较小。其中氟与水发生剧烈的氧化还原反应。溴、碘易溶于乙醇、四氯化碳、二硫化碳等有机溶剂中。溴水的颜色随溴浓度的增大由黄色到红棕色逐渐加深。碘溶于四氯化碳或二硫化碳等非极性有机溶剂时，溶液呈紫色。碘易溶于碘化钾或其他可溶性碘化物溶液中，这是由于I_2与I^-可生成易溶于水的I_3^-的缘故，反应式为$I_2+I^- \rightleftharpoons I_3^-$。

卤素单质均有刺激性气味，强烈刺激眼、鼻、气管的黏膜，吸入较多的蒸气会中毒，甚至引起死亡，毒性从F_2至I_2逐渐减轻，使用时要特别小心。

卤素单质皆为双原子分子。由于卤素原子极易获得一个电子形成阴离子，故卤素单质都具有氧化性，半反应为：$X_2+2e \rightleftharpoons 2X^-$。

根据标准电极电势数值的大小，可知卤素单质的氧化能力和卤离子的还原能力大小的顺序如下。

X_2的氧化能力：$F_2>Cl_2>Br_2>I_2$

X^-的还原能力：$F^-<Cl^-<Br^-<I^-$

卤素的氧化性也可以从它们和水反应的特性比较出来。F_2能与H_2O剧烈反应，放出O_2。

$$2F_2+2H_2O \longrightarrow 4HF+O_2\uparrow$$

而Cl_2和Br_2都可与水发生歧化反应。

$$Cl_2+H_2O \rightleftharpoons HCl+HClO$$

$$Br_2+H_2O \rightleftharpoons HBr+HBrO$$

I_2与H_2O反应较难。

2. 卤化氢和氢卤酸

卤素都能与氢气反应生成卤化氢。氟化氢和氯化氢通常在实验室用浓H_2SO_4与相应的盐作用制得。

$$CaF_2(s)+H_2SO_4(浓) \longrightarrow CaSO_4+2HF\uparrow$$

$$NaCl(s)+H_2SO_4(浓) \longrightarrow NaHSO_4+HCl\uparrow$$

由于浓 H_2SO_4 可将溴化氢和碘化氢进一步氧化成 Br_2 和 I_2，故溴化氢和碘化氢不能用此法制取。

卤化氢都是具有刺激性的无色气体，是共价型分子，易液化，易溶于水。由于卤化氢易与空气中的水蒸气形成细小雾滴，所以它们在空气中呈现白雾。卤化氢的性质见表 3-3。由表 3-3 可见，卤化氢的性质呈规律性变化。但 HF 的熔点、沸点特别高，其原因是在 HF 分子间形成了氢键。实验证明，HF 在气态、液态和固态时都有不同程度的缔合作用。

表 3-3　卤化氢的性质

性　质	HF	HCl	HBr	HI
熔点/℃	−83.15	−114.95	−88.65	−50.95
沸点/℃	19.35	−85.05	−67.15	−35.55
气体分子偶极矩/10^{-30}C·m	6.37	3.57	2.67	1.40
键能/(kJ/mol)	568.60	431.8	365.70	298.70
溶解度(101.3kPa,20℃)/%	35.30	42.00	49.00	57.00
水合热/(kJ/mol)	−48.14	−17.58	−20.93	23.02
核间距/pm	92.00	126.00	142.00	162.00

卤化氢的水溶液称为氢卤酸。除氢氟酸为弱酸外，其他氢卤酸都是强酸。其酸性按 HF＜HCl＜HBr＜HI 的顺序递增。

氢卤酸蒸馏时都有恒沸现象。如蒸馏浓盐酸时，首先蒸发出含有少量水分的 HCl 气体，在 0.1013MPa 下，当溶液浓度降到 20.24%时，蒸馏出来的水分和 HCl 气体保持这个浓度比例，而使溶液浓度不变，这时溶液的沸点为 109.85℃。只要压力不变，盐酸溶液的浓度和沸点都不会改变，这种盐酸称为恒沸盐酸。

氢卤酸中以氢氯酸（即盐酸）最重要，它是最常用的无机酸之一。市售浓盐酸约含 36.5%（质量分数）的氯化氢，密度为 1.19g/mL，浓度约为 12mol/L。它有如下特点：①酸性强；②可以完全挥发；③与碱反应，生成易溶的氯化物（AgCl、$PbCl_2$ 除外）；④阴离子 Cl^- 没有氧化性；⑤Cl^- 可作配位体与中心离子形成配离子，故盐酸具有特殊的溶解能力。由 1 体积浓硝酸和 3 体积浓盐酸组成的混合溶液叫做王水，它能溶解 Au 和 Pt。

$$Au+HNO_3+4HCl \longrightarrow H[AuCl_4]+NO\uparrow+2H_2O$$

$$3Pt+4HNO_3+18HCl \longrightarrow 3H_2[PtCl_6]+4NO\uparrow+8H_2O$$

在酸碱滴定中，最常用盐酸溶液作酸标准滴定溶液。

氢氟酸能和玻璃、陶瓷中的主要成分二氧化硅和硅酸盐反应。

$$SiO_2+4HF \longrightarrow SiF_4\uparrow+2H_2O$$

$$CaSiO_3+6HF \longrightarrow CaF_2+SiF_4\uparrow+3H_2O$$

因此氢氟酸一般装在聚乙烯塑料瓶中。

3. 卤素的含氧酸及其盐

氯、溴、碘均可形成氧化数分别为＋1、＋3、＋5 和＋7 的次卤酸（HXO）、亚卤酸（HXO_2）、卤酸（HXO_3）和高卤酸（HXO_4）及其盐。卤素含氧酸多数仅能在水溶液中存在。在卤素的含氧酸及其盐中以氯的含氧酸及其盐实际应用较多，下面主要介绍氯的含氧酸及其盐。

(1) 次氯酸及其盐　次氯酸（HClO）是弱酸，18℃时，$K_a=2.8\times10^{-8}$，比碳酸还弱。次氯酸很不稳定，极易分解，仅存在于稀溶液中，当光照时分解更快，并放出氧气。

$$2HClO \xrightarrow{光照} 2HCl+O_2\uparrow$$

次氯酸具有杀菌和漂白能力，就是基于上述反应。次氯酸不稳定，因此，常用的是它的盐。

氯气在常温下和碱作用可制取次氯酸盐。

次氯酸钠（NaClO）是强氧化剂，有漂白、杀菌作用，常用于印染和制药工业。最常见的次氯酸盐是次氯酸钙，可将 Cl_2 通入消石灰而制得，它是漂白粉的有效成分。

$$2Cl_2+3Ca(OH)_2 \longrightarrow Ca(ClO)_2+CaCl_2 \cdot Ca(OH)_2 \cdot H_2O+H_2O$$

漂白粉遇酸放出氯气。

$$Ca(ClO)_2+4HCl \longrightarrow CaCl_2+2Cl_2\uparrow+2H_2O$$

（2）氯酸及其盐　氯酸（$HClO_3$）是强酸、强氧化剂。其稀溶液在室温时较稳定，40%以上的浓溶液受热分解。

氯酸盐中最常见的是 $KClO_3$。将 Cl_2 通入热的苛性钾溶液中，生成氯酸钾和氯化钾。

$$3Cl_2+6KOH \xrightarrow{>70℃} KClO_3+5KCl+3H_2O$$

氯酸钾是白色晶体，易溶于热水。$KClO_3$ 与易燃物（如 C、S、P 及有机物）混合，受撞击时会猛烈爆炸。因此常用来制造烟火、火柴及炸药等。

（3）高氯酸及其盐　高氯酸（$HClO_4$）能与水以任意比例混合，是已知无机酸中最强的酸，它在冰醋酸、硫酸或硝酸溶液中仍能给出质子。

常温下，纯 $HClO_4$ 是无色黏稠液体，不稳定，储存时会发生分解爆炸。浓度低于 60% 的 $HClO_4$ 溶液是稳定的。高氯酸的氧化性比氯酸弱，但浓热的高氯酸是强氧化剂。

高氯酸盐比氯酸盐稳定性强。常用的是高氯酸钾，其氧化性比氯酸钾弱，利用高氯酸钾的氧化性可制作安全炸药。

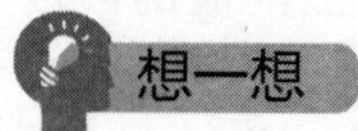

将氧气持续通入含淀粉的碘化钾溶液中，会看到什么现象？

二、氧、硫及其化合物

1. 氧、硫的单质

氧、硫是周期表中第ⅥA 族元素，是典型的非金属元素。其原子的价电子层构型为 ns^2np^4。其原子结合时可形成离子化合物或共价化合物。在自然界，氧除以单质 O_2 和 O_3 出现外，还大量存在于含氧化合物中。O_3 是浅蓝色的气体，它在 −112.15℃时凝结为深蓝色液体，−193.15℃时凝固为暗紫色的固体。由于 O_3 有一种鱼腥臭味而得名臭氧。

臭氧在地面附近的大气层中含量极少，而在距地面约为 25km 的高空处，则有一层由于太阳紫外线强辐射形成的臭氧层，反应方程式为：

$$3O_2 \xrightarrow{\text{紫外线}} 2O_3+284kJ$$

它吸收了太阳的一部分辐射能，保护了地球上的生物。但随着大气中汽车和高空飞机排出的废气中含有 NO、NO_2 以及人类使用氟利昂制冷剂和矿物燃料，这些污染物质引起臭氧的分解，导致臭氧层被破坏，引起非常严重的生态问题。

O_3 的氧化能力比 O_2 强，如 O_3 可氧化 I^-。

$$O_3+2KI+H_2O \longrightarrow I_2+2KOH+O_2$$

该反应可在常温下进行，测定所产生 I_2 的浓度，即可确定气体中 O_3 的含量。

氧在生物界起着十分重要的作用，从生命的呼吸到有机物的氧化分解都需要氧的参与。植物的叶绿素在日光的作用下又可使有机物分解产生的 CO_2 和 H_2O 变为自己所需的养料，并不断地向空间输送 O_2，使自然界中 CO_2 和 O_2 的产生与消耗处于动态平衡、永无完竭的状态。

硫以游离态和化合物存在于自然界中。硫有几种同素异形体，如斜方硫（或菱形硫）和单斜硫等，它们都是由 S_8 环状分子组成的。

硫的化学性质很活泼，能与许多元素直接反应生成硫化物。例如：

$$S + Hg \longrightarrow HgS$$

硫溶于热碱溶液。

$$3S + 6NaOH \xrightarrow{\triangle} 2Na_2S + Na_2SO_3 + 3H_2O$$

硫是构成动植物蛋白质不可缺少的重要元素。蛋白质中硫的含量为0.3%～2.5%，动物体中的硫大部分存在于毛发、软骨等组织中。

2. 过氧化氢

纯 H_2O_2 为无色黏稠液体，分子中有一个过氧键（—O—O—）。过氧化氢是极性分子，它可以和水以任意比例混合，其水溶液俗称双氧水。市售的双氧水溶液中含过氧化氢27%～30%。医药上，常将稀双氧水溶液用于伤口消毒杀菌。含27% H_2O_2 的溶液与皮肤接触，有灼热痛感，且使皮肤发白，故使用时须小心。高浓度的 H_2O_2 可作火箭燃料。

H_2O_2 的化学性质主要表现为不稳定性、弱酸性和氧化还原性。

(1) 不稳定性　H_2O_2 不稳定，常温下即能分解放出氧气。

$$2H_2O_2 \longrightarrow 2H_2O + O_2\uparrow$$

重金属离子（如 Fe^{3+}、Cr^{3+}、Mn^{2+}）、碱性介质、加热或曝光都能加快 H_2O_2 的分解，因此，过氧化氢宜储存于低温暗处。

(2) 弱酸性　H_2O_2 的水溶液是一种弱酸。

$$H_2O_2 \rightleftharpoons H^+ + HO_2^- \qquad K_a = 1.6\times10^{-12}$$

H_2O_2 与碱作用生成过氧化物。例如：

$$H_2O_2 + Ba(OH)_2 \longrightarrow BaO_2 + 2H_2O$$

(3) 氧化还原性　由于 H_2O_2 中氧的氧化数为－1，它可以得到一个电子，也可以失去一个电子，因此 H_2O_2 既显氧化性，又显还原性。H_2O_2 在酸性溶液中表现为强氧化性，如 H_2O_2 可将KI氧化成 I_2。

$$H_2O_2 + 2KI + 2HCl \longrightarrow I_2 + 2KCl + 2H_2O$$

H_2O_2 作氧化剂，其优点是它被还原的产物为 H_2O，不会给反应体系引入其他杂质。常用 H_2O_2 修复旧画，使黑色PbS变为白色 $PbSO_4$。

$$PbS + 4H_2O_2 \longrightarrow PbSO_4 + 4H_2O$$

5. 视频：过氧化氢的氧化还原性

当 H_2O_2 遇到更强的氧化剂时，又表现出还原性。如 $KMnO_4$ 在酸性条件下与 H_2O_2 的反应：

$$2KMnO_4 + 5H_2O_2 + 3H_2SO_4 \longrightarrow 2MnSO_4 + 5O_2\uparrow + K_2SO_4 + 8H_2O$$

在滴定分析中，应用上述反应原理，用 $KMnO_4$ 作标准滴定溶液，可测定双氧水中过氧化氢的含量。

查一查

设计实验方案，查阅相关资料，用化学方法鉴定 O_3 及 H_2O_2 的氧化还原性，并写出它们的反应方程式。

3. 硫化氢和金属硫化物

硫化氢（H_2S）是无色有腐蛋臭味的气体，具有相当大的毒性，是大气污染物之一。H_2S 能溶于水，室温下饱和 H_2S 水溶液的浓度约为 0.1mol/L。H_2S 的水溶液称为氢硫酸，它是二元弱酸。它在溶液中能与很多金属离子作用，生成具有特征颜色的难溶硫化物，如表 3-4 所示。

表 3-4　一些硫化物的颜色和 K_{sp}（18～25℃）

化合物	K_{sp}	颜色	化合物	K_{sp}	颜色
Ag_2S	6.3×10^{-50}	黑色	MnS	2.5×10^{-13}	肉色
CdS	8.0×10^{-27}	黄色	PbS	1.0×10^{-28}	黑色
CuS	6.3×10^{-36}	黑色	SnS	1.0×10^{-25}	灰黑色
FeS	6.3×10^{-18}	黑色	Sb_2S_3	1.5×10^{-59}	橘红色
HgS	4.0×10^{-53}	黑色	ZnS	1.6×10^{-24}	白色

硫化氢和金属硫化物都有还原性，其中氧化数为－2 的硫元素可被氧化成单质或更高的氧化态。碘可将 H_2S 氧化成 S；更强的氧化剂如 Cl_2，可将 H_2S 氧化成 H_2SO_4。

H_2S 水溶液在空气中放置，被氧化成硫而逐渐变浑浊。

$$2H_2S+O_2 \longrightarrow 2S\downarrow +2H_2O$$

难溶性金属硫化物在水中的溶解性差别较大，并且它们在盐酸、硝酸等试剂中的溶解性也不相同。

4. 硫的氧化物、含氧酸及其盐

硫比氧的电负性小，因此在硫的氧化物和含氧酸中，硫的氧化数为正值，硫原子外层存在着可利用的 d 轨道，可形成氧化数为＋4 和＋6 的多种化合物。

SO_2 分子是 V 形构型，O═S═O 键角为 120°。SO_2 是无色有刺激性气味的有毒气体，易液化，熔点为－75.55℃，沸点为－10.15℃。液态 SO_2 汽化热为 24.9kJ/mol，故可作制冷剂。SO_2 易溶于水，室温时 1 体积水能溶解 40 体积 SO_2。SO_2 的水溶液称为亚硫酸，是一种二元中强酸，不稳定，在亚硫酸水溶液中，大量存在 SO_2 的水合物 $SO_2\cdot H_2O$，游离的 H_2SO_3 尚未被离析出来。

亚硫酸的盐有正盐和酸式盐两种。亚硫酸及其盐中硫的氧化数为＋4，因此它们既可作氧化剂，又可作还原剂。如在碱性溶液中 I_2 可将 SO_3^{2-} 氧化。

$$I_2+SO_3^{2-}+2OH^- \longrightarrow 2I^-+SO_4^{2-}+H_2O$$

利用此反应可测定亚硫酸及其盐的含量。H_2SO_3（或 SO_2）只有与强还原剂作用才表现氧化性。例如：

$$SO_2+2H_2S \longrightarrow 3S\downarrow +2H_2O$$

SO_2 和 H_2SO_3 能与许多有机物，特别是染料和有色化合物发生加成反应，生成无色化合物，因此工业上用作漂白剂。Na_2SO_3 在食品工业中用作防腐剂。

想一想

每年全球因工业生产向大气排放的二氧化硫气体就达 1.46 亿吨，你能提出一些化学方法用于消除二氧化硫对大气的污染吗？

室温下纯 SO_3 是无色易挥发的液体。气态 SO_3 分子是平面三角形构型。SO_3 是一种强氧化剂，又有强烈的吸水性，它与水作用生成 H_2SO_4。

纯 H_2SO_4 是无色油状液体，浓硫酸具有强烈的腐蚀性和危害性，且有很强的吸水性和脱水性，能使糖、纤维等有机物脱去水分子而发生炭化。稀硫酸不显氧化性，浓硫酸具有强氧化性，加热时氧化性更显著，它可以氧化许多金属和非金属，本身被还原为 SO_2、S 或 H_2S。例如：

$$C+2H_2SO_4(浓)\longrightarrow CO_2\uparrow+2SO_2\uparrow+2H_2O$$

$$Cu+2H_2SO_4(浓)\longrightarrow CuSO_4+SO_2\uparrow+2H_2O$$

$$4Zn+5H_2SO_4(浓)\longrightarrow 4ZnSO_4+H_2S\uparrow+4H_2O$$

H_2SO_4 为二元强酸，它可形成正盐和酸式盐。酸式盐大都溶于水，仅钠、钾形成稳定固态盐。正盐（Pb^{2+}、Ag^+、Ca^{2+}、Ba^{2+} 的正盐除外）都易溶于水。含结晶水的可溶性硫酸盐俗称为矾。如绿矾（$FeSO_4\cdot 7H_2O$）、胆矾（$CuSO_4\cdot 5H_2O$）等。硫酸盐用途很广，用于制备化肥、农药、医药等。

五水硫代硫酸钠（$Na_2S_2O_3\cdot 5H_2O$）俗称大苏打，又名“海波”。

$Na_2S_2O_3$ 可由 Na_2SO_3 与硫黄粉共煮制得。

$$Na_2SO_3+S\longrightarrow Na_2S_2O_3$$

$Na_2S_2O_3$ 是中强还原剂，它与 I_2 反应生成 $Na_2S_4O_6$（连四硫酸钠）。

$$2Na_2S_2O_3+I_2\longrightarrow 2NaI+Na_2S_4O_6$$

该反应是滴定分析中碘量法的基础。$Na_2S_2O_3$ 与 Cl_2、Br_2 等强氧化剂作用生成硫酸盐，如

$$Na_2S_2O_3+4Cl_2+5H_2O\longrightarrow Na_2SO_4+H_2SO_4+8HCl$$

$Na_2S_2O_3$ 与酸作用生成 $H_2S_2O_3$，$H_2S_2O_3$ 极不稳定。

$$Na_2S_2O_3+2HCl\longrightarrow 2NaCl+S\downarrow+SO_2\uparrow+H_2O$$

$S_2O_3^{2-}$ 具有很强的配位能力。例如：

$$AgBr+2S_2O_3^{2-}\longrightarrow [Ag(S_2O_3)_2]^{3-}+Br^-$$

$Na_2S_2O_3$ 可作除氯剂，医药上用作洗涤剂、消毒剂，照相业用作定影剂，它还可用于电镀、鞣制皮革以及由矿石中提取银等。

三、氮、磷及其化合物

氮、磷是周期表中第ⅤA族元素，价电子构型为 ns^2np^3。生物体内都含有大量的氮、磷，它们对生命具有重要的意义。氮在大气中以单质 N_2 存在，占大气总体积的 78%；土壤中少量的氮以铵盐和硝酸盐的形式存在。磷在自然界以磷酸盐形式存在，如磷矿石 [$Ca_3(PO_4)_2$]、磷灰石 [$Ca_5F(PO_4)_3$]。在生物体的细胞、蛋白质、骨骼中也含有磷。磷的单质同素异形体常见的为白磷和红磷。白磷化学性质比红磷活泼，在空气中自燃，且有毒。通常单质磷以 P_4 形式存在。

查一查

为什么氮气可以作为保护气使用？

1. 氮的重要化合物

（1）氨与铵盐　常温下，氨是无色有特殊刺激性的气体，由于氨分子间易产生氢键，因此在常温下极易液化。液氨汽化时吸收大量的热，故液氨可作制冷剂。

氨极易溶于水，20℃时，1体积水可溶解 700 体积的氨，其水溶液称为氨水，市售氨水含 NH_3 25%～28%。氨水中存在如下平衡：

$$NH_3+H_2O\rightleftharpoons NH_3\cdot H_2O\rightleftharpoons NH_4^++OH^-$$

氨在水中主要以 $NH_3\cdot H_2O$ 的形态存在。

氨分子中的 N 原子有孤对电子，能与许多金属离子形成配离子，如 $[Ag(NH_3)_2]^+$、$[Cu(NH_3)_4]^{2+}$ 等。因此某些难溶化合物如 AgCl、$Cu(OH)_2$ 等可溶于 $NH_3\cdot H_2O$。

液氨和氨水是同一物质吗？有何异同？

铵盐不稳定，遇热均易分解，例如：

$$NH_4Cl \xrightarrow{\triangle} NH_3\uparrow + HCl\uparrow$$

$$NH_4HCO_3 \xrightarrow{\triangle} NH_3\uparrow + CO_2\uparrow + H_2O$$

铵盐的水溶液可水解，特别是弱酸铵盐水解较显著，因此使用 NH_4HCO_3 化肥时要注意防潮。

NH_3 和 CO_2 作用生成尿素，尿素是目前含氮量最高的化肥，其反应为：

$$2NH_3 + CO_2 \xrightarrow{\triangle} CO(NH_2)_2 + H_2O$$

检验 NH_4^+ 常用奈斯勒（Nessles）试剂（KOH 液 $+K_2[HgI_4]$液）与铵盐作用生成红棕色碘化氨基氧汞沉淀。

$$NH_4^+ + 2[HgI_4]^{2-} + 4OH^- \longrightarrow \left[\begin{matrix} & Hg & \\ O & & NH_2 \\ & Hg & \end{matrix}\right]I\downarrow + 7I^- + 3H_2O$$

若铵盐量少，则得到黄色溶液。

（2）氮的氧化物、含氧酸及其盐　氮的氧化物中较为重要的是 NO 和 NO_2。NO 为无色气体，难溶于水，极易与氧化合，常温下，无色的 NO 接触到空气后，立即转变为红棕色的 NO_2。

$$2NO + O_2 \longrightarrow 2NO_2$$

NO_2 是有特殊臭味的红棕色气体，有毒，腐蚀性强，是强氧化剂。NO_2 溶于水生成 HNO_3 和 NO，这是工业上生产硝酸的反应。

$$3NO_2 + H_2O \longrightarrow 2HNO_3 + NO$$

纯 HNO_3 为无色液体，易挥发，与水以任何比例互溶。HNO_3 受热或见光分解。

$$4HNO_3 \xrightarrow{\text{加热或光照}} 4NO_2\uparrow + 2H_2O + O_2\uparrow$$

6. 视频：硝酸的氧化性

浓 HNO_3 具有强氧化性，除 Au 和 Pt 外，其他金属都能被浓 HNO_3 氧化成硝酸盐。冷的浓 HNO_3 与冷的浓 H_2SO_4 一样，能使 Fe、Cr、Al 等金属钝化。浓 HNO_3 作氧化剂时，还原产物是 NO_2；稀 HNO_3 作氧化剂时，还原产物是 NO；较活泼金属（如 Mg、Zn 等）与稀硝酸反应时，可生成 N_2O；很稀的 HNO_3 可被较活泼的金属还原为 NH_3，NH_3 又和过量的酸反应生成硝酸铵。例如：

$$Cu + 4HNO_3(\text{浓}) \longrightarrow Cu(NO_3)_2 + 2NO_2\uparrow + 2H_2O$$

$$Fe + 4HNO_3(\text{稀}) \longrightarrow Fe(NO_3)_3 + NO\uparrow + 2H_2O$$

$$4Zn + 10HNO_3(\text{稀}) \longrightarrow 4Zn(NO_3)_2 + N_2O\uparrow + 5H_2O$$

$$4Zn + 10HNO_3(\text{很稀}) \longrightarrow 4Zn(NO_3)_2 + NH_4NO_3 + 3H_2O$$

1 体积浓硝酸与 3 体积浓盐酸组成的“王水”，具有比浓硝酸或浓盐酸更为强烈的腐蚀作用，因此能溶解金和铂。

硝酸能把许多非金属单质如碳、硫、磷等氧化成相应的含氧酸，本身被还原为 NO 或 NO_2。

$$C + 4HNO_3(\text{浓}) \longrightarrow CO_2\uparrow + 4NO_2\uparrow + 2H_2O$$

$$3P + 5HNO_3(\text{浓}) + 2H_2O \longrightarrow 3H_3PO_4 + 5NO\uparrow$$

硝酸盐都是离子化合物，大都溶于水，其水溶液无氧化性。硝酸盐在常温下稳定，但在高温下固体硝酸盐会分解放出 O_2，同时会因金属离子的不同而使分解产物有所差别。例如：

$$2KNO_3 \xrightarrow{\triangle} 2KNO_2 + O_2\uparrow$$

$$2Pb(NO_3)_2 \xrightarrow{\triangle} 2PbO + 4NO_2\uparrow + O_2\uparrow$$

$$2AgNO_3 \xrightarrow{\triangle} 2Ag + 2NO_2\uparrow + O_2\uparrow$$

根据这一性质，硝酸盐应用于焰火和黑火药的制造。

亚硝酸极不稳定，只能存在于稀溶液中，且加热时会分解。亚硝酸盐大多数是无色、易溶于水的固体。亚硝酸盐有毒，是致癌物质。在酸性溶液中，亚硝酸及其盐具有较强的氧化性，例如，它可氧化 I^-。

$$2NO_2^- + 2I^- + 4H^+ \longrightarrow 2NO + I_2 + 2H_2O$$

生成的 I_2 使淀粉溶液变蓝，可用此法检验 NO_2^-。

2. 磷的重要化合物

磷在空气中燃烧生成 P_2O_5，如果 O_2 不充足，只生成 P_2O_3。P_2O_5 是白色粉末状固体，吸水性很强，在空气中易潮解，常作为干燥剂。P_2O_5 溶于冷水生成偏磷酸（HPO_3）；溶于沸水生成正磷酸（H_3PO_4）。正磷酸简称磷酸。磷酸是无色透明的晶体，极易溶于水，能与水以任何比例混合，是一种无氧化性的三元中强酸。市售磷酸约含 85% 的 H_3PO_4，是黏稠状液体。H_3PO_4 能形成三种盐。难溶的磷酸一氢盐或正盐与强酸作用，生成可溶性的磷酸二氢盐。例如：

$$Ca_3(PO_4)_2 + 2H_2SO_4 + 2H_2O \longrightarrow Ca(H_2PO_4)_2 + 2CaSO_4 \cdot 2H_2O$$

磷酸盐是各种磷肥的主要组成部分。

化学分析中为了掩蔽 Fe^{3+} 的干扰，常用 H_3PO_4 作掩蔽剂，生成无色可溶性配合物，如 $H_3[Fe(PO_4)_2]$、$H[Fe(HPO_4)_2]$ 等；也常用钼酸铵试剂或镁混合试剂鉴定 PO_4^{3-}。

$$PO_4^{3-} + 3NH_4^+ + 12MoO_4^{2-} + 24H^+ \longrightarrow (NH_4)_3PO_4 \cdot 12MoO_3 \cdot 12H_2O\downarrow \text{（黄色）}$$

$$Mg^{2+} + NH_4^+ + PO_4^{3-} \longrightarrow MgNH_4PO_4\downarrow \text{（白色结晶）}$$

磷化合物在生物体内的作用极为重要，它存在于核糖核酸（RNA）和脱氧核糖核酸（DNA）中。这些分子具有储存和传递遗传信息的生理功能，以保证物种的延续和发展。磷还存在于三磷酸腺苷（ATP）等物质中，以储藏生物的能量。

四、碳、硅、硼及其化合物

碳、硅是周期表中第ⅣA 族元素，价电子层构型为 ns^2np^2，它们不易得到或失去电子，主要形成共价化合物。碳元素存在于含碳酸盐的各种矿石中，存在于金刚石、石墨、煤、石油、天然气及大气中的 CO_2 等中。它也是组成有机物和动植物体的主要元素之一，碳链是一切有机物的骨架。硅是组成岩石矿物的主要元素，如石英、砂及各种硅酸盐。硼是周期表中第ⅢA 族元素，硼原子的价电子层构型为 $2s^22p^1$。硼在自然界分布很少，它在地壳中的含量为 0.001%，除以百万分之几的数量在海水中存在外，它在大多数的土壤中以痕量元素存在。自然界没有游离硼，它存在于硼镁矿（$Mg_2B_2O_5 \cdot H_2O$）和硼砂（$Na_2B_4O_7 \cdot 10H_2O$）等矿物中。

1. 碳及其重要化合物

单质碳有石墨、金刚石和碳原子簇（已知的是 C_{60}）等三种同素异形体。1985 年克洛

(H. W. Kroo) 和斯玛勒 (R. E. Smalley) 等人发现碳的第三种晶体形态，称为球碳（原名富勒烯)。它是由碳元素结合形成的稳定分子，其化学式为 C_{60}。C_{60} 是由 20 个正六边形和 12 个正五边形镶嵌而成 32 个面有 60 个连接点的球形分子。

碳在充足的空气中燃烧生成 CO_2，放出大量的热，但当空气不足时，则生成 CO 气体。CO 毒性很大，它与血液中的血红蛋白结合成一种很稳定的配合物，从而破坏血液的输氧能力。空气中 CO 的含量达 0.002%（体积分数）时，就会引起 CO 中毒。

CO 具有还原性，它能在空气中燃烧，生成 CO_2，并放出大量的热，因此 CO 是重要的气体燃料。CO 还可以使许多金属氧化物还原为金属，所以 CO 是冶炼金属的重要还原剂。例如：

$$Fe_2O_3 + 3CO \longrightarrow 2Fe + 3CO_2\uparrow$$

$$PdCl_2 + CO + H_2O \longrightarrow Pd + CO_2\uparrow + 2HCl$$

该反应十分灵敏，常用来检测微量 CO 的存在。

CO 是很强的配位体，能与某些金属原子形成羰基配合物，如 $[Fe(CO)_5]$、$[Ni(CO)_4]$ 等。

CO_2 是无色无味的气体，不助燃。CO_2 虽无毒，但空气中含量过高（≥10%）即可使人窒息。大气中 CO_2 含量几乎保持在 0.03%（体积分数）左右，它能吸收太阳光的红外线，为生命提供合适的生存环境。但是随着世界工业生产的高度发展，大气中 CO_2 含量逐渐增加，它所产生的温室效应使全球变暖，破坏了生态平衡。因此如何保护大气中的 CO_2 平衡这一世界性问题，已受到科学界的广泛关注。

CO_2 同金属氧化物的水溶液反应生成碳酸盐。例如：

$$Ca(OH)_2 + CO_2 \longrightarrow CaCO_3\downarrow + H_2O$$

该反应用来检验 CO_2。通入过量的 CO_2 则产生可溶性的酸式碳酸盐。

$$CaCO_3 + CO_2 + H_2O \longrightarrow Ca(HCO_3)_2$$

CO_2 的临界温度为 31.1℃，加压容易液化。以 CO_2 为主要介质的临界状态化学是近十几年发展起来的新兴学科。

CO_2 溶于水形成碳酸（H_2CO_3）。20℃时，1L 水能溶解 0.9L 的 CO_2 气体，生成的碳酸的浓度约为 0.04mol/L。H_2CO_3 是二元弱酸（$K_{a1}=4.4\times10^{-7}$，$K_{a2}=5.61\times10^{-11}$）。碳酸可形成碳酸盐和碳酸氢盐。碳酸氢盐都能溶于水，碳酸盐中只有碱金属碳酸盐和碳酸铵易溶于水。碳酸盐和碳酸氢盐均不稳定，遇强酸或加热发生分解，放出 CO_2。

2. 硅的重要化合物

二氧化硅有晶形和无定形两类。晶形二氧化硅称为石英，无色透明的棱柱状纯石英称为水晶。砂粒是混有杂质的石英细粒。硅藻土是无定形二氧化硅。

SiO_2 为原子晶体，这一点与 CO_2 不同，固态 CO_2（俗称“干冰”）为分子晶体。SiO_2 不溶于水，除氢氟酸外，在其他酸中都不溶。SiO_2 具有很高的熔点、沸点和较大的硬度，稳定性高。SiO_2 为酸性氧化物，能与热的浓碱溶液或熔融的 Na_2CO_3 作用。

$$SiO_2 + 2NaOH \xrightarrow{\triangle} Na_2SiO_3 + H_2O$$

$$SiO_2 + Na_2CO_3 \xrightarrow{熔融} Na_2SiO_3 + CO_2\uparrow$$

玻璃内含有 SiO_2，能被碱腐蚀。Na_2SiO_3 俗称水玻璃，在硅酸盐水溶液中加入酸即会析出硅酸。H_4SiO_4 为正硅酸，H_2SiO_3 为偏硅酸，习惯上常用化学式 H_2SiO_3 代表硅酸。硅酸在水中的溶解度很小，且不稳定，很快凝聚成胶状沉淀，为硅酸凝胶（$m SiO_2 \cdot n H_2O$）。将此凝胶脱水干燥后，即得多孔性固体硅胶。硅胶是很好的干燥剂和吸附剂。实验室精密仪器中常用的干燥剂为含水合 $CoCl_2$ 的变色硅胶。干燥的变色硅胶为蓝色，吸水后为粉红色（$CoCl_2 \cdot 6H_2O$）。

3. 硼酸及其盐

硼酸为白色片状晶体，微溶于冷水，在热水中溶解度增大。在硼酸晶体的结构单元 $B(OH)_3$ 中，B 原子以 sp^2 杂化与 3 个 OH^- 中的氧原子形成 σ 键，空间构型为平面三角形。分子间通过氢键连成一片，形成层状结构，层与层之间借助分子间力联系在一起组成大晶体。晶体内各片层之间可以滑动，所以硼酸可作润滑剂。硼酸是一元弱酸（$K_a = 7.3\times10^{-10}$），其水溶液呈弱酸性不是由于它本身电离出 H^+，而是与水分子的 OH^- 结合形成了 $[B(OH)_4]^-$，同时游离出一个 H^+。

$$B(OH)_3 + H_2O \rightleftharpoons [B(OH)_4]^- + H^+$$

这种酸的解离方式表现了硼化合物"缺电子"的独特性质。OH^- 的孤对电子填入 B 原子的 2p 空轨道形成 $[B(OH)_4]^-$。

硼酸盐中，最重要的是含结晶水的四硼酸钠，其化学式为 $Na_2B_4O_7 \cdot 10H_2O$，俗称硼砂。硼砂在水中能水解，其水溶液呈强碱性。

$$B_4O_7^{2-} + 7H_2O \rightleftharpoons 4H_3BO_3 + 2OH^-$$

硼砂可以配制缓冲溶液或作基准试剂。它也是搪瓷、陶瓷、玻璃工业的重要原料。

第三节　金属元素及其化合物

在已发现的元素中，金属元素约占元素总数的 4/5。自然界中存在最多的金属有铝、铁、钙、钠、钾、镁等。这些元素对生物的生长和发育起着重要的作用，称为生命必需的宏量元素。还有生命过程中所必需的微量金属元素，如锰、铬、锌、铜、钼、钴等。金属跟人类的生活、社会的发展密切相关。金属包括黑色金属和有色金属两大类，黑色金属是指铁、锰、铬及其合金；有色金属是指除铁、锰、铬之外的所有金属。本节只讨论过渡金属元素。

一、过渡元素的通性

过渡元素包括周期表中从ⅠB 到ⅦB 和Ⅷ族元素。它们在周期表中位于 s 区元素与 p 区元素之间。过渡元素的单质均是金属，故又称过渡金属。过渡元素分为三个系列：第四周期的 Sc～Zn 称为第一过渡系；第五周期的 Y～Cd 称为第二过渡系；第六周期的 La～Hg 称为第三过渡系。

过渡元素原子的共同特点是随着核电荷的增加，电子依次分布在次外层的 d 轨道上，最外层只有 1～2 个电子（Pd 例外），其价电子层构型为 $(n-1)d^{1\sim10}ns^{1\sim2}$。

除 Pd、ⅠB 族及ⅡB 族外，过渡元素原子的最外层和次外层电子多数都没有充满，这正是与主族元素原子结构的不同之处，因而导致过渡元素具有以下特征。

（1）过渡元素都是金属元素　过渡元素的最外层电子数均不超过两个，所以它们都是金属元素。由于同一周期过渡元素的最外层电子数几乎相同，原子半径变化不大，所以它们的化学活泼性也十分相似。其中大部分金属的硬度较大，熔点较高，导电性、导热性良好。

（2）可变的氧化数　过渡元素在形成化合物时，不仅最外层的 s 电子可以失去，而且次外层的 d 电子也可以部分或全部失去，因此，过渡元素都表现出可变的氧化数，且大多数连续变化。例如 Mn 的氧化数可以从 +2 连续变化到 +7。一般高氧化数的金属元素多以酸根阴离子形式存在，如 MnO_4^-、$Cr_2O_7^{2-}$。

(3) 水合离子多带有颜色　大多数过渡金属元素的水合离子，在 $(n-1)$d 轨道上都具有成单的电子，这些电子在可见光范围内容易发生 d-d 跃迁，在形成水合离子时呈现出不同的颜色。常见过渡元素低氧化态水合离子的颜色见表 3-5。

表 3-5　常见过渡元素低氧化态水合离子的颜色

未成对的 d 电子	水合离子的颜色	未成对的 d 电子	水合离子的颜色
0	Ag^+，Zn^{2+}，Cd^{2+}，Sc^{3+}（均无色）	3	Cr^{3+}（蓝紫色），Co^{2+}（粉红色）
1	Cu^{2+}（天蓝色），Ti^{3+}（紫色）	4	Fe^{2+}（浅绿色）
2	Ni^{2+}（绿色），V^{3+}（绿色）	5	Mn^{2+}（极浅的粉红色）

(4) 容易形成配合物　过渡元素的原子或离子具有同一能级组空的价电子轨道，即 $(n-1)$d、ns、np 轨道，它们的能量相近，可以杂化接受配位体的孤对电子成键。如易形成氟配合物、氨配合物、羟基配合物等。

过渡元素在性质上有别于其他类型元素，是由于它们有未充满的 d 轨道。

二、铜、银、锌和汞

1. 铜、银及其重要化合物

铜和银是周期表中第ⅠB族元素。铜为紫红色金属，富有延展性，是导热、导电性能良好的金属，在所有金属中银的导电性最好，铜次之。铜在干燥空气中很稳定，有 CO_2 及潮湿的空气时，则在铜表面生成绿色碱式碳酸铜（俗称“铜绿”）。

$$2Cu+O_2+H_2O+CO_2 \longrightarrow Cu_2(OH)_2CO_3$$

铜不溶于非氧化性稀酸，能与 HNO_3 及热的浓 H_2SO_4 作用。

$$Cu+4HNO_3(浓) \longrightarrow Cu(NO_3)_2+2NO_2\uparrow+2H_2O$$

$$3Cu+8HNO_3(稀) \longrightarrow 3Cu(NO_3)_2+2NO\uparrow+4H_2O$$

$$Cu+2H_2SO_4(浓) \longrightarrow CuSO_4+SO_2\uparrow+2H_2O$$

铜主要用于制造合金，例如黄铜、白铜、青铜等，还用于作导电材料。铜是生物体必需的微量元素之一，称为“生命元素”。

银在空气中稳定，它的表面具有极强的反光能力。但是银与含有硫化氢的空气接触时，表面因蒙上一层 Ag_2S 而发暗，这是银币和银首饰变暗的原因。

$$4Ag+2H_2S+O_2 \longrightarrow 2Ag_2S+2H_2O$$

与铜相似，银可溶解于硝酸和热的浓 H_2SO_4 中。

铜和银的氢氧化物都不稳定。

$$Cu(OH)_2 \xrightarrow{\triangle} CuO+H_2O$$

AgOH 一旦生成立即脱水变成暗褐色的 Ag_2O。

$$2Ag^++2OH^- \longrightarrow 2AgOH \longrightarrow Ag_2O+H_2O$$

$Cu(OH)_2$ 溶于浓的强碱溶液时，生成深蓝色的配位离子 $[Cu(OH)_4]^{2-}$。

$$Cu(OH)_2+2OH^- \longrightarrow [Cu(OH)_4]^{2-}$$

$Cu(OH)_2$ 也溶于 $NH_3 \cdot H_2O$，生成深蓝色的配位离子 $[Cu(NH_3)_4]^{2+}$。

$$Cu(OH)_2+4NH_3 \longrightarrow [Cu(NH_3)_4]^{2+}+2OH^-$$

无水 $CuSO_4$ 为白色粉末，易溶于水，吸水性强，吸水后显示特征的蓝色，通常利用这一性质检验乙醇或乙醚中是否含水，并可借此除去微量的水。

硫酸铜是制备其他铜化合物的重要原料，在电解和电镀中作电解液和电镀液，在纺织工业中用作媒染剂。由于 $CuSO_4$ 具有杀菌能力，用于蓄水池、游泳池中防止藻类生长。$CuSO_4$ 和石灰乳混合配制的混合液，在农业上用作杀虫剂。

在银的化合物中，$AgNO_3$ 是常用的可溶性银盐，为无色晶体，在日光照射下逐步分解出金属银。

$$2AgNO_3 \xrightarrow{光} 2Ag + 2NO_2\uparrow + O_2\uparrow$$

故 $AgNO_3$ 应保存在棕色瓶中。$AgNO_3$ 具有氧化性，遇微量的有机物即被还原为黑色单质银。一旦皮肤沾上 $AgNO_3$ 溶液，就会出现黑色斑点。

$AgNO_3$ 是一种重要的分析试剂，用来测定 Cl^-、Br^-、I^-、CN^-、SCN^- 等。$AgNO_3$ 在医学上常用作消毒剂和腐蚀剂，在照相业中用于制造照相底片上的卤化银。

2. 锌、汞及其重要化合物

锌、汞是周期表中第ⅡB 族元素。锌呈浅蓝白色。汞是银白色的液态金属，有“水银”之称。锌在潮湿空气中，表面因生成一层致密的碱式碳酸盐 $Zn(OH)_2 \cdot ZnCO_3$ 而起保护作用，使锌具有防腐蚀的性能，故铜、铁等制品表面常镀锌防腐。

汞受热均匀膨胀，不润湿玻璃，用于制造温度计。汞在空气中比较稳定，只有加热至沸腾时才慢慢生成氧化汞（HgO）。汞只溶于硝酸和热的浓硫酸。

$$Hg + 2H_2SO_4(浓) \xrightarrow{\triangle} HgSO_4 + SO_2\uparrow + 2H_2O$$

$$3Hg + 8HNO_3 \longrightarrow 3Hg(NO_3)_2 + 2NO\uparrow + 4H_2O$$

汞能溶解许多金属形成液态或固态合金叫汞齐。钠汞齐与水反应放出氢，在有机合成中常用作还原剂。在冶金工业中用汞齐法回收贵重金属。

锌是两性元素，既能溶于稀酸，又能溶于强碱。

$Zn(OH)_2$ 同 Zn 一样，也具有两性。$Zn(OH)_2$ 可溶于酸和过量的强碱，也能溶于 $NH_3 \cdot H_2O$ 中，形成 $[Zn(NH_3)_4]^{2+}$ 配位离子。

$$Zn(OH)_2 + 4NH_3 \longrightarrow [Zn(NH_3)_4]^{2+} + 2OH^-$$

无水 $ZnCl_2$ 为白色固体，它的吸水性很强，极易溶于水。在 $ZnCl_2$ 浓溶液中，由于形成配位酸 $H[ZnCl_2(OH)]$ 而使溶液呈酸性，故能溶解金属氧化物。

$$ZnCl_2 + H_2O \longrightarrow H[ZnCl_2(OH)]$$

$$FeO + 2H[ZnCl_2(OH)] \longrightarrow Fe[ZnCl_2(OH)]_2 + H_2O$$

在焊接金属前，常用浓 $ZnCl_2$ 溶液（焊药）清除金属表面的氧化物，就是根据这一性质。$ZnCl_2$ 还可用于有机合成的脱水剂、缩合剂及催化剂，染料工业的媒染剂，农药及木材防腐剂。

$HgCl_2$ 熔点低，易升华，故俗称“升汞”，为无色晶体，可溶于水，有剧毒。由于 $HgCl_2$ 杀菌力很强，其稀溶液常用作消毒剂。$HgCl_2$ 不与酸反应，但与碱反应生成黄色的 HgO。

$$HgCl_2 + 2NaOH \longrightarrow \underset{(黄色)}{HgO\downarrow} + 2NaCl + H_2O$$

在 $HgCl_2$ 稀溶液中加入稀氨水，可生成白色氨基氯化汞沉淀。

$$HgCl_2 + 2NH_3 \longrightarrow \underset{(白色)}{HgNH_2Cl\downarrow} + NH_4Cl$$

在酸性溶液中 $HgCl_2$ 是较强的氧化剂，它能氧化 $SnCl_2$。

$$2HgCl_2 + SnCl_2 \longrightarrow SnCl_4 + \underset{(白色)}{Hg_2Cl_2\downarrow}$$

$$Hg_2Cl_2 + SnCl_2 \longrightarrow SnCl_4 + 2Hg\downarrow$$
（黑色）

Hg_2Cl_2 俗称甘汞，为白色粉末，微溶于水，少量服用对人、畜无害，医药上常作轻泻剂和利尿剂。甘汞是制甘汞电极的主要材料。Hg_2Cl_2 在光的照射下，易分解出 Hg。

$$Hg_2Cl_2 \xrightarrow{\text{光或热}} Hg + HgCl_2$$

Hg_2Cl_2 与 $NH_3 \cdot H_2O$ 反应生成氨基氯化汞和汞，使沉淀显灰黑色。

$$Hg_2Cl_2 + 2NH_3 \longrightarrow HgNH_2Cl\downarrow + Hg\downarrow + NH_4Cl$$
（白色）　（黑色）

在 $Hg(NO_3)_2$ 溶液中加入 KI 可产生橘红色 HgI_2 沉淀，HgI_2 溶于过量 KI 中，形成无色的 $[HgI_4]^{2-}$ 配离子。

$$Hg^{2+} + 2I^- \longrightarrow HgI_2\downarrow$$
（橘红色）

$$HgI_2 + 2I^- \longrightarrow [HgI_4]^{2-}$$

$[HgI_4]^{2-}$ 的碱性溶液称为奈斯勒（Nessles）试剂，在实验室中用于检测 NH_4^+。

三、铬、锰和铁

1. 铬及其重要化合物

金属铬具有银白色光泽，熔点高。在所有的金属中，铬的硬度最大。由于铬有高硬度、耐磨、耐腐蚀等优良性能，因此用于制造合金和不锈钢。铬是人体必需的微量元素之一，但铬的化合物都有毒，且 Cr(Ⅵ) 具有致癌作用。在处理含铬的废液时不得任意排放，以免污染环境。

铬的价电子层构型为 $3d^5 4s^1$，有多种氧化数，其中以氧化数为＋3、＋6 的化合物最重要。

Cr_2O_3 具有两性，溶于酸生成铬盐，溶于强碱形成亚铬酸盐。

$$Cr_2O_3 + 3H_2SO_4 \longrightarrow Cr_2(SO_4)_3 + 3H_2O$$

$$Cr_2O_3 + 2NaOH \longrightarrow 2NaCrO_2 + H_2O$$

Cr_2O_3 广泛用于陶瓷、玻璃制品的着色。钾、钠的铬酸盐和重铬酸盐是铬最重要的盐类。K_2CrO_4 为黄色晶体，$K_2Cr_2O_7$ 为橙红色晶体，均易溶于水，在水溶液中存在下列平衡：

$$2CrO_4^{2-} + 2H^+ \rightleftharpoons 2HCrO_4^- \rightleftharpoons Cr_2O_7^{2-} + H_2O$$
（黄色）　（橙红色）

7. 动画：CrO_4^{2-} 与 $Cr_2O_7^{2-}$ 之间的平衡

加入酸时，平衡向右移动，溶液中以 $Cr_2O_7^{2-}$ 为主；加碱时，平衡向左移动，溶液中以 CrO_4^{2-} 为主。

重铬酸盐在酸性溶液中有强氧化性，能氧化 H_2S、H_2SO_3、KI、$FeSO_4$ 等许多物质，本身被还原为 Cr^{3+}。例如：

$$Cr_2O_7^{2-} + 6Fe^{2+} + 14H^+ \longrightarrow 2Cr^{3+} + 6Fe^{3+} + 7H_2O$$

化学分析中常利用这一反应测定铁的含量。

2. 锰的重要化合物

锰的价电子层构型为 $3d^5 4s^2$，有多种氧化数，其中以氧化数为＋2、＋4 和＋7 的化合物较重要。常见锰(Ⅱ)的化合物有 $MnSO_4$、$MnCl_2$、$Mn(NO_3)_2$。

唯一重要的锰(Ⅳ)化合物是二氧化锰（MnO_2），它是一种很稳定的灰黑色粉状物质，不溶于水，是软锰矿的主要成分。MnO_2 在酸性介质中是强氧化剂，与浓 HCl 作用可生成

Cl_2；与浓硫酸作用可生成 O_2。

$$MnO_2 + 4HCl \longrightarrow Cl_2 \uparrow + MnCl_2 + 2H_2O$$

$$2MnO_2 + 2H_2SO_4 \longrightarrow 2MnSO_4 + O_2 \uparrow + 2H_2O$$

MnO_2 在强碱性介质中可显示出还原性。

$$3MnO_2 + 6KOH + KClO_3 \xrightarrow{熔融} 3K_2MnO_4 + KCl + 3H_2O$$

$KMnO_4$ 是深紫红色晶体，易溶于水而呈现 MnO_4^- 的特征颜色紫红色。$KMnO_4$ 在酸性溶液及光的作用下会分解析出 MnO_2。

$$4MnO_4^- + 4H^+ \longrightarrow 4MnO_2 + 3O_2 \uparrow + 2H_2O$$

光对此分解有催化作用，故 $KMnO_4$ 溶液通常保存在棕色瓶中。

$KMnO_4$ 是重要的氧化剂，其氧化能力及还原产物随介质的酸度不同而不同，例如 $KMnO_4$ 与 Na_2SO_3 反应：

① 在酸性介质中，其还原产物是 Mn^{2+}。

$$\underset{(紫红色)}{2MnO_4^-} + 5SO_3^{2-} + 6H^+ \longrightarrow \underset{(粉红色或无色)}{2Mn^{2+}} + 5SO_4^{2-} + 3H_2O$$

② 在中性、微酸性或微碱性介质中，其还原产物是 MnO_2。

$$\underset{(紫红色)}{2MnO_4^-} + 3SO_3^{2-} + H_2O \longrightarrow \underset{(黑褐色)}{2MnO_2 \downarrow} + 3SO_4^{2-} + 2OH^-$$

③ 在强碱性介质中，其还原产物是 MnO_4^{2-}。

$$\underset{(紫红色)}{2MnO_4^-} + SO_3^{2-} + 2OH^- \longrightarrow \underset{(绿色)}{2MnO_4^{2-}} + SO_4^{2-} + H_2O$$

8. 动画：高锰酸钾的氧化性

$KMnO_4$ 在分析检验工作中常用作滴定剂，可直接或间接测定还原性、氧化性或非氧化还原性物质的含量；在工业上用于生产维生素 C、糖精等；在轻化工业中用作纤维、油脂的漂白和脱色；其稀溶液在医疗上用作杀菌消毒剂，在日常生活中可用于洗涤饮食用具、器皿、蔬菜、水果及创伤口等。锰对植物的呼吸和光合作用有意义，能促进种子发芽和幼苗早期生长。锰肥是一种微量元素肥料。

3. 铁的化合物

铁的价电子层构型是 $3d^64s^2$，铁在化合物中的氧化数主要为＋2 和＋3，其中以氧化数为＋3 的化合物最稳定，此时铁(Ⅲ)的外电子层为 $3d^5$ 半满稳定结构。

铁的盐溶液与碱反应，能形成相应的氢氧化物。$Fe(OH)_2$ 易被空气中的氧气氧化成红棕色的 $Fe(OH)_3$。

$$4Fe(OH)_2 + O_2 + 2H_2O \longrightarrow 4Fe(OH)_3$$

常用的铁盐为 $FeSO_4 \cdot 7H_2O$、$(NH_4)_2SO_4 \cdot FeSO_4 \cdot 6H_2O$ 和 $FeCl_3$ 等。

$FeSO_4 \cdot 7H_2O$ 俗称绿矾，在空气中失去一部分水逐渐风化，且表面易氧化成碱式硫酸铁。

$$4FeSO_4 + 2H_2O + O_2 \longrightarrow 4Fe(OH)SO_4 (黄褐色)$$

可见，亚铁盐在空气中不稳定。$FeSO_4 \cdot 7H_2O$ 在农业上用作杀菌剂，可防治小麦病害；医药上作内服药剂，治疗缺铁性贫血；工业上用于制造蓝墨水和防腐剂、媒染剂。

$(NH_4)_2SO_4 \cdot FeSO_4 \cdot 6H_2O$ 比相应的亚铁盐稳定，不易被氧化，是化学分析中常用的还原剂，用于标定 $Cr_2O_7^{2-}$ 或 MnO_4^- 及 Ce^{4+} 溶液的浓度。

Fe^{3+} 具有氧化性，能被 $SnCl_2$、H_2S、KI、SO_2、Fe 等还原。例如：

$$2Fe^{3+} + H_2S \longrightarrow 2Fe^{2+} + S + 2H^+$$

工业上常用$FeCl_3$溶液在铜制品上刻蚀字样，在铜制品上制造印刷电路。其反应为：

$$2Fe^{3+} + Cu \longrightarrow 2Fe^{2+} + Cu^{2+}$$

$K_4[Fe(CN)_6] \cdot 3H_2O$是黄色晶体，俗称黄血盐，在化学分析上用来检验$Fe^{3+}$。

$$K^+ + Fe^{3+} + [Fe(CN)_6]^{4-} \longrightarrow KFe[Fe(CN)_6] \downarrow (蓝色)$$

$K_3[Fe(CN)_6]$为深红色的无水晶体，俗称赤血盐。它遇Fe^{2+}也生成蓝色沉淀。经X射线衍射实验证明，以上两种蓝色沉淀物具有相同的组成和结构，均为$[KFe(Ⅲ)(CN)_6Fe(Ⅱ)]$的晶体，它可作涂料、油墨的颜料。

*第四节 生命元素简介

在迄今发现的118种化学元素中，植物体内含70多种元素，动物体内含60多种元素。人体中含有大量的化学元素，其中绝大多数都是人体健康和生命所必需的元素。必需元素需符合三个条件：该元素直接影响生物功能，并参与代谢过程；该元素在生物体内的作用不能被其他元素所替代；缺乏该元素时，生物体不能生长或不能完成其生活周期。

一、宏量元素

生物体内存在的宏量元素都是必需元素，通常分布在元素周期表(短表)的最上部分。其中C、H、O、N四种占人体总重的96%以上，P、S、K、Ca、Na、Mg、Cl、Si等占3.95%，它们的总和占人体总重的99.95%，是人体的主要组成元素。C、H、O、N、P、S构成了人体内的所有有机物，如蛋白质、糖类、脂肪、核酸等。现将人体内宏量元素的质量分数、日需量和存在部位列于表3-6。

表3-6 人体内宏量元素的质量分数、日需量和存在部位

元素	质量分数	日需量/(mg/d)	存在部位
O	6.1×10^{-1}	2550	所有组织中
C	2.3×10^{-1}	270	所有组织中
H	1.0×10^{-1}	330	所有组织中
N	2.6×10^{-2}	16	所有组织中、蛋白质
Ca	1.4×10^{-2}	1.1	骨、细胞外液
P	1.2×10^{-2}	1.4	所有细胞内
S	2.3×10^{-3}	0.85	所有细胞内
K	2.0×10^{-3}	3.3	所有细胞内
Na	1.6×10^{-3}	4.4	细胞外液
Cl	1.4×10^{-3}	5.1	细胞外液
Mg	2.9×10^{-4}	0.31	所有细胞内、骨
Si	2.6×10^{-4}	3×10^{-3}	皮肤、肺

二、微量元素

生物体内的微量元素可分为必需的和非必需的两类。必需微量元素是保证生物体健康所必不可少的元素，但没有它们，生命也能在不健康的情况下继续生存。随着科学技术的发展和检测手段的进步，必需微量元素的发现是逐年增加的。现在认为人体内必需的微量元素有下列14种：钒、铬、锰、铁、钴、镍、铜、锌、钼、锡、砷、硒、氟和碘。在14种必需的微量元素中，有10种是金属元素，而且绝大多数是过渡金属元素，它们能和氨基酸、蛋白质或其他生物配体生成配位化合物，并且这些过渡元素能在机体内参与各种酶的氧化还原作用，是酶中不可缺少的成分。人体内有30多种酶，其中60%以上的酶含有微量元素。人体中微量元素的含量极微，均低于0.01%。它们均有一定的浓度范围，高于或低于这个范围都会引起疾病。

三、有害元素

随着社会的发展，人类生存的自然环境也发生了变化，其中之一是人类自己开采出来的一些金属污染了食物、水和空气，使人类健康受到损害，最为有害的金属是铅、镉和汞。这些金属进入机体的途径和对细胞代谢过程的影响，正是当代国内外研究的课题之一。通常认为可能的过程是：这些有毒金属通过大气、水源和食物等途径侵入机体，穿过细胞膜进入细胞，干扰生物酶的功能，破坏正常系统，影响代谢，造成毒害。因此，治理环境污染，保障人类健康，是当前世界各国十分重视的课题。

【阅读材料1】

化学元素家族的新成员——113号、115号、117号、118号元素

2015年12月30日，国际纯粹与应用化学联合会（International Union of Pure and Applied Chemistry，简称IUPAC）与国际纯粹与应用物理联合会（International Union of Pure and Applied Physics，简称IUPAP）组建的联合工作组确认人工合成了113号、115号、117号和118号4个新元素。2016年6月8日，IUPAC经审核公布了113号、115号、117号、118号元素发现者提出的推荐名。2016年11月30日，IUPAC正式公布113号元素名为nihonium，符号为Nh，源于日本国（简称日本）的国名Nihon；115号元素名为moscovium，符号为Mc，源于莫斯科市的市名Moscow；117号元素名为tennessine，符号为Ts，源于美国田纳西州的州名Tennessee；118号元素名为oganesson，元素符号为Og，源于俄罗斯核物理学家尤里·奥加涅相（Yuri Oganessian，1933—）。

2017年1月15日，我国全国科学技术名词审定委员会联合国家语言文字工作委员会组织化学、物理学、语言学界专家召开了113号、115号、117号、118号元素中文定名会。会议讨论了《113号、115号、117号、118号元素中文定名提案》，通过了《113号、115号、117号、118号元素中文定名方案》。

2017年5月9日，中国科学院、国家语言文字工作委员会、全国科学技术名词审定委员会在北京联合举行新闻发布会，正式向社会发布113号、115号、117号、118号元素中文名称。这4个元素的中文名称发音依次为“nǐ”“mò”“tián”“ào”。

原子序数	英文名称	中文名称	符号	汉语拼音	原子序数	英文名称	中文名称	符号	汉语拼音
113	nihonium	鉨	Nh	ni	117	tennessine	鿬	Ts	tián
115	moscovium	镆	Mc	mò	118	oganesson	鿫	Og	ào

鉨元素是第ⅢA族中最重的元素，但由于具有放射性且衰变速度快，至今仍没有足够稳定的同位素，因此无法验证其特性是否与该族相符。2003年8月科学家在镆的衰变产物中首次发现鉨元素，再于2004年直接合成。至今成功合成的这种元素原子一共只有14个。其寿命最长的同位素为^{286}Nh，半衰期约为20s，因此可对其进行化学实验。

2004年2月1日，一个由俄罗斯杜布纳联合核研究所和美国劳伦斯利福摩尔国家实验室联合组成的研究小组发表了这一项发现。

$$^{48}_{20}Ca + ^{243}_{95}Am \rightarrow ^{288,287}Mc \rightarrow ^{284,283}Nh$$

2004 年 7 月 23 日，日本理化学研究所的森田浩介使用^{209}Bi和^{70}Zn之间的冷融合反应，探测到了一个^{278}Nh原子。他们在 2004 年 9 月 28 日发表这项发现。

$$^{70}_{30}Zn+^{209}_{83}Bi \rightarrow ^{279}_{113}Nh^{*} \rightarrow ^{278}_{113}Nh+^{1}_{0}n$$

2015 年 12 月 31 日，理研取得本元素的命名权，并被国际纯粹与应用化学联合会（IUPAC）认为该元素符合“发现元素”标准，预计本元素将会被命名为 Japonium，符号 Jp，跟日本的缩写一样，但此命名未被使用。这也是首次由亚洲国家取得新元素命名权。

镆（Moscovium，Mc）是元素周期表第 VA 族中最重的元素，但是由于还没有足够稳定的镆同位素，因此并未能通过化学实验来验证其特性。

科学家在 2003 年第一次观测到镆，至今合成了大约 30 个原子，其中只探测到 4 次直接衰变。目前已知有 5 个质量数连续的同位素：$^{287-291}Mc$，其中^{291}Mc的半衰期最长，约为 1min。

2004 年 2 月 2 日，由俄罗斯杜布纳联合核研究所和美国劳伦斯利福摩尔国家实验室联合组成的科学团队在《物理评论快报》上表示成功合成了镆。他们使用^{48}Ca离子撞击^{243}Am目标原子，产生了 4 个镆原子。这些原子通过发射 α 粒子，衰变为 Nh，需时约 100ms。

$$^{48}_{20}Ca+^{243}_{95}Am \rightarrow ^{291}_{115}Mc^{*} \rightarrow ^{288}_{115}Mc+3^{1}_{0}n \rightarrow ^{284}_{113}Nh+^{4}_{2}He$$

115 号元素主要有两个命名提议，一个是根据法国物理学家保罗·朗之万命名为 langevinium，另一个提议是根据 Dubna 研究所所在地莫斯科州命名为 moscovium。IUPAC 于 2016 年 11 月 28 日正式采用了后者。

石田元素（Tennessine，Ts）是一种人工合成的超重化学元素，在所有人工合成元素中质量第二高，在元素周期表中位于第七周期的倒数第二个位置。2010 年，一个美俄联合科学团队在俄罗斯杜布纳联合原子核研究所首次宣布发现 Ts。2011 年的另一项实验直接生成了 Ts 的其中一种同位素，这证实了 2010 年实验的一部分结果；原先的实验在 2012 年成功得到重现。2014 年，德国亥姆霍兹重离子研究中心也宣布成功重现该实验。2015 年，负责检验超重元素合成实验的 IUPAC/IUPAP 联合工作小组（JWP）确认 Ts 已被发现，命名的提议权由美俄联合科学团队取得。

$$^{249}_{97}Bk+^{48}_{20}Ca \rightarrow ^{297}_{117}Ts^{*} \rightarrow ^{294}_{117}Ts+3^{1}_{0}n \text{ (1 个事件)}$$

$$^{249}_{97}Bk+^{48}_{20}Ca \rightarrow ^{297}_{117}Ts^{*} \rightarrow ^{293}_{117}Ts+4^{1}_{0}n \text{ (5 个事件)}$$

IUPAC 于 2016 年 6 月 8 日建议将此元素命名为 Tennessine（Ts），源于橡树岭国家实验室、范德堡大学和田纳西大学所在的田纳西州，此名称于 2016 年 11 月 28 日正式获得认可。

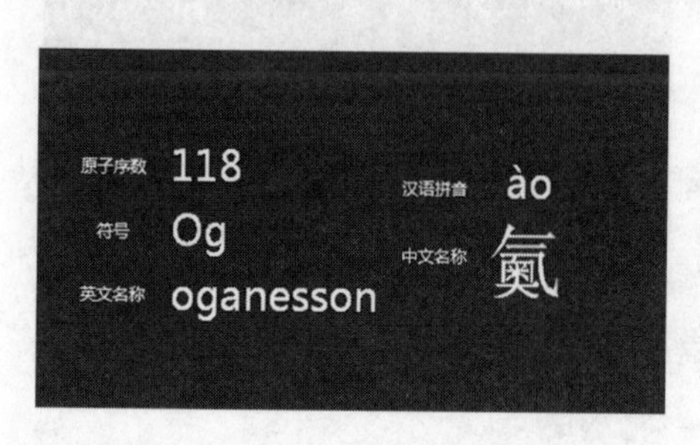

气奥元素（oganesson，Og）是一种人工合成的超重元素。其最早于 2002 年被位于俄罗斯杜布纳联合核研究所（JINR）的科学家成功合成，并在 2015 年 12 月由 IUPAC/IUPAP 联合工作小组所确认。在元素周期表上，它位于 p 区，属于第 ⅧA 族，是第七周期中的最后一个元素。其原子序数和原子量为目前所有已发现元素中最高的。

$$^{249}_{98}Cf + ^{48}_{20}Ca \rightarrow ^{294}_{118}Og + 3^{1}_{0}n$$

俄罗斯的发现者于2006年公布发现此元素。2007年，联合核研究所主任表示，研究团队正考虑两个名字：以格奥尔基·弗廖罗夫（Georgy Flyorov，杜布纳的研究实验室创立人）命名为Flyorium（现成为114号元素的名称），及以莫斯科州（Moscow Oblast，杜布纳所在地）命名的Moskovium（现成为115号元素Mc的名称，Moscovium）。他也表示，虽然这是俄美合作发现的（美国提供撞击中的目标元素锎），但Uuo名正言顺地应以俄罗斯命名，因为联合核研究所的Flerov核反应实验室是世界上唯一一座能取得这种成果的设施。IUPAC于2016年6月8日建议将此元素命名为Oganesson（Og），以表扬奥加涅相的贡献，此名称于2016年11月28日正式获得认可。

四个新元素的合成与确认，填满了元素周期表的第7周期，形成了一张完整规范的元素周期表，世人瞩目。

【阅读材料2】

过渡元素的生物作用

在过渡元素中，人体必需的微量元素有9种，它们是铁、铜、锌、锰（Ⅱ、Ⅲ）、钼、钴、钒、铬（Ⅲ）、镍；对人体有害的元素有镉、汞、铬（Ⅵ）等。

铁（Ⅱ、Ⅲ）的主要功能是作为机体内运载氧气的呼吸色素，血红蛋白和肌内组织中的肌红蛋白的活性部位都由铁（Ⅱ）和卟啉组成。其次，含铁蛋白（如细胞色素、铁硫蛋白）是生物氧化还原反应中的主要电子载体，是所有生物体内能量转化反应中不可缺少的物质。成人体内含铁4g。

铜（Ⅰ、Ⅱ）在体内主要参与氧化还原反应，人体内含铜50～120mg。铜存在于12种酶中，如血蓝蛋白（运送氧气）、超氧化物歧化酶（SOD，$2O_2^- \longrightarrow O_2 + O_2^{2-}$）、细胞色素C氧化酶等。另外，铜对调节体内铁的吸收，血红蛋白的合成以及形成皮肤黑色素，影响结缔组织、弹性组织的结构和解毒作用等都有作用。

锌离子是许多酶的辅基或酶的激活剂。它还维持维生素A的正常代谢和机体的生长发育，特别是对促进儿童生长和智力发育具有重要作用。锌在人体中的含量为1.4～2.3g，仅次于铁。

锰（Ⅱ、Ⅲ）是水解酶和呼吸酶的辅因子。没有含锰酶，就不可能进行专一的代谢过程，如尿的形成。锰还与骨骼的形成和维生素C的合成有关。

铬（Ⅲ）是胰岛素的辅因子，也是胃蛋白酶的必要组分。它的主要功能是调节血糖代谢，帮助维持体内正常的葡萄糖含量；并和核酸脂类、胆固醇的合成以及氨基酸的利用有关。

铬也是有害元素，Cr（Ⅵ）的毒性显著，它会使血液中的某些蛋白质沉淀，引起贫血、胃炎、神经炎等疾病。皮肤长期接触含铬化合物也会引起深部侵入性损害。

钼是固氮酶和某些氧化还原酶的活性组分，参与氮分子的活化和黄嘌呤、硝酸盐以及亚硫酸盐的代谢，阻止致癌物质亚硝胺的形成，抑制食管和肾对亚硝胺的吸收，从而防止食道癌和胃癌的发生。

钴对铁的代谢、血红蛋白的合成和红细胞的发育成熟等有重要作用。钴是维生素B_{12}的组成元素。维生素B_{12}及其衍生物参与DNA和血红蛋白的合成、氨基酸的代谢等生化反应，缺乏时会引起大细胞性贫血等疾病。

钒、镍是人体的有益元素。钒能降低血液中胆固醇的含量。镍能促进体内铁的吸收、红细胞的增长和氨基酸的合成等。

镉和汞对人体的毒害非常严重。镉易积累在人的肾、肝脏内，导致肾功能不良；镉能置换锌酶中的锌而妨碍锌酶作用；镉也能破坏人体中的钙，使骨骼逐渐变形而导致"骨痛病"。汞以金属汞蒸气污染环境，汞蒸气吸入人体能迅速渗透到各组织，特别是脑组织中，对中枢神经系统的损害较严重；有机汞（如甲基汞）因对生物膜的渗透性更强，严重的可导致死亡，故比金属汞和无机汞化合物毒性更大。汞的解毒药是蛋白质和牛奶，因为蛋白质可使胃里的汞沉淀。

同步练习

一、填空题（请将正确答案写在空格上）

3-1 比较下列各对物质中哪一个氧化性强（用>或<表示）

$HClO_3$________ HClO　HNO_3（稀）________ HNO_2　PbO_2________ SnO_2

3-2 CO中毒机理是由于其具有很强的________。

3-3 过渡元素原子的价电子层结构通式是________。

3-4 硼族元素的原子都是________电子原子，硼和铝都是亲________元素。

3-5 磷的同素异形体常见的有________，其中最活泼的是________，其化学式为________。

3-6 卤素中电子亲和能最大的元素是________。

3-7 在所有过渡元素中：熔点最高的金属是________，熔点最低的是________，硬度最大的是________，导电性最好的是________。

3-8 锰在自然界中主要以________的形式存在。

3-9 高锰酸钾在强酸性介质中具有较强的________性。

3-10 第一过渡系的元素是________。

3-11 硫酸铜晶体俗称________，其化学式为________，它受热到260℃时将得到________色的________，利用这一特性，用________检查有机物中的微量水。

3-12 最难溶的硫化物是________，它可溶于________和________溶液。

3-13 ds区元素中还原性最强的金属是________。

二、单项选择题（在每小题列出的备选项中只有一个是符合题目要求的，请将你认为是正确选项的字母代码填入题前的括号内）

3-14 H_2S和SO_2反应的主要产物是（　　）。

A. $H_2S_2O_4$　B. S　C. H_2SO_4　D. H_2SO_3

3-15 在微酸性条件下，通入H_2S都能生成硫化物沉淀的是（　　）。

A. Be^{2+}，Al^{3+}　B. Sn^{2+}，Pb^{2+}　C. Be^{2+}，Sn^{2+}　D. Al^{3+}，Pb^{2+}

3-16 下列属于二元酸的是（　　）。

A. H_3PO_3　B. H_3PO_2　C. H_3PO_4　D. $H_4P_2O_7$

3-17 下列无机酸中，能溶解SiO_2的是（　　）。

A. HCl　B. H_2SO_4（浓）　C. HF　D. HNO_3

3-18 下列硫化物中，能溶于过量Na_2S溶液的是（　　）。

A. CuS　B. Au_2S　C. ZnS　D. HgS

3-19 下列氢氧化物中，既能溶于过量NaOH溶液，又能溶于氨水中的是（　　）。

A. $Ni(OH)_2$　B. Au_2S　C. ZnS　D. HgS

3-20 下列各金属制品质容器，能用来储存汞的是（　　）。

A. 铁质容器　B. 铝质容器　C. 铜质容器　D. 锌质容器

3-21 下列物质不是两性氢氧化物的是（　　）。

A. $Cd(OH)_2$　B. $Al(OH)_3$　C. $Zn(OH)_2$　D. $Cr(OH)_3$

3-22 目前对人类环境造成危害的酸雨，主要是（　　）气体污染造成的。

A. CO_2　B. H_2S　C. SO_2　D. N_2O_5

3-23 下列金属与相应的盐混合，可发生反应的是（　　）。

A. Fe和Fe^{3+}　B. Cu和Cu^{2+}　C. Zn和Zn^{2+}　D. Mg和Mg^{2+}

3-24　硼酸是（　　）。

A. 一元弱酸　　B. 二元弱酸　　C. 三元弱酸　　D. 三元强酸

3-25　下列物质中，还原剂最强的是（　　）。

A. HF　　B. PH_3　　C. NH_3　　D. H_2S

三、是非判断题（请在题前的括号内，对你认为正确的打√，错误的打×）

3-26　（　　）“真金不怕火炼”，说明金的熔点在金属中最高。

3-27　（　　）将铜嵌在铁器中，可以保护铁，使它们延缓腐蚀的破坏。

3-28　（　　）铜副族原子最外层只有一个电子，所以只能形成+1氧化值的化合物。

3-29　（　　）$Zn(OH)_2$ 的溶解度随着溶液 pH 的升高逐渐降低。

3-30　（　　）溶液中新沉淀出来的 $Fe(OH)_3$，既能溶于稀 HCl，也能溶于浓 NaOH。

3-31　（　　）Cr 元素价层电子构型中 3d 和 4s 均为半充满状态。

3-32　（　　）金属铁不能溶于汞形成汞齐。

3-33　（　　）CO_2 分子空间构型为“V”字形。

3-34　（　　）H_2O_2 分子处于同一平面上。

3-35　（　　）同族元素的氧化物 CO_2 和 SiO_2，具有相似的物理性质和化学性质。

3-36　（　　）SiO_2 既能与氢氟酸反应，又能与强碱反应，说明它是两性氧化物。

3-37　（　　）由于 $SnCl_2$ 水溶液易发生水解，所以要配制澄清的 $SnCl_2$ 溶液，应先加盐酸。

四、简答题

3-38　实验室中如何配制 $SnCl_2$ 溶液?

3-39　为什么在 $FeCl_3$ 溶液中加入 KSCN 溶液时出现血红色，再加入少许铁粉后血红色逐渐消失?

3-40　解释下列现象或问题，并写出相应的反应式。

(1) 在含有 Fe^{3+} 的溶液中加入氨水，得不到 Fe^{3+} 的氨合物。

(2) 在水溶液中用 Fe^{3+} 盐和 KI 作用不能制取 FeI_3。

(3) 银器在含有硫化氢的空气中会慢慢变黑。

(4) 在 $CuSO_4$ 溶液中加入铜屑和适量 HCl 并加热，有白色沉淀生成。

(5) 在 $Mn(NO_3)_2$ 溶液中加入 NaOH 溶液，先出现白色沉淀，放置后沉淀由白色变为棕色。

第四章　定量分析基础

【知识目标】

1. 了解定量分析的一般程序。
2. 掌握误差与偏差、准确度与精密度等基本概念。
3. 熟悉有效数字及其修约与运算规则以及测定过程中可疑数据的取舍。
4. 了解滴定分析方法和各种滴定方式。
5. 掌握滴定分析常用的滴定剂以及测定结果的计算。

【能力目标】

1. 能对常见的待测试样进行采集与样品制备。
2. 能针对待测组分，合理选择分解与预处理及其后续测定方法。
3. 能正确判断误差的产生原因并熟练应用误差减免方法，保证分析结果的准确度。
4. 会对分析数据进行正确处理。
5. 能熟练制备典型的标准滴定溶液并标定其浓度。

【素质目标】

1. 培养学生科学严谨、精益求精的学习态度。
2. 通过基本操作技能训练，树立质量意识、规范操作意识、节约意识及环保意识。

定量分析是无机及分析化学的一个重要组成部分，它对于化学学科本身以及与化学有关的各学科领域的发展都起着重要的作用。在国民经济建设、国防建设和科学研究的发展中也具有极其重要的意义。定量分析，通常是根据物质化学反应的计量关系来确定待测组分含量的。常用的定量分析方法包括滴定分析法和称量分析法。本章主要介绍定量分析所必备的基础知识。

第一节　定量分析的一般程序

定量分析的任务是测定物质中各组成部分的含量。完成一项分析任务，通常包括以下程序。

一、试样的采集与制备

所谓试样（或样品）是指在分析工作中用于进行分析以便提供代表总体特性量值的少量物质，它可以是固体，也可以是液体或气体。采集试样的目的就是要从被检的总体物料中取得具有代表性的样品，即所采集的样品在组成和含量上能够代表原始物料的平均组成。

通常所遇到的分析物料由于其来源、运输方式和存放情况的不同，其组成分布的均匀性也不尽一致。因此，必须根据物料的性质、均匀程度、数量大小等来确定采样方法和采样量。

1. 组成分布比较均匀的试样采集

对于组成分布较为均匀的金属试样、化工产品、水样以及液态和气态试样等，取样比较简单，任意取一部分或稍加搅匀后取一部分即可成为具有代表性的试样。

2. 组成分布不均匀的试样采集

对于一些粒度大小不一、成分混杂不齐、组成不均匀的试样，如煤炭、矿石、土壤及植物样品等，欲采取具有代表性的均匀样品，是一项较为复杂、困难的工作。在采样过程中，必须按照一定的程序，根据物料的大小及存放情况，自物料的各个不同部位，采取一定数量、颗粒大小不等的样品。

采样量的多少与对测定结果准确度的要求有关。采样量越多，则试样的组成与所分析物料的平均组成越接近。但样品量过大，则相应的样品处理量亦增大。因此，采样时，应以能够满足预期准确度的要求为原则，采取最少量的样品。

试样的采取量与待采试样的粒度、易粉碎程度以及均匀度等有关，通常固体试样可用以下采样公式表示：

$$m = Kd^a \qquad (4\text{-}1)$$

式中　m——具有足够代表性的最小样品量，kg；

K——经验常数，与物料的特性有关，一般在 0.05～1.0 之间；

d——样品中最大颗粒的直径，mm；

a——经验常数，一般在 1.8～2.5 之间（如地质部门将 a 值规定为 2）。

从采样公式可知，试样的最大颗粒越小，则采样量也越少。

3. 试样的制备

将采样所得到的原始试样，处理成待测性质既能代表总体物料特性，数量又能满足检测需要的最佳量的最终样品，这个过程称为试样的制备。

对于均匀试样，试样的制备过程很简单，只需充分混合均匀即可。但是通常采样所得到的原始试样，一般数量较大（数千克至数十千克），且粒度、形态等也不均匀，要将它处理成既具有充分的代表性，数量又适宜的最终样品，一般需经过破碎、过筛、混合和缩分等四个步骤。其中缩分是在减小粒度的同时缩减样品量，常用的是“四分法”，样品经多次重复以上四个步骤后，使保留的试样量与试样的粒度之间符合采样公式。

二、试样的分解

在一般分析工作中，除干法分析（如发射光谱）外，通常先将试样分解，制成组成均匀的溶液或气体后再进行分析测定。试样的分解是分析工作的重要步骤之一。在分解试样时应注意以下问题：试样必须分解完全；试样分解过程中，待测组分的量不能改变；所用试剂及反应产物对后续测定没有干扰；分解试样最好与分离干扰元素相结合。

1. 试样的分解方法

试样的性质不同，分解的方法亦有所区别。无机试样通常采用溶解法、半熔法或熔融法进行分解。有机试样的分解则通常采用干法（又称灰化法）、湿法（又称消化法）和燃烧法等。此外，加压、微波加热分解技术在分析检测中也经常用到。

2. 试样分解方法的选择

在试样分解过程中，针对样品及其具体的测定对象不同，需要选择相应的分解方法。选择试样分解方法的一般原则如下。

（1）试样的分解方法应与测定方法相适应　有时测定同一组分，由于检测方法不同，选择试样的分解方法也不同。

（2）应根据试样的组成和特性来选择试样的分解方法　试样能溶于水时，最好用水作溶剂溶解。试样不溶于水时：酸性试样可用碱性溶（熔）剂分解，碱性试样可用酸性溶（熔）剂分解；氧化性试样可用还原性溶（熔）剂分解，还原性试样可用氧化性溶（熔）剂分解。

（3）根据待测组分的性质选择试样的分解方法　有时测定同一试样中的不同组分时，需要采用不同的试样分解方法。例如，测定钢铁中磷的质量分数时，必须采用氧化性的酸（常用硝酸）来溶解，否则会造成磷的损失，但若测定钢铁中的其他元素，则可以用盐酸等溶解。所以，在分解试样时还需考虑所测定组分的性质。

（4）选择分解方法时，还需注意应对后续分析操作无影响　例如测定试样中锰的质量分数时，常将锰氧化为高锰酸根离子，以银离子作催化剂进行测定，因此在分解样品时就应避免引入氯离子，以免生成氯化银沉淀，影响进一步测定。

三、试样的预处理

在定量分析中，待测试样通过采集、制备和分解处理后，通常是以溶液或气体的状态用于测定。但有些时候，待测组分经过上述处理后，其存在形式与测定形式并不完全相符，此时还需对试样作进一步处理。例如，利用氧化还原滴定法测定铁矿石中总铁的质量分数时，试样经过溶解后，部分铁以 Fe^{3+} 形态存在，若采用重铬酸钾标准滴定溶液滴定，则需先用氯化亚锡、三氯化钛将 Fe^{3+} 还原为 Fe^{2+}，然后进行测定。又如，用多元醇增强弱酸物质的酸性、用肟化法使羰基化合物释放出盐酸，再用碱滴定等。这种在滴定前将全部待测组分转变为适宜测定形态的处理步骤，称为试样的预处理。

关于试样的预处理需注意以下问题：

① 预处理反应必须能够定量地进行完全，使待测组分全部转变为适宜测定的形态，且反应速率要快。

② 过量的预处理试剂必须易于除去（可采用加热分解、过滤沉淀或其他分离方法），并对待测组分不产生影响。

③ 预处理反应必须具有足够的选择性，以免其他共存组分的干扰。

实际工作中，试样的预处理经常与试样的分解配合使用，以实现复杂物质体系中待测组分的测定目的。

广义地讲，本书第九章所述的分离方法亦可用于试样的预处理，只不过使用的技术相对复杂而已。在实际分析工作中，依样品的组成不同、待测组分的性质不同以及对测定结果准确度的要求不同，对样品的预处理方法也不同，必须结合具体情况进行。

四、测定

根据分析要求以及试样的性质选择合适的方法进行测定。一种组分往往可通过多种方法进行测定，但究竟选择哪种方法更合适，则必须结合实际情况加以选择、确定。一般而言，可从以下几方面进行选择。

1. 测定的具体要求

测定的具体要求如测定对象、测定速率及测定的准确度等不同，所选用的测定方法亦可能不同。测定样品时应在满足测定准确度要求的前提下，选择测定手续简便、测定快的方法。

2. 待测组分的性质

测定方法可根据待测组分的性质不同加以选择。例如，酸碱性物质，可选择酸碱滴定法测定；大多数的金属离子可选择配位滴定法测定；具有氧化性或还原性的组分可选择氧化还原滴定法测定等。

3. 待测组分的浓度范围

对于常量组分，可选择滴定分析法或称量分析法测定；对于微量甚至痕量组分，则一般采用灵敏度较高的仪器分析方法或将样品经分离、富集后再测定。

4. 共存干扰组分的影响

在选择测定方法时，应考虑到共存干扰组分对测定的影响。一般应选用选择性较高的分析方法。

5. 现有的实验条件

在选择测定方法时，还必须结合现有的实验条件，包括实验仪器设备、药品试剂以及实验人员的实际素质、技能等。

五、数据处理

根据测定的有关数据计算出待测组分的含量，并对分析结果的可靠性进行分析评价，最后得出检验结论。

六、分析检验记录与检验报告

1. 分析检验记录

分析检验记录是对分析检验项目整个分析检测过程的真实写照，是出具检验报告的原始凭证与依据。其记录应按页编号，原始记录应用蓝黑墨水或碳素笔书写，记录应详尽、清楚、真实、资料完整，并应归档保存、不得泄露。

数据记录应尽量采用国家标准规定的计量单位，并按测量仪器的有效读数位记录。更改记错的数据时，应在原数据上画一条横线表示销去，再在其旁另写更正数据，并由更改人签章。

数据整理应用清晰简明的格式把大量原始数据表达出来，并保持原始数据应有的信息。

2. 检验报告

检验报告是对原材料、中间产品或最终产品（成品）质量作出的技术鉴定，是指导生产和具有法律效力的技术文件。检验报告一般由如下内容构成：检验报告编号，送检单位（部门）名称，受检产品名称，样品说明（生产厂名、型号或规格、产品批号或出厂日期、取样地点及方法等），检验依据的标准编号与名称，检验项目与结果，检验结论，检验报告责任人（主检、审定、签发）并加盖检测单位专用公章，检验报告批准日期等。

知识链接

从事分析化验工作，其技术依据为物料的产品质量标准和试验方法标准。质量标准，是对产品结构、规格、质量等所做的技术规定，是产品生产和质量认定的技术依据；方法标准，是以提高工作效率和保证工作质量为目的，对产品的质量及其性能等进行分析和检验的技术规定，是产品质量评定（认证）的最重要的技术依据。在化学检验工的实际工作中，熟悉并掌握试验方法标准的文件结构至关重要。方法标准的文件结构大致包括：范围，规范性引用文件，术语和定义，方法概要，试剂与材料，仪器及准备，取样，试样处理，试验步骤，计算，结果表示，精密度，试验报告等。其中：试验步骤是“检验操作规程”的核心，因此对测定方法中的每一步骤必须有透彻的理解，切忌机械地按检验操作规程“照方抓药”，而不知其所以然。

第二节 提高分析结果准确度的方法

在定量分析中，由于受到分析方法、测量仪器、所用试剂及分析人员主观条件等方面的限制，使得测定结果不可能与真实含量完全一致；即使是技术很熟练的分析工作者，用最完善的分析方法和最精密的仪器，对同一样品进行多次测定，其结果也很难完全一样。因此，在进行定量分析时，不仅要得到待测组分的含量即分析结果，还需对分析结果进行合理评价，判断分析结果的可靠程度，分析误差产生的原因，采取有效措施减小误差，从而提高分析结果的准确度。

9. 国标：GB/T 14666—2003 分析化学术语（第 8 部分）

一、分析检验中的误差

根据误差的性质和来源不同，误差可分为系统误差和随机误差两种类型。

1. 系统误差

系统误差是由于分析过程中某些固定的、经常性的原因所引起的误差，它具有单向性，其正负、大小具有一定的规律性，即在多次平行测定中系统误差会重复出现，使测定结果总是系统地偏高或偏低。因此系统误差的大小是可测的，故又称为可测误差。系统误差主要来源于以下几个方面。

（1）方法误差　是指由于分析方法本身不够完善所造成的误差。这种误差与方法本身固有的特性有关，与分析者的操作技术无关。例如滴定分析中，滴定反应不能定量地完成或者有副反应发生；由指示剂所确定的滴定终点与化学计量点不完全相符等，都将系统地使测定结果偏高或偏低，产生误差。

（2）试剂误差　是指由于试剂的纯度不够或蒸馏水中含有微量杂质而引起的误差。

（3）仪器误差　是指由于仪器本身精度不够或未经校准而引起的误差。例如天平灵敏度不符合要求，砝码质量未经校正，所用容量瓶、移液管、滴定管的标线或刻度值与真实值不相符等，都会在使用过程中使测定结果产生误差。

（4）主观误差　是指在正常操作情况下，由于操作人员主观原因所造成的误差。例如，读取滴定管的估读数偏高或偏低，辨别滴定终点的颜色偏深或偏浅等。

2. 随机误差

（1）随机误差的来源　随机误差是由于一些偶然的、意外的、无法控制的外界因素所引起的误差。例如测定时环境温度、压力、湿度的突然变化，仪器性能的微小变化，分析人员操作的细小变化等，使此次的情况和下一次的情况不会完全一致，从而可能带来随机误差。

这类误差对测定结果的影响程度不确定。在同一条件下进行多次平行测定所出现的随机误差有时正、有时负，误差的数值也不固定，有时大、有时小，不可预测，也难以控制，故该误差又称为未定误差（或偶然误差）。随机误差是非单向性的，因此这类误差是不可避免又无法校正的。

（2）随机误差的特点　表面上随机误差的出现似乎没有什么规律，但是如果在消除系统误差以后，对同一试样在同一条件下进行多次重复测定，并将测定的数据用数理统计的方法进行处理，便可发现其特点。

10. 动画：随机误差的正态分布

① 大小相近的正负误差出现的概率相等，即绝对值相近而符号相反的误差是以同等机会出现的。

② 绝对值小的误差出现的概率大，绝对值大的误差出现的概率小，绝对误差很大的误差出现的概率更小。

随机误差的这种规律性，可用图 4-1 的曲线表示。

图 4-1 中横坐标 x 代表误差的大小，纵坐标 y 代表误差发生的相对频率，该曲线称为随机误差的正态分布曲线。该曲线反映了随机误差的分布规律。

二、分析检验的准确度与精密度

1. 准确度与误差

准确度是指测定值与真实值相接近的程度，它说明测定值的正确性，常用误差的大小来衡量。误差一般用绝对误差和相对误差来表示。绝对误差 E 表示测定值 x_i 与真实值 x_T 之差，即

$$E=x_i-x_T \tag{4-2}$$

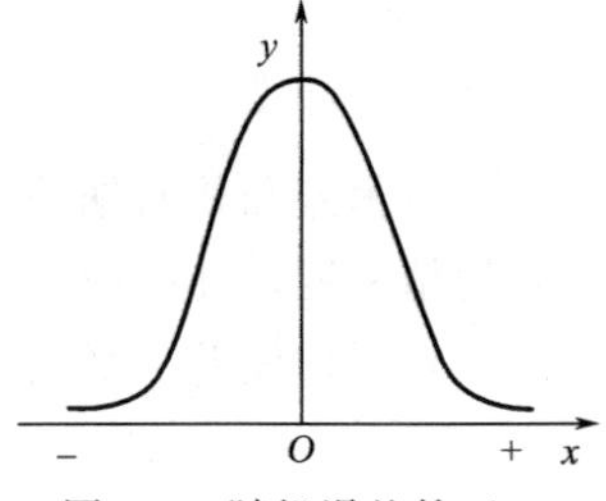

图 4-1　随机误差的正态分布曲线

显然，绝对误差越小，测定值与真实值越接近，测定结果越准确。一些仪器的测定准确度高低常用绝对误差的大小来衡量。例如，电光分析天平的称量误差为±0.0001g，50mL 常量滴定管的读数误差为±0.01mL 等。但是，用绝对误差的大小来衡量测定结果的准确度，有时并不明显，因为它没有和测定过程中所取试样的数量多少联系起来。通常把绝对误差在真实值中所占的比值称为相对误差（E_r），即

$$E_r=\frac{E}{x_T} \tag{4-3}$$

绝对误差和相对误差都有正值和负值之分，正值表示分析结果偏高，负值表示分析结果偏低。由于相对误差能够反映误差在真实值中所占的比值，故常用相对误差来表示或比较各种情况下测定结果的准确度。

【例题 4-1】 用分析天平称量 A、B 两个样品的质量分别为 1.2452g 和 0.2452g，已知 A、B 两个样品的真实质量分别为 1.2453g 和 0.2453g，求用该分析天平称量 A、B 两个样品时的绝对误差及相对误差，并比较称量结果的准确度。

解

$$E(A)=x_A-x_T=1.2452-1.2453=-0.0001(g)$$

$$E_r(A)=\frac{E(A)}{x_T}=\frac{-0.0001}{1.2453}=-0.008\%$$

$$E(B)=x_B-x_T=0.2452-0.2453=-0.0001(g)$$

$$E_r(B)=\frac{E(B)}{x_T}=\frac{-0.0001}{0.2453}=-0.04\%$$

通过计算可以看出，虽然称量 A、B 两个样品的绝对误差均为−0.0001g，但称量 B 样品的相对误差却是称量 A 样品相对误差的 5 倍，即称量 A 样品的准确度较高。

可见，当称量的质量较大时，称量误差较小，故在分析检验中，被称物的质量应不低于某一限量，以保证测定结果的准确度。

2. 精密度与偏差

精密度是指在相同的条件下，一组平行测定结果之间相互接近的程度。精密度的高低常

用偏差的大小来衡量。

(1) 偏差　在实际分析工作中，通常真实值并不知道，一般是取多次平行测定结果的算术平均值($\bar{x}$)来表示分析结果，即

$$\bar{x}=\frac{x_1+x_2+\cdots+x_n}{n}=\frac{1}{n}\sum_{i=1}^{n}x_i \tag{4-4}$$

个别测定值 x_i 与多次测定结果的平均值 $\bar{x}$ 之差称为偏差。偏差的大小可表示分析结果的精密度，偏差越小，表明测定结果的精密度越高。与误差相似，偏差也可表示为绝对偏差(d_i)和相对偏差(d_r)。

$$d_i=x_i-\bar{x} \tag{4-5}$$

$$d_r=\frac{d_i}{\bar{x}} \tag{4-6}$$

绝对偏差和相对偏差只能用来衡量单次测定结果对平均值的偏差。为了更好地说明测定结果的精密度，在一般分析工作中常用平均偏差和标准偏差表示。

(2) 平均偏差　平均偏差($\bar{d}$)是指各次测定偏差绝对值的平均值，是绝对平均偏差的简称。

$$\frac{1}{n}\sum_{i=1}^{n}|d_i|=\frac{1}{n}\sum_{i=1}^{n}|x_i-\bar{x}| \tag{4-7}$$

相对平均偏差($\bar{d}_r$)是平均偏差 $\bar{d}$ 在平均值 $\bar{x}$ 中所占的比值。

$$\bar{d}_r=\frac{\bar{d}}{\bar{x}} \tag{4-8}$$

(3) 标准偏差　标准偏差又称均方根偏差(S)，其数学表达式为：

$$S=\sqrt{\frac{1}{n-1}\sum_{i=1}^{n}(x_i-\bar{x})^2} \tag{4-9}$$

标准偏差在平均值中所占的比值叫作相对标准偏差，也叫变异系数或变动系数(CV)。其计算式为：

$$CV=\frac{S}{\bar{x}} \tag{4-10}$$

用标准偏差表示精密度比用平均偏差表示更合理。因为单次测定值的偏差经平方以后，较大的偏差就能显著地反映出来。所以在生产和科研的检验报告中常用标准偏差表示精密度。

例如，现有两组测量结果，各次测量的偏差分别为：

第一组　－0.04，＋0.03，＋0.04，＋0.02，－0.03，0，－0.02，－0.02

第二组　－0.08，＋0.01，－0.01，＋0.01，＋0.07，0，＋0.01，－0.01

两组测定值的平均偏差($\bar{d}$)分别为：

第一组　$$\bar{d}=\frac{\sum_{i=1}^{n}|d_i|}{n}=0.025$$

第二组　$$\bar{d}=\frac{\sum_{i=1}^{n}|d_i|}{n}=0.025$$

从以上计算结果看，两组的平均偏差相同，都等于0.025，似乎两组的精密度一样

高。但第二组中有两个偏差（即－0.08和＋0.07）明显较大，用平均偏差表示时却显示不出这个差异，若用标准偏差 S 来表示，情况就不同了。两组测定值的标准偏差分别为：

第一组
$$S=\sqrt{\frac{\sum_{i=1}^{n}(x_i-\bar{x})^2}{n-1}}=0.030$$

第二组
$$S=\sqrt{\frac{\sum_{i=1}^{n}(x_i-\bar{x})^2}{n-1}}=0.041$$

由此可见，第一组数据的精密度较好。

（4）极差　测量数据的精密度有时也用极差来表示。极差是指一组测量数据中最大值与最小值之差，它表示偏差的范围，通常以 R 表示。

$$R=x_{\max}-x_{\min} \tag{4-11}$$

$$相对极差=\frac{R}{\bar{x}} \tag{4-12}$$

极差的计算非常简单，但其最大的缺点是没有充分利用各个测量数据，故其准确性较差。

3. 准确度与精密度的关系

准确度和精密度是判断分析结果是否准确的依据，但两者在概念上还是有区别的。好的精密度是获得准确结果的前提和保证，精密度差，所得结果不可靠，也就谈不上准确度高。但是精密度高，准确度不一定高，因为可能在一项检验的多次平行测定中引入了同一系统误差，只有在减免或校正了系统误差的前提下，精密度高，其准确度才可能高。

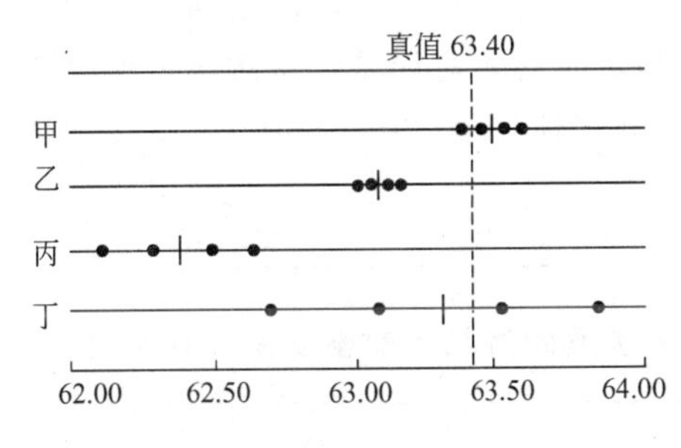

图 4-2　四人测定结果的比较
（• 表示个别测定值，| 表示平均值）

图 4-2 显示了甲、乙、丙、丁四人同时测定某试样中氯含量时所得的结果。

由图 4-2 可以看出，甲所得结果的精密度和准确度均较好，结果可靠；乙分析结果的精密度虽然很高但准确度较低；丙的精密度和准确度都很差；丁的精密度很差，虽然平均值接近真实值，但这是由于正负误差相互抵消的结果，而其精密度很差表明了该数据是不可靠的，因而也就失去了衡量准确度的意义。

4. 公差

在生产部门通常并不强调误差与偏差的区别，而是用“公差”范围来表示允许误差的大小。

公差是生产部门对分析结果允许误差的一种限量，又称为允许误差。如果分析结果超出允许的公差范围称为“超差”。遇到这种情况，则该项分析应该重做。公差范围的确定一般是根据生产需要和实际情况而制定的，所谓实际情况主要指样品组成的复杂情况以及所用分析方法的准确程度。对于每一项具体的分析工作，各主管部门都规定了具体的公差范围，例如钢铁中碳含量的公差范围，国家标准规定如表 4-1 所示。

表 4-1 钢铁中碳含量的公差范围（用绝对误差表示）

碳含量范围/%	0.10～0.20	0.20～0.50	0.50～1.00	1.00～2.00	2.00～3.00	3.00～4.00	>4.00
公差/%	±0.015	±0.020	±0.025	±0.035	±0.045	±0.050	±0.060

三、提高分析结果准确度的方法

前面讨论了误差的产生原因及其特征，在此基础上，结合实际情况，简要地讨论如何减小分析过程中的误差。

1. 减小测量误差

在测定对象及其适宜的分析方法选定后，为了保证分析结果的准确度，必须尽量减小测量误差。

例如，在分析工作中，试样或基准试剂的称取质量应适量，以减小称量误差。一般分析天平的称量误差是±0.0001g，用减量法称量两次，可能引起的最大误差是±0.0002g，为了使称量时的相对误差在0.1%以下，其称取质量就不能太小。从相对误差的计算中可得到：

$$称取质量 \geqslant \frac{0.0002}{0.001} = 0.2(g)$$

可见，称取质量必须在0.2g以上才能保证称量的相对误差小于0.1%。

又如，在滴定分析中，滴定管的估读数一般有±0.01mL的误差。一次滴定通常读数两次，这样可能造成±0.02mL的误差。因此，为了控制测量时的相对误差，每次滴定所消耗的标准滴定溶液用量就必须达到一定的体积（国家标准规定体积为30～35mL），以保证读数误差小于0.1%。

练一练

若保证滴定分析的相对误差小于0.1%，标准滴定溶液的消耗体积至少是多少毫升？

另外，在标准滴定溶液的制备过程中，标定浓度较高的溶液时一般选用称量法标定，标定浓度较低的溶液时可选用移液管法标定，以减小称量误差。如用工作基准试剂氧化锌标定浓度为0.1mol/L的EDTA溶液时，采用称量法标定；标定浓度为0.02mol/L的EDTA溶液时，采用移液管法标定。

2. 减小系统误差

系统误差的减免可通过对照试验、空白试验和校准仪器等方法来实现。

(1) 对照试验　就是在相同的条件下，采用同样的分析方法，用标样代替试样进行的平行测定。除采用标样进行对照试验外，也可采用标准方法与所选用的方法同时测定某试样，由测定结果作统计检验；或者通过加标回收试验进行对照，判断方法的可靠性，以消除方法误差。对照试验是检验有无系统误差存在的有效方法。如果通过对照试验证明有系统误差存在，则可以采用空白试验或使用校正值予以消除。

(2) 空白试验　在不加试样的情况下，按照与试样分析完全相同的操作步骤和条件而进行的测定叫做空白试验。空白试验所得到的结果称为“空白值”。从试样的分析结果中扣除空白值，即可得到比较可靠的分析结果。由环境、实验器皿、试剂及蒸馏水等带入的杂质所引起的系统误差，可以通过空白试验来校正。

(3) 校准仪器　在日常分析工作中，由于仪器出厂时已进行过校正，只要仪器保管妥善，一般可不必进行频繁校准。当分析结果准确度要求较高时，则应对测量所用仪器如天平、容量瓶、移液管、滴定管等进行校正，并将校正值应用到分析结果的计算中。

为了减小仪器误差，通常可采用简单而有效的方法：在同一分析项目的多次平行测定所涉及的一系列操作过程中，尽可能使用同一套仪器，以抵消由仪器带来的误差。

实际分析工作中，还应注意标定标准滴定溶液与测定试样组分时的实验条件应力求一致，以抵消测定过程中的系统误差。

3. 减小随机误差

由随机误差的统计规律可见，在消除系统误差的前提下，只要操作细心，适当增加平行测定次数，就可将大小相等的正负误差相互抵消，使测定平均值接近于真实值。因此，增加平行测定次数是减小随机误差的有效方法。但测定次数过多则意义不大，实际工作中平行测定次数一般控制在4～6次即可。

应当指出，由于操作者工作粗心大意、不遵守操作规程所造成的一些差错，如器皿未洗净、加错试剂、看错砝码、读错刻度值、记录或计算错误等“过失”而造成的错误结果，是不能通过上述方法减免的。因此操作者应加强工作责任心，严格遵守操作规程，认真仔细地进行检验测定，做好原始记录，反复核对，以避免类似错误的发生。

第三节　分析数据的处理

定量分析的测定结果需通过计算而得出，这就要求计算的准确程度要与各分析步骤的准确程度相适应。为此，在记录实验数据和计算分析结果时应当注意有效数字的保留问题。

一、有效数字及其运算规则

在分析工作中，不仅要准确地进行测量，还应正确地进行记录和计算。当用数据表述测定结果时，除了要反映出测量值的大小以外，还要反映出测量时的准确程度。通常用有效数字来体现测量值的可信程度。

1. 有效数字的意义

有效数字是指在分析工作中能够实际测量到的数字。在有效数字中，前面的数字都是准确数字，只有最后一位数字是可疑的，一般在上下1～2个单位的误差。例如，用分析天平称得某样品的质量为0.4830g，在这一数值中，0.483是准确的，最后一位数字“0”是不准确的，即其实际质量是在0.4830g±0.0001g范围内的某一数值，此时称量的绝对误差为±0.0001g，相对误差为：

$$E_r=\frac{\pm 0.0001}{0.4830}=\pm 0.02\%$$

若将上述称量结果记录为0.483g，则表示该样品的实际质量将为0.483g±0.001g范围内的某一数值，其相对误差为±0.2%。由此例可见，数据中代表着一定计量意义的每一个数字都是重要的，即数据的位数不仅能表示数值的大小，更重要的是反映了测量的准确程度。因此，记录数据的位数不能随意增减。

关于有效数字，应注意以下几点：

① 记录测量所得数据时，只允许保留一位可疑数字。

② 记录测量数据时，绝不能因为最后一位数字是零而随意舍去。

③ 有效数字与小数点的位置及量的单位无关。

④ 数字“0”在数据中具有双重意义。当用来表示与测量精度有关的数字时是有效数字，即数字之间的“0”和小数中末尾的“0”都是有效数字；数字前面的“0”只起定位作用，与测量精度无关，故不是有效数字。

⑤ 对于$a\times10^n$或$b\%$（a、b为任意正数，n为任意整数）这样的数值，其a、b的有效数字位数即为$a\times10^n$或$b\%$数值的有效数字位数。

⑥ pH、pK、lg$K$等对数值，其有效数字位数仅决定于小数部分的数字位数。例如，pH=5.02为两位有效数字。

2. 有效数字修约及运算规则

(1) 有效数字修约规则　在分析测定过程中，通常包括几个测量环节，但各个测量环节的测量精度不一定完全一致，因而几个测量数据的有效数字位数也可能不同。根据有效数字的要求，常常要弃去多余的数字，然后再进行计算。通常把弃去多余数字的处理过程称为数字的修约。数字的修约通常采用“四舍六入五留双”法则。当被修约的数字小于或等于4时，则舍；大于或等于6时，则入。当被修约的数字等于5时：若5后面的数字并非全部为零，则入；若5后面无数字或全部为零则看5的前一位，5的前一位是奇数则入，是偶数（零视为偶数）则舍。例如将下列数据修约成两位有效数字：

$$21.44\rightarrow21\quad 9.76\rightarrow9.8\quad 8.3503\rightarrow8.4$$

$$9.3500\rightarrow9.4\quad 9.4500\rightarrow9.4$$

修约时，只能对原始数据进行一次修约到所需要的位数，不得连续进行多次修约。例如，将9.5467修约成两位有效数字，应一次修约为9.5，而不得按下法连续修约为9.6。

$$9.5467\rightarrow9.547\rightarrow9.55\rightarrow9.6$$

另外，在涉及安全需要或已知极限的情况下，有关测定数据的有效数字应按一个方向修约（即只进不舍或只舍不进）。例如：①已知室内空气中CO的最高容许含量是$\rho(CO)\leqslant 10mg/m^3$，实测值为$30.4mg/m^3$，修约后得$31mg/m^3$（只进不舍），空气不合格；②分析纯KCl试剂，其含量规定$w(KCl)\geqslant99.8\%$，实测值为99.78%，修约后得99.7%（只舍不进），试剂不合格。

(2) 有效数字运算规则　在分析计算中，有效数字的保留更为重要。当一些准确度不同的数据进行运算时，需遵守一定的规则，以保证运算结果能真正反映实际测量的准确度，获得准确、可靠的分析结果。应用运算规则的步骤一般是先修约、后计算，结果再修约。为了提高计算结果的可靠性，修约时可以暂时多保留一位数字，得到最后结果后再按“四舍六入五留双”舍去多余的数字。有效数字的具体运算规则如下。

① 加减法。在加减法运算中，计算结果有效数字位数的保留，以小数点后位数最少的数据为准，即以绝对误差最大的数据为准。例如

$$0.1542+5.42+3.783=?$$

正确的计算为：

$$\begin{aligned}&0.1542+5.42+3.783\\&=0.154+5.42+3.783 &&\text{(修约)}\\&=9.357 &&\text{(计算)}\\&=9.36 &&\text{(再修约)}\end{aligned}$$

上例中相加的3个数据中，5.42小数点后位数最少，其中数字“2”已是可疑数字。因

此最后结果有效数字的保留应以此数据为准，即保留有效数字的位数到小数点后第二位（但计算前修约时可暂时多保留一位）。

② 乘除法。在乘除法运算中，计算结果有效数字位数的保留，应以各数据中有效数字位数最少的数据为准，即以相对误差最大的数据为准。

例如
$$\frac{0.14762\times24.38\times6.2}{18.3}=?$$

以上四个数据的计算结果应为：

$$\frac{0.14762\times24.38\times6.2}{18.3}=\frac{0.148\times24.4\times6.2}{18.3}=1.22=1.2$$

在这个算式中，四个数据的最后一位都是可疑数字，但各数据的相对误差不同，分别为：

$$E_r=\frac{\pm0.00001}{0.14762}=\pm0.007\%$$

$$E_r=\frac{\pm0.01}{24.38}=\pm0.04\%$$

$$E_r=\frac{\pm0.1}{6.2}=\pm2\%$$

$$E_r=\frac{\pm0.1}{18.3}=\pm0.5\%$$

在上述计算中，6.2 的相对误差最大(有效数字为 2 位)，因此最后结果有效数字的保留应以此数据为准，保留两位有效数字。

在计算和取舍有效数字位数时还应注意以下问题：

① 若某一数据中首位数字大于或等于 8，则其有效数字位数可多算一位。例如，9.74 表面上虽然是三位有效数字，但在实际计算中，可视为四位有效数字。

② 在无机及分析化学有关计算中，经常会遇到一些倍数、分数和系数等情况，因其不是由测定所得，故可视为无穷多位有效数字，计算结果的有效数字位数应由其他测量数据来决定。

③ 在使用电子计算器进行计算时，特别要注意最后结果中有效数字位数的保留，应根据上述原则进行取舍，不可全部照抄计算器上显示的数字。

*二、置信度与平均值的置信区间

在分析测定工作中，通常是把测定数据的平均值作为结果报出。但在报告多次平行测定的分析结果时，只给出测定结果的平均值是不确切的，还应给出测定结果的可靠性或可信度，用以说明总体平均值所在的范围（置信区间）及落在此范围内的概率（置信度）。

置信区间 i_c，也叫置信范围，它是指在一定的置信度下，以测定结果平均值 $\bar{x}$ 为中心，包括总体平均值在内的可靠性范围。在消除了系统误差的前提下，对于有限次数的测定，平均值的置信区间为：

$$i_c=\bar{x}\pm t\frac{S}{\sqrt{n}} \tag{4-13}$$

式中　S——标准偏差；

　　　n——测定次数；

t——在选定的某一置信度下的概率系数（也称置信因数），可根据测定次数和置信度从表 4-2 中查得；

$t\frac{S}{\sqrt{n}}$——平均值在置信区间的变化限量。

表 4-2　不同置信度和不同测定次数的 t 值

测定次数 n	置信度				
	50%	90%	95%	99%	99.5%
2	1.000	6.314	12.706	63.657	127.32
3	0.816	2.920	4.303	9.925	14.089
4	0.765	2.353	3.182	5.841	7.453
5	0.741	2.132	2.776	4.604	5.598
6	0.727	2.015	2.571	4.032	4.773
7	0.718	1.943	2.447	3.707	4.317
8	0.711	1.895	2.365	3.500	4.029
9	0.706	1.860	2.306	3.355	3.832
10	0.703	1.833	2.262	3.250	3.690
11	0.700	1.812	2.228	3.169	3.581
21	0.687	1.725	2.086	2.845	3.153
∞	0.674	1.645	1.960	2.576	2.807

置信度又称置信概率，是指以测定结果平均值为中心，包括总体平均值落在 $\bar{x}\pm t\frac{S}{\sqrt{n}}$ 区间的概率，或者说真实值在该范围内出现的概率，常用符号 p 表示。不同的学科对于置信度有不同的要求，在工业技术中，国际上推荐采用 $p=95\%$，我国国家计量技术规范《测量误差及数据处理》中也推荐采用 $p=95\%$。

从表 4-2 可看出，测定次数越多，t 值越小，相应的置信区间越窄，即测定平均值与总体平均值越接近。但当测定次数在 20 次以上时，t 值的变化不再显著，表明当测定次数超过 20 次以上时，再增加测定次数对于提高测定结果的准确度已经没有太大意义了。

【例题 4-2】 测定某有机试样中的磷含量，测定结果分别为 6.87%、6.90%、6.89%、6.90%。计算置信度分别为 90%和 95%时的置信区间。

解

$$\bar{x}=\frac{(6.87+6.90+6.89+6.90)\%}{4}=6.89\%$$

$$S=\sqrt{\frac{(-0.02)^2+(0.01)^2+(0.00)^2+(0.01)^2}{4-1}}=0.01\%$$

由表 4-2 可知，当 $n=4$，置信度为 90%时，$t=2.353$，则

$$i_c=6.89\%\pm 2.353\times\frac{0.01\%}{\sqrt{4}}=6.89\%\pm 0.01\%$$

同理，当 $n=4$，置信度为 95%时，$t=3.182$，则

$$i_c=6.89\%\pm 3.182\times\frac{0.01\%}{\sqrt{4}}=6.89\%\pm 0.02\%$$

即当置信度为 90%时，置信区间为 6.89%±0.01%，当置信度为 95%时，置信区间为 6.89%±0.02%。

三、可疑数据的取舍

在分析检验工作中，为保证测定结果准确可靠，对同一样品一般都要作多次平行测定，在平行测定所得的一组分析数据中，往往有个别数据与其他数据相差较远，这一数据称为可疑数据。一般对可疑数据应作如下处理。

1. 确知原因的可疑数据

凡确知原因的可疑数据应弃之不用。对于在操作过程中的明显过失，如称样时样品洒落、溶样时试液溅失、滴定时滴定剂泄漏等，所测得的数据可视为可疑数据，应舍弃；在复查分析结果时，对于能找出原因的可疑数据，也应弃去不用。

2. 不知原因的可疑数据

可疑数据的取舍，对平均值影响很大，如果不能确定该可疑数据确系由于“过失”引起的，就不能为了单纯追求测定结果的“一致性”，而把这一数据随意舍弃。正确的做法是根据随机误差的分布规律决定取舍。取舍的方法很多，目前常用的方法有 $4\overline{d}$ 检验法和 Q 检验法。

（1）$4\overline{d}$ 检验法　$4\overline{d}$ 检验法简称 $4\overline{d}$ 法，即 4 倍平均偏差法，其具体做法如下。

① 除可疑值外，将其余数据相加求算术平均值 $\bar{x}$ 及平均偏差 $\overline{d}$ 。

② 求可疑值与平均值 $\bar{x}$ 之差的绝对值。

③ 将该绝对值与 $4\overline{d}$ 比较：若 $|$可疑值$-\bar{x}|\geqslant 4\overline{d}$，则可疑值应舍去；若 $|$可疑值$-\bar{x}|<4\overline{d}$，则可疑值应保留。

【例题 4-3】 标定某硝酸银溶液的物质的量浓度时，得到下列数据：0.1011mol/L、0.1018mol/L、0.1017mol/L、0.1020mol/L。试根据 $4\overline{d}$ 法判断0.1011mol/L 这个数据是否该舍去。

解　上述四个数据中可疑值为 0.1011mol/L。其余数据的 $\bar{x}$ 和 $\overline{d}$ 为：

$$\bar{x}=\frac{0.1018+0.1017+0.1020}{3}=0.1018(\text{mol/L})$$

$$\overline{d}=\frac{|0.0000|+|-0.0001|+|0.0002|}{3}=0.0001$$

可疑值与平均值之差的绝对值为：

$$|0.1011-0.1018|=0.0007$$

而

$$4\overline{d}=4\times 0.0001=0.0004$$

因为 $0.0007>4\overline{d}\,(0.0004)$，所以数据 0.1011mol/L 应舍去。

（2）Q 检验法　可疑值的取舍也可以通过 Q 检验法进行判断，其具体做法如下。

① 将测得的数据由小到大排列：x_1、x_2、…、x_n。

② 求出最大值与最小值之差，即极差 x_n-x_1。

③ 求出可疑值 x_n 或 x_1 与其邻近数据之差 x_n-x_{n-1} 或 x_2-x_1。

④ 按下式计算出 Q 值。

$$Q_{计}=\frac{x_n-x_{n-1}}{x_n-x_1}\quad 或\quad Q_{计}=\frac{x_2-x_1}{x_n-x_1}$$

⑤ 根据所要求的置信度和测定次数，查 Q 值表（见表 4-3），比较由 n 次测定求得的 $Q_{计}$ 值与表中所列相同测量次数 Q 值的大小：若 $Q_{计}>Q$，则相应的可疑值应舍去；若

$Q_{计}<Q$，则相应的可疑值应保留。

表 4-3 不同置信度下的 Q 值

测定次数 n	90%	95%	99%	测定次数 n	90%	95%	99%
3	0.94	0.98	0.99	7	0.51	0.59	0.68
4	0.76	0.85	0.93	8	0.47	0.54	0.63
5	0.64	0.73	0.82	9	0.44	0.51	0.60
6	0.56	0.64	0.74	10	0.41	0.48	0.57

【例题 4-4】 对某试样中镁的质量分数进行了六次测定，测定结果分别为 6.32%、6.35%、6.36%、6.33%、6.44%、6.37%，试用 Q 检验法判断可疑值 6.44%是否应弃去（置信度为 90%）。

解 (1) 首先将各数值按递增的顺序排列

$$6.32\%、6.33\%、6.35\%、6.36\%、6.37\%、6.44\%$$

(2) 求出最大值与最小值之差

$$x_n-x_1=6.44\%-6.32\%=0.12\%$$

(3) 求出可疑值与其最邻近数据之差

$$x_n-x_{n-1}=6.44\%-6.37\%=0.07\%$$

(4) 计算 Q 值

$$Q_{计}=\frac{x_n-x_{n-1}}{x_n-x_1}=\frac{0.07}{0.12}=0.58$$

(5) 查表 4-3 得，当 $n=6$ 时，$Q_{0.90}=0.56$，$Q_{计}>Q_{0.90}$，所以可疑值 6.44%应弃去。

上述两种方法：$4\bar{d}$ 检验法计算简单且不必查表，但数据统计处理不够严密，常用于处理一些要求不高的分析数据；Q 检验法符合数理统计原理，方法简便严谨，适用于测定次数在 3～10 次之间的数据处理。

第四节 滴定分析概述

滴定分析是（亦称容量分析）是分析检验工作中应用最为广泛的化学分析方法。该方法操作简便、快速，所用仪器设备简单，测定结果准确度高，可以测定很多无机物和有机物。

11. 国标：GB/T 14666—2003 分析化学术语（第 2 部分）

科学家介绍

俞汝勤从 20 世纪 60 年代起开展了铌等稀有元素的有机分析试剂合成及分析方法研究，合成了氰基甲类、噻唑偶氮类、变色酸双偶氮类、络合腙类等分析试剂，以及将长链烷基季氮与非离子烷氧链等不同基团引入同一聚合型表面活性剂分子中构建分析增敏试剂，建立了铌、铼、金、钯、铋、钨、钼、钙等元素的灵敏分析方法。提出的新铌试剂被冶金地质部门正式采用。有关分析试剂的研究与化学传感器的研制结合，发展为新型载体的合成。通过合成长链季铵、季膦、联萘冠醚、氮杂冠醚、杯芳烃、卟啉、酞菁、咪唑及哌啶衍生物、金属希夫碱配合物以及锡、铅、汞、锑等金属有机化合物，研制了多种药物及难测试离子的电化学传感器。在非玻璃膜氢离子敏感电极的研制方面，通过在中性载体分子中引入对酸性及碱性区响应的基团，显著拓宽了其线性响应区间。另一方面，通过合成光化学载体制备光化学传感器，如荧光素及其卤代衍生物长链烷基酯制备测试羧酸及脂肪醇的传感器；上述荧光素衍生物与荧光给予体稠环芳烃合用制备荧光能量转移型苦味酸传感器；含蒽甲基丙烯酸类共聚物制备四环素类抗生素传感器；具溶致变色性的含黄酮基聚合物制备测试有机溶剂中水分的传感器，等等。

除上述合成有机载体制备的传感器外，俞汝勤还开展了非化学计量化合物制备磷酸根等难测试离子的电极；参与将一些重要的晶体膜及气敏电极，如氟及氨电极国产化的工作，实现了在国内批量生产这些传感器。主持两项化学计量学国家自然科学基金重点项目，开展了较系统的分析化学计量学基础研究工作。发展了适用于白色、灰色及黑色等不同类型分析体系的多元校正方法，包括稳健多元校正与滤波、基于形态分析概念的多元校正，以及运用模拟退火算法的多元校正等。研究人工神经网络的稳健化及其在分析校正与化学定量构效关系方面的应用。他主持的研究成果“有机试剂用于电化学、催化动力学及光度分析研究”获国家自然科学三等奖（1987）；“离子选择性电极”成果获全国科学大会奖（1978）。在电化学传感器、光化学传感器及新型分析试剂等方面的研究成果还曾获国家教委及其他部、省级奖励 5 种。在化学计量学方面的研究成果获国家教委科技进步一等奖（1994）及其他部省级奖励 3 种；发表的学术论文逾 300 篇。

五十余年执教生涯、五十余载湖大岁月、培养八十余名博士研究生，他是中国化学计量学的辛勤开拓者；他参与促成创建了中国高校分析化学领域第一家国家重点实验室——湖南大学化学生物传感与计量学国家重点实验室诞生，引领了实验室的发展，见证了实验室的每一个重要时刻。50 年前，俞汝勤从国外归来的时候，心里就装着使命，衣襟上沾满晨光。矢志报国、赤子情怀，他就像一名在战斗的勇士，在化学计量学与分析化学其他研究阵地上顽强拼搏，一介书生，国之栋梁；他还像一把号角，扎根千年学府，潜心治学，教书育人，让理想与激情在师生心中蔓延。

一、滴定分析的基本概念

滴定分析是将一种已知准确浓度的试剂溶液，滴加到一定量待测溶液中，直到待测组分与所加试剂按照化学计量关系完全反应为止。然后根据标准滴定溶液的浓度和所消耗的体积，利用化学反应的计量关系计算出待测物质的含量。

滴定分析的主要术语如下。

（1）标准滴定溶液　已知准确浓度的试剂溶液。

（2）滴定　将标准滴定溶液通过滴定管滴加到待测组分溶液中的过程。

（3）滴定反应　滴定时进行的化学反应。

（4）化学计量点　滴定分析中，当待测组分与滴加的标准滴定溶液按照滴定反应方程式所示的计量关系定量反应完全时，称为化学计量点，也称为理论终点。

（5）指示剂　分析中用于指示滴定终点的试剂。它在滴定过程的化学计量点附近产生能敏锐觉察到的颜色或沉淀等变化，从而指示滴定终点的到达。

（6）滴定终点　在滴定分析中，实际操作时依据指示剂颜色发生突变而停止滴定的一点，称为滴定终点，简称终点。

滴定分析成功的关键，就是要准确地找到滴定终点，并努力使滴定终点与化学计量点相一致。

(7) 滴定误差　由滴定终点与化学计量点不一致所产生的误差。滴定误差是滴定分析误差的主要来源之一，其大小主要取决于化学反应的完全程度、指示剂的选择和用量是否恰当以及滴定操作的准确程度等。

二、滴定分析方法

滴定分析法主要包括酸碱滴定法、配位滴定法、氧化还原滴定法和沉淀滴定法等。

(1) 酸碱滴定法　以酸、碱之间的质子转移反应为基础的滴定分析方法。它是滴定分析中应用最广泛的方法。

酸碱滴定法可用于测定一般的酸、碱，以及能够与酸、碱直接或间接发生定量反应的各种物质。

(2) 配位滴定法　以配合物的形成及解离反应为基础的滴定分析方法。配位滴定法通常以乙二胺四乙酸及其二钠盐（简称 EDTA）作为配位剂测定各种金属离子的含量。

(3) 氧化还原滴定法　以氧化还原反应为基础的滴定分析方法。根据所用滴定剂的不同，氧化还原滴定法可分为高锰酸钾法、碘量法、亚硝酸钠法、重铬酸钾法以及溴酸钾法等。

氧化还原滴定法应用非常广泛，利用该法不仅可以直接测定具有氧化性或还原性的物质，而且还可以间接测定各种能够与氧化剂或还原剂发生定量反应的非氧化性物质和非还原性物质。

(4) 沉淀滴定法　以沉淀反应为基础的滴定分析方法。目前应用最多的是以生成难溶性银盐反应为基础的银量法，该法常用硝酸银作为沉淀剂测定 Cl^-、Br^-、SCN^- 等离子。

上述方法各有其优缺点，而同一种物质或许用这几种方法均可测定，因此在选择分析方法时，应根据待测组分的性质、含量以及试样的组成和对分析结果准确度的要求等因素选用适当的测定方法。

三、滴定分析对化学反应的要求

滴定分析是化学分析中主要的分析方法之一，它适用于组分含量在1%以上的物质的测定。化学反应很多，但并非所有化学反应都能用于滴定分析。用于滴定分析的化学反应，必须符合某些特定的要求。

(1) 反应必须定量进行　滴定反应必须能按照化学反应方程式所示的计量关系定量地进行，没有副反应，并且反应要完全（完全程度≥99.9%）。这是定量计算的基础。

(2) 反应速率要快　滴定反应最好能在瞬间定量完成。对于反应速率较慢的反应，可通过加热或加入催化剂等措施来加快反应速率，但是在进行滴定操作时必须要注意：滴定速率一定要慢于反应速率。

(3) 要有适当的方法来确定滴定终点　确定滴定终点最简便和常用的方法就是使用合适的指示剂。如果没有合适的指示剂可供选用，也可考虑采用其他的物理化学方法（如电位滴定法等）确定滴定终点。

(4) 滴定反应应不受其他共存组分的干扰　在滴定体系中如果有其他共存组分，它们应完全不干扰滴定反应的进行（即滴定反应应该是专属的），或者可以通过控制反应条件、通过掩蔽等手段消除干扰。

四、滴定方式

滴定分析的滴定方式，主要有如下四种情形。

（1）直接滴定法 用标准滴定溶液直接滴定溶液中的待测组分，利用指示剂或仪器测试显示滴定终点到达的滴定方式，称为直接滴定法。例如，用盐酸标准滴定溶液直接滴定氢氧化钠，滴定反应速率极快，可瞬间完成。

$$NaOH + HCl \longrightarrow NaCl + H_2O$$ （可用甲基橙作指示剂）

又如，用EDTA滴定法测定钙镁含量、用高锰酸钾法测定亚铁含量等都是采用直接滴定法，即调节适当的测定条件（如酸度、温度等）后，用标准滴定溶液直接滴定待测试液。

直接滴定法是滴定分析中最常用和最基本的滴定方式，操作简便、快速，引入的误差较小，测定结果比较准确。

凡能满足上述滴定分析对化学反应要求的反应，都可以应用于直接滴定法中。但是，有时反应不能完全符合上述要求，则不能采用直接滴定法。遇到这种情况，可以采用下述其他滴定方式。

（2）返滴定法 当待测物质难溶于水、易挥发、反应速率慢或没有合适的指示剂时，可采用返滴定法。返滴定法是在待测试液中准确加入适当过量的标准滴定溶液，待反应完全后，再用另一种标准滴定溶液返滴剩余的第一种标准滴定溶液，从而测定出待测组分的含量。例如，大理石中碳酸钙含量的测定，因碳酸钙难溶于水，不宜采用直接滴定法进行测定。因而在测定时，可先加入过量的盐酸标准滴定溶液，待其与试样完全反应后，再用氢氧化钠标准滴定溶液滴定剩余的盐酸，根据所消耗的氢氧化钠及盐酸标准滴定溶液的浓度和体积，即可计算出大理石中碳酸钙的含量。其化学反应为：

$$CaCO_3 + 2HCl \longrightarrow CaCl_2 + CO_2\uparrow + H_2O$$
$$HCl + NaOH \longrightarrow NaCl + H_2O$$

（3）置换滴定法 若被测物质与滴定剂不能完全按照化学反应方程式所示的计量关系定量反应，或伴有副反应时，则可以用置换滴定法来完成测定。

置换滴定法是向试液中加入一种适当的化学试剂，使其与待测组分反应，并定量地置换出另一种可被滴定的物质，再用标准滴定溶液滴定该生成物，然后根据滴定剂的消耗量以及反应生成的物质与待测组分的化学计量关系计算出待测物质的含量。例如，Ag^+与EDTA形成的配合物不太稳定，不宜用EDTA直接滴定。在测定时可向待测Ag^+溶液中加入过量的$[Ni(CN)_4]^{2-}$，则Ag^+很快与$[Ni(CN)_4]^{2-}$中的CN^-反应，置换出等计量的Ni^{2+}，再用EDTA滴定Ni^{2+}，即可求出Ag^+的含量。

（4）间接滴定法 某些待测组分不能直接与滴定剂反应，但可通过其他的化学反应，间接测定其含量。例如，欲测定溶液中Ca^{2+}，Ca^{2+}既不能与酸碱反应，也没有氧化性或还原性，但它可以与$C_2O_4^{2-}$作用形成草酸钙沉淀，经过滤洗净后，加入硫酸使其溶解，就可以用高锰酸钾标准滴定溶液滴定与Ca^{2+}结合的$C_2O_4^{2-}$，从而间接测定Ca^{2+}的含量。其化学反应为：

$$Ca^{2+} + C_2O_4^{2-} \longrightarrow CaC_2O_4\downarrow$$ （沉淀）
$$CaC_2O_4 + 2H_2SO_4 \longrightarrow Ca(HSO_4)_2 + H_2C_2O_4$$ （溶解）

$$5C_2O_4^{2-} + 2MnO_4^- + 16H^+ \longrightarrow 10CO_2 \uparrow + 2Mn^{2+} + 8H_2O \text{ (滴定)}$$

由于可以采用返滴定法、置换滴定法和间接滴定法等多种滴定方式，因而极大地扩展了滴定分析的应用范围。

练一练

① 在返滴定法中，第一种标准滴定溶液为什么需要“准确且适当过量”地加入？

② 在置换滴定法中，向试液中加入的化学试剂（用于置换出另一种可被滴定的物质）其用量为什么一定要“过量”？是否需要准确地“定量”加入？

第五节 标准滴定溶液的制备

在滴定分析中，无论采用何种滴定分析方法和滴定方式，都必须使用标准滴定溶液。因此，正确地配制标准滴定溶液以及准确地标定其浓度，对于保证滴定分析结果的准确度和可靠性有重要意义。

一、溶液浓度的表示方法

在分析检验中，随时都要用到各种浓度的溶液。溶液的浓度通常是指在一定量的溶液中所含溶质的量，在国际标准和国家标准中，溶剂用 A 代表，溶质用 B 代表。分析工作中常用的溶液浓度表示方法有以下几种。

（1）物质的量浓度 c_B　指溶质 B 的物质的量与相应溶液的体积之比。即

$$c_B = \frac{n_B}{V} \tag{4-14}$$

式中　c_B——溶质 B 的物质的量浓度，mol/L；

n_B——溶质 B 的物质的量，mol；

V——混合物(溶液)的体积，L。

c_B 的 SI 单位为摩尔每立方米（mol/m^3），常用单位为摩尔每升(mol/L)。

（2）质量浓度 ρ_B　指溶液中溶质 B 的总质量与溶液的体积之比。即

$$\rho_B = \frac{m_B}{V} \tag{4-15}$$

式中　ρ_B——溶质 B 的质量浓度，g/L；

m_B——溶质 B 的质量，g；

V——溶液的体积，L。

ρ_B 的 SI 单位为千克每立方米(kg/m^3)，常用单位为克每升(g/L)，也可采用毫克每升(mg/L)。质量浓度多用于溶质为固体的溶液。例如，医药上常用的葡萄糖注射液和生理盐水的质量浓度分别是 50g/L 和 9g/L。

（3）质量分数 w_B　指溶质 B 的质量与溶液的质量之比。即

$$w_B = \frac{\text{溶质 B 的质量}(m_B)}{\text{溶液的质量}(m)} \tag{4-16}$$

质量分数 w_B 无量纲。例如，$w(NaCl) = 0.1$，也可以用百分数表示为 $w(NaCl) =$

10%。市售的浓酸、浓碱大多用质量分数表示。若式(4-16)中分子、分母两个质量单位不同，则质量分数应写上单位，如 mg/g、μg/g、ng/g 等。质量分数还常用来表示待测组分在试样中的含量，如铁矿中铁的含量 $w(\mathrm{Fe})=0.28=28\%$。

(4) 体积分数 φ_B　指溶液中组分 B 单独占有的体积（V_B）与溶液的总体积（$V_{总}$）之比。即

$$\varphi_B=\frac{V_B}{V_{总}} \tag{4-17}$$

体积分数 φ_B 无量纲，常以“%”来表示其比值大小，多用于表示溶质为液体的溶液浓度。例如，将 75mL 乙醇加水稀释到 100mL，则乙醇在此溶液中的浓度（不考虑混合后溶液体积的变化）为：

$$\varphi_{乙醇}=\frac{V_{乙醇}}{V_{总}}=\frac{75}{100}=0.75=75\%$$

体积分数也常用于气体分析中表示某一组分的含量。如某混合气体中 $\varphi(SO_2)=0.08=8\%$，表示二氧化硫的体积占该混合气体总体积的 8%。

(5) 体积比　即溶质 B 与溶剂 A 的体积之比，其结果既可用数值也可用百分数表示。

例如，1 体积市售浓 HCl 与 4 体积水相混合而成的溶液可表示为 1∶4 HCl 溶液或 1+4 HCl 溶液。

(6) 滴定度　在化工分析中有时亦采用滴定度表示标准滴定溶液的浓度。滴定度是指 1mL B 标准滴定溶液相当于待测组分 A 的质量，用 $T_{A/B}$（或 $T_{待测组分/滴定剂}$）表示，单位为 g/mL。

对于工业生产中的大批试样进行某组分的例行分析，由于分析对象固定，标准滴定溶液浓度若以滴定度表示，则计算被测组分含量时非常方便简单，只需将滴定度 $T_{A/B}$(g/mL) 乘以滴定时所消耗标准滴定溶液的体积 V_B(mL)，即可求得试样中所含被测组分的质量 m_A(g)。

$$m_A=T_{A/B}V_B$$

有时，滴定度也指 1mL 标准滴定溶液中所含溶质的质量，以 T_B 表示。例如 $T_{HCl}=0.0028$g/mL，即表示 1mL 盐酸标准滴定溶液中含有氯化氢 0.0028g。

二、标准滴定溶液的制备方法

在滴定分析中，制备标准滴定溶液的方法一般有两种，即直接法和间接法。

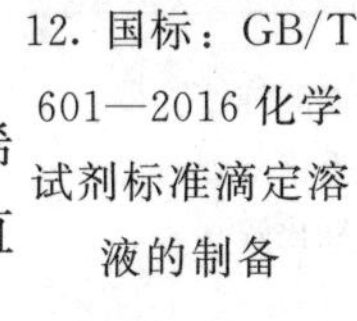
12. 国标：GB/T 601—2016 化学试剂标准滴定溶液的制备

1. 直接法

准确称取一定量的基准试剂，溶解后定量转移至容量瓶中，加蒸馏水稀释至标线，充分摇匀。根据所称取基准试剂的质量以及容量瓶的容量即可直接计算出该标准滴定溶液的准确浓度。

13. 微课：标准滴定溶液的制备方法—直接法

【例题 4-5】 如何配制 250mL 浓度为 $c\left(\frac{1}{6}K_2Cr_2O_7\right)=0.1000$mol/L 的重铬酸钾标准滴定溶液？

解
$$\begin{aligned} m(K_2Cr_2O_7) &= c\left(\frac{1}{6}K_2Cr_2O_7\right)V(K_2Cr_2O_7)M\left(\frac{1}{6}K_2Cr_2O_7\right) \\ &= 0.1000\times250\times10^{-3}\times49.03 \\ &=1.2258(\mathrm{g}) \end{aligned}$$

即准确称取 1.2258g 已在（120±2)℃的电烘箱中干燥至恒重的工作基准试剂重铬酸钾，用水溶解后，定量转移至 250mL 容量瓶中，加水稀释至标线，摇匀，即可直接配制得到$c\left(\frac{1}{6}K_2Cr_2O_7\right)=0.1000mol/L$的重铬酸钾标准滴定溶液。

14. 视频：天平称量方法—直接法

能用于直接配制或标定标准滴定溶液的物质，称为基准试剂。基准试剂必须符合下列要求。

① 必须具有足够纯度。其纯度要求达 99.95%以上，而杂质含量应低于滴定分析所允许的误差限度。

② 其实际组成（包括结晶水含量）应恒定并与化学式相符。

③ 性质稳定。不易吸收空气中的水分、二氧化碳或发生其他化学变化。

④ 最好有较大的摩尔质量。

知识链接

基准试剂

滴定分析用基准试剂可细分为：工作基准试剂（Working Chemical）和第一基准试剂（Primary Chemical)。前者，其纯度（质量分数）在（100±0.05)%范围，与国家二级标准物质［GBW(E)］对应，相当于 IUPAC 规定的 D 级（Working Standard)；后者，其纯度（质量分数）在（100±0.02)%范围，与国家一级标准物质（GBW）对应，相当于 IUPAC 规定的 C 级（Primary Standard)。分析化学实验用标准滴定溶液的标定，一般使用工作基准试剂即可，第一基准试剂通常用于对工作基准试剂进行赋值。

表 4-4 列出了工作基准试剂的干燥条件及其应用。

表 4-4 工作基准试剂的干燥条件及其应用

工作基准试剂			干燥条件	标定对象
名称	化学式	式量		
无水碳酸钠	Na_2CO_3	105.99	300℃灼烧至恒重	盐酸
邻苯二甲酸氢钾	$KHC_8H_4O_4$	204.22	105～110℃干燥至恒重	氢氧化钠
三氧化二砷	As_2O_3	197.84	硫酸干燥器中干燥至恒重	碘
草酸钠	$Na_2C_2O_4$	134.00	(105±2)℃干燥至恒重	高锰酸钾
碘酸钾	KIO_3	214.00	(180±2)℃的电烘箱中干燥至恒重	硫代硫酸钠
溴酸钾	$KBrO_3$	167.00	(120±2)℃干燥至恒重	硫代硫酸钠
重铬酸钾	$K_2Cr_2O_7$	294.18	(120±2)℃干燥至恒重	硫代硫酸钠
氧化锌	ZnO	81.389	于已在800℃恒重的铂坩埚中，逐渐升温于800℃灼烧至恒重	乙二胺四乙酸二钠
碳酸钙	$CaCO_3$	100.09	(110±2)℃干燥至恒重	乙二胺四乙酸二钠
氯化钠	NaCl	58.442	500～600℃灼烧至恒重	$AgNO_3$
氯化钾	KCl	74.551	500～600℃灼烧至恒重	$AgNO_3$
乙二胺四乙酸二钠	$C_{10}H_{14}N_2O_8Na_2 \cdot 2H_2O$	372.24	硝酸镁饱和溶液（有过剩的硝酸镁晶体）恒湿器中放置7天	氯化锌
硝酸银	$AgNO_3$	169.87	硫酸干燥器中干燥至恒重	氯化钠
苯甲酸	C_6H_5COOH	122.12	五氧化二磷干燥器中干燥至恒重	氢氧化钠

对于如盐酸、氢氧化钠、高锰酸钾、硫代硫酸钠等不符合基准试剂条件的试剂，不能用

直接法配制标准滴定溶液，可采用间接法。

2. 间接法

15. 微课：标准滴定溶液的制备方法—间接法

即先配制成接近所需浓度的溶液，然后用基准试剂或另一种已知浓度的标准滴定溶液来确定它的准确浓度，这个过程称为标定。因此，这种制备标准滴定溶液的方法又叫标定法。

间接法配制的标准滴定溶液，其标定方法有两种。

(1) 用基准试剂标定　用基准试剂进行标定时，可采用下列两种方式。

① 称量法。准确称取 n 份基准试剂，分别溶于适量水中，用待标定溶液滴定。例如，利用基准试剂邻苯二甲酸氢钾（$KHC_8H_4O_4$）标定 0.1mol/L 的氢氧化钠溶液。可称取适量于 105～110℃干燥至恒重的基准试剂邻苯二甲酸氢钾，置于锥形瓶中，加适量不含二氧化碳的水溶解，加入酚酞指示剂，用待标定的氢氧化钠溶液滴定至溶液由无色转变为淡粉色，且 30s 不褪即为终点。根据所消耗氢氧化钠溶液的体积便可计算出氢氧化钠溶液的准确浓度。

16. 视频：天平称量方法—减量法

称量法的优点是称量的份数较多，随机误差易发现，在实际工作中应用最多。

② 移液管法。准确称取一份较大质量的基准试剂，在容量瓶中配成一定体积的溶液。先用移液管移取 n 份该基准溶液于锥形瓶中，分别用待标定的溶液滴定。例如，用基准试剂无水碳酸钠标定盐酸溶液的浓度，首先准确称取一份无水碳酸钠，置于烧杯中，加水溶解后，定量转入容量瓶中，用水稀释至标线，摇匀。然后用移液管移取上述碳酸钠标准滴定溶液于锥形瓶中，加入甲基橙指示剂，用待标定的盐酸溶液滴定至溶液刚好由黄色变为橙色即为终点。记录所消耗盐酸溶液的体积，由此计算出盐酸溶液的准确浓度。

移液管法的优点在于一次称取较多的基准试剂，可作几次平行测定，既可节省称量时间，又可降低称量相对误差，但随机误差不易发现。值得注意的是，为了保证移液管移取溶液体积的准确度，必须进行容量瓶与移液管的相对校准。

称量法和移液管法不仅适用于标准滴定溶液的标定，而且对于试样中待测组分的测定，同样适用。

(2) 用另一种已知准确浓度的标准滴定溶液标定　准确移取一定量的待标定溶液，用已知准确浓度的标准滴定溶液滴定；或准确移取一定量的标准滴定溶液，用待标定溶液滴定。根据达到滴定终点时，两种溶液所消耗的体积和标准滴定溶液的浓度，即可计算出待标定溶液的浓度。

这种用标准滴定溶液来确定待标定溶液准确浓度的操作过程称为“比较”，因此，这种标定标准滴定溶液的方法又叫“浓度比较”法。此法标定出的标准滴定溶液称为“二级标准”。

显然，比较法不如用基准试剂直接标定的方法好，因为在比较法中引入了两次滴定误差。如果标准滴定溶液浓度不准确，就会直接影响到待标定溶液浓度的准确性。一般对于准确度要求较高的分析，标准滴定溶液应采用基准试剂标定，且最好采用称量法。

3. 标准滴定溶液制备的一般规定

标准滴定溶液浓度的准确度直接影响分析结果的准确度。因此，对制备标准滴定溶液的方法、使用器具以及所用试剂等都有严格要求。一般依据 GB/T 601—2016 的要求和方法制备标准滴定溶液，其主要规定如下：

① 除另有规定外，所用试剂的纯度应在分析纯以上，实验用水应符合 GB/T 6682 中三级水的规格。

② 所用分析天平、砝码、容量瓶、移液管及滴定管等均需定期校正。

③ 制备标准滴定溶液的浓度，除高氯酸外，均指 20℃时的浓度。在标准滴定溶液的标定、直接制备和使用时，若温度有差异，应按附录 7 进行补正。

④ 称取工作基准试剂的质量小于等于 0.5g 时，按精确至 0.01mg 称量；称取质量大于 0.5g 时，按精确至 0.1mg 称量。

⑤ 制备标准滴定溶液的浓度值应在规定浓度值的±5%范围以内。

⑥ 标准滴定溶液的浓度小于等于 0.02mol/L 时，应于临用前将浓度高的标准滴定溶液用煮沸并冷却的水稀释，必要时重新标定。

⑦ 标定标准滴定溶液的浓度时，应量取溶液的体积为 35～40mL，两人同时进行测定，分别做四次平行实验。

⑧ 在标定和使用标准滴定溶液时，滴定速率一般保持在 6～8mL/min。

⑨ 除另有规定外，标准滴定溶液在常温（15～25℃）下保存时间一般不得超过两个月，当溶液出现浑浊、沉淀、颜色变化等现象时，应重新制备；储存标准滴定溶液的容器，其材料不应与溶液起理化反应，壁厚最薄处不小于 0.5mm。

查一查

① 查阅《GB/T 601—2016 化学试剂　标准滴定溶液的制备》现行标准，针对“浓度比较”法的使用，有哪些具体规定？

② 基于该标准，如何用工作基准试剂氧化锌来标定 0.02mol/L 的 EDTA 溶液的准确浓度？

第六节　滴定分析的计算

滴定分析中计算的基础是等物质的量规则。即在滴定分析中，若根据滴定反应选取适当的基本单元，则滴定到达化学计量点时，待测组分的物质的量(n_A)就等于所消耗标准滴定溶液的物质的量(n_B)。即

$$n_A = n_B \tag{4-18}$$

一、基本单元的概念

《GB/T 14666—2003 分析化学术语》规定，基本单元是组成物质的任何自然存在的原子、分子、离子、电子、光子等一切物质的粒子，或按需要人为地将它们进行分割或组合，而实际上并不存在的个体或单元，如：$\frac{1}{2}H_2SO_4$、$\frac{1}{5}KMnO_4$。在滴定分析中，通常以实际反应的最小单元为基本单元。对于质子转移的酸碱反应，通常以转移一个质子的特定组合作为反应物的基本单元。

例如，盐酸和碳酸钠的反应：

$$2HCl + Na_2CO_3 \longrightarrow 2NaCl + H_2O + CO_2\uparrow$$

反应中盐酸给出一个质子，碳酸钠接受两个质子，因此分别选取 HCl 和$\frac{1}{2}Na_2CO_3$ 作为基本单元。由于反应中盐酸给出的质子数必定等于碳酸钠接受的质子数，因此，反应到达化学计量点时

$$n(HCl)=n\left(\frac{1}{2}Na_2CO_3\right)$$

或

$$c(HCl)V(HCl)=c\left(\frac{1}{2}Na_2CO_3\right)V(Na_2CO_3)$$

氧化还原反应是电子转移的反应，通常以转移一个电子的特定组合作为反应物的基本单元。例如，高锰酸钾标准滴定溶液滴定 Fe^{2+} 的反应：

$$MnO_4^- +5Fe^{2+} +8H^+ \longrightarrow Mn^{2+} +5Fe^{3+} +4H_2O$$

$$MnO_4^- +5e+8H^+ \longrightarrow Mn^{2+} +4H_2O$$

$$Fe^{2+} -e \longrightarrow Fe^{3+}$$

高锰酸钾在反应中得到 5 个电子，Fe^{2+} 在反应中失去 1 个电子，因此应分别选取 $\frac{1}{5}KMnO_4$ 和 Fe^{2+} 作为其基本单元，则反应到达化学计量点时

$$c\left(\frac{1}{5}KMnO_4\right)V(KMnO_4)=c(Fe^{2+})V(Fe^{2+})$$

关于基本单元，若以 Z 表示转移的质子或电子数，存在以下关系式：

摩尔质量　$M\left(\frac{1}{Z}B\right)=\frac{1}{Z}M(B)$

物质的量　$n\left(\frac{1}{Z}B\right)=Zn(B)$

物质的量浓度　$c\left(\frac{1}{Z}B\right)=Zc(B)$

例如：

$M(H_2SO_4)=98g/mol$，则 $M\left(\frac{1}{2}H_2SO_4\right)=\frac{1}{2}M(H_2SO_4)=49g/mol$

若 $c(KMnO_4)=0.1mol/L$，则 $c\left(\frac{1}{5}KMnO_4\right)=5c(KMnO_4)=0.5mol/L$

二、计算示例

1. 两种溶液间的滴定计算

在滴定分析中，若以 c_A 表示待测组分 A 以 A 为基本单元的物质的量浓度，c_B 表示滴定剂 B 以 B 为基本单元的物质的量浓度，V_A、V_B 分别代表 A、B 两种溶液的体积，则达到化学计量点时，依据等物质的量规则，应存在等式

$$c_AV_A=c_BV_B \tag{4-19}$$

【例题 4-6】 滴定 25.00mL 氢氧化钠溶液，消耗 $c\left(\frac{1}{2}H_2SO_4\right)=0.1000mol/L$ 的硫酸溶液 24.20mL，求该氢氧化钠溶液的物质的量浓度。

解　$H_2SO_4+2NaOH \longrightarrow Na_2SO_4+2H_2O$

$$c(NaOH)V(NaOH)=c\left(\frac{1}{2}H_2SO_4\right)V(H_2SO_4)$$

$$c(NaOH)=\frac{c\left(\frac{1}{2}H_2SO_4\right)V(H_2SO_4)}{V(NaOH)}=\frac{0.1000\times24.20\times10^{-3}}{25.00\times10^{-3}}=0.09680(mol/L)$$

等物质的量规则还可用于溶液稀释的计算。由于在稀释时只加入了溶剂，未加入溶质，因此稀释前后溶质的质量 m 及物质的量 n 并未发生变化，所以若以 $c_{浓}$、$V_{浓}$ 分别表示稀释前溶液的浓度和体积，$c_{稀}$、$V_{稀}$ 分别表示稀释后溶液的浓度和体积，则

$$c_{浓}V_{浓}=c_{稀}V_{稀}$$

【例题 4-7】 欲将 100.00mL 浓度为 $c(Na_2S_2O_3)=0.1232mol/L$ 的硫代硫酸钠溶液稀释成 $c(Na_2S_2O_3)=0.1000mol/L$ 的溶液，需加水多少毫升？

解 设需加入水的体积为 V(mL)，则稀释后溶液的体积为 $V_{稀}=V_{浓}+V$。根据

$$c_{浓}V_{浓}=c_{稀}V_{稀}$$

得

$$c_{浓}V_{浓}=c_{稀}(V_{浓}+V)$$

$$0.1232\times100.00\times10^{-3}=0.1000\times(100.00+V)\times10^{-3}$$

则

$$V=23.20(mL)$$

2. 固体物质 A 与溶液 B 之间反应的计算

对于固体物质 A，当其质量为 m_A 时，有 $n_A=m_A/M_A$；对于溶液 B，其物质的量 $n_B=c_BV_B$。若固体物质 A 与溶液 B 完全反应，达到化学计量点时，根据等物质的量规则得

$$c_BV_B=\frac{m_A}{M_A} \tag{4-20}$$

【例题 4-8】 欲标定某盐酸溶液，准确称取无水碳酸钠 1.3078g，溶解后稀释至 250mL。移取 25.00mL 上述碳酸钠溶液，以欲标定盐酸溶液滴定至终点时，消耗盐酸溶液的体积为 24.28mL，计算该盐酸溶液的准确浓度。

解

$$2HCl+Na_2CO_3\longrightarrow2NaCl+H_2O+CO_2\uparrow$$

则

$$n(HCl)=n\left(\frac{1}{2}Na_2CO_3\right)$$

$$c(HCl)V(HCl)=\frac{m(Na_2CO_3)}{M\left(\frac{1}{2}Na_2CO_3\right)}$$

$$c(HCl)=\frac{1.3078\times\frac{25.00\times10^{-3}}{250.00\times10^{-3}}}{\frac{1}{2}\times105.99\times24.28\times10^{-3}}=0.1016(mol/L)$$

3. 求待测组分的质量分数及质量浓度

在滴定分析中，设试样质量为 m_s，试液的体积为 V_s，试样中待测组分 A 的质量为

m_A，则待测组分的质量分数和质量浓度如下。

（1）待测组分的质量分数

$$w_A=\frac{m_A}{m_s}=\frac{c_B V_B M_A}{m_s} \tag{4-21}$$

式中　w_A——待测组分A的质量分数；

c_B——滴定剂B以B为基本单元的物质的量浓度，mol/L；

V_B——滴定剂B所消耗的体积，L；

M_A——待测组分A以A为基本单元的摩尔质量，g/mol。

（2）待测组分的质量浓度

$$\rho_A=\frac{m_A}{V_s}=\frac{c_B V_B M_A}{V_s} \tag{4-22}$$

式中　ρ_A——待测组分A的质量浓度，g/L；

c_B——滴定剂B以B为基本单元的物质的量浓度，mol/L；

V_B——滴定剂B所消耗的体积，L；

M_A——待测组分A以A为基本单元的摩尔质量，g/mol。

【例题4-9】 准确称取含钙试样0.4086g，溶解后定量转移至250mL容量瓶中，稀释至标线。吸取50.00mL溶液用$c(EDTA)=0.02043mol/L$的EDTA标准滴定溶液滴定，消耗33.50mL，计算该试样中CaO的质量分数。

解

$$Ca^{2+}+Y^{4-}\longrightarrow [CaY]^{2-}$$

$$n(Y^{4-})=n(EDTA)=n(Ca^{2+})=n(CaO)$$

$$w(CaO)=\frac{m(CaO)}{m_s}=\frac{c(EDTA)V(EDTA)M(CaO)}{m_s}$$

$$=\frac{0.02043\times 33.50\times 10^{-3}\times 56.08}{0.4086\times\frac{50.00}{250}}$$

$$=0.4697=46.97\%$$

【例题4-10】 准确称取工业过氧化氢试样0.1616g，置于已加有100mL硫酸溶液(1+15)的250mL锥形瓶中。用$c\left(\frac{1}{5}KMnO_4\right)=0.1498mol/L$的$KMnO_4$标准滴定溶液滴定，消耗20.03mL，计算该试样中H_2O_2的质量分数。

解

$$5H_2O_2+2MnO_4^-+6H^+\longrightarrow 2Mn^{2+}+5O_2\uparrow+8H_2O$$

$$n\left(\frac{1}{5}KMnO_4\right)=n\left(\frac{1}{2}H_2O_2\right)$$

$$w(H_2O_2)=\frac{m(H_2O_2)}{m_s}=\frac{c\left(\frac{1}{5}KMnO_4\right)V(KMnO_4)M\left(\frac{1}{2}H_2O_2\right)}{m_s}$$

$$=\frac{0.1498\times 20.03\times 10^{-3}\times 17.01}{0.1616}$$

$$=0.3158=31.58\%$$

【例题4-11】 移取某硫酸溶液25.00mL，以$c(NaOH)=0.2056mol/L$的氢氧化钠标准滴定溶液滴定，以甲基橙为指示剂，滴定至终点，共消耗氢氧化钠标准滴定溶液30.12mL，求该硫酸溶液的质量浓度。

解

$$H_2SO_4 + 2NaOH \longrightarrow Na_2SO_4 + 2H_2O$$

$$\rho(H_2SO_4) = \frac{m(H_2SO_4)}{V_s} = \frac{c(NaOH)V(NaOH)M\left(\frac{1}{2}H_2SO_4\right)}{V_s}$$

$$= \frac{0.2056 \times 30.12 \times 10^{-3} \times 49.04}{25.00 \times 10^{-3}}$$

$$= 12.15(g/L)$$

4. 有关滴定度的计算

从滴定度概念出发不难得出滴定度和物质的量浓度之间的换算关系为：

$$T_{A/B} = \frac{c_B M_A}{1000} \tag{4-23}$$

式中 $T_{A/B}$——标准滴定溶液B对待测组分A的滴定度，g/mL；

c_B——标准滴定溶液B以B为基本单元的物质的量浓度，mol/L；

M_A——待测组分A以A为基本单元的摩尔质量，g/mol。

【例题 4-12】 计算 $c(HCl)=0.1135mol/L$ 的盐酸溶液对氨水的滴定度。若用该盐酸标准滴定溶液滴定0.3898g氨水试样，终点时消耗盐酸标准滴定溶液34.16mL，计算氨水试样中氨的质量分数。

解 滴定反应为：

$$HCl + NH_3 \longrightarrow NH_4Cl$$

$$T_{NH_3/HCl} = \frac{c(HCl)M(NH_3)}{1000}$$

$$= \frac{0.1135 \times 17.03}{1000}$$

$$= 0.001933(g/mL)$$

氨水中氨的质量为：

$$m(NH_3) = T_{NH_3/HCl}V(HCl) = 0.001933 \times 34.16 = 0.06603(g)$$

氨水中氨的质量分数为：

$$w(NH_3) = \frac{m(NH_3)}{m_s} = \frac{0.06603}{0.3898} = 0.1694 = 16.94\%$$

【阅读材料】

在线分析

对工业生产过程中的产品质量检验，一般可采用离线分析和在线分析两种检测方法。离线分析（通常也称作例行分析或常规分析），是将试样采集后，转到化验室再进行测定。它对生产过程中的原材料、最终产品的质量检验，是一种行之有效的分析方法，但对中间产品的数据检测，即使采用最快速的中控分析手段，在时间上也有滞后性，甚至会对控制生产工艺过程带来一定的影响。在线分析（也称过程控制分析，on-line analysis），是主要针对生产过程中的中间产品的特性量值进行实时检测的分析方法，其分析数据可直接地反映生产过程的变化，并通过反馈线路及信息，立即用于车间生产过程的全程质量控制，保证整个生产过程的最优化，这是现代生产过程中控制分析的发展方向。

目前，在线分析主要分为如下几种类型（多以仪器分析为主）。

(1) 间歇式在线分析 在生产工艺流程中引出一个支线，通过自动采样系统，定时将部分试样送入测量系统，直接进行检测。所用仪器有过程气相色谱仪、过程液相色谱仪、流动注射分析仪等。

(2) 连续式在线分析　在生产工艺流程中让试样经过采样专用支线，连续通过测量系统进行检测。所用仪器大部分是光学式分析仪器，如傅里叶变换红外光谱仪、光电二极管阵列紫外-可见分光光度计等。

(3) 直接在线分析　将化学传感器直接安装在生产工艺流程中实时进行检测。所用仪器有光导纤维化学传感器、传感器阵列、超微型光度计等。

(4) 非接触在线分析　在生产工艺流程中使用探测器（不与试样接触），依靠敏感元件把被测介质的物理性质与化学性质转换为电信号进行检测。非接触在线分析是一种理想的分析形式，特别适用于远距离连续监测。用于非接触在线分析的仪器有红外发射光谱仪、X射线光谱分析仪、超声波分析仪等。

同步练习

一、填空题（请将正确答案写在空格上）

4-1　所谓具有代表性的试样，就是其________和________能够代表原始物料的平均组成。

4-2　四分法：包括破碎、________、混合、________四个步骤。

4-3　试剂误差通常来源于试剂的________不够或水中含有________，可以通过________试验来校正，将其________。

4-4　因使用的试剂不________，对一个样品的测定，其分析结果可能精密度________、但准确度不________。

4-5　在消除了系统误差后：测定结果________度好，________也好。

4-6　将1245修约为三位有效数字，正确的结果是________。

4-7　利用返滴定法时，所加入的第一种标准滴定溶液，应当是过量且准确________的。

4-8　硫代硫酸钠标准滴定溶液的制备，常用________基准试剂以间接法之________法、而不是________法进行标定。

4-9　容量瓶不宜________溶液，应及时将溶液转移至________里。

4-10　滴定分析中常用的标准滴定溶液，一般选用________试剂配制，再用________试剂标定。

4-11　根据误差的性质和来源不同，误差可分为________和________两种类型。

4-12　常量分析中滴定管读数应记录到________毫升位，万分之一天平可称量至________克位。

4-13　在一般的分析工作中，常采用湿法分析，即先将试样分解制成溶液。无机试样分解常用的方法有________法、________法及________法。

4-14　化学定量分析方法主要用于________量组分的测定，即含量在________%以上的组分测定。

4-15　制备标准滴定溶液的浓度值应在规定浓度值的________范围以内。

4-16　分析检验记录是对分析检验项目整个分析检测过程的________，是出具检验报告的________凭证与________。

4-17　滴定度是________，用符号________表示。

4-18

$$2HCl + Na_2CO_3 \longrightarrow 2NaCl + H_2O + CO_2\uparrow$$

$$2MnO_4^- + 5C_2O_4^{2-} + 16H^+ \longrightarrow 2Mn^{2+} + 10CO_2\uparrow + 8H_2O$$

以上两反应中HCl、Na_2CO_3、MnO_4^-、$C_2O_4^{2-}$应取基本单元分别是________、__________、

________、________。

二、单项选择题（在每小题列出的备选项中只有一个是符合题目要求的，请将你认为是正确选项的字母代码填入题前的括号内）

4-19 物料中的组成均匀程度最高的是（ ）。

A. 矿物质 B. 双氧水 C. 植物 D. 钢铁

4-20 下列操作不属于试样预处理的是（ ）。

A. 将 Fe^{3+} 转化为 Fe^{2+}，再利用氧化还原滴定法测定 Fe

B. 向 $(NH_4)_2SO_4$ 溶液中加入 HCHO 后，再利用酸碱滴定法测定 N

C. 用王水溶解钢铁使其中的硫转化为可溶性的硫酸盐后，再用柱色谱分离、富集 SO_4^{2-}，最后用氯化钡称（重）量法测定 S

D. 将煤样制备成 0.2mm 粒度的分析试样

4-21 下列操作中可用来消除仪器误差的是（ ）。

A. 进行仪器校正 B. 增加测定次数 C. 加大称样质量 D. 认真细心操作

4-22 可造成系统误差的情况是（ ）。

A. 气流微小波动 B. 蒸馏水不纯 C. 读数读错 D. 计算错误

4-23 下列论述错误的是（ ）。

A. 方法误差属于系统误差 B. 系统误差包括操作误差

C. 系统误差呈现正态分布 D. 系统误差具有单向性

4-24 下列论述不正确的是（ ）。

A. 偶然误差具有随机性，故又称随机误差

B. 偶然误差的数值大小、正负出现的机会是均等的

C. 偶然误差具有单向性

D. 偶然误差在分析中是无法避免的

4-25 下列操作中可能会导致产生随机误差的是（ ）。

A. 用去离子水而不是蒸馏水来制备标准滴定溶液

B. 使用的容量瓶与移液管未进行相对校准

C. 对样品进行检测时，突然遇到高温天气

D. 指示剂存放时间较长、显色不够灵敏

4-26 不正确的观点是（ ）。

A. 准确度和精确度都是用来判断分析结果可靠性的

B. 准确度高，精确度一定很高

C. 精确度很高，准确度不一定高

D. 准确度差，分析结果的准确性必然不可靠

4-27 制备的标准滴定溶液浓度与规定浓度相对误差不得大于（ ）。

A. ±1% B. ±2% C. ±5% D. ±10%

4-28 平行测定结果准确度与精密度的正确描述是（ ）。

A. 精密度高则没有随机误差 B. 精密度高则准确度一定高

C. 精密度高表明方法的重现性好 D. 存在系统误差则精密度一定不高

4-29 有效数字位数为 4 位的是（ ）。

A. $[H^+]=0.002mol/L$ B. $pH=10.34$ C. $w=14.56\%$ D. $w=0.031\%$

4-30 某试样五次测定结果的平均值为 32.30%，$S=0.13\%$，置信度为 95% 时（$t=$

2.78)，合理的置信区间报告是（　　）。

A. 32.30±0.16　　B. 32.30±0.162　　C. 32.30±0.1616　　D. 32.30±0.21

4-31　不属于容量分析范畴的分析方法是（　　）。

A. 酸碱滴定　　B. 沉淀滴定　　C. 称(重)量　　D. 非水滴定

4-32　1+2（或1∶2）HCl溶液其物质的量浓度（mol/L）为（　　）。

A. 3　　B. 4　　C. 6　　D. 8

4-33　分析实验室用水的质量要求中，不用进行检验的指标是（　　）。

A. 阳离子　　B. 密度　　C. 电导率　　D. pH

4-34　常量分析中，标准滴定溶液的浓度保留有效数字的位数通常为（　　）。

A. 2位　　B. 3位　　C. 4位　　D. 5位

4-35　滴定度是指（　　）。

A. 1L B标准滴定溶液相当于待测组分A的质量

B. 1mL B标准滴定溶液相当于待测组分A的质量

C. 1mL B标准滴定溶液相当于基准试剂A的质量

D. 1mL 试样溶液A所需B标准滴定溶液的物质的量

4-36　从大量的分析对象中采取少量的试样，必须保证所取试样具有（　　）。

A. 一定的时间　　B. 广泛性　　C. 一定的灵活性　　D. 代表性

4-37　下列叙述不正确的是（　　）。

A. 砝码被腐蚀引起仪器误差

B. 试剂里含有微量的干扰组分引起试剂误差

C. $NaHCO_3$ 中含有氢，故其水溶液呈酸性

D. 浓度（单位mol/L）相等的一元酸和一元碱反应后其溶液不一定呈中性

4-38　定量分析工作要求测定结果的误差是（　　）。

A. 越小越好　　B. 等于零　　C. 没有要求　　D. 在允许误差范围内

4-39　对某试样进行多次平行测定，获得试样中硫的平均含量为3.25%，则其中某个测定值（如3.15%）与此平均值之差为该次测定的（　　）。

A. 绝对误差　　B. 相对误差　　C. 系统误差　　D. 绝对偏差

4-40　滴定分析要求相对误差为±0.1%，若称取试样的绝对误差为0.0001g，则一般至少称样（　　）g。

A. 0.1000　　B. 0.2000　　C. 0.3000　　D. 0.4000

三、是非判断题（请在题前的括号内，对你认为正确的打√，错误的打×）

4-41　（　　）化学定量分析方法，包括滴定分析、称（重）量分析。

4-42　（　　）制备固体分析样品时，当部分采集的样品很难破碎和过筛时，则该部分样品可以弃去不用。

4-43　（　　）制备好的试样若为固体，通常先分解为液体或燃烧成气体后，再对其待测组分进行定量分析。

4-44　（　　）采集气体样品时，必须记录当时的温度和大气压。

4-45　（　　）对于微量或痕量组分的测定，必须采用分离、富集技术才能予以分析检测。

4-46　（　　）分解试样的方法很多，选择分解试样的方法时应考虑测定对象、测定方法和干扰元素等几方面的问题。

4-47　（　　）空白试验应与样品测定同时进行，空白值可反映试剂中的杂质、环境及操作

过程中的沾污等综合影响。

4-48 （ ）标准偏差可以使大偏差能更显著地反映出来。

4-49 （ ）有效数字中的所有数字都是准确有效的。

4-50 （ ）pH和F（换算因素）的有效数字：前者取决于小数点后面的数字位数；后者可视为无穷位数。

4-51 （ ）化学分析中，置信度越大，置信区间就越大。

4-52 （ ）滴定分析的滴定终点，就是化学计量点。

4-53 （ ）凡具有酸碱性的物质，皆可用酸碱滴定法测定其组分含量。

4-54 （ ）能用作配位滴定的标准滴定溶液，唯有EDTA试剂可资源利用。

4-55 （ ）用适量的重铬酸钾先氧化水中的有机物，再用硫酸亚铁铵滴定剩余的重铬酸钾以间接测定水质的COD（化学需氧量），属于滴定分析中的间接滴定法。

4-56 （ ）纯水制备的方法只有蒸馏法和离子交换法。

4-57 （ ）实验中应该优先使用纯度较高的试剂以提高测定的准确度。

4-58 （ ）配制$K_2Cr_2O_7$标准溶液时，可直接于分析天平上准确称取，不必将药品烘干处理。

4-59 （ ）用基准试剂直接配制的标准滴定溶液，无须标定；但可用它标定其他溶液的浓度。

4-60 （ ）容量瓶与移液管不配套会引起偶然误差。

4-61 （ ）滴定管、移液管和容量瓶校准的方法有称量法和相对校准法。

4-62 （ ）滴定管、移液管、容量瓶在使用之前都要用试剂溶液进行润洗。

4-63 （ ）为保证标准滴定溶液制备的准确度，GB/T 601对标定时所量取溶液的体积规定为35～40mL，但在常量组分的滴定分析中一般控制滴定剂的用量在20mL以上即可。

4-64 （ ）物质的量浓度会随基本单元的不同而变化。

4-65 （ ）在国家标准中，涉及“食品卫生”领域的标准，多为国家强制性标准。

四、问答题

4-66 采集试样的原则是什么？

4-67 定量分析过程一般包括哪几个步骤？

4-68 分解有机试样可采取哪些方法？

4-69 准确度和精密度有何不同？它们之间有什么关系？

4-70 如何消除测定方法中的系统误差？如何减少随机误差？

4-71 什么叫有效数字？有效数字运算规则在分析实际工作中有何作用？

4-72 什么是滴定分析法？能够用于滴定分析的化学反应必须具备哪些条件？

4-73 什么是化学计量点？什么是滴定终点？两者有何区别？

4-74 什么是基准试剂？它有何用途？

4-75 标准滴定溶液的制备方法有哪些？各适用于什么情况？

五、计算题（要求写出所用公式、必要的计算步骤、正确表述计算结果以及所求项的单位）

4-76 下列数据各包括几位有效数字？

（1）1.204　（2）0.018　（3）10.217　（4）pH＝4.30

（5）20.05％　（6）0.2300　（7）0.70％　（8）102.30

4-77 根据有效数字运算规则，计算下列各式：

（1）0.015＋34.37＋4.3235＝？

(2) 213.64+4.4+0.3244=?

(3) 0.0243×7.105×70.06÷164.2=?

(4) $1.276\times4.17+1.7\times10^{-4}-0.0021764\times0.0121=?$

4-78　一铜矿试样，经两次测定，铜的质量分数为24.87%、24.93%，而铜的实际质量分数为24.95%，求分析结果的绝对误差和相对误差。

4-79　分析铁矿中铁的含量，得到如下数据：37.45%、37.20%、37.50%、37.30%、37.25%。计算该组数据的平均值、平均偏差、标准偏差和变异系数。

4-80　测定某有机样品中的氯含量，得到下列结果：15.48%、15.51%、15.52%、15.53%、15.52%、15.56%、15.53%、15.54%、15.68%、15.56%。试用Q检验法判断有无可疑值需弃去（置信度为90%）。

4-81　已知盐酸的质量浓度为1.19g/mL，其中HCl的质量分数为36%，求每升盐酸中所含有的n(HCl)及盐酸的c(HCl)。

4-82　欲配制0.1000mol/L的碳酸钠标准滴定溶液500mL，问应称取基准碳酸钠多少克？

4-83　准确移取25.00mL硫酸溶液，用0.09026mol/L氢氧化钠溶液滴定，到达化学计量点时，消耗氢氧化钠的体积为24.93mL，问硫酸溶液物质的量浓度是多少mol/L？

4-84　已知一盐酸标准滴定溶液的滴定度$T_{HCl}=0.004347$g/mL。试计算：

(1) 相当于氢氧化钠的滴定度；(2) 相当于氧化钙的滴定度。

4-85　计算0.02000mol/L重铬酸钾溶液对Fe、Fe_2O_3及Fe_3O_4的滴定度。

4-86　称取基准草酸钠0.2680g，用适量水溶解，然后在酸性介质中用某高锰酸钾溶液滴定，至终点时消耗了40.00mL。计算该高锰酸钾溶液的物质的量浓度。

4-87　称取0.5185g含有水溶性氯化物的样品，用0.1000mol/L硝酸银标准滴定溶液滴定，化学计量点时消耗了44.20mL。求样品中该氯化物的质量分数（以Cl^-计）。

4-88　称取硼砂（$Na_2B_4O_7\cdot10H_2O$）0.4853g，用以标定盐酸溶液。已知化学计量点时消耗盐酸溶液24.75mL，求此盐酸溶液的物质的量浓度。

4-89　称取含铝试样0.2000g，溶解后加入0.02082mol/L的EDTA标准滴定溶液30.00mL，控制条件使Al^{3+}与EDTA配位完全。然后以0.02012mol/L的Zn^{2+}标准滴定溶液返滴定，消耗Zn^{2+}溶液7.20mL。计算试样中Al_2O_3的质量分数。

4-90　求浓硝酸（含HNO_3 70%，密度为1.42g/mL）的质量浓度。

4-91　移取某醋酸溶液2.00mL，适当稀释后，以c(NaOH)=0.1176mol/L的氢氧化钠标准滴定溶液滴定，以酚酞为指示剂，滴定至终点，共消耗氢氧化钠标准滴定溶液25.78mL，求该醋酸溶液的质量浓度。

第五章 酸碱平衡与酸碱滴定法

【知识目标】

1. 理解酸碱质子理论的酸、碱、共轭酸碱对等概念及其关系。
2. 掌握酸碱反应实质及共轭酸碱对解离常数 K_a 与 K_b 间的定量关系。
3. 了解影响酸碱平衡的因素及不同酸度下弱酸、弱碱的型体分布。
4. 掌握不同类型酸碱溶液 pH 的计算。
5. 理解酸碱指示剂的变色原理、变色范围。
6. 掌握酸碱标准滴定溶液的制备方法及计算。
7. 掌握酸碱滴定法的基本原理及相关计算。
8. 了解非水溶液中酸碱滴定的基本知识。
9. 遵照化学检验工国家职业标准，理解相关国家标准中各检验项目的相应要求。

【能力目标】

1. 能熟练给出质子酸碱的共轭对象，熟练计算共轭酸碱的 K_a、K_b 值。
2. 能准确选用公式计算各类酸碱溶液的 pH。
3. 会合理选择并配制不同 pH 的缓冲溶液。
4. 能熟练制备常用的酸碱标准滴定溶液。
5. 能用酸碱滴定法进行相关领域实际分析项目的含量测定。
6. 会通过文献查阅获取相关国标资料，并能依据之进行相应项目的分析检验。

【素质目标】

1. 培养学生科学严谨、实事求是的态度及创新思维。
2. 通过溶液配制、标定和测定操作，培养学生规范操作，树立安全及责任意识。

酸碱反应是一类极为重要的化学反应，许多化学反应和生物化学反应都属于酸碱反应。另外，许多其他类型的化学反应(如沉淀反应、配位反应、氧化还原反应等）也需在一定的酸度条件下才能顺利进行。以酸、碱之间质子转移（亦即质子传递）反应为基础建立起来的酸碱滴定法是一种最基本、最重要的滴定分析法，它不仅能用于水溶液体系，也能用于非水溶液体系，故在化学、化工、生物、医药、食品、环境、冶金、材料、土壤等领域有极其重要的应用价值。

本章将首先介绍溶液中酸碱平衡的基本理论——酸碱质子理论，然后在此基础上，着重讨论酸碱滴定法的基本原理及其实际应用等。

第一节 酸碱质子理论

酸碱电离理论指出：凡在水中电离生成的阳离子全部是 H^+ 的化合物叫酸，在水中电离生成

的阴离子全部是 OH^- 的化合物叫碱。酸碱反应的实质是酸电离生成的 H^+ 与碱电离生成的 OH^- 结合生成难电离的水。该理论对化学科学的发展起了积极作用，至今仍在应用。但它把酸和碱仅界定在水溶液中且把酸、碱割裂开来看，使得电离理论无法合理解释溶液中的某些现象和反应。为此，科学家们提出了各种酸碱理论，如酸碱溶剂理论、酸碱质子理论、酸碱电子理论以及"软硬酸碱"的概念等。这些理论都是酸碱理论发展史中的组成部分，本节只介绍酸碱质子理论。

一、质子酸碱的概念

酸碱质子理论认为：凡能给出质子（H^+）的物质称为酸；凡能接受质子（H^+）的物质称为碱。当酸 HA 给出质子后形成 A^-，A^- 自然对质子具有一定的亲和力，故 A^- 是一种碱，亦即酸给出质子后生成相应的碱。同理，碱（A^-）接受质子后生成相应的酸（HA)，其间可以相互转化。这种酸碱之间相互联系、相互依存的关系称为共轭关系。因一个质子的得失而相互转化的每一对酸碱（$HA\text{-}A^-$）称为共轭酸碱对。例如，下列等号左侧的各物质，在一定条件下均能给出质子，故它们皆为酸；等号右侧各物质均能接受质子，故它们皆为碱。等号左右的酸、碱构成共轭酸碱对，如下例中 $HAc\text{-}Ac^-$、$NH_4^+\text{-}NH_3$ 等均为共轭酸碱对。

$$酸 \rightleftharpoons 碱 + 质子$$

$$HAc \rightleftharpoons Ac^- + H^+$$

$$NH_4^+ \rightleftharpoons NH_3 + H^+$$

$$H_3PO_4 \rightleftharpoons H_2PO_4^- + H^+$$

$$H_2PO_4^- \rightleftharpoons HPO_4^{2-} + H^+$$

$$(CH_2)_6N_4H^+ \rightleftharpoons (CH_2)_6N_4 + H^+$$

$$[Fe(H_2O)_6]^{3+} \rightleftharpoons [Fe(H_2O)_5(OH)]^{2+} + H^+$$

由上可见，质子酸碱和共轭酸碱对具有以下特点：

① 酸或碱可以是中性分子，也可以是阳离子或阴离子。

② 同一物质如 $H_2PO_4^-$ 等，在一定条件下可给出质子表现为酸，在另一条件下又可接受质子表现为碱，此类物质称为两性物质。水就是最常见的两性物质。对于两性物质在共轭体系中表现为酸或碱的判断，应具体分析，灵活运用。

③ 酸和碱不是决然对立的两类物质，而是"酸中有碱，碱可变酸"有着相互依存共轭关系的物质，酸与碱的根本区别仅在于对质子亲和力的差异。

④ 共轭酸碱对中酸与碱之间只差一个质子。

⑤ 质子理论的概念中，没有"盐"和"水解"的概念。如 NaAc、Na_2CO_3、Na_3PO_4 等，按质子理论，它们都是碱；在 $(NH_4)_2SO_4$ 中，NH_4^+ 是酸、SO_4^{2-} 是碱。电离理论中这类盐的水解反应，按质子理论都是酸碱反应。

二、酸碱反应

根据质子理论，以上各共轭酸碱对的质子得失反应称为酸碱半反应。但由于质子的半径极小、电荷密度极高，使得游离质子（H^+）不可能在水溶液中独立存在，因此上述表示酸碱共轭关系的各酸碱半反应实际上是不能单独发生的，即酸给出质子必须有另一种与其是非共轭关系的碱同时存在以接受质子，这样质子的转移才能得以实现，酸碱反应才能发生。因此，酸碱反应实际上就是两个共轭酸碱对相互作用达到平衡的结果，酸碱反应的实质是酸碱之间发生质子的转移，其反应结果就是各反应物分别转化为各自的共轭碱和共轭酸。所以一个酸碱反应包含两个酸碱半反应。如 HAc 在水溶液中的解离，由下面两个酸碱半反应构成。

半反应 1 $HAc \rightleftharpoons Ac^- + H^+$

酸$_1$ 碱$_1$

半反应 2 $H_2O + H^+ \rightleftharpoons H_3O^+$

碱$_2$ 酸$_2$

总反应 $HAc + H_2O \rightleftharpoons H_3O^+ + Ac^-$

H^+

酸$_1$ + 碱$_2$ $\rightleftharpoons$ 酸$_2$ + 碱$_1$

共轭

共轭

又如 NH_3 与 HCl 之间的酸碱反应。

$HCl + NH_3 \rightleftharpoons NH_4^+ + Cl^-$

H^+

酸$_1$ 碱$_2$ 酸$_2$ 碱$_1$

共轭

共轭

电离理论中的酸、碱、盐反应，在质子理论中均可归结为酸碱反应，其反应实质均为质子的转移。例如：

HAc 的电离反应 $HAc(酸) + H_2O(碱) \rightleftharpoons Ac^- + H_3O^+$

NH_3 的电离反应 $NH_3(碱) + H_2O(酸) \rightleftharpoons NH_4^+ + OH^-$

NaAc 的水解反应 $Ac^-(碱) + H_2O(酸) \rightleftharpoons OH^- + HAc$

HAc 与 NaOH 的中和反应 $HAc(酸) + OH^-(碱) \rightleftharpoons Ac^- + H_2O$

值得注意的是，并不是任何酸碱反应都必须发生在水溶液中，酸碱反应还可以在非水溶剂、无溶剂等条件下进行，只要质子能够从一种物质转移到另一种物质即可。如 HCl 和 NH_3 的反应，无论是在水溶液或苯溶液还是在气相中，都能发生 H^+ 的转移反应。

综上可见，酸碱质子理论扩大了酸碱的概念和应用范围，它把酸碱与溶剂联系起来考虑，强调溶剂的作用，并把水溶液和非水溶液中各种情况下的酸碱反应统一起来了。

三、水溶液中的酸碱反应及其平衡

1. 水的质子自递反应

作为溶剂的纯水，由于具有“酸、碱”两性的特点，因此水分子之间也可发生质子的转移反应，即一个水分子可从另一个水分子中夺取 1 个质子而形成 H_3O^+ 和 OH^-。

17. 动画：水的质子自递反应

$$H_2O + H_2O \rightleftharpoons H_3O^+ + OH^-$$

水分子之间发生的质子转移反应，称为水的质子自递反应。相应的反应平衡常数，称为水的质子自递常数，用 K_w 表示，其表达式为：

$$K_w = [H_3O^+][OH^-]$$

水合质子 H_3O^+ 常简写作 H^+，故水的质子自递常数又可简化为：

$$K_w = [H^+][OH^-] \tag{5-1}$$

这个平衡常数，也称为水的离子积。K_w 与浓度、压力无关，而与温度有关。当温度一定时 K_w 为常数，如 25℃时，$K_w = 1.0 \times 10^{-14}$。

2. 酸、碱在水中的解离及其相对强弱

在水溶液中，酸的解离是指酸与水之间的质子转移反应，即酸给出质子转变为其共轭碱，而水接受质子转变为其共轭酸（H_3O^+）；碱的解离是指碱与水之间的质子转移反应，即碱接受质子转变为其共轭酸，而水给出质子转变为其共轭碱（OH^-）。因此，酸碱的强弱可从定性和定量两个角度来表述。定性角度：酸碱的强弱取决于酸将质子给予水分子或碱从水分子中夺取质子的能力强弱，酸将质子给予水分子的能力越强，其酸性就越强，反之就越弱；碱从水分子中夺取质子的能力越强，其碱性就越强，反之就越弱。定量角度：酸碱的强弱可由其解离反应的平衡常数即酸碱的解离常数 K_a、K_b 的大小来衡量，K_a、K_b 在温度一定时为常数，K_a、K_b 值越大，表示该酸或该碱越强。一些弱酸弱碱在水中的解离常数见附录 1。

一元弱酸的解离，如

$$HAc+H_2O \rightleftharpoons Ac^- + H_3O^+$$

$$NH_4^+ + H_2O \rightleftharpoons NH_3 + H_3O^+$$

上面两个解离反应，常可简化为：

$$HAc \rightleftharpoons Ac^- + H^+ \qquad K_a=\frac{[H^+][Ac^-]}{[HAc]}=1.8\times10^{-5} \quad (25℃)$$

$$NH_4^+ \rightleftharpoons NH_3 + H^+ \qquad K_a=\frac{[H^+][NH_3]}{[NH_4^+]}=5.6\times10^{-10} \quad (25℃)$$

由 K_a 值的大小可知，以上两种酸的强度顺序为 $HAc>NH_4^+$。

一元弱碱的解离，如

$$Ac^- + H_2O \rightleftharpoons HAc + OH^- \qquad K_b=\frac{[OH^-][HAc]}{[Ac^-]}=5.6\times10^{-10} \quad (25℃)$$

$$NH_3 + H_2O \rightleftharpoons NH_4^+ + OH^- \qquad K_b=\frac{[NH_4^+][OH^-]}{[NH_3]}=1.8\times10^{-5} \quad (25℃)$$

由 K_b 值的大小可知，以上两种碱的强度顺序为 $Ac^-<NH_3$。

另一方面，HAc 与 Ac^- 为共轭酸碱、NH_4^+ 与 NH_3 为共轭酸碱，由它们的 K_a、K_b 大小表明的强度顺序，也定量地说明了共轭酸碱对具有的相互依存关系。即在共轭酸碱对中，如果酸的酸性越强（即酸解离常数 K_a 越大），则其对应共轭碱的碱性就越弱（即碱解离常数 K_b 越小）；如果碱的碱性越强（K_b 越大），则其对应共轭酸的酸性就越弱（K_a 越小）。例如 HCl、$HClO_4$ 等在水溶液中能把质子强烈地转移给水分子，其 K_a 值远远大于 1（HCl 的 $K_a\approx10^8$），所以是极强的酸；而它们的共轭碱 Cl^-、ClO_4^- 几乎没有能力从 H_2O 中夺取质子，其 K_b 值小到难以用普通实验方法测定。

3. 共轭酸碱平衡常数间的定量关系

对一元弱酸 HAc 的 K_a 与其共轭碱 Ac^- 的 K_b 之间的关系可推导如下。

$$K_aK_b=\frac{[H^+][Ac^-]}{[HAc]}\times\frac{[OH^-][HAc]}{[Ac^-]}=[H^+][OH^-]=K_w$$

推广可得一元共轭酸碱对的 K_a 和 K_b 之间具有如下定量关系：

$$K_aK_b=K_w \qquad (5\text{-}2)$$

因此，知道酸或碱的解离常数，就可根据式（5-2）计算它们的共轭碱或共轭酸的解离常数。例如，查表知，NH_3 的 $K_b=1.8\times10^{-5}$，则其共轭酸 NH_4^+ 的 $K_a=K_w/K_b=10^{-14}/1.8\times10^{-5}=5.6\times10^{-10}$。同理，查表可知 HAc、$HS^-$ 的 K_a 值，不难计算出其共轭碱 Ac^-、S^{2-} 的 K_b 值分别为 5.6×10^{-10} 和 1.4，进而可判断其相对强弱。

对于多元酸或多元碱溶液，其解离是分级进行的，每一级解离都有其解离常数，分别用 K_{a1}、K_{a2}、…、K_{an} 以及 K_{b1}、K_{b2}、…、K_{bn} 表示，通常，其值的大小关系为：$K_{a1}>K_{a2}>\cdots>K_{an}$；$K_{b1}>K_{b2}>\cdots>K_{bn}$。

同理，对于多元共轭酸碱对来说，依据共轭酸碱的各级解离平衡，经推导可得其各级 K_a 和 K_b 之间的关系。

二元共轭酸碱对 H_2A-A^{2-} $K_{a1}K_{b2}=K_{a2}K_{b1}=K_w$

三元共轭酸碱对 H_3A-A^{3-} $K_{a1}K_{b3}=K_{a2}K_{b2}=K_{a3}K_{b1}=K_w$

对于多元酸碱来说，在计算其解离常数时，应注意各级 K_a、K_b 的对应关系。

【例题 5-1】 已知水溶液中，草酸（$H_2C_2O_4$）的 $K_{a1}=5.9\times10^{-2}$、$K_{a2}=6.4\times10^{-5}$，计算 $C_2O_4^{2-}$ 的 K_{b1}、K_{b2} 值。

解 水溶液中，$H_2C_2O_4$ 与 $C_2O_4^{2-}$ 为二元共轭酸碱，则有 $C_2O_4^{2-}$ 的 K_{b1}、K_{b2} 值为：

$$K_{b1}=\frac{K_w}{K_{a2}}=\frac{1.0\times10^{-14}}{6.4\times10^{-5}}=1.6\times10^{-10}$$

$$K_{b2}=\frac{K_w}{K_{a1}}=\frac{1.0\times10^{-14}}{5.9\times10^{-2}}=1.7\times10^{-13}$$

同理，磷酸（H_3PO_4）的三元共轭碱为 PO_4^{3-}，其各级 K_b 值经计算可得

$$K_{b1}=2.3\times10^{-2} \quad K_{b2}=1.6\times10^{-7} \quad K_{b3}=1.3\times10^{-12}$$

练一练

1. 写出下列物质的共轭酸碱型体，并按其强弱分别把酸、碱排序：

HF、Ac^-、HCO_3^-、H_3BO_3、NH_4^+、H_3PO_4、$H_2PO_4^-$、S^{2-}、HS^-、$C_2O_4^{2-}$、$HC_2O_4^-$

2. 判断下列物质是酸还是碱，并指出其共轭酸碱对：

H_2CO_3、HAc、H_3PO_4、Na_2CO_3、NaH_2PO_4、$KHPO_4$、NaAc、NH_4^+、$(CH_2)_6N_4$、Na_3PO_4、$KHCO_3$、$(CH_2)_6N_4H^+$、NH_3

*第二节 影响酸碱平衡的因素

酸碱解离平衡与其他一切化学平衡一样，都是暂时的、有条件的。当外界条件改变时，平衡就会被破坏，发生移动，建立新的平衡。酸碱平衡的移动，除温度外，通常受参与酸碱反应的分子或离子因素的影响，如溶液浓度变化、同离子效应和盐效应等。

一、稀释作用

酸碱解离理论把电解质分为酸、碱和盐三大类，并根据不同物质水溶液的导电性差异，提出了强弱酸碱、强弱电解质以及解离度等概念。根据这一理论，强酸（如 HCl、HNO_3 等）、强碱（如 NaOH、KOH 等）以及绝大多数的盐［如 NaCl、KNO_3、$CuSO_4$、$Al_2(SO_4)_3$ 等］，都是强电解质，在水溶液中基本能够完全解离。强电解质溶液中离子的浓度是以其完全解离来考虑的，如 0.02mol/L 的 $Al_2(SO_4)_3$ 溶液中，铝离子浓度 $c(Al^{3+})=0.04$mol/L，硫酸根离子浓度 $c(SO_4^{2-})=0.06$mol/L。而弱电解质（如 HAc 等）在水溶液中是不能完全解离的。为了定量地表示弱电解质在水溶液中的解离程度，引入了解离度概念。解离度（也称电离度，用 α 表示）就是电解质

在水溶液中解离达到平衡时，已解离的分子数在该电解质原来分子总数中所占的比例。

$$\alpha=\frac{\text{已解离的分子数}}{\text{溶液中原有的分子总数}}$$

与弱酸、弱碱的解离常数 K_a 和 K_b 不同，解离度(α)除与电解质的属性和溶液温度有关外，还与电解质的自身浓度有关。现假设某一元弱酸（HA）的原始浓度为 c，在水溶液中达到平衡时的浓度为［HA］，则

$$HA \rightleftharpoons H^+ + A^-$$

平衡常数为：

$$K_a=\frac{[H^+][A^-]}{[HA]}$$

将$[HA]=c-c\alpha=c(1-\alpha)$，$[H^+]=[A^-]=c\alpha$ 代入上式，得

$$K_a=\frac{c\alpha^2}{1-\alpha}$$

对于弱酸，一般 α 值很小。取 $1-\alpha\approx1$，则有

$$K_a=c\alpha^2 \quad \text{或} \quad \alpha=\sqrt{K_a/c} \tag{5-3}$$

式(5-3) 称为稀释定律，它表明的是酸碱平衡常数、解离度与溶液浓度三者之间的关系，但其基本前提为 c 不是很小，α 又不是很大(通常远小于 5%)。对于弱碱的解离平衡，上述的关系式同样适用，只是将式（5-3）中的 K_a 换成 K_b 即可。

由稀释定律可以看出：在一定温度下，弱电解质的解离度与其浓度的平方根成反比；溶液越稀，解离度越大。由于解离度随浓度而改变，所以一般不用 α 表示酸或碱的相对强弱，而用 K_a 或 K_b 值的大小来表示酸或碱的相对强弱。

【例题 5-2】 已知氨水($NH_3 \cdot H_2O$) 的浓度为 0.20mol/L 时，其解离度 α 为 0.95%。计算氨水的浓度为 0.10mol/L 时，其解离度 α 为多少?

解 因为氨水是弱碱，且其解离度 α 又很小，所以可用类似式(5-3) 的计算公式直接计算，即 $K_b=c_1\alpha_1^2=c_2\alpha_2^2$，故

$$\alpha_2=\sqrt{c_1\alpha_1^2/c_2}=\sqrt{0.20\times(0.0095)^2/0.10}=0.013=1.3\%$$

由此可见，溶液稀释至原来体积的 2 倍，解离度从 0.95%增加到 1.3%。

二、同离子效应与盐效应

在醋酸（HAc）水溶液中，加入少量 NaAc 固体，因为 NaAc 是强电解质，在水中完全解离为 Na^+ 和 Ac^-，使溶液中 Ac^- 的浓度增大，可使下列反应的解离平衡向左移动。

$$HAc \rightleftharpoons H^+ + Ac^-$$

Ac^- 浓度的增大，致使 H^+ 的浓度减小，HAc 的电离度也随之降低。

同理，在氨水($NH_3 \cdot H_2O$)溶液中加入少量 NH_4Cl 或 NaOH 固体，由于 NH_4^+ 或 OH^- 的存在，亦可使下列反应的解离平衡向左移动，使氨水的解离度降低。

$$NH_3 \cdot H_2O \rightleftharpoons NH_4^+ + OH^-$$

这种在已建立了酸碱平衡的弱酸或弱碱溶液中，加入含有同种离子的易溶物质，使酸碱平衡向着降低弱酸或弱碱解离度方向移动的现象，称为同离子效应。

若在 HAc 溶液中加入不含相同离子的易溶物质（如 NaCl、KNO_3 等）时，由于溶液中离子强度的增大，H^+ 和 Ac^- 结合成 HAc 分子的机会减小，使平衡向着 HAc 解离的方向移动，表现为其解离度略有增大的现象，称为盐效应。值得注意的是，在发生同离子效应时，

总伴随着盐效应的发生，但同离子效应通常比盐效应的影响要强得多，故在一般的酸碱平衡计算中，可以忽略盐效应的影响。

查一查

查阅《GB/T 14666—2003 分析化学术语》中术语“同离子效应”是如何定义的。

【例题 5-3】 在 0.10mol/L HAc 溶液中，加入少量 NaAc 固体，使其浓度为 0.10mol/L（忽略体积的变化），比较加入 NaAc 固体前后 H^+ 浓度和 HAc 解离度的变化。

解 （1）加 NaAc 固体前，由式(5-3) 得

$$\alpha=\sqrt{K_a/c}=\sqrt{1.8\times10^{-5}/0.10}=0.013=1.3\%$$

故 $$[H^+]=c\alpha=0.10\times0.013=1.3\times10^{-3}(mol/L)$$

（2）加 NaAc 固体后，设平衡时溶液中$[H^+]$为 x mol/L，则有

$$HAc \rightleftharpoons H^+ + Ac^-$$

平衡时浓度/(mol/L)　　$0.10-x$　　x　　$0.10+x$

$$K_a=\frac{[H^+][Ac^-]}{[HAc]}=\frac{x(0.10+x)}{0.10-x}$$

由于 HAc 本身的 α 值较低，又因加入 NaAc 后同离子(Ac^-)效应的存在，使得 HAc 的解离度(α)更低，故可取$[Ac^-]=0.10+x\approx0.10$，$[HAc]=0.10-x\approx0.10$，得

$$K_a=\frac{0.10x}{0.10}=1.8\times10^{-5}$$

即 $$[H^+]=1.8\times10^{-5}(mol/L)$$

故 $$\alpha=\frac{[H^+]}{[HAc]}=\frac{1.8\times10^{-5}}{0.10}=1.8\times10^{-4}=0.018\%$$

若将 NaAc 换为同浓度的 HCl，由于 H^+ 的存在，其解离度仍然是 0.018%。由此可知，无论是加入 NaAc 还是加入 HCl，Ac^- 或 H^+ 的作用都能使 HAc 的解离度大幅降低。亦即同离子效应的存在，会使弱酸或弱碱的解离受到抑制。

三、酸度及其对弱酸弱碱型体分布的影响

在弱酸（或弱碱）平衡体系中，酸或碱的型体分布随溶液中 H^+ 浓度的变化而变化，了解酸度对酸碱溶液中各组分型体及其浓度的影响，对企业生产及分析检验中控制化学反应具有重要的指导意义。

1. 酸（碱）的浓度和溶液的酸（碱）度

酸（碱）的浓度和溶液的酸（碱）度在概念上是不同的。酸（碱）的浓度，通常是指溶液中某酸（或某碱）的总浓度，也称酸（碱）的分析浓度（简称浓度），常用物质的量浓度表示，符号为 c，单位为 mol/L。而溶液的酸（碱）度通常是指溶液中 H^+ 或 OH^- 的浓度，浓度较高时多用物质的量浓度$[H^+]$或$[OH^-]$表示，一般用于溶液中 $[H^+]$ 或 $[OH^-]$ 大于 1mol/L 的情况。对于 H^+ 浓度或 OH^- 浓度较低的溶液，常用 pH 或 pOH（习惯上多用 pH）来表示溶液的酸碱度。因为

$$[H^+][OH^-]=K_w=1.0\times10^{-14}$$

所以 $$pH+pOH=pK_w=14.00$$

pH 适用范围在 pH=0～14 之间，即溶液中的 H^+ 浓度介于 $1\sim10^{-14}$ mol/L。

溶液的酸碱性与 pH 或 pOH 的关系如下：

① 在酸性溶液中，$[H^+]>[OH^-]$，pH<7.00<pOH；

② 在中性溶液中，$[H^+]=[OH^-]$，pH=7.00=pOH；

③ 在碱性溶液中，$[H^+]<[OH^-]$，pH>7.00>pOH。

检测溶液的 pH 有多种方法，如用 pH 试纸、酸碱指示剂或 pH 酸度计（或离子计）进行测定。

2. 酸度对弱酸弱碱型体分布的影响

在弱酸（或弱碱）的平衡体系中，一种物质可能有几种不同的存在型体。某一型体的浓度在总浓度中所占的分数称为分布分数，以 δ 表示。某酸（或碱）不同存在型体的分布分数，取决于该酸（或碱）自身的性质和溶液中 H^+ 浓度的大小。

（1）一元弱酸、弱碱的型体分布　一元弱酸 HA 在水溶液中以 HA 和 A^- 两种型体存在。设其总浓度为 c，HA 和 A^- 的平衡浓度分别为 [HA] 和 $[A^-]$，以 $\delta(HA)$ 和 $\delta(A^-)$ 分别代表 HA 和 A^- 的分布分数，则

$$c=[HA]+[A^-]$$

$$\delta(HA)=\frac{[HA]}{c}=\frac{[HA]}{[HA]+[A^-]}=\frac{[H^+]}{[H^+]+K_a}$$

$$\delta(A^-)=\frac{[A^-]}{c}=\frac{[A^-]}{[HA]+[A^-]}=\frac{K_a}{[H^+]+K_a}$$

由于 $c=[HA]+[A^-]=c\delta(HA)+c\delta(A^-)$，故各型体分布分数之和等于 1，即

$$\delta(HA)+\delta(A^-)=1$$

【例题 5-4】 计算 pH=5.00 时，0.10mol/L 的 HAc 溶液中，HAc 和 Ac^- 的分布分数和平衡时的浓度。

解　已知 HAc 的 $K_a=1.8\times10^{-5}$；pH=5.00，即 $[H^+]=1.0\times10^{-5}$ mol/L。将这两组数据代入一元弱酸分布分数式中，得

$$\delta(HAc)=\frac{[H^+]}{[H^+]+K_a}=\frac{1.0\times10^{-5}}{1.0\times10^{-5}+1.8\times10^{-5}}=0.36$$

$$\delta(Ac^-)=\frac{K_a}{[H^+]+K_a}=\frac{1.8\times10^{-5}}{1.0\times10^{-5}+1.8\times10^{-5}}=0.64$$

$$[HAc]=c\delta(HAc)=0.10\times0.36=0.036(\text{mol/L})$$

$$[Ac^-]=c\delta(Ac^-)=0.10\times0.64=0.064(\text{mol/L})$$

按照相同的方法，可以计算出不同 pH 时的 $\delta(HAc)$ 和 $\delta(Ac^-)$，然后以 pH 为横坐标、δ 为纵坐标，绘制 δ-pH 曲线，如图 5-1 所示。

分布分数 δ 与溶液 pH 的关系称为分布曲线，也称为组分型体分布图。由图 5-1 可见：当 pH<pK_a 时，HAc 为主要存在型体；当 pH>pK_a 时，Ac^- 为主要存在型体。当 pH=pK_a=4.74 时，HAc 和 Ac^- 型体各占 50%。

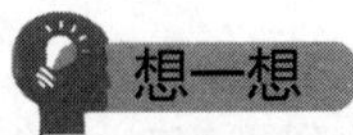

对于一元弱碱，如何根据 K_b 值计算其不同存在型体的分布分数。

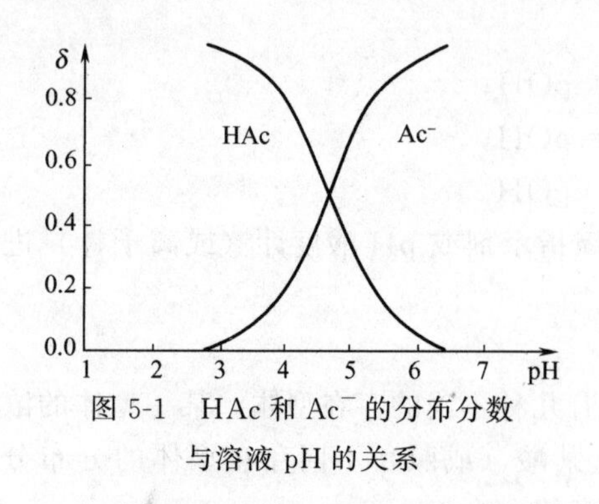

图 5-1 HAc 和 Ac^- 的分布分数与溶液 pH 的关系

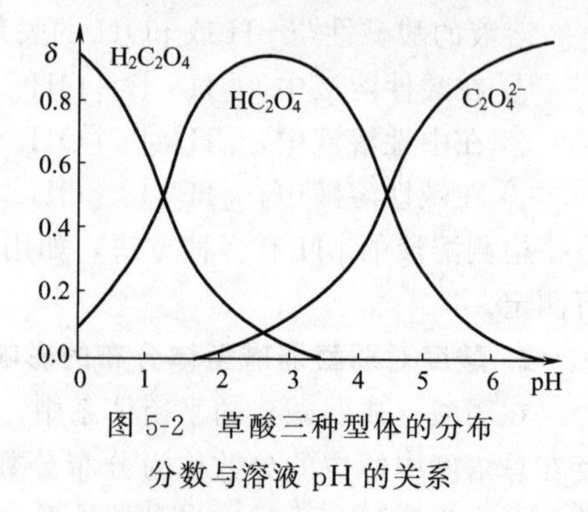

图 5-2 草酸三种型体的分布分数与溶液 pH 的关系

(2) 多元弱酸、弱碱的型体分布 二元弱酸（H_2A）在水溶液中有 H_2A、HA^- 和 A^{2-} 三种存在型体。

设 H_2A、HA^- 和 A^{2-} 的分布分数分别为 δ_0、δ_1、δ_2，则有

$$\delta_0=\frac{[H_2A]}{c} \quad \delta_1=\frac{[HA^-]}{c} \quad \delta_2=\frac{[A^{2-}]}{c}$$

因为 $\delta_0+\delta_1+\delta_2=1$，$c=[H_2A]+[HA^-]+[A^{2-}]$，故根据 H_2A 的酸碱平衡关系式，不难导出各分布分数与 K_a 和 H^+ 有如下关系：

$$\delta_0=\frac{[H_2A]}{[H_2A]+[HA^-]+[A^{2-}]}=\frac{[H^+]^2}{[H^+]^2+K_{a1}[H^+]+K_{a1}K_{a2}}$$

同理可得

$$\delta_1=\frac{K_{a1}[H^+]}{[H^+]^2+K_{a1}[H^+]+K_{a1}K_{a2}}$$

$$\delta_2=\frac{K_{a1}K_{a2}}{[H^+]^2+K_{a1}[H^+]+K_{a1}K_{a2}}$$

故各种不同存在型体在平衡时的浓度为：

$$[H_2A]=c\delta_0 \quad [HA^-]=c\delta_1 \quad [A^{2-}]=c\delta_2$$

其他多元弱酸或多元弱碱的水溶液中，各种不同存在型体的分布分数公式也可用类似的方法导出。

应用一元、二元弱酸弱碱体系中不同型体的 pH 与分布分数的对应关系所绘制出的型体分布图，不仅直观地反映了酸度对各种型体分布的影响，还可从中看出利用有关存在型体的浓度，来满足企业生产或分析检验中某些化学反应的可行性。例如，由草酸溶液各组分型体分布图（如图 5-2 所示）不难看出，若企业生产或分析检验中需用 $C_2O_4^{2-}$ 型体来沉淀 Ca^{2+} 时，欲使 $CaC_2O_4\cdot H_2O$ 沉淀趋于完全，则反应系统的酸度应控制在 pH=5 以上，在此酸度条件下，$C_2O_4^{2-}$ 的浓度才能达到足够大，从而可使 $CaC_2O_4\cdot H_2O$ 沉淀完全。

第三节 酸碱水溶液 pH 的计算

一、质子条件式

根据酸碱质子理论，酸碱反应的实质是质子的转移。因此，当酸碱反应达到平衡时，酸失去质子的总数与碱得到质子的总数必然相等，这种定量关系称为质子条件或质子平衡，其

数学表达式称为质子条件式或质子平衡式（PBE）。它是处理酸碱平衡有关计算的基本关系式。

质子条件式的确定可用质子参考水准法（又称“零水准”法），该方法分三步进行：

① 选择质子参考水准（即选择“零水准”）。作为零水准的物质必须是溶液中大量存在且参与质子转移反应的酸碱组分。在酸碱水溶液中，水是零水准中必定存在的一个组分。

② 判断质子得失。以零水准为参考基准，将溶液中其他酸碱组分与零水准进行比较，判断质子得失情况，写出得失质子的产物。

③ 依据得失质子数相等的原则列出等式。将所有得质子产物的平衡浓度之和写在等号的一侧，将所有失质子产物的平衡浓度之和写在等号的另一侧，即为质子条件式。质子条件式中不会出现零水准物质。

例如，在 HAc 水溶液中，大量存在且参与了质子转移反应的物质是 HAc 和 H_2O，因此选 HAc 和 H_2O 作零水准。有关反应如下：

$$HAc + H_2O \rightleftharpoons H_3O^+ + Ac^-$$

$$2H_2O \rightleftharpoons H_3O^+ + OH^-$$

体系中 H_3O^+ 是零水准得质子的产物；Ac^- 和 OH^- 是零水准失质子的产物。因此，HAc 水溶液的质子条件式为：

$$[H_3O^+]=[Ac^-]+[OH^-]$$

或简写为：

$$[H^+]=[Ac^-]+[OH^-]$$

为了简便和直观，常可采用图示法，即先画两条平行线，将零水准物质写在两线中间，得质子产物写在其上，失质子产物写在其下，然后按得失质子数相等的原则列出质子条件式。如上例，在 HAc 水溶液中：

	H_3O^+
HAc	H_2O
Ac^-	OH^-

HAc 水溶液的质子条件式为：$[H_3O^+]=[Ac^-]+[OH^-]$。

又如，在浓度为 c 的 Na_2CO_3 水溶液中：

HCO_3^-	H_2CO_3	H_3O^+
	CO_3^{2-}	H_2O
		OH^-

Na_2CO_3 水溶液的质子条件式为：

$$[OH^-]=[H_3O^+]+[HCO_3^-]+2[H_2CO_3]$$

列出质子条件式时应注意浓度前的系数。因 H_2CO_3 是零水准 CO_3^{2-} 得 2 个质子的产物，故在 $[H_2CO_3]$ 前乘以 2，以使得失质子的总数相等。

除上述方法外，也可根据溶液中的物料平衡（MBE，即溶液处于平衡状态时，溶液中某组分的分析浓度等于该组分各种存在型体的平衡浓度之和）及电荷平衡（CBE，即溶液处于平衡状态时，溶液中带正电荷的阳离子总浓度必定等于带负电荷的阴离子总浓度，整个溶液呈电中性）得出质子条件式，本书对此不详细讨论。

二、一元弱酸、弱碱水溶液 pH 的计算

设一元弱酸 HA 溶液的浓度为 c_a mol/L。选 HA 和 H_2O 为零水准，则其质子条件式为：

$$[H^+]=[A^-]+[OH^-]$$

弱酸弱碱的解离常数 K_a、K_b 一般为两位有效数字，实际分析工作中，计算酸碱体系的 $[H^+]$(或 pH) 时，允许误差通常以 5%计。因此，计算时可视情况作合理的近似处理。

将 $K_a=\dfrac{[H^+][A^-]}{[HA]}$，$K_w=[H^+][OH^-]$ 代入上式并作适当简化处理。

当 $c_aK_a\geqslant 20K_w$，$c_a/K_a<500$ 时，取

$$[H^+]=\frac{-K_a+\sqrt{K_a^2+4c_aK_a}}{2} \tag{5-4}$$

这是计算一元弱酸水溶液中 H^+ 浓度的近似公式。

当 $c_aK_a\geqslant 20K_w$，$c_a/K_a\geqslant 500$ 时，取

$$[H^+]=\sqrt{c_aK_a} \tag{5-5}$$

这是计算一元弱酸水溶液中 H^+ 浓度的最简公式，也是最常用的公式[1]。

【例题 5-5】 计算 0.10mol/L 一氯乙酸（$CH_2ClCOOH$）溶液的 pH。

解 已知 $c(CH_2ClCOOH)=0.10$mol/L，$K_a=1.4\times10^{-3}$，$c_aK_a>20K_w$，而 $c_a/K_a<500$，故可用式（5-4）近似计算。

$$[H^+]=\frac{-K_a+\sqrt{K_a^2+4c_aK_a}}{2}$$

$$=\frac{-1.4\times10^{-3}+\sqrt{(1.4\times10^{-3})^2+4\times0.10\times1.4\times10^{-3}}}{2}$$

$$=1.1\times10^{-2}(\text{mol/L})$$

$$\text{pH}=1.96$$

一元弱碱水溶液中 OH^- 浓度的计算，也可采用与上述一元弱酸类似的方法处理，只是将式(5-4) 和式(5-5) 及其使用条件中的$[H^+]$、c_a、K_a 相应地用 $[OH^-]$、c_b、K_b 代替即可。

【例题 5-6】 计算 0.10mol/L 氨水($NH_3\cdot H_2O$)的 pH。

解 已知 $c(NH_3\cdot H_2O)=0.10$mol/L，$K_b=1.8\times10^{-5}$，$c_bK_b>20K_w$，且 $c_b/K_b>500$，故可用类似式(5-5) 的最简式计算。

$$[OH^-]=\sqrt{c_bK_b}=\sqrt{0.10\times1.8\times10^{-5}}=1.3\times10^{-3}(\text{mol/L})$$

$$\text{pOH}=2.89 \qquad \text{pH}=11.11$$

三、多元弱酸、弱碱水溶液 pH 的计算

多元弱酸在水溶液中是逐级解离的，每一级都有相应的质子转移平衡。一般来说，多元

---

[1] 假设 $c_a/K_a=500$，按最简式计算 $[H^+]=22.4K_a$，按近似式计算 $[H^+]=21.9K_a$。采用最简式计算结果的相对误差为+2.2%。

若酸极弱且其浓度非常低时，则水的解离不可忽略，即当 $c_aK_a<20K_w$，$c_a/K_a\geqslant 500$ 时，取 $[H^+]=\sqrt{c_aK_a+K_w}$ 计算一元弱酸水溶液中 H^+浓度。

弱酸各级解离常数 $K_{a1}>K_{a2}>K_{a3}$。通常，溶液中第一级解离程度远远大于第二级解离（即 $K_{a1}\gg K_{a2}$）、第三级解离，且第一级解离生成的 H^+ 对第二级、第三级解离有抑制作用，故第二级、第三级解离一般可以忽略，因此多元弱酸水溶液可近似按一元弱酸水溶液处理，其 H^+ 浓度的计算简化处理方法同一元弱酸，即将式(5-4)、式(5-5) 及其使用条件中的 K_a 相应地用 K_{a1} 代替即可。

【例题 5-7】 计算 0.10mol/L H_2S 溶液的 pH 及 S^{2-} 的浓度。

解 已知 H_2S 的 $K_{a1}=1.3\times10^{-7}$，$K_{a2}=7.1\times10^{-15}$，且 $K_{a1}\gg K_{a2}$，故计算 H^+ 浓度时只考虑第一级解离。

$$H_2S \rightleftharpoons H^+ + HS^-$$

又 $c_aK_{a1}>20K_w$，且 $c_a/K_{a1}>500$，故可用类似式(5-5) 的最简式计算。

$$[H^+]=\sqrt{c_aK_{a1}}=\sqrt{0.10\times1.3\times10^{-7}}=1.1\times10^{-4}(\text{mol/L})$$

$$pH=3.96$$

因为 S^{2-} 是 H_2S 二级解离的产物，设$[S^{2-}]=x$mol/L，则有如下关系：

$$\begin{matrix} HS^- & \rightleftharpoons & H^+ & + & S^{2-} \\ 1.1\times10^{-4}-x & & 1.1\times10^{-4}+x & & x \end{matrix}$$

由于 K_{a2} 很小，$1.1\times10^{-4}\pm x\approx1.1\times10^{-4}$，则有

$$K_{a2}=\frac{[H^+][S^{2-}]}{[HS^-]}=\frac{1.1\times10^{-4}\times[S^{2-}]}{1.1\times10^{-4}}$$

故

$$[S^{2-}]=K_{a2}=7.1\times10^{-15}(\text{mol/L})$$

对于多元弱碱（如 CO_3^{2-}、$C_2O_4^{2-}$、PO_4^{3-} 等）水溶液中 OH^- 浓度的计算，由于 $K_{b1}\gg K_{b2}$，所以第一步解离是主要的，因此多元弱碱水溶液可近似按一元弱碱水溶液处理，其 OH^- 浓度的计算简化处理方法同一元弱碱，即将式(5-4) 和式(5-5)及其使用条件中的 $[H^+]$、c_a、K_a 相应地用 $[OH^-]$、c_b、K_{b1} 代替即可。

【例题 5-8】 计算 1.0×10^{-4}mol/L Na_3PO_4 溶液的 pH。

解 已知 H_3PO_4 的 $K_{a1}=7.6\times10^{-3}$，$K_{a2}=6.3\times10^{-8}$，$K_{a3}=4.4\times10^{-13}$，得 PO_4^{3-} 的 $K_{b1}=2.3\times10^{-2}$，$K_{b2}=1.6\times10^{-7}$，$K_{b3}=1.3\times10^{-12}$。

因为 $c_bK_{b1}=2.3\times10^{-6}>20K_w$，$c_b/K_{b1}=4.3\times10^{-3}<500$，故可用类似式(5-4) 的近似公式计算。

$$[OH^-]=\frac{-K_{b1}+\sqrt{K_{b1}^2+4c_bK_{b1}}}{2}$$

$$=\frac{-2.3\times10^{-2}+\sqrt{(2.3\times10^{-2})^2+4\times1.0\times10^{-4}\times2.3\times10^{-2}}}{2}$$

$$=1.0\times10^{-4}(\text{mol/L})$$

$$pOH=4.00 \qquad pH=10.00$$

四、两性物质水溶液 pH 的计算

在酸碱平衡体系中，两性物质（如 $NaHCO_3$、Na_2HPO_4、NH_4CN、氨基酸等）水溶液的酸碱平衡比较复杂，但在计算其 H^+ 浓度时仍可从具体情况出发，通过质子条件式和解

离平衡式，作合理的简化处理后，经推导得出其 $[H^+]$ 计算公式。

设两性物质 HA^- 水溶液的浓度为 c mol/L，HA^- 共轭酸 H_2A 的解离常数分别为 K_{a1}、K_{a2}。HA^- 水溶液的质子条件式为：

$$[H^+]=[A^{2-}]+[OH^-]-[H_2A]$$

将有关参数代入并作近似处理：

① 当 $K_{a1} \gg K_{a2}$，$cK_{a2}>20K_w$，$c/K_{a1}<20$ 时，取

$$[H^+]=\sqrt{\frac{cK_{a2}}{1+c/K_{a1}}} \tag{5-6}$$

这是计算两性物质 HA^- 水溶液中 H^+ 浓度的近似公式。

② 当 $K_{a1} \gg K_{a2}$，$cK_{a2}>20K_w$，$c/K_{a1}>20$ 时，取

$$[H^+]=\sqrt{K_{a1}K_{a2}} \tag{5-7}$$

这是计算两性物质 HA^- 水溶液中 H^+ 浓度的最简公式。

对两性物质 HA^{2-}，其 $[H^+]$ 所涉及的解离常数为 H_3A 的 K_{a2} 和 K_{a3}，则将式(5-6)和式(5-7) 及其使用条件中的 K_{a1}、K_{a2} 相应地用 K_{a2}、K_{a3} 代替即可。

【例题 5-9】 计算 0.10mol/L $NaHCO_3$ 溶液的 pH。

解 已知 H_2CO_3 的 $K_{a1}=4.2\times10^{-7}$，$K_{a2}=5.6\times10^{-11}$，由于 $cK_{a2}>20K_w$，$c/K_{a1}>20$，故可采用式 (5-7) 计算。

$$[H^+]=\sqrt{K_{a1}K_{a2}}=\sqrt{4.2\times10^{-7}\times5.6\times10^{-11}}=4.9\times10^{-9}(\text{mol/L})$$

$$\text{pH}=8.31$$

对于 NH_4Ac 类两性物质，它在水溶液中发生下列质子转移反应：

$$NH_4^+ + H_2O \rightleftharpoons NH_3 + H_3O^+$$

$$Ac^- + H_2O \rightleftharpoons HAc + OH^-$$

以 K_a 表示阳离子酸（NH_4^+）的解离常数，K'_a表示阴离子碱(Ac^-)的共轭酸（HAc）的解离常数，则其 H^+ 浓度可用如下最简公式计算：

$$[H^+]=\sqrt{K_aK'_a}$$

【例题 5-10】 计算 0.10mol/L $HCOONH_4$ 溶液的 pH。

解 NH_4^+ 的 $K_a=5.6\times10^{-10}$，HCOOH 的 $K'_a=1.8\times10^{-4}$，故可用上述最简公式计算其 pH。

$$[H^+]=\sqrt{K_aK'_a}=\sqrt{5.6\times10^{-10}\times1.8\times10^{-4}}=3.2\times10^{-7}(\text{mol/L})$$

$$\text{pH}=6.49$$

五、缓冲溶液及其 pH 的计算

溶液的酸度对许多化学反应和生物化学反应有着重要影响，只有将溶液的酸度控制在特定的范围内，这些反应才能顺利进行，使用缓冲溶液即可达到控制溶液酸度的目的。

例如，在利用 EDTA 配位滴定法进行的测定项目中，不仅要求滴定前调节好溶液的酸度，还要求整个滴定过程都应控制在一定酸度范围内进行，因为 EDTA 是多元酸，在滴定过程中不断有 H^+ 释放出来，使溶液的酸度升高。因此，在配位滴定中常需加入一定的缓冲

溶液以调节和控制溶液的酸度。

1. 缓冲溶液的缓冲原理

缓冲溶液是一种能对溶液的酸度起稳定（缓冲）作用的溶液。缓冲作用是指能够抵抗外来少量酸碱或溶液中的化学反应产生的少量酸碱，或将溶液稍加稀释而溶液自身的 pH 基本维持不变的性质。缓冲溶液通常有如下三类：弱的共轭酸碱对组成的体系、两性物质体系、高浓度的强酸或强碱溶液。下面重点讨论最常使用的第一类缓冲溶液。

共轭酸碱对组成的缓冲溶液，就是由一组浓度都较高的弱酸及其共轭碱或弱碱及其共轭酸构成的缓冲体系。下面以弱酸 HAc 与其共轭碱 NaAc 组成的 HAc-NaAc 缓冲体系为例，说明其“抗酸抗碱”作用。

由 HAc、NaAc 的化学性质可知：HAc 在水中只能部分解离，本身存在量较大；NaAc 则能完全解离，因此 Ac^- 的存在量也较大。而溶液中大量存在的 HAc 和 Ac^- 因同离子效应又相互抑制了对方的解离。在 HAc-NaAc 水溶液中存在下面的质子转移反应：

$$\underset{\text{酸(大量)}}{HAc} + H_2O \rightleftharpoons \underset{\text{很少}}{H_3O^+} + \underset{\text{共轭碱(大量)}}{Ac^-}$$

当加入少量酸时，H^+ 浓度增大，这时由于 Ac^- 可以接受 H^+，消耗了溶液中增加的 H^+，使 H^+ 浓度变化不大，溶液 pH 基本保持不变。显然，此时溶液中的碱(Ac^-）起到了抗酸的作用。

当加入少量碱时，溶液中的 H^+ 与之反应，使 H^+ 浓度减小，这时由于 HAc 解离给出 H^+，以补偿溶液中 H^+ 的消耗，使 H^+ 浓度变化不大，溶液 pH 基本保持不变。显然，此时溶液中的酸（HAc）起到了抗碱的作用。

当将溶液稍加稀释时，共轭酸碱对的浓度比值不会发生太大变化[1]，仍使溶液 pH 基本保持不变。

除 HAc-Ac^- 缓冲体系外，属共轭酸碱对组成的缓冲体系常用的还有 NH_4^+-NH_3、HCO_3^--CO_3^{2-}、$(CH_2)_6N_4H^+$-$(CH_2)_6N_4$ 等。

2. 缓冲溶液 pH 的计算

一般用作控制溶液酸度的缓冲溶液，对计算其 pH 的准确度要求不高，常可简化处理近似计算。

以 HAc-NaAc 缓冲体系为例。设缓冲体系中酸 HAc 及其共轭碱 Ac^- 的浓度分别为 c_a、c_b，则

$$[H^+]=K_a \times \frac{[HAc]}{[Ac^-]}$$

由于缓冲体系中使用的共轭酸碱对的浓度一般都较大，且有同离子效应的存在，故可将上式中的 [HAc]、[Ac^-] 近似用分析浓度 c_a、c_b 代替，则得

$$[H^+]=K_a \times \frac{c_a}{c_b} \tag{5-8}$$

---

[1] 如稀释倍数过高，共轭酸碱对各自的解离度改变较大，则会影响共轭酸碱对的浓度比值，致使 pH 发生较大变化。

这是计算弱酸及其共轭碱水溶液缓冲体系中 H^+ 浓度的近似公式。

同理，由弱碱及其共轭酸组成的缓冲体系，其［H^+］也可按式（5-8）近似计算❶。

【例题 5-11】 计算 10.00mL 0.4250mol/L 氨水($NH_3 \cdot H_2O$)与 10.00mL 0.2250mol/L 盐酸(HCl)混合后溶液的 pH。

解 将氨水与盐酸混合后，盐酸全部反应生成 NH_4Cl，生成的 NH_4Cl 与反应剩余的 $NH_3 \cdot H_2O$ 形成缓冲体系。

已知氨水的 $K_b=1.8\times10^{-5}$，则其共轭酸 NH_4^+ 的 K_a 为：

$$K_a=\frac{K_w}{K_b}=\frac{10^{-14}}{1.8\times10^{-5}}=5.6\times10^{-10}$$

计算出 c_a、c_b 数值并代入式(5-8) 中，得

$$c_a=c(NH_4^+)=\frac{0.2250\times10.00}{10.00+10.00}=0.1125(mol/L)$$

$$c_b=c(NH_3\cdot H_2O)=\frac{(0.4250-0.2250)\times10.00}{10.00+10.00}=0.1000(mol/L)$$

$$[H^+]=K_a\times\frac{c_a}{c_b}=5.6\times10^{-10}\times\frac{0.1125}{0.1000}=6.3\times10^{-10}(mol/L)$$

故 $$pH=9.20$$

3. 缓冲溶液的缓冲容量和缓冲范围

上面已经讲到，当向 HAc-NaAc 缓冲溶液中加入少量强酸或强碱或将溶液稍加稀释时，溶液的 pH 基本上保持不变。但是，如果继续加入强酸或强碱，当加入强酸的浓度接近 Ac^- 的浓度，或加入强碱的浓度接近 HAc 的浓度时，溶液对酸或碱的抵抗能力就很弱，因而失去了它的缓冲作用。可见一切缓冲溶液的缓冲能力都是有一定限度的，其大小可用缓冲容量来衡量。

缓冲容量是指使 1L 缓冲溶液的 pH 增大或减小 1 个 pH 单位所需加入强碱或强酸的量。如果所需加入强碱或强酸的量多，则说明此缓冲溶液的缓冲容量大。

缓冲容量的大小与下列因素有关：

① 缓冲物质的总浓度愈大，缓冲容量愈大。

② 缓冲溶液的 pH 取决于共轭酸碱对中弱酸的解离常数 K_a 和共轭酸碱对浓度比（c_a/c_b）（又称缓冲比）。当缓冲物质总浓度相同时，共轭酸碱对浓度比（c_a/c_b）越接近 1，缓冲容量越大。当共轭酸碱对浓度比（c_a/c_b）为 1∶1 时，缓冲溶液的 pH 就等于其 pK_a，此时缓冲容量最大。

18. 国标：GB/T 603—2002 化学试剂试验方法中所用制剂及制品的制备

对同一缓冲溶液而言，其 pK_a 值一定，则其 pH 随共轭酸碱对浓度比（c_a/c_b）的改变而改变。配制时通过适当调整 c_a 与 c_b 的比例，就可配制具有不同 pH 的缓冲溶液。实验表明，当 c_a/c_b 在 1/10～10/1 之间时，其缓冲能力即可满足一般的实验要求，即 $pH=pK_a\pm1$ 为缓冲溶液的有效缓冲范围，超出此范围则体系就不再具有缓冲作用。显然，由不同共轭酸碱对组成的缓冲体系，其缓冲范围主要取决于它们弱酸的 K_a 值。一些常用的缓冲溶液及其配制方法如表 5-1 所示。

❶ 共轭酸碱对中的酸碱互称共轭对，所以，弱碱及其共轭酸组成的酸碱对，实质上亦即弱酸及其共轭碱组成的酸碱对。

表 5-1　常用的缓冲溶液及其配制方法

缓冲体系及其 pK_a		pH	配制方法
共轭酸	共轭碱		
NH_2CH_2COOH-HCl(2.35, pK_{a1})		2.3	取氨基乙酸 150.0g 溶于 500.0mL 水中后，加浓 HCl 80.0mL，用水稀释至 1L
$^+NH_3CH_2COOH$	$^+NH_3CH_2COO^-$		
$KHC_8H_4O_4$-HCl(2.95, pK_{a1})		2.9	取 $KHC_8H_4O_4$ 500.0g 溶于 500.0mL 水，加浓 HCl 80.0mL，用水稀释至 1L
$H_2C_8H_4O_4$	$HC_8H_4O_4^-$		
HAc-NaAc(4.74)		4.7	取无水 NaAc 83.0g 溶于水中后，加 HAc 60.0mL，用水稀释至 1L
HAc	Ac^-		
$(CH_2)_6N_4$-HCl(5.15)		5.4	取六亚甲基四胺 40.0g 溶于 200.0mL 水中后，加浓 HCl 10.0mL，稀释至 1L
$(CH_2)_6N_4H^+$	$(CH_2)_6N_4$		
NH_3-NH_4Cl(9.25)		9.5	取 NH_4Cl 54.0g 溶于水中后，加浓氨水 126.0mL，用水稀释至 1L
NH_4^+	NH_3		

注：1. 配制的缓冲溶液可用 pH 试纸检查，若不在所需范围内，可用其共轭酸（碱）来调节。

2. 共轭酸（碱）的相对浓度不同，其缓冲溶液的 pH 也有微小变化。如取 NH_4Cl 54.0g 溶于水后，加浓氨水 350.0mL，用水稀释至 1L，则 pH 为 10.0。

4. 缓冲溶液的选择和配制方法

选择缓冲溶液时一般考虑下列原则：

① 所选缓冲溶液不应对测定过程有干扰。

② 所选缓冲溶液应有较大的缓冲能力，尽可能控制 $c_a : c_b = 1 : 1$，且缓冲组分的浓度要大一些，一般在 0.01～1mol/L 之间。

③ 应使所选缓冲溶液的共轭酸碱对中酸的 pK_a 等于或接近所需控制的 pH，即 $pK_a \approx$ pH。例如，某项分析检验的反应需在 pH=5.0 左右的缓冲体系中进行，则可选择 HAc-NaAc 缓冲溶液控制，因为 HAc 的 $pK_a = 4.74$ 与所需控制的 pH 接近。如果需要 pH 为 9.0 左右的缓冲体系，则可选择 $NH_3 \cdot H_2O$-NH_4Cl 缓冲溶液，因为 $NH_3 \cdot H_2O$ 的 $pK_b =$ 4.74，其 $NH_4{}^+$ 的 $pK_a = 9.26$ 与所需控制的 pH 接近。可见，各种不同的共轭酸碱对，由于它们的 K_a 值不同，其组成的缓冲溶液所能控制的 pH 也不同。

某项检验测定中需用 pH 为 3 左右的缓冲溶液，应选下列何种酸及其共轭碱配制为宜（括号内为该酸的 pK_a）：

醋酸（4.74），甲酸（3.74），一氯乙酸（2.86），二氯乙酸（1.30），苯酚（9.95）。

实际分析工作中，若测定要求溶液的酸度稳定在 pH 0～2 或 pH 12～14 的范围内，则可用强酸或强碱控制溶液的酸度。因为在高浓度的强酸、强碱溶液中 $[H^+]$ 或 $[OH^-]$ 本来就很大，故外来少量酸或碱不会对溶液的酸度产生太大的影响。

精确的 pH 标准缓冲溶液，已按国家标准规定由市售商品供应。控制体系酸度用的 pH 缓冲溶液，可按式（5-8）计算来解决，现举两例加以说明。

【例题 5-12】 欲配制 1.0L pH=5.0、$c(HAc)=0.20$mol/L 的缓冲溶液，需称取 $NaAc \cdot 3H_2O$ 多少克？需要 2.0mol/L HAc 溶液多少毫升？

解　已知 $K_a = 1.8 \times 10^{-5}$，pH=5.0，则 $[H^+] = 1.0 \times 10^{-5}$mol/L，将其代入式(5-8)，得

$$c_b = K_a \times \frac{c_a}{[H^+]} = 1.8 \times 10^{-5} \times \frac{0.20}{1.0 \times 10^{-5}} = 0.36(\text{mol/L})$$

亦即 $c(\text{NaAc})=0.36\text{mol/L}$

故所需醋酸钠 [$M(\text{NaAc}\cdot 3\text{H}_2\text{O})=136.1\text{g/mol}$] 的质量为：

$$m=136.1\times 0.36\times 1.0=49.0(\text{g})$$

所需 2.0mol/L HAc 溶液的体积为：

$$V=\frac{0.20\times 1000.0}{2.0}=100.0(\text{mL})$$

【例题 5-13】 如何配制 pH 为 4.50 的缓冲溶液 1000mL?

解 (1) 选组成缓冲溶液的共轭酸碱对 其弱酸的 $\text{p}K_a$ 应等于或接近所需 pH=4.50，由于 HAc 的 $\text{p}K_a=4.74$，因此可选择 HAc-NaAc 共轭酸碱对配制缓冲溶液。

(2) 确定组分配制比 为计算方便，选用分析浓度均为 0.10mol/L 的 HAc 溶液和 NaAc 溶液，设配制时需取 NaAc 溶液的体积为 $V(\text{NaAc})$ mL，则需取 HAc 溶液的体积为：

$$V(\text{HAc})=[1000-V(\text{NaAc})]\text{mL}$$

pH=4.50,即 $[\text{H}^+]=3.16\times 10^{-5}$，由式(5-8) 得

$$[\text{H}^+]=K_a\times\frac{c_a}{c_b}=K_a\times\frac{c(\text{HAc})}{c(\text{Ac}^-)}=K_a\times\frac{0.10V(\text{HAc})/1000}{0.10V(\text{NaAc})/1000}=K_a\times\frac{V(\text{HAc})}{V(\text{NaAc})}$$

$$=1.8\times 10^{-5}\times\frac{1000-V(\text{NaAc})}{V(\text{NaAc})}=3.16\times 10^{-5}(\text{mol/L})$$

解得 $V(\text{NaAc})=360\text{mL}$

故 $V(\text{HAc})=[1000-V(\text{NaAc})]\text{mL}=640\text{mL}$

因此，将 360mL 0.10mol/L 的 NaAc 溶液与 640mL 0.10mol/L 的 HAc 溶液混合摇匀即得 pH 为 4.50 的缓冲溶液 1000mL。

缓冲溶液的配制，可查阅有关手册或相关国家标准。

查一查

GB/T 603—2002《化学试剂 试验方法中所用制剂及制品的制备》中 4.1.3，给出了几种缓冲溶液的配制方法。查一查其中氨-氯化铵缓冲溶液的两种配制方法，比较两缓冲溶液的缓冲容量的大小。

第四节 酸碱指示剂

酸碱滴定分析中判断终点的方法通常有两种，一种是化学指示剂法，另一种是利用电位变化的指示方法。化学指示剂法是利用酸碱指示剂在某一特定条件下的颜色变化来指示滴定终点，本节主要讨论这种方法。

一、酸碱指示剂的变色原理

酸碱指示剂一般是有机弱酸、弱碱或两性物质，它们的酸式体及其碱式体在不同酸度的溶液中具有不同的结构，且呈现不同的颜色。当被滴溶液的 pH 改变时，指示剂失去质子由酸式体变为碱式体，或得到质子由碱式体变为酸式体，从而引起颜色的变化。

例如，酚酞在水溶液中存在的型体及颜色变化如下：

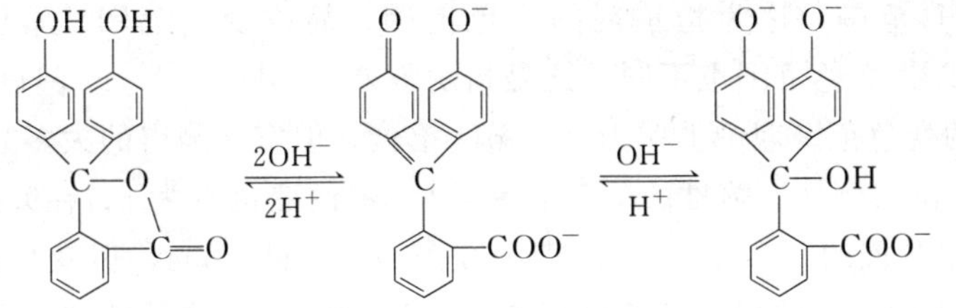

$$\text{(内酯式)} \underset{2H^+}{\overset{2OH^-}{\rightleftharpoons}} \text{(醌式)} \underset{H^+}{\overset{OH^-}{\rightleftharpoons}} \text{(羧酸盐式)}$$

无色（内酯式）　　红色（醌式）　　无色（羧酸盐式）

可见，酚酞在酸性溶液中为内酯式结构，呈无色；当溶液的 pH 升高到一定数值时，酚酞转变为醌式结构而显红色；浓碱溶液中，则转变为羧酸盐式结构，又呈无色。这种不同型体之间的转化过程是可逆的，所呈现的颜色变化也是可逆的。

又如，甲基橙在水溶液中存在如下型体：

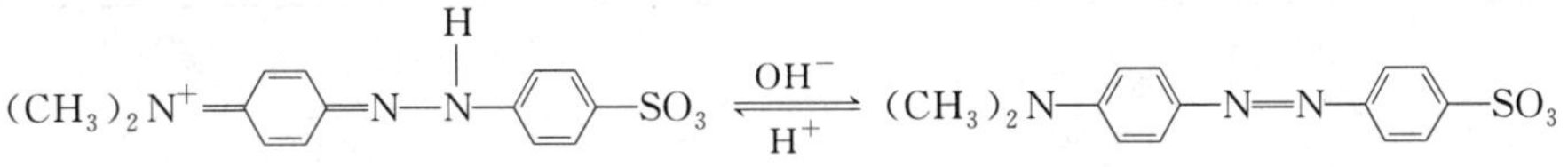

$$(CH_3)_2N^+=\langle\,\rangle=N-\underset{}{\overset{H}{N}}-\langle\,\rangle-SO_3 \underset{H^+}{\overset{OH^-}{\rightleftharpoons}} (CH_3)_2N-\langle\,\rangle-N=N-\langle\,\rangle-SO_3$$

红色（醌式）　　　　黄色（偶氮式）

甲基橙的酸式色为红色；碱式色为黄色。两型体之间的过渡颜色为橙色。

可见，酸碱指示剂的变色与溶液的酸度有关，且具有一定的 pH 范围。

二、酸碱指示剂的变色范围

指示剂发生颜色变化的 pH 范围称为指示剂的变色范围。现说明如下。

以 HIn 表示指示剂的酸式体，以 In^- 表示指示剂的碱式体，它们在水溶液中存在如下酸碱平衡：

$$\underset{\text{酸式}}{HIn} \rightleftharpoons H^+ + \underset{\text{碱式}}{In^-}$$

$$K_{HIn}=\frac{[H^+][In^-]}{[HIn]}$$

即

$$\frac{[H^+]}{K_{HIn}}=\frac{[HIn]}{[In^-]}$$

K_{HIn} 称为指示剂常数。可见，溶液的颜色取决于指示剂酸式体与碱式体的浓度比，即 [HIn] 与 $[In^-]$ 的比值。对于给定的指示剂，因为一定温度下 K_{HIn} 为一常数，故 $[HIn]/[In^-]$ 值只取决于溶液中 H^+ 的浓度，当 $[H^+]$ 发生改变时，$[HIn]/[In^-]$ 也随之改变，从而使溶液呈现不同的颜色。由于人的眼睛对各种颜色的敏感程度不同而且能力有限，一般来讲，只有当酸式体与碱式体两种型体的浓度相差 10 倍以上时，人的眼睛才能辨别出其中浓度大的型体的颜色，而浓度小的另一型体的颜色则辨别不出来。当两型体的浓度差别不是很大（一般在 10 倍以内）时，人眼观察到的是这两种型体颜色的混合色。即当 $[HIn]/[In^-]=10$ 时，看到的主要是酸式体 HIn 的颜色，碱式体 In^- 的颜色几乎看不出来，此时 $pH=pK_{HIn}-1$；当 $[HIn]/[In^-]=1/10$ 时，看到的主要是碱式体 In^- 的颜色，酸式体 HIn 的颜色几乎看不出来，此时 $pH=pK_{HIn}+1$；而在 $1/10\leqslant[HIn]/[In^-]\leqslant10$ 之间，即 $pH=pK_{HIn}$ 附近，看到的是酸式体 HIn 和碱式体 In^- 的互补颜色，亦即两种型体的过渡色。因此，当 $pH=K_{HIn}$ 时，溶液的颜色刚好是酸式体 HIn 颜色和碱式体 In^- 颜色的混合色，此时溶液的酸度(或 pH)称为指示剂的理论变色点；而 $pH=pK_{HIn}\pm1$，是指示剂改变颜色的酸度(或 pH)范围，称为指示剂的变色范围，简称变色范围。不同的酸碱指示剂，K_{HIn} 值不同，所以其变色范围也不同，这是指示剂能在不同酸度（或 pH）范围下变色的关键所在。指示剂的变色范围理论上应为 2 个 pH 单位，但实际测得的大多数指示剂的变色范围小于 2 个 pH 单位。例如：酚酞的 $pK_{HIn}=9.1$，理论变色点为 pH=9.1，但变色范围为 pH 8.0～10.0；甲基橙的 $pK_{HIn}=3.4$，理论变色点为 pH=3.4，但变色范围为 pH 3.1～4.4。主要原因在于理论上的指示剂变色范围是通过 pK_a 值计算得到的，而实际变色范围是由目视观察测定得来的。由于人眼对各种颜色的敏感程度不同，加上指示剂两种型体的颜色相互掩盖，从而导致了实测值与理论值之间有一定差异，故不同资料的报道中有关指示剂的变色范围也略有不同。常见的酸碱指示剂如表 5-2 所示。

表 5-2 常见的酸碱指示剂

指示剂名称	变色范围 pH	变色点 pK_{HIn}	颜色		配制方法
			酸式色	碱式色	
甲基橙	3.1～4.4	3.4	红色	黄色	0.1g 溶于 100mL 水溶液中
溴酚蓝	3.1～4.6	4.1	黄色	紫色	0.1g 溶于含有 3mL 0.05mol/L NaOH 溶液的 100mL 水溶液中
溴甲酚绿	3.8～5.4	4.9	黄色	蓝色	0.1g 溶于含有 2.9mL 0.05mol/L NaOH 溶液的 100mL 水溶液中
甲基红	4.4～6.2	5.2	红色	黄色	0.1g 溶于 100mL 60%乙醇溶液中
中性红	6.8～8.0	7.4	红色	黄橙色	0.1g 溶于 100mL 60%乙醇溶液中
酚红	6.7～8.4	8.0	黄色	红色	0.1g 溶于 100mL 60%乙醇溶液中
百里酚蓝（二次变色）	8.0～9.6	8.9	黄色	蓝色	0.1g 溶于 100mL 20%乙醇溶液中
酚酞	8.0～10.0	9.1	无色	红色	0.1g 溶于 100mL 90%乙醇溶液中
百里酚酞	9.4～10.6	10.0	无色	蓝色	0.1g 溶于 100mL 90%乙醇溶液中

注：指示剂的浓度以前习惯用 g/100mL 的百分数表示。如 0.1%酚酞的 90%乙醇溶液，指取 0.1g 酚酞溶解于 100.0mL $\varphi_B(C_2H_5OH)=90\%$的乙醇溶液中，即现用的质量浓度 $\rho_B=1.0g/L$。

能使甲基橙呈现黄色的溶液一定是碱性的吗？能使百里酚蓝呈现黄色的溶液一定是酸性的吗？

三、混合指示剂

在某些酸碱滴定中，有时需要将指示剂的变色范围控制在很窄的 pH 范围内，用上述单一酸碱指示剂往往不能满足要求，此时可采用混合指示剂。

混合指示剂主要是利用颜色互补的作用原理，使得酸碱滴定的终点变色敏锐，变色范围变窄。常用的混合指示剂有两类。一类是由两种或两种以上酸碱指示剂混合而成，如溴甲酚绿（$pK_{HIn}=4.9$）和甲基红（$pK_{HIn}=5.2$）。溴甲酚绿酸式型体呈黄色，碱式型体呈蓝色；甲基红酸式型体呈红色，碱式型体呈黄色。在不同的酸度条件下，两种指示剂的酸式型体颜色、碱式型体颜色分别叠加后，所呈现的互补颜色与其单独使用时的有所不同，在 pH<5.1 时呈酒红色，pH>5.1 时呈绿色，而在 pH=5.1 变色点处，甲基红-溴甲酚绿的过渡色为浅灰色，使终点的颜色变化十分敏锐、变色范围相对减小。另一类是在某种常用酸碱指示剂中加入一种惰性染料❶，如甲基橙在单独使用时，在 pH≤3.1 时为酸式型体呈红色，pH≥4.4 时为碱式型体呈黄色，其过渡色是橙色。当与靛蓝二磺酸钠（本身为蓝色）一起组成混合指示剂后，由于颜色互补的作用，使其酸式型体颜色变为紫色，碱式型体颜色变为黄绿色，中间过渡色为

❶ 惰性染料在溶液中所呈现的颜色不受酸度的影响，只充当互补色的角色。

灰色（变色点时 pH=4.1），使颜色变化明显。常用的混合指示剂如表 5-3 所示。

表 5-3　常用的混合指示剂

指示剂名称	变色点 pH	颜色		备注
		酸式色	碱式色	
一份 1.0g/L 甲基橙水溶液 一份 2.5g/L 靛蓝二磺酸钠水溶液	4.1	紫色	黄绿色	pH=4.1 灰色
三份 1.0g/L 溴甲酚绿乙醇溶液 一份 2.0g/L 甲基红乙醇溶液	5.1	酒红色	绿色	pH=5.1 灰色
一份 1.0g/L 中性红乙醇溶液 一份 1.0g/L 亚甲基蓝乙醇溶液	7.0	蓝紫色	绿色	pH=7.0 蓝紫色
一份 1.0g/L 甲酚红钠盐水溶液 三份 1.0g/L 百里酚蓝钠盐水溶液	8.3	黄色	紫色	pH=8.2 玫瑰色 pH=8.4 紫色
一份 1.0g/L 酚酞乙醇溶液 一份 1.0g/L 百里酚酞乙醇溶液	9.9	无色	紫色	pH=9.6 玫瑰色 pH=10.0 紫色

实验室中使用的 pH 试纸，就是基于混合指示剂的原理而制成的。

需要指出，使用指示剂时应注意溶液温度、指示剂用量等问题。此外，一般多选用滴定终点时颜色变化为由浅变深的指示剂，这样更易于观察，减小终点误差。

查一查

查阅学习 GB/T 603—2002《化学试剂　试验方法中所用制剂及制品的制备》中 4.1.4 指示剂及指示液。

第五节　酸碱滴定曲线和指示剂的选择

在酸碱滴定中，被滴溶液的 pH 随标准滴定溶液的逐滴加入而变化，这种变化可用酸碱滴定曲线来表示。所谓酸碱滴定曲线，就是表示酸碱滴定过程中溶液 pH 变化情况的曲线。不同类型的酸碱滴定，其滴定曲线的形状也不同。为了减小酸碱滴定的终点误差，就必须设法使指示剂的变色点与酸碱反应的化学计量点尽量吻合。下面分别介绍不同类型酸碱滴定的滴定曲线及其指示剂的选择。

一、强酸强碱的滴定

这类滴定包括强碱滴定强酸和强酸滴定强碱。现以 $c(NaOH)=0.1000mol/L$ 的氢氧化钠溶液滴定 20.00mL $c(HCl)=0.1000mol/L$ 的盐酸溶液为例，讨论强碱滴定强酸过程中溶液 pH 的变化情况、滴定曲线形状及指示剂的选择。

（1）滴定前　溶液中 $[H^+]=c(HCl)=1.00\times10^{-1}mol/L$，所以 pH=1.00。

（2）滴定开始至化学计量点前　溶液的酸碱性取决于剩余 HCl 的浓度：

$$[H^+]=\frac{c(HCl)V(HCl)-c(NaOH)V(NaOH)}{V(HCl)+V(NaOH)}$$

例如，当滴入 NaOH 的体积为 18.00mL 时，得

$$[H^+]=5.26\times10^{-3}mol/L\quad 即\ pH=2.28$$

同理，当滴入 NaOH 的体积为 19.98mL 时（即相对误差为−0.1%时），得

$$pH=4.30$$

（3）化学计量点时　HCl 与 NaOH 恰好完全反应，溶液呈中性，即

$$[H^+]=[OH^-]=1.00\times10^{-7}\text{mol/L}\quad pH=7.00$$

（4）化学计量点后　溶液的酸碱性取决于过量的 NaOH 浓度：

$$[OH^-]=\frac{c(NaOH)V(NaOH)-c(HCl)V(HCl)}{V(HCl)+V(NaOH)}$$

例如，当滴入 NaOH 的体积为 20.02mL 时（即相对误差为+0.1%时），得

$$[OH^-]=5.00\times10^{-5}\text{mol/L}\quad 即[H^+]=2.00\times10^{-10}\text{mol/L}$$

故　　　　　　　　　　$pH=9.70$

如此多处取点计算，可得到表 5-4 的结果。

表 5-4　用 NaOH 滴定 HCl（浓度皆为 0.1000mol/L）**有关参数及 pH 的变化**

加入 NaOH 的体积/mL	与 HCl 的体积比/%	溶液 H^+ 的浓度/(mol/L)	溶液的 pH
0.00	0.00	1.00×10^{-1}	1.00
18.00	90.00	5.26×10^{-3}	2.28
19.00	95.00	2.56×10^{-3}	2.59
19.80	99.00	5.03×10^{-4}	3.30
19.96	99.80	1.00×10^{-4}	4.00
19.98	99.90	5.00×10^{-5}	4.30（突跃范围）
20.00	100.00	1.00×10^{-7}	7.00（突跃范围）
20.02	100.10	2.00×10^{-10}	9.70（突跃范围）
20.04	100.20	1.00×10^{-10}	10.00
20.20	101.00	2.01×10^{-11}	10.70
22.00	110.00	2.10×10^{-12}	11.68
40.00	200.00	3.00×10^{-13}	12.52

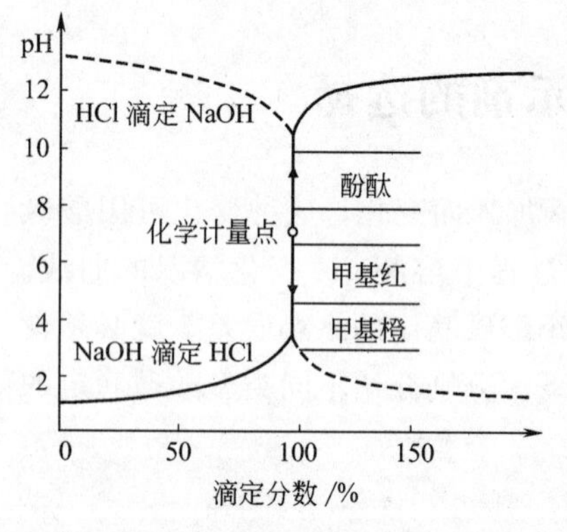

图 5-3　NaOH 滴定 20.00mL HCl（浓度皆为 0.1000mol/L）的滴定曲线

如果以滴定剂 NaOH 加入量（或滴定分数）为横坐标，以溶液的 pH 为纵坐标绘制关系曲线，即可得到如图 5-3 所示的酸碱滴定曲线（图中虚线部分为 HCl 滴定 NaOH 曲线）。

从表 5-4 和图 5-3 中可以看出：从滴定开始到滴入 19.80mL NaOH 溶液时（相当于 HCl 被中和 99.0%），溶液的 pH 仅改变 2.30 个单位，曲线变化比较平坦；再滴入 0.18mL（累加体积为 19.98mL）NaOH 溶液时（相当于 HCl 被中和 99.90%），溶液的 pH 又增加了 1 个单位，曲线变化在加快并且攀升起来；当继续滴入 0.02mL（累加体积为 20.00mL）NaOH 溶液时（相当于 HCl 被中和 100.00%），恰好是酸碱滴定反应的化学计量点，此时溶液的 pH 迅速达到 7.00；再滴入 0.02mL（累加体积为 20.02mL）过量的 NaOH 溶液时（相当于 HCl 被中和 100.10%），溶液的 pH 迅速升到 9.70；此后继续滴入过量的 NaOH 溶液，所引起的溶液 pH 增长幅度越来越小。

由此可见，当滴定处于化学计量点附近时，前后总共不过滴加 0.04mL NaOH 溶液（约为 1 滴滴定剂），而溶液的 pH 却从 4.30 突变为 9.70，改变了 5.40 个 pH 单位，在滴定曲线上所表现的行为几乎呈一条垂直线段。这种在化学计量点前后（一般为±0.1%相对误差范围内），因滴定剂的微小改变而使溶液的 pH 发生剧烈变化的现象，称为滴定突跃，突跃所在的 pH 变化范围，称为滴定突跃范围，简称突跃范围。经过滴定“突跃”后，溶液由酸性转变成碱性，量的渐变最终孕育着质的改变。

滴定突跃范围为选择酸碱指示剂提供了重要依据，最理想的指示剂应恰好在化学计量点时变色。实际上，凡在滴定突跃范围内变色灵敏的指示剂，均可用来指示滴定的终点。因此选择指示剂的原则是：指示剂的变色范围应全部或部分地处在滴定的突跃范围之内，变色灵敏。最好使选择的指示剂的 pK_{HIn} 与化学计量点时溶液的 pH 尽可能接近。在上例中，±0.10%相对误差的滴定突跃范围为 pH 4.30～9.70，可用酚酞、甲基红或甲基橙等作指示剂。使用甲基橙时应滴定至溶液由红色刚变为黄色，否则终点误差将大于 0.10%。

若用 $c(HCl)=0.1000mol/L$ 的盐酸溶液滴定 20.00mL $c(NaOH)=0.1000mol/L$ 的氢氧化钠溶液，得到的滴定曲线如图 5-3 中的虚线所示（pH 变化方向为由大到小），滴定突跃范围为 pH 9.70～4.30，不宜使用甲基橙作指示剂，否则，即使是滴定至溶液由黄色变为橙色（过渡色），也有不小于 0.20%的终点误差。也不宜选用酚酞指示剂，因为其变色方向是由红色变为无色，滴定终点不易观察。此时选用甲基红指示剂较为合适，滴定至溶液由黄色变为橙色（过渡色）即为终点。若选用中性红-亚甲基蓝（变色点为 pH=7.0）混合指示剂，终点颜色由绿色转变为蓝紫色，误差将会更小。

如果强酸、强碱滴定溶液的浓度发生了改变，尽管滴定曲线的形状类同、化学计量点的 pH 仍然是 7.0，但滴定突跃范围却发生了变化。酸碱的浓度越小，突跃范围越窄；酸碱的浓度越大，突跃范围越宽。若以 0.1000mol/L 的 HCl 和 NaOH 相互滴定的突跃范围（5.40 个 pH 单位）为基准：使用 0.01000mol/L 的 HCl 和 NaOH 相互滴定，其突跃范围减小了 2 个 pH 单位；使用 1.000mol/L 的 HCl 和 NaOH 相互滴定，其突跃范围扩大了 2 个 pH 单位。

应当注意，对于强酸强碱相互滴定而言，尽管使用浓度较高的溶液，能使滴定突跃范围变宽，但这并不意味着指示剂的选择余地增大了，因为其化学计量点的 pH 还是 7.0。况且，倘若滴定过程中所用的滴定剂浓度较高，在接近化学计量点时也容易过量滴入（即使是半滴），从而导致终点误差较大。因此，酸碱滴定中标准滴定溶液的浓度不宜太大，通常为 0.1～0.2mol/L。

二、一元弱酸弱碱的滴定

弱酸、弱碱可分别用强碱、强酸来滴定，有机原料乙酸总酸度的测定就是属于强碱滴定弱酸的具体应用。与强碱滴定强酸的情况类似，用 $c(NaOH)=0.1000mol/L$ 的 NaOH 溶液滴定 20.00mL $c(HAc)=0.1000mol/L$ 的 HAc 溶液，溶液的 pH 变化也可通过如下四个阶段进行计算。

（1）滴定前　醋酸溶液的浓度为 $c(HAc)=0.1000mol/L$，其 $[H^+]$ 可用式（5-5）进行计算。

$$[H^+]=\sqrt{c_aK_a}=\sqrt{0.1000\times1.8\times10^{-5}}=1.34\times10^{-3}(mol/L)$$
$$pH=2.87$$

（2）滴定开始至化学计量点前　溶液中未反应的 HAc 与反应产物 Ac^- 同时存在，形成了 $HAc\text{-}Ac^-$ 缓冲体系。$[H^+]$ 可用式（5-8）进行计算。

$$[H^+]=K_a\times\frac{c_a}{c_b}$$

其中

$$c_a=\frac{c(HAc)V(HAc)-c(NaOH)V(NaOH)}{V(HAc)+V(NaOH)}$$

$$c_b = \frac{c(NaOH)V(NaOH)}{V(HAc)+V(NaOH)}$$

故
$$[H^+] = K_a \times \frac{c(HAc)V(HAc) - c(NaOH)V(NaOH)}{c(NaOH)V(NaOH)}$$

例如，当滴入 NaOH 的体积为 19.98mL 时（即相对误差为－0.1%时），得

$$pH = 7.74$$

（3）化学计量点时　HAc 全部与 NaOH 反应生成 NaAc，此时 $c_b = c(Ac^-) = 0.05000$ mol/L，相应的［OH^-］可用类似式（5-5）的最简式计算。

$$[OH^-] = \sqrt{c_b K_b} = \sqrt{0.05000 \times 5.6 \times 10^{-10}}$$

$$= 5.29 \times 10^{-6} (mol/L)$$

$$[H^+] = 1.89 \times 10^{-9} mol/L \qquad pH = 8.72$$

可见，用 NaOH 滴定 HAc 时，达到化学计量点时溶液的 pH 大于 7.0，溶液呈碱性。

（4）滴定达到化学计量点后　由于过量 NaOH 的存在，使得 Ac^- 所产生的碱性显得微不足道，故溶液的［OH^-］主要取决于过量 NaOH 的量。

$$[OH^-] = \frac{c(NaOH)V(NaOH) - c(HAc)V(HAc)}{V(HAc)+V(NaOH)}$$

与强碱滴定强酸达到化学计量点后溶液的酸碱性计算情况类似，当滴入 NaOH 的体积为 20.02mL 时（即相对误差为＋0.1%时），得

$$[OH^-] = 5.00 \times 10^{-5} mol/L \quad [H^+] = 2.00 \times 10^{-10} mol/L$$

故
$$pH = 9.70$$

如此多处取点计算，可得到表 5-5 的结果和图 5-4 的曲线。

表 5-5　用 NaOH 滴定 HAc（浓度皆为 0.1000mol/L）**有关参数及 pH 的变化**

加入 NaOH 的体积/mL	与 HAc 的体积比/%	溶液 H^+ 的浓度/(mol/L)	溶液的 pH
0.00	0.00	1.34×10^{-3}	2.87
10.00	50.00	1.80×10^{-5}	4.74
18.00	90.00	2.00×10^{-6}	5.70
19.80	99.00	1.82×10^{-7}	6.74
19.96	99.80	3.61×10^{-8}	7.44
19.98	99.90	1.80×10^{-8}	7.74 ⎫
20.00	100.00	1.89×10^{-9}	8.72 ⎬ 突跃范围
20.02	100.10	2.00×10^{-10}	9.70 ⎭
20.04	100.20	1.00×10^{-10}	10.00
20.20	101.00	2.01×10^{-11}	10.70
22.00	110.00	2.10×10^{-12}	11.68
40.00	200.00	3.00×10^{-13}	12.52

从表 5-5 和图 5-4 中可以看出，与强酸强碱滴定类型相比，强碱滴定一元弱酸的滴定曲线具有以下特点。

① 滴定的 pH 突跃范围明显变窄（7.74～9.70），化学计量点为 pH＝8.72，只能选择在弱碱性范围内变色的酚酞、百里酚酞等指示剂，不能使用甲基红等指示剂。

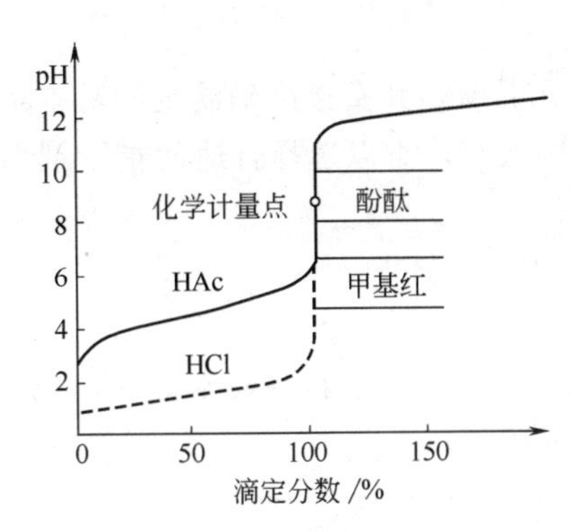

图 5-4　NaOH 滴定 20.00mL HAc（浓度皆为 0.1000mol/L）的滴定曲线

② 滴定过程的 pH 变化与强碱滴定强酸有所不同。滴定前，因醋酸的解离较弱，0.1000mol/L HAc 溶液的 pH＝2.87，故曲线起点的 pH 较高。滴定开始后，由于反应生成的 Ac^- 的同离子效应，使 HAc 的解离变得更弱，所以 $[H^+]$ 较快速地降低，pH 增加的幅度较大，曲线变化相对较陡；随着滴定的进行，HAc 的浓度不断降低，NaAc 的浓度不断增加，两者构成了 HAc-Ac^- 缓冲体系，这时溶液的 pH 变化缓慢，曲线变化较为平坦；当接近化学计量点时，剩余 HAc 的浓度很小，体系的缓冲作用减弱，溶液的 pH 变化逐渐加快，滴定曲线逼近垂直线段，出现 pH 骤然攀升的现象。达到化学计量点（pH＝8.72）时，HAc 的浓度急剧减小，生成了大量的 NaAc，而 Ac^- 在水溶液中接受质子后会产生可观数量的 OH^-，使溶液的 pH 发生突跃。化学计量点后，溶液的 pH 变化规律与强碱滴定强酸时的情形基本相同。

③ 强碱滴定一元弱酸滴定突跃范围的大小，不仅与溶液的浓度有关，而且与弱酸的相对强弱有关。当被滴定酸的浓度一定时，K_a 值越大，突跃范围越大；反之亦然。

图 5-5 是用 $c(NaOH)$＝0.1000mol/L 的 NaOH 溶液滴定 0.1000mol/L 不同强度酸溶液的滴定曲线，该图清楚地表明了 K_a 值对滴定突跃的影响。

如果弱酸的 K_a 值很小且浓度也很低，突跃范围必然很窄，就很难选择合适的指示剂。实践证明，只有一元弱酸的 $cK_a \geq 10^{-8}$ 时，才能获得较为准确的滴定结果，终点误差不大于±0.20%，这也是判断弱酸能否被强碱滴定的基本条件。

强酸滴定一元弱碱的情况与上述强碱滴定一元弱酸的情况非常类似，用于判断强碱滴定一元弱酸的基本条件类似地适用于强酸滴定一元弱碱。

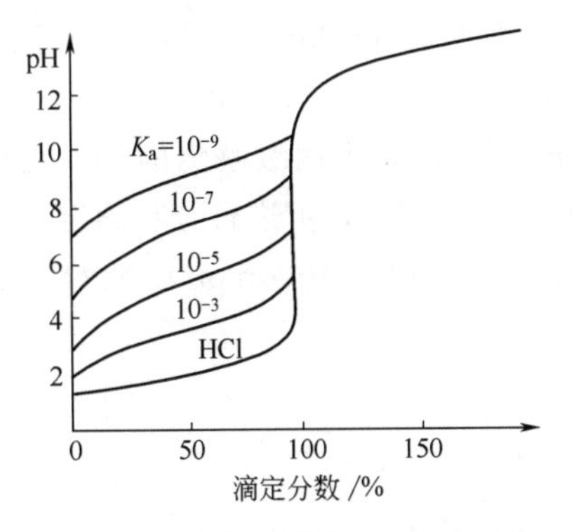

图 5-5　强碱滴定不同强度酸溶液的滴定曲线（浓度皆为 0.1000mol/L）

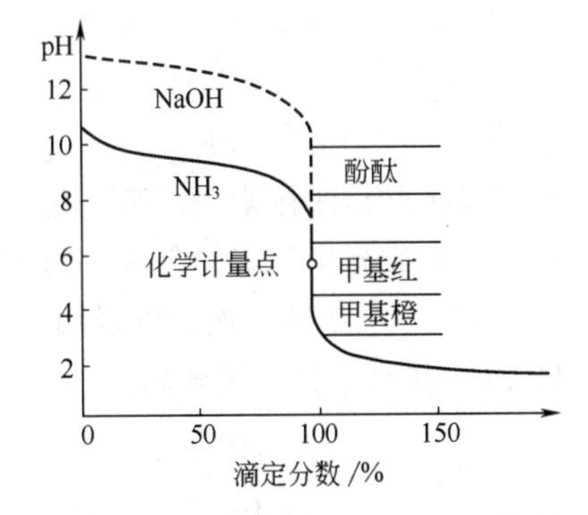

图 5-6　HCl 滴定 $NH_3 \cdot H_2O$（浓度皆为 0.1000mol/L）的滴定曲线

图 5-6 是用 0.1000mol/L HCl 溶液滴定 0.1000mol/L 氨水（$NH_3 \cdot H_2O$）溶液的滴定曲线，其突跃范围为 pH 6.25～4.30，滴定完全后生成的产物为 0.05000mol/L NH_4Cl，化学计量点的 pH 为 5.28。只能选择在酸性范围内变色的甲基红等作指示剂，不能使用酚酞作指示剂。而用甲基橙作指示剂则终点的出现略有滞后，终点误差会超

过+0.20%。

综上所述，无论是强碱滴定一元弱酸还是强酸滴定一元弱碱，其直接准确滴定的基本条件为 cK_a 或 cK_b 应不小于 10^{-8}。否则，由于滴定突跃范围太窄，难以选择合适的指示剂而无法确定滴定终点。

H_3BO_3（$K_a=5.8\times10^{-10}$）和（$(CH_2)_6N_4$）（$K_b=1.4\times10^{-9}$）等物质的水溶液，能否用酸碱滴定法中的直接目测滴定方式进行准确滴定？为什么？

三、多元酸碱的滴定

与前两类酸碱滴定相比，这类酸碱滴定的情况比较复杂，现分述如下。

1. 多元酸的滴定

工业磷酸含量的测定就是属于多元酸滴定的具体应用。在多元酸的滴定中，要解决的问题是能否分步滴定，以及分步滴定突跃范围的计算和指示剂的合理选择。

多元酸在水中是逐级解离的，给出质子的能力也不同，这些质子能否被准确滴定或分步滴定，取决于其浓度和各级解离常数。从图 5-2（草酸型体的分布分数与溶液 pH 的关系）可以看出，由于 $H_2C_2O_4$ 的 K_{a1}、K_{a2} 数量级相差不是很大，若使用 NaOH 滴定 $H_2C_2O_4$ 溶液，在 $H_2C_2O_4$ 尚未完全被反应为 $HC_2O_4^-$ 时，就会有相当多的 $HC_2O_4^-$ 与 NaOH 发生反应生成 $C_2O_4^{2-}$。因此，在第一化学计量点附近无明显的 pH 突跃，只能将两级解离出的 H^+ 一并滴定至第二化学计量点时才有明显的 pH 突跃。

已经证明，二元酸能被分步准确滴定的判断依据如下：

① 若 $cK_{a1}\geqslant10^{-8}$，$cK_{a2}<10^{-8}$，而 $K_{a1}/K_{a2}\geqslant10^4$，则只有第一级解离出的 H^+ 能被滴定至终点，即在第一化学计量点附近仅有一个突跃（第二级解离出的 H^+ 不能被准确滴定）。

② 若 $cK_{a1}\geqslant10^{-8}$，$cK_{a2}\geqslant10^{-8}$，而 $K_{a1}/K_{a2}<10^4$，则两级解离出的 H^+ 可一并被滴定至终点，但只是在第二化学计量点附近有一个比较大的 pH 突跃，不能进行分步滴定。

③ 若 $cK_{a1}\geqslant10^{-8}$，$cK_{a2}\geqslant10^{-8}$，且满足 $K_{a1}/K_{a2}\geqslant10^4$，则两级解离的 H^+ 能分别被准确滴定至终点，即在第一、第二化学计量点附近各有一个突跃，可进行分步滴定。

对于三元酸分步滴定的判断，可用类似的方法处理。现以 0.1000mol/L NaOH 溶液滴定同浓度 H_3PO_4 溶液为例予以说明。

H_3PO_4 在水中分三级解离：

$$H_3PO_4 \rightleftharpoons H^+ + H_2PO_4^- \qquad K_{a1}=7.6\times10^{-3}$$

$$H_2PO_4^- \rightleftharpoons H^+ + HPO_4^{2-} \qquad K_{a2}=6.3\times10^{-8}$$

$$HPO_4^{2-} \rightleftharpoons H^+ + PO_4^{3-} \qquad K_{a3}=4.4\times10^{-13}$$

显然，因 $cK_{a1}=7.6\times10^{-4}>10^{-8}$，$cK_{a2}=6.3\times10^{-9}\approx10^{-8}$，且 $K_{a1}/K_{a2}=1.2\times10^5>10^4$，$K_{a2}/K_{a3}>10^4$，而 $cK_{a3}\ll10^{-8}$，所以只有前两级解离出的 H^+ 可被 NaOH 标准滴定溶液分步滴定至终点，在第一、第二化学计量点附近各有一个 pH 突跃。而第三级解离的 H^+ 不能被准确滴定，如图 5-7 所示。

图中有两个较不明显的滴定突跃，对应的化学计量点 pH 可用两性物质最简式(5-7)

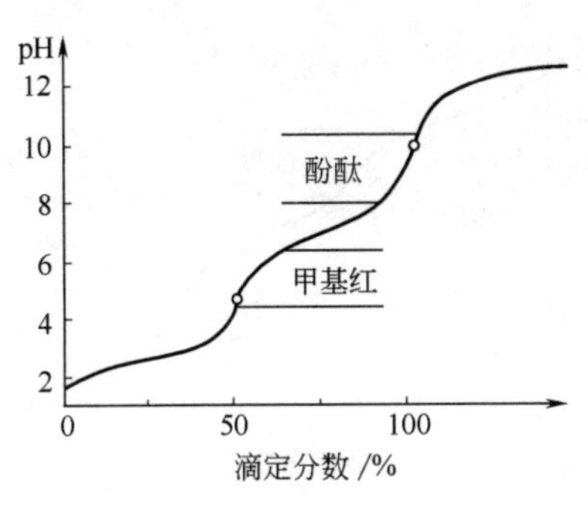

图 5-7　NaOH 溶液滴定 H_3PO_4 溶液的滴定曲线

计算。

第一化学计量点，生成的产物是 NaH_2PO_4，则

$$[H^+]=\sqrt{K_{a1}K_{a2}}=\sqrt{7.6\times10^{-3}\times6.3\times10^{-8}}$$
$$=2.2\times10^{-5}(mol/L)$$
$$pH=4.66$$

第二化学计量点，生成的产物是 Na_2HPO_4，同理得 pH=9.78。

第一、第二分步滴定的终点，可分别选择甲基红、酚酞作指示剂。但值得注意的是，由于滴定反应交叉进行，使化学计量点附近的曲线倾斜，滴定突跃不明显，终点误差比较大。如果分别改用溴甲酚绿-甲基红（变色点为 pH=5.1）、酚酞-百里酚酞（变色点为 pH=9.9）混合指示剂，不仅指示剂变色范围与滴定突跃范围吻合较好，而且相应的终点颜色变化（分别由酒红色变为绿色、无色变为紫色）也更为明显，有利于降低终点误差。若对分析结果的准确度要求更高时，则须采用电位滴定法。

2. 多元碱的滴定

多元碱的滴定与多元酸的滴定非常相似，有关多元酸分步滴定的结论也同样适用于强酸滴定多元碱的情况，只是将多元酸各级解离的平衡常数 K_a 换成多元碱各级解离的平衡常数 K_b 即可。

【例题 5-14】 试判断能否用 0.1000mol/L HCl 溶液分步准确滴定 0.1000mol/L Na_2CO_3 溶液？如果可以，应选择何种指示剂？

解　已知 H_2CO_3 的 $K_{a1}=4.2\times10^{-7}$，$K_{a2}=5.6\times10^{-11}$，则 CO_3^{2-} 的 K_{b1}、K_{b2} 为：

$$K_{b1}=\frac{1.0\times10^{-14}}{5.6\times10^{-11}}=1.8\times10^{-4}$$

$$K_{b2}=\frac{1.0\times10^{-14}}{4.2\times10^{-7}}=2.4\times10^{-8}$$

又

$$cK_{b1}=0.1000\times1.8\times10^{-4}=1.8\times10^{-5}>10^{-8}$$

$$cK_{b2}=0.1000\times2.4\times10^{-8}=2.4\times10^{-9}\quad 接近于\ 10^{-8}$$

$$\frac{K_{b1}}{K_{b2}}=\frac{1.8\times10^{-4}}{2.4\times10^{-8}}=7.5\times10^{3}\approx10^{4}$$

故可用 HCl 标准滴定溶液分步准确滴定 Na_2CO_3 至第一、第二化学计量点。

第一化学计量点，生成的产物是 $NaHCO_3$，其 pH=8.31（见例题 5-9）。

可选择酚酞作指示剂，但终点颜色由红色变为无色不易观察。可改用甲酚红-百里酚蓝（变色点为 pH=8.3）混合指示剂，终点由紫色变为黄色，变色明显。

第二化学计量点，生成的产物是 H_2CO_3，但溶液的酸度由饱和 CO_2 溶液决定（其浓度约为 0.04mol/L），可用类似式(5-5) 的最简式计算。

$$[H^+]=\sqrt{c_aK_{a1}}=\sqrt{4.0\times10^{-2}\times4.2\times10^{-7}}=1.3\times10^{-4}(mol/L)$$
$$pH=3.89$$

可用甲基橙作指示剂，也可用甲基橙-靛蓝（变色点为 pH=4.1）混合指示剂，还可用溴甲酚绿-甲基红混合指示剂。

由于 CO_2 容易形成饱和的碳酸（H_2CO_3）溶液，使待测溶液具有一定的酸性，导致第二化学计量点处的滴定终点提前出现，变色不敏锐，因此，滴定接近第二化学计量点时，应剧烈摇瓶或加热煮沸溶液以除去 CO_2，冷却后再继续滴定至终点。

HCl 滴定 Na_2CO_3 的滴定曲线，如图 5-8 所示。

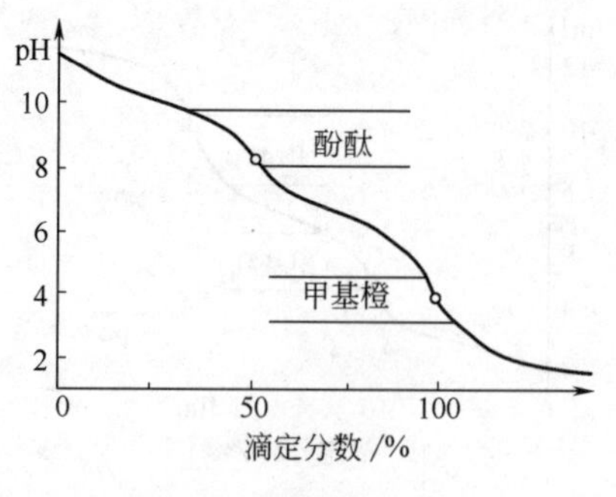

图 5-8 HCl 溶液滴定 Na_2CO_3 溶液的滴定曲线

3. 混合酸（碱）的滴定

混合酸（碱）的滴定与多元酸（碱）的滴定条件类似，在考虑能否分别滴定时，除要看两种酸（碱）的强度外，还要看两种酸（碱）的浓度比。

第六节 酸碱滴定法的应用

酸碱滴定法广泛应用于工业、农业、医药、卫生、食品等各个领域，在国家标准、部颁标准以及行业标准中多有使用，凡涉及酸度(值)、碱度等检测项目，大多采用酸碱滴定法。

一、酸碱标准滴定溶液的制备

酸碱滴定中所用酸碱标准滴定溶液均为强酸强碱溶液，其中最常用的是 HCl 溶液和 NaOH 溶液，其浓度通常为 0.1mol/L，但有时也用到高达 1.0mol/L 和低至 0.01mol/L 的，实际工作中应根据需要制备合适浓度的标准滴定溶液。HCl 标准滴定溶液和 NaOH 标准滴定溶液均需用间接法制备，即先配制成接近所需浓度的溶液（其浓度值应在所需浓度值的±5%范围之内），然后再标定以确定其准确浓度。

1. HCl 标准滴定溶液的制备

本书介绍的盐酸标准滴定溶液的制备方法，所依据的标准是 GB/T 601—2016 中 4.2。

（1）配制　浓盐酸具有挥发性，故盐酸标准滴定溶液不能用直接法配制，应先配成接近所需浓度的溶液，即用量筒量取所需体积的市售浓盐酸试剂[1]（分析纯）注入内盛适量水的洁净容器中，再将其转移到试剂瓶中用水稀释至一定体积，摇匀。因浓盐酸易挥发，配制时所取浓盐酸的量可稍多一些。

（2）标定　HCl 标准滴定溶液的标定用无水 Na_2CO_3 作基准物质，其化学反应为：

$$CO_3^{2-} + 2H^+ \longrightarrow CO_2\uparrow + H_2O$$

标定时准确称取一定质量的工作基准试剂无水 Na_2CO_3，溶于水，以溴甲酚绿-甲基红混合指示液指示终点，用上述配制好的盐酸溶液滴定，近终点时将溶液煮沸以赶除 CO_2，冷却后继续滴定至溶液呈暗红色。同时做空白试验。

无水碳酸钠（Na_2CO_3）易制得纯品、价格便宜，但吸湿性强，因此使用前必须在 270～300℃高温炉中灼烧至恒重以除去水分（加热温度不能超过 300℃，否则将有部分 Na_2CO_3 分解为 Na_2O，使标定结果偏低）。然后密封于称量瓶内，保存在干燥器中备用。称

---

[1] 市售浓盐酸的密度 ρ(HCl) 为 1.19g/mL，质量分数 w(HCl) 为 37%，物质的量浓度 c(HCl) 为 12mol/L。

量操作要迅速，以免吸收空气中的水分而造成误差。

用无水 Na_2CO_3 标定 HCl 溶液的浓度时，若在称量前、称量时、称量后 Na_2CO_3 吸收了少量水分，将分别会对所标出的 HCl 溶液浓度有何影响？

盐酸标准滴定溶液的浓度 c(HCl)，数值以摩尔每升（mol/L）表示，按下式计算：

$$c(\mathrm{HCl})=\frac{m(\mathrm{Na_2CO_3})\times 1000}{M\left(\frac{1}{2}\mathrm{Na_2CO_3}\right)(V-V_0)}$$

式中　V——标定时消耗 HCl 溶液的体积，mL；

V_0——空白试验时消耗 HCl 溶液的体积，mL。

2. NaOH 标准滴定溶液的制备

本书介绍的氢氧化钠标准滴定溶液的制备方法，所依据的标准是 GB/T 601—2016 中 4.1。

（1）配制　NaOH 具有很强的吸湿性，又易吸收空气中的 CO_2，因而市售 NaOH 试剂中常含有 Na_2CO_3，因此 NaOH 标准滴定溶液也不能用直接法配制，也要先配成接近所需浓度的溶液。由于 Na_2CO_3 的存在，对指示剂的使用影响较大，故应制备不含 Na_2CO_3 的 NaOH 标准滴定溶液，通常的方法是：将 NaOH 先配成饱和溶液（约 50%，取分析纯 NaOH 固体 110g，溶于 100mL 无 CO_2 的蒸馏水中，摇匀），在此浓碱中 Na_2CO_3 几乎不溶解而慢慢沉降下来，密闭静置至溶液澄清后，将上层清液注入聚乙烯材质的容器中作储备液备用。配制时根据所需浓度用塑料管量取一定体积的 NaOH 饱和溶液，再用无 CO_2 的蒸馏水稀释至所需体积，摇匀。配制好的 NaOH 标准滴定溶液应保存在装有虹吸管及碱石灰管的瓶中，以防吸收空气中的 CO_2。放置过久的 NaOH 溶液其浓度会发生变化，使用时应重新标定。

（2）标定　NaOH 标准滴定溶液的标定用邻苯二甲酸氢钾作基准物质，其化学反应为：

$$\mathrm{C_6H_4(COOH)(COOK)} + \mathrm{NaOH} \longrightarrow \mathrm{C_6H_4(COONa)(COOK)} + \mathrm{H_2O}$$

标定时准确称取一定质量的工作基准试剂邻苯二甲酸氢钾，加适量无 CO_2 的水溶解后，以酚酞指示液指示终点，用上述配制好的 NaOH 溶液滴定至溶液呈粉红色，并保持 30s 不褪色。同时做空白试验。

邻苯二甲酸氢钾（$KHC_8H_4O_4$）易用重结晶法制得纯品，不含结晶水，空气中不吸水，易于保存，且摩尔质量大 [$M(KHC_8H_4O_4)=204.22$g/mol]，是标定碱标准滴定溶液较为理想的基准试剂，使用前将之在 105～110℃电烘箱中干燥至恒重备用即可。

氢氧化钠标准滴定溶液的浓度 c(NaOH)，数值以摩尔每升（mol/L）表示，按下式计算：

$$c(\mathrm{NaOH})=\frac{m(\mathrm{KHC_8H_4O_4})\times 1000}{M(\mathrm{KHC_8H_4O_4})(V-V_0)}$$

式中　V——标定时消耗 NaOH 溶液的体积，mL；

V_0——空白试验时消耗 NaOH 溶液的体积，mL。

*3. 酸碱滴定中 CO_2 的影响

在酸碱滴定分析中，许多环节会引入 CO_2，对测定产生影响。如稀释水中溶解的 CO_2、碱溶液配制与标定或储存过程中吸收的 CO_2、滴定操作过程中自身生成或从空气中混入的 CO_2 等。由于 CO_2 在水溶液中的存在型体随溶液 pH 的不同而变化，所以，CO_2 的存在对酸碱滴定产生影响的实际情况特别复杂。因此，在酸碱滴定中务必要对 CO_2 的影响给予充分重视，根据不同条件下其型体的具体存在形式来准确判断，合理处理。为了消除酸碱滴定中 CO_2 的影响，在蒸馏水（去离子水）使用、标准滴定溶液配制与标定（或相互标定）以及酸碱滴定过程中，应将溶入的 CO_2 煮沸除去，并防止试剂（或标准滴定溶液）在储存过程中吸收 CO_2，或采用标定与滴定都选用同一种指示剂的操作方法加以抵消等。

二、应用实例

1. 混合碱的测定

工业烧碱、纯碱等产品大多都是混合碱。烧碱的主要成分为 NaOH，但在运输和储存过程中，常因吸收空气中的 CO_2 而生成部分 Na_2CO_3；纯碱通常有三种存在形式，或为 Na_2CO_3，或为 NaOH 和 Na_2CO_3，或为 Na_2CO_3 和 $NaHCO_3$（不存在 NaOH 和 $NaHCO_3$ 共存型体）。这些不同存在型体的混合碱，可通过恰当选用指示剂采用直接滴定法测定或其他方法测定。

（1）双指示剂法　是指先后分别以酚酞、甲基橙为指示剂的分步滴定法。该方法常用的滴定剂为 HCl 标准滴定溶液：当滴定至酚酞几乎无色时，记下消耗的体积为 V_1（此时 NaOH 全部被滴定，而 Na_2CO_3 只被滴定到 $NaHCO_3$）；继续滴定至甲基橙由黄色变为橙色，记下消耗的体积为 V_2（此时 $NaHCO_3$ 被滴定到 H_2CO_3）。

19. 视频：工业烧碱中氢氧化钠和碳酸钠含量的测定

由计量关系可知，V_2 是滴定 $NaHCO_3$ 所消耗的 HCl 体积，而 Na_2CO_3 被滴定到 $NaHCO_3$ 以及 $NaHCO_3$ 被滴定到 H_2CO_3 所消耗的 HCl 体积是相等的。

① 若混合碱的存在型体为 NaOH 和 Na_2CO_3，其滴定过程如下：

$$\begin{matrix} OH^- \\ CO_3^{2-} \end{matrix} \xrightarrow[V_1]{H^+} \begin{matrix} H_2O \\ HCO_3^- \end{matrix} \xrightarrow[V_2]{H^+} H_2CO_3\ (CO_2+H_2O)$$

则 NaOH 和 Na_2CO_3 的质量分数分别为：

$$w(\mathrm{NaOH})=\frac{c(\mathrm{HCl})(V_1-V_2)M(\mathrm{NaOH})}{m_s}$$

$$w(\mathrm{Na_2CO_3})=\frac{c(\mathrm{HCl})2V_2M\left(\frac{1}{2}\mathrm{Na_2CO_3}\right)}{m_s}$$

② 若混合碱的存在型体为 Na_2CO_3 和 $NaHCO_3$，其滴定过程如下：

$$\begin{matrix} CO_3^{2-} \\ HCO_3^- \end{matrix} \xrightarrow[V_1]{H^+} \begin{matrix} HCO_3^- \\ HCO_3^- \end{matrix} \xrightarrow[V_2]{H^+} H_2CO_3\ (CO_2+H_2O)$$

则 Na_2CO_3 和 $NaHCO_3$ 的质量分数分别为：

$$w(\mathrm{Na_2CO_3})=\frac{c(\mathrm{HCl})2V_1M\left(\frac{1}{2}\mathrm{Na_2CO_3}\right)}{m_s}$$

$$w(NaHCO_3)=\frac{c(HCl)(V_2-V_1)M(NaHCO_3)}{m_s}$$

由 V_1、V_2 的关系，可判断未知混合碱样的型体组成，如表 5-6 所示。

表 5-6　V_1、V_2 的关系与未知混合碱样的型体组成

V_1 与 V_2 的关系	$V_1>V_2$ $V_2>0$	$V_1<V_2$ $V_1>0$	$V_1>0$ $V_2=0$	$V_1=V_2$	$V_1=0$ $V_2>0$
碱样的型体组成	$OH^-+CO_3^{2-}$	$HCO_3^-+CO_3^{2-}$	OH^-	CO_3^{2-}	HCO_3^-

（2）氯化钡（$BaCl_2$）法　NaOH 和 Na_2CO_3 混合碱的测定可利用此法。下面介绍的工业用氢氧化钠中 NaOH 和 Na_2CO_3 含量的测定方法，所依据的标准是 GB/T 4348.1—2013。

按 GB/T 4348.1—2013 方法称取一定质量的试样并制备成溶液，然后取两等份试样溶液，分别注入两个具塞锥形瓶中。一份用过量的氯化钡（$BaCl_2$）溶液[1]将试液中的 Na_2CO_3 转化为 $BaCO_3$ 沉淀后，以酚酞为指示剂，用 HCl 标准滴定溶液密闭滴定其中的 OH^- 至微红色为终点。反应为：

$$Na_2CO_3+BaCl_2\longrightarrow BaCO_3\downarrow+2NaCl$$
$$NaOH+HCl\longrightarrow NaCl+H_2O$$

记下滴定所消耗 HCl 标准滴定溶液的体积为 V_1(mL)。另一份以溴甲酚绿-甲基红混合液为指示剂，用 HCl 标准滴定溶液密闭滴定其中的 OH^- 和 CO_3^{2-}（总碱量）至酒红色为终点。反应为：

$$NaOH+HCl\longrightarrow NaCl+H_2O$$
$$Na_2CO_3+2HCl\longrightarrow 2NaCl+CO_2\uparrow+H_2O$$

记录滴定所消耗 HCl 标准滴定溶液的体积为 V_2(mL)。工业用氢氧化钠中以质量分数表示的 NaOH 和 Na_2CO_3 的含量，可利用消耗的体积 V_1、V_2 及其差减关系得到，其计算公式如下：

$$w(NaOH)=\frac{c(HCl)V_1\times10^{-3}M(NaOH)}{m\times\frac{V_{样}}{V_{总}}}$$

$$w(Na_2CO_3)=\frac{c(HCl)(V_2-V_1)\times10^{-3}M\left(\frac{1}{2}Na_2CO_3\right)}{m\times\frac{V_{样}}{V_{总}}}$$

式中　m——所称试样的准确质量，g；

$V_{样}$——分取试样溶液的准确体积，mL；

$V_{总}$——所配试样溶液的总体积，mL。

查一查

查阅学习 GB/T 209—2018《工业用氢氧化钠》、GB/T 4348.1—2013《工业用氢氧化钠中氢氧化钠和碳酸钠含量的测定》及 GB/T 7698—2014《工业用氢氧化钠　碳酸盐含量的测定　滴定法》。

[1] 氯化钡（$BaCl_2$）溶液（100g/L）在使用前以 10g/L 酚酞为指示剂，用 NaOH 标准溶液调至微红色。

2. 尿素中总氮含量的测定

下面介绍的蒸馏后滴定法测定尿素中总氮含量所依据的标准是 GB/T 2441.1—2008。

将试样按 GB/T 2441.1—2008 方法，在硫酸铜的催化作用下，在浓硫酸中加热使试料中的酰胺态氮转化为铵态氮，加过量碱液蒸馏出氨，吸收在过量的硫酸溶液中，在甲基红-亚甲基蓝混合指示液存在下，用氢氧化钠标准滴定溶液返滴定剩余的硫酸，直至指示液呈灰绿色即为终点。其主要反应为：

$$NH_4^+ + OH^-(\text{过量}) \longrightarrow NH_3\uparrow + H_2O$$

$$NH_3 + H^+(\text{过量}) \rightleftharpoons NH_4^+$$

$$H^+(\text{剩余}) + OH^-(\text{滴定剂}) \rightleftharpoons H_2O$$

记下滴定所消耗氢氧化钠标准滴定溶液的体积 V(mL)。同时做空白试验。

尿素中以氮的质量分数 $w(N)$ 表示的总氮含量（以干基计），按下式计算：

$$w(N)=\frac{c(NaOH)(V_0-V)\times 0.01401}{m_s[100-w(H_2O)]/100}$$

式中　V_0——空白试验时消耗氢氧化钠标准滴定溶液的体积，mL；

V——测定时消耗氢氧化钠标准滴定溶液的体积，mL；

0.01401——氮的毫摩尔质量，g/mmol；

$w(H_2O)$——试样的水分，用质量分数表示，%。

其他铵盐如硝酸铵、氯化铵中氮含量的测定以及肥料中氨态氮含量的测定等，其国标规定的测定方法之一也是蒸馏后滴定法。

此外，蒸馏出来的 NH_3 也可用过量的弱酸如硼酸（H_3BO_3）吸收，生成 NH_4^+ 和硼酸的共轭碱 $H_2BO_3^-$（$K_b=1.7\times10^{-5}$）。因 H_3BO_3、NH_4^+ 的酸性极弱，不影响测定，故可用 HCl 标准滴定溶液直接滴定 $H_2BO_3^-$，使 HCl 与 $H_2BO_3^-$ 发生反应。

吸收反应为：　$$NH_3 + H_3BO_3 \rightleftharpoons NH_4^+ + H_2BO_3^-$$

滴定反应为：　$$H_2BO_3^- + H^+ \rightleftharpoons H_3BO_3$$

尿素中氮或其他铵盐中氮含量的另一测定方法则是甲醛法。其主要反应为：

$$4NH_4^+ + 6HCHO(\text{过量}) \rightleftharpoons (CH_2)_6N_4H^+ + 3H^+ + 6H_2O$$

生成的 H^+ 和 $(CH_2)_6N_4H^+$（$K_a=7.1\times10^{-6}$）可用 NaOH 直接滴定：

$$(CH_2)_6N_4H^+ + 3H^+ + 4OH^- \rightleftharpoons (CH_2)_6N_4 + 4H_2O$$

即总滴定反应过程中，1mol NH_4^+ 相当于 1mol NaOH。

3. 阿司匹林含量的测定

阿司匹林即 2-（乙酰氧基）苯甲酸，其结构中具有羧基，酸性比较强，其 $K_a=3.27\times10^{-4}$，故可用 NaOH 标准滴定溶液直接滴定测定其原料药含量。化学反应为：

$$C_6H_4(COOH)(OCOCH_3) + NaOH \longrightarrow C_6H_4(COONa)(OCOCH_3) + H_2O$$

阿司匹林的含量测定可依据《中国药典》进行：准确称取一定质量的阿司匹林试样，加中性乙醇（对酚酞指示液显中性）溶解后，以酚酞指示液指示终点，用氢氧化钠标准滴定溶液滴定。

原料药中阿司匹林的含量，以质量分数 $w(C_9H_8O_4)$ 计，按下式计算：

$$w(C_9H_8O_4)=\frac{TVF\times10^{-3}}{m_s}$$

式中　T——滴定度，1mL 氢氧化钠标准滴定溶液（0.1mol/L）相当于 $C_9H_8O_4$ 的质量为 18.02mg，即 $T_{C_9H_8O_4/NaOH}=18.02mg/mL$；

V——测定时消耗氢氧化钠标准滴定溶液的体积，mL；

F——氢氧化钠标准滴定溶液的浓度校正因子，$F=\frac{c_{实际}}{c_{标准}}$；

m_s——阿司匹林试样的质量，g。

知识链接

USP (25) 对阿司匹林原料药含量的测定，采用的则是水解后剩余滴定法，即将阿司匹林在一定过量的 NaOH 碱性溶液中加热煮沸，使之水解为水杨酸钠和乙酸钠，其化学反应为：

$$C_6H_4(COOH)(O-CO-CH_3)+2NaOH\xrightarrow{\triangle}C_6H_4(COONa)(OH)+CH_3COONa+H_2O$$

剩余的碱以酚酞为指示剂，用硫酸标准滴定溶液返滴定，并将滴定结果用空白试验校正。

$$2NaOH(剩余)+H_2SO_4\longrightarrow Na_2SO_4+2H_2O$$

酯类物质在过量的 NaOH 溶液作用下，也可用类似的预处理方法进行测定，只要分解出来的酸能与 NaOH 发生定量反应，即可用 H_2SO_4 或 HCl 标准滴定溶液返滴定剩余的碱，其化学反应为：

$$RCOOR'+NaOH\longrightarrow RCOONa+R'OH$$

4. 工业过氧化氢中游离酸含量的测定

酸碱滴定法是经典的化学分析方法，它作为常量组分分析法广泛应用于各相关领域的分析工作中。随着化学分析仪器精密化程度的提高，化学分析法的应用范围有所拓宽，本例介绍的 GB/T 1616—2014（工业过氧化氢中游离酸含量的测定）就是酸碱滴定法在微量组分分析中的具体应用。

工业过氧化氢（俗名双氧水）中常含有一定量的游离酸，GB/T 1616—2014 规定，在质量分数为 27.5%（优等品）～50%的工业过氧化氢中，游离酸（以 H_2SO_4 计）的质量分数不得大于 0.040%。依据 GB 1616—2003 的方法，以甲基红-亚甲基蓝为指示液，用氢氧化钠标准滴定溶液滴定试样中的游离酸（使用分度值为 0.02mL 或 0.01mL 的微量滴定管）至溶液由紫红色变为暗蓝色即为终点，从而测定试样中的游离酸含量。

工业过氧化氢中游离酸（以 H_2SO_4 计）的质量分数按下式计算：

$$w=\frac{c(NaOH)V(NaOH)\times10^{-3}M\left(\frac{1}{2}H_2SO_4\right)}{m_s}$$

5. 醛、酮的测定

（1）盐酸羟胺法　醛、酮与过量的盐酸羟胺（$NH_2OH\cdot HCl$）能生成肟和酸，其化学反应为：

$$R-CH=O+NH_2OH\cdot HCl\longrightarrow R-CH=N-OH+HCl+H_2O$$

$$RR'C=O+NH_2OH\cdot HCl\longrightarrow RR'C=NOH+HCl+H_2O$$

生成的强酸（HCl）可用 NaOH 标准滴定溶液滴定，以溴酚蓝作指示剂，剩余的 $NH_2OH \cdot HCl$ 虽具有弱酸性但不影响滴定。

（2）亚硫酸钠法　醛、酮与过量亚硫酸钠（Na_2SO_3）的化学反应为：

$$R-\underset{\substack{|\\H}}{C}=O+Na_2SO_3+H_2O \longrightarrow \overset{R\quad OH}{\underset{H\quad SO_3Na}{C}}+NaOH$$

$$\overset{R}{\underset{R'}{>}}C=O+Na_2SO_3+H_2O \longrightarrow \overset{R\quad OH}{\underset{R'\quad SO_3Na}{C}}+NaOH$$

生成的强碱（NaOH）可用 HCl 标准滴定溶液滴定，以百里酚酞作指示剂，剩余的 Na_2SO_3 虽具有碱性但不影响滴定。

三、计算示例

20. 国标：GB/T 4348.1—2013 工业用氢氧化钠　氢氧化钠和碳酸钠含量的测定

【例题 5-15】 某企业依据 GB/T 4348.1—2013 进行液碱原材料分析，精密称定液碱试样 12.35g，置于 250mL 容量瓶中，稀释至刻度，摇匀。吸取上述液碱试液 25.00mL 置于锥形瓶中，加入 10mL 氯化钡溶液，再加酚酞指示液，用 0.5013mol/L 盐酸标准滴定溶液滴定至溶液由红色变为几乎无色为终点，用去盐酸标准滴定溶液 18.96mL。另取液碱试液 25.00mL 于另一锥形瓶中，不加氯化钡溶液，加溴甲酚绿-甲基红混合指示剂，用上述盐酸标准滴定溶液滴定至溶液变为酒红色为终点，用去盐酸标准滴定溶液 19.18mL。计算液碱中 NaOH 和 Na_2CO_3 的含量。

解　设加氯化钡溶液测定时消耗 HCl 标准滴定溶液的体积为 V_1（mL），不加氯化钡溶液测定时消耗 HCl 标准滴定溶液的体积为 V_2（mL）。则该液碱试样中以质量分数表示的 NaOH 和 Na_2CO_3 的含量为：

$$w(\mathrm{NaOH})=\frac{cV_1\times10^{-3}M(\mathrm{NaOH})}{m\times\dfrac{V_{样}}{V_{总}}}=\frac{0.5013\times18.96\times10^{-3}\times40.00}{12.35\times\dfrac{25.00}{250}}$$

$$=0.3078=30.78\%$$

$$w(\mathrm{Na_2CO_3})=\frac{c(V_2-V_1)\times10^{-3}\times M\left(\frac{1}{2}\mathrm{Na_2CO_3}\right)}{m\times\dfrac{V_{样}}{V_{总}}}$$

$$=\frac{0.5013\times(19.18-18.96)\times10^{-3}\times52.99}{12.35\times\dfrac{25.00}{250}}$$

$$=0.004732=0.4732\%$$

【例题 5-16】 六亚甲基四胺属一般有机化工原料，工业六亚甲基四胺的质量标准 GB/T 9015—1998 规定优等品纯度含 $(CH_2)_6N_4$ 不得少于 99.3%，依据该国标中的水解法，称取工业品六亚甲基四胺 2.9367g，溶解后定量移入 250mL 容量瓶中，稀释至刻度，摇匀。移取 $c\left(\frac{1}{2}H_2SO_4\right)=0.09983$mol/L H_2SO_4 标准滴定溶液 100.0mL 及上述样品试液 25.00mL

于300mL锥形瓶中，放在沸水浴中（约2h）至不再发生甲醛臭。其化学反应为：

$$(CH_2)_6N_4 + 2H_2SO_4 + 6H_2O \longrightarrow 6HCHO\uparrow + 2(NH_4)_2SO_4$$

冷却至室温后加溴酚蓝指示液，用0.1002mol/L NaOH标准滴定溶液返滴剩余的H_2SO_4至溶液呈淡紫色为终点，消耗NaOH标准滴定溶液16.18mL。计算样品中［$(CH_2)_6N_4$］的质量分数。

解　由题意知

$$n\left[\frac{1}{4}(CH_2)_6N_4\right]=n\left(\frac{1}{2}H_2SO_4\right) \qquad n\left(\frac{1}{2}H_2SO_4\right)=n(NaOH)$$

则样品中$(CH_2)_6N_4$的质量分数为：

$$w[(CH_2)_6N_4]=\frac{\left[c\left(\frac{1}{2}H_2SO_4\right)V(H_2SO_4)-c(NaOH)V(NaOH)\right]M\left[\frac{1}{4}(CH_2)_6N_4\right]}{m_s}$$

$$=\frac{(0.09983\times100.0-0.1002\times16.18)\times10^{-3}\times\frac{140.19}{4}}{2.9367\times\frac{25.00}{250}}$$

$$=0.9979=99.79\%$$

这种方法的测定原理，实质上就是前面提到的甲醛法测定铵盐中含氮量的逆过程。

【例题5-17】　GB/T 628—2011规定，化学试剂硼酸的分析纯含量应≥99.5%，化学纯含量应≥99.0%。某硼酸试剂生产厂家进行出厂产品质量检验，称取硼酸试剂0.5004g于烧杯中，加沸水溶解，加丙三醇使其酸性强化。然后以酚酞为指示剂，用0.2501mol/L NaOH标准滴定溶液滴定，消耗NaOH溶液32.16mL。计算硼酸（H_3BO_3）的质量分数并确定其产品等级。

解　硼酸的酸性极弱，其解离常数$K_a=5.8\times10^{-10}$，不能采用NaOH标准滴定溶液直接滴定，但可通过与甘油(或甘露醇）进行配位反应生成稳定的配合物，使其转化为中等强度的酸而被间接测定。反应为：

$$2\begin{matrix}R-CH-OH\\ |\\ R-CH-OH\end{matrix}+H_3BO_3\longrightarrow\left[\begin{matrix}R-CH-O & & O-CH-R\\ | & B & |\\ R-CH-O & & O-CH-R\end{matrix}\right]^- H^+ +3H_2O$$

即　$$n(H_3BO_3)=n(NaOH)$$

故　$$w(H_3BO_3)=\frac{c(NaOH)V(NaOH)M(H_3BO_3)}{m_s}$$

$$=\frac{0.2501\times32.16\times10^{-3}\times61.83}{0.5004}=0.9938=99.38\%$$

因99.0%<99.38%<99.5%，已达化学纯质量标准，故该批化学试剂硼酸应按化学纯级别出厂。

【例题5-18】　某食品生产企业进行产品质量检验，称取样品0.5012g，采用凯氏（Kjeldahl）定氮法测定其中的氮(可参照GB 5009.5—2016《食品安全国家标准　食品中蛋白质的测定》)。将蒸馏出来的氨收集于饱和硼酸溶液中，加入甲基红-溴甲酚绿混合指示剂，以0.05031mol/L的H_2SO_4标准滴定溶液滴定至溶液由蓝绿色变为灰紫色，消耗20.83mL。每1mL H_2SO_4标准滴定溶液（0.05000mol/L）相当于1.401mg的氮（N），计算样品中氮的含量。

解 凯氏定氮法与前面所述的蒸馏后滴定法基本类似，但通常要向试样中加入浓硫酸、硫酸钾和适量催化剂，一起煮沸进行消化处理，使待测物质中的N定量地转化为NH_4^+，随后的操作步骤与蒸馏后滴定法相同。

吸收反应为：$$NH_3 + H_3BO_3 \rightleftharpoons NH_4^+ + H_2BO_3^-$$

滴定反应为：$$H_2BO_3^- + H^+ \rightleftharpoons H_3BO_3$$

则样品中以氮的质量分数$w(N)$表示的含量为：

$$w(N)=\frac{TVF\times10^{-3}}{m_s}=\frac{1.401\times20.83\times\frac{0.05031}{0.05000}\times10^{-3}}{0.5012}$$
$$=0.05859=5.86\%$$

凯氏定氮法是一种常用的确定有机化合物中氮含量的检测方法，通常使用专用的定氮蒸馏装置，该技术适用于胺类、酰胺类、蛋白质等有机物中氮含量的测定。

第七节 非水溶液中的酸碱滴定

水是最常用的溶剂，酸碱滴定多数是在水溶液中进行的。但对于许多有机物质和无机弱酸、弱碱来说，它们往往难溶于水或在水中的解离常数很小，不能在水溶剂体系中准确滴定；对于强度接近的多元酸碱或混合酸碱，也无法在水溶剂体系中分步或分别滴定。此时采用非水溶剂为介质进行滴定，即可克服这些困难，从而扩大滴定的应用范围。这种在非水溶剂体系中进行的滴定分析叫非水滴定法。非水滴定法可用于酸碱滴定、配位滴定、氧化还原滴定、沉淀滴定等。这里只介绍非水溶液中的酸碱滴定，其中用碱滴定液测定酸类物质的酸碱滴定法称为非水酸量法，用酸滴定液测定碱类物质的酸碱滴定法称为非水碱量法。

一、溶剂的种类与性质

1. 溶剂的分类

在非水酸碱滴定中，常用的溶剂有甲醇、乙醇、冰醋酸、二甲基甲酰胺、丙酮和苯等。这些溶剂根据其酸碱性主要可分为两大类。

(1) 质子性溶剂　该类溶剂既能给出质子也能接受质子，是两性溶剂。其特点是溶剂分子参与质子的转移反应。根据两性溶剂给出质子或接受质子的能力不同，可进一步将它们分为以下三类：

① 中性溶剂。这类溶剂的酸碱性与水相近，即它们给出质子或接受质子的能力相当，如甲醇、乙醇、异丙醇等醇类，属两性的中性溶剂。当溶质是较强的酸时，这类溶剂显碱性；溶质是较强的碱时，这类溶剂显酸性。适于作滴定不太弱的酸性或碱性物质的介质。

② 酸性溶剂。这类溶剂也具有一定的两性，但其酸性比水强，容易给出质子，如甲酸、冰醋酸、醋酐等，属疏质子溶剂。适于作滴定弱碱性物质的介质，能增强被测碱的强度。

③ 碱性溶剂。这类溶剂也具有一定的两性，但其碱性比水强，容易接受质子，如乙二胺、丁胺、乙醇胺等，属亲质子溶剂。适于作滴定弱酸性物质的介质，能增强被测酸的强度。

(2) 非质子性溶剂　这类溶剂给出质子和接受质子的能力都极弱，或根本就没有。其特点是溶剂分子之间不发生质子的转移。包括以下两类：

① 非质子亲质子性溶剂。溶剂分子中无转移性质子，与水比较几乎无酸性，亦无两性

特征，但却有较弱的接受质子倾向和程度不同的成氢键能力。如酮类、酰胺类（如二甲基甲酰胺）、腈类、吡啶等。适于作滴定弱酸性物质的介质。

② 惰性溶剂。溶剂分子中无转移性质子和接受质子的倾向，在这类溶剂中质子的转移只发生在溶质分子之间，溶剂不参与质子转移反应。如苯、甲苯、氯仿、四氯化碳等。

质子性溶剂常与惰性溶剂混合使用，以使样品易于溶解，滴定突跃增大，终点变色敏锐。例如：冰醋酸-醋酐、冰醋酸-苯常用于弱碱性物质的滴定；苯-甲醇常用于羧酸类物质的滴定；二醇类-烃类常用于溶解有机酸盐、生物碱和高分子化合物。

2. 溶剂的性质

在以水为溶剂的体系中，某一物质酸碱性的强弱主要与其解离常数有关，其中水起着质子的传递作用。而物质的解离常数大小，不仅与物质的本质有关，也和溶剂的性质有关，这种情况在非水溶剂中更为明显。

同一种酸，溶解在不同类型的溶剂中，它将表现出不同的强度。例如苯甲酸在水中是较弱的酸，而在乙二胺中就是较强的酸；又如苯酚在水中是极弱的酸，不能用碱标准滴定溶液直接滴定，但在乙二胺中却可以直接滴定。同理，氨的水溶液表现为弱碱性，但在甲酸溶液中其碱性要强得多。

一些物质酸碱性的强弱，在同一种溶剂中时常不易区别，如 HCl、H_2SO_4、$HClO_4$ 的水溶液都呈现强酸性，这是因为水几乎全部把它们的质子接受过来，生成溶剂化的水合离子（H_3O^+），此效应称为“拉平效应”。如果将这几种酸溶解在冰醋酸溶剂中，由于醋酸是一种酸性溶剂，对质子的亲和力相对较弱，就显示出上述三种酸给出质子能力的差别了，其中 $HClO_4$ 给出质子的能力最强，酸的强度也最高。这种能区分酸(或碱）强弱的效应称为“区分效应”。溶剂的拉平效应和区分效应都是相对的：一般来讲，酸性溶剂对碱具有拉平效应，对酸具有区分效应；碱性溶剂对酸具有拉平效应，对碱具有区分效应。非质子性溶剂没有明显的酸碱性，因而不具有拉平效应，这样就使得非质子性溶剂成为良好的区分性溶剂，因而具有区分效应。

二、非水滴定条件的选择

1. 溶剂的选择

在非水滴定中，溶剂的选择至关重要。在选择溶剂时首先要考虑溶剂的酸碱性，因为它直接影响滴定反应的完全程度。例如，吡啶（$K_b=1.7\times10^{-9}$）作为弱碱，当在水中用强酸滴定时，由于水的碱性比吡啶还强，溶剂 H_2O 将与吡啶（待测物）争夺质子生成 H_3O^+，以至于滴定反应不能进行完全。为使滴定弱碱（吡啶）的反应进行完全，应选择比 H_2O 碱性更弱的溶剂，因此可以在冰醋酸溶剂中滴定吡啶。又如，苯酚（$K_a=1.1\times10^{-10}$）、苯甲酸（$K_a=6.2\times10^{-5}$）在水溶剂中都是弱酸，苯酚无法直接用强碱滴定，而苯甲酸虽然可用强碱滴定，但滴定后所生成的产物为皂类，在滴定过程容易起泡，不利于观察终点颜色变化。因此，可以在乙二胺或二甲基甲酰胺溶剂中进行滴定，以百里酚酞乙醇溶液为指示剂，用甲醇钠作滴定剂，这样既解决了苯甲酸在水中滴定的困难，也使苯酚在非水溶剂中滴定有了明显的突跃范围。

非水滴定溶剂的选择，除主要考虑非水溶剂的酸碱性应能增强待测组分的酸碱性，以使滴定反应进行完全之外，还应满足以下要求：

① 应能溶解试样及滴定反应的产物。一种溶剂不能溶解时可采用混合溶剂。

② 应有一定的纯度，还应黏度小、挥发性低、安全无毒、价廉且易于回收再利用。

2. 滴定剂的选择

所用的滴定剂应当能与非水溶剂互溶；所用的滴定剂与非水溶剂不发生副反应。

三、非水滴定的标准滴定溶液和终点的检测

1. 标准滴定溶液

(1) 酸标准滴定溶液　在非水滴定中，常用 $HClO_4$ 的冰醋酸溶液作为酸标准滴定溶液。由于 $HClO_4$ 和冰醋酸中均含有水分，而水的存在常常影响滴定突跃，并使指示剂颜色变化不敏锐，需要加入适量的醋酐将其除去。$HClO_4$ 的冰醋酸溶液，可用邻苯二甲酸氢钾作基准试剂，在冰醋酸溶液中进行标定，其滴定反应为：

$$C_6H_4(COOH)(COOK) + HClO_4 \longrightarrow C_6H_4(COOH)_2 + KClO_4$$

以结晶紫指示滴定终点（详细步骤见 GB/T 601—2016）。临用前标定。

标定温度下高氯酸标准滴定溶液的浓度［$c(HClO_4)$］，数值以摩尔每升（mol/L）表示，按下式计算：

$$c(HClO_4)=\frac{m(KHC_8H_4O_4)\times 1000}{M(KHC_8H_4O_4)V(HClO_4)}$$

使用高氯酸标准滴定溶液时的温度应与标定时的温度相同；若温度不相同，应将高氯酸标准滴定溶液的浓度修正到使用温度下的浓度。

高氯酸标准滴定溶液修正后的浓度 $c_1(HClO_4)$，数值以摩尔每升（mol/L）表示，按下式计算：

$$c_1(HClO_4)=\frac{c}{1+0.0011(t_1-t)}$$

式中　c——标定温度下高氯酸标准滴定溶液的浓度，mol/L；

t_1——使用时高氯酸标准滴定溶液的温度，℃；

t——标定时高氯酸标准滴定溶液的温度，℃；

0.0011——高氯酸标准滴定溶液每改变 1℃ 时的体积膨胀系数。

(2) 碱标准滴定溶液　在非水滴定中，常用氢氧化钾-乙醇溶液或甲醇钠的苯-甲醇溶液作为碱标准滴定溶液。甲醇钠可通过金属钠与甲醇反应制得：

$$2CH_3OH + 2Na \longrightarrow 2CH_3ONa + H_2\uparrow$$

甲醇钠碱标准滴定溶液的标定通常使用苯甲酸作基准试剂，在苯-甲醇溶液或其他非水溶剂中进行标定，以百里酚酞指示滴定终点。其滴定反应为：

$$C_6H_5COOH + CH_3ONa \longrightarrow C_6H_5COO^- + Na^+ + CH_3OH$$

氢氧化钾-乙醇标准滴定溶液的标定使用在 105～110℃ 电烘箱中干燥至恒重的工作基准试剂邻苯二甲酸氢钾，标定在无 CO_2 的水中进行，以酚酞指示滴定终点，同时做空白试验（详细步骤见 GB/T 601—2016）。临用前标定。

氢氧化钾-乙醇标准滴定溶液的浓度 $c(KOH)$，数值以摩尔每升（mol/L）表示，按下式计算：

$$c(KOH)=\frac{m(KHC_8H_4O_4)\times 1000}{M(KHC_8H_4O_4)(V-V_0)}$$

式中 V——标定时消耗氢氧化钾-乙醇溶液的体积，mL；

V_0——空白试验时消耗氢氧化钾-乙醇溶液的体积，mL。

2. 滴定终点的检测

非水溶剂体系的酸碱滴定，一般使用的试剂较多，因此其达到终点时的突跃范围不便计算，故非水滴定所用的酸碱指示剂通常是通过电位滴定来获取的。即在电位滴定的同时，观察拟用指示剂的颜色变化，从而可以确定何种酸碱指示剂与电位滴定曲线的突跃范围相一致。显然，如果没有合适的酸碱指示剂，可直接用电位滴定法确定滴定终点。

***3 电位滴定法**

本书介绍的电位滴定法所参照的标准是GB/T 9725—2007《化学试剂 电位滴定法通则》。

电位滴定法是在滴定过程中通过测量电极电位变化来确定滴定终点的方法。化学滴定法多是依据指示剂的颜色变化来指示滴定终点，如果待测溶液有颜色或浑浊时，或缺乏合适的指示剂时，终点的指示就比较困难，这时可用电位滴定法依据电极电位的突跃来指示滴定终点。

电位滴定法是将规定的指示电极和参比电极浸入同一被测溶液中，在滴定过程中，参比电极的电位保持恒定不变，指示电极的电位随被测物质浓度的变化而变化。在化学计量点前后，溶液中被测物质浓度的变化，会引起指示电极电位的急剧变化（突增或突减），此转折点称为突跃点，指示电极电位的突跃点就是滴定终点。

电位滴定可用电位滴定仪、酸度计或直流电位差计，其基本仪器装置包括滴定管、滴定池、指示电极、参比电极、电磁搅拌器、电位计或酸度计。

选用适当的电极系统，电位滴定法可以进行酸碱滴定（水溶液或非水溶液）、氧化还原滴定和沉淀滴定等。酸碱滴定（水溶液或非水溶液）一般选用玻璃电极为指示电极、饱和甘汞电极为参比电极（所用电极的选择及要求详见GB/T 9725—2007中附录A）。

进行电位滴定时，先按产品标准的规定取样并制备试液。然后插入规定的电极，开动电磁搅拌器，用规定的标准滴定溶液进行滴定。从滴定管中滴入约为所需滴定体积的90%的标准滴定溶液，测量溶液的电位或pH。以后每滴加1mL或适量标准滴定溶液测量一次电位或pH；化学计量点前后，应每滴加0.1mL标准滴定溶液，测量一次。继续滴定至电位或pH变化不大时为止。记录每次滴加标准滴定溶液后滴定管的读数及测得的电位或pH，用作图法（即绘制滴定曲线）或二级微商法确定滴定终点（详细步骤见GB/T 9725—2007中6.2）。

如果使用自动电位滴定仪，在滴定过程中可以自动绘出滴定曲线，自动找出滴定终点，自动给出体积，滴定快捷方便。

四、非水滴定法的应用实例

非水滴定法在很多测定项目中得到了广泛应用，特别是在药品质量检验、药物含量测定方面，应用最多的是非水碱量法。如抗高血压药盐酸可乐定、降血糖药盐酸二甲双胍、镇痛镇咳药磷酸可待因、局麻药盐酸可卡因、抗真菌药克霉唑、氨基酸类药、肾上腺素类药、巴比妥类药等，《中国药典》规定的含量测定方法就是非水滴定法。

查一查

查阅GB 1886.74—2015《食品安全国家标准 食品添加剂 柠檬酸钾》，学习柠檬酸钾含量的测定及碱度的测定。

查阅《中国药典》，理解用非水滴定法测定异戊巴比妥含量的测定方法。

绿色化学

绿色化学又称环境无害化学、环境友好化学、清洁化学。它是用化学的技术和方法去消除或减少那些对人类健康、社区安全、生态环境有害的原料、催化剂、溶剂和试剂在生产中的使用，同时在生产过程中不再产生有毒有害的副产物、废物和产品。绿色化学的理想在于不再使用有毒、有害的物质，不再产生废物，不再处理废物。从科学观点看，绿色化学是化学科学基础内容的更新；从环境观点看，它是从源头上消除污染；从经济观点看，它是合理利用资源和能源，降低生产成本，符合经济可持续发展的要求。

R. T. Anastas 和 J. C. Waner 曾提出绿色化学的 12 条原则为：①防止废物的生成比其生成后再处理更好；②设计合成方法应使生产过程中所采用的原料最大量地进入产品之中；③设计合成方法时，只要可能，不论原料、中间产物和最终产品，均应对人体健康和环境无毒无害；④化工产品设计时，必须使其具有高效的功能，同时也要减少其毒性；⑤应尽可能避免使用溶剂、分离试剂等助剂，如不可避免，也要选用无毒无害的助剂；⑥合成方法必须考虑过程中能耗对成本与环境的影响，应设法降低能耗，最好采用在常温常压下温和条件的合成方法；⑦在技术可行和经济合理的前提下，采用可再生资源代替消耗性资源；⑧在可能的条件下，尽量不用不必要的衍生物，如限制性基团、保护或去保护作用、临时调变物理或化学工艺；⑨合成方法中采用高选择性的催化剂比使用化学计量助剂更优越；⑩化工产品要设计成在其使用功能终结后，不会永存于环境中，要能分解成可降解的无害产物；⑪进一步发展分析方法，对危险物质在生成前实行在线监测和控制；⑫要选择化工生产过程的物质使意外事故（包括渗透、火灾、爆炸等）的危险性降低到最低程度。这种“绿色化”就其内容而言，涵盖了原料绿色化、反应绿色化、产品绿色化、催化剂绿色化、溶剂绿色化五个方面环境友好的要求。

同步练习

一、填空题（请将正确答案写在空格上）

5-1 质子理论认为，凡能______质子的物质是酸，凡能______质子的物质是碱。

5-2 指出下列各酸的共轭碱：

HAc-______ NH_4^+-______

H_2CO_3-______ HCO_3^--______

H_3PO_4-______ $H_2PO_4^-$-______

HPO_4^{2-}-______ $H_2C_2O_4$-______

5-3 指出下列各碱的共轭酸：

S^{2-}-______ Ac^--______

NH_3-______ HS^--______

$C_2O_4^{2-}$-______ $(CH_2)_6N_4$-______

5-4 连线指出下列物质中的共轭酸碱对：

HAc HS^- CO_3^{2-} NH_4^+ HPO_4^{2-} H_2CO_3

H_2S Ac^- HCO_3^- $H_2PO_4^-$ NH_3 PO_4^{3-}

5-5 已知 HCN 的 $K_a = 10^{-9.21}$，则 CN^- 的 $K_b =$______。

5-6 已知氨水的 $K_b = 1.8 \times 10^{-5}$，则其共轭酸 NH_4^+ 的 $K_a =$______。

5-7 已知水溶液中，H_2S 的 $K_{a1} = 1.3 \times 10^{-7}$、$K_{a2} = 7.1 \times 10^{-15}$，则 S^{2-} 的 $K_{b1} =$______、$K_{b2} =$______。

5-8　多元酸在水溶液中是分级解离的，其解离常数分别用 K_{a1}、K_{a2}…K_{an} 表示，通常，其值的大小关系为________。

5-9　0.1mol/L HCl 溶液的 pH 为________，0.1mol/L NaOH 溶液的 pH 为________。

5-10　0.1mol/L HAc 溶液的 pH 为________，0.1mol/L 氨水（$NH_3 \cdot H_2O$）溶液的 pH 为________。

5-11　碳酸溶液（饱和 CO_2 溶液）的 pH 为________。

5-12　分别取 0.4250 mol/L 氨水（$NH_3 \cdot H_2O$）与 0.2250mol/L 盐酸（HCl）各 10.00mL，将之混合后所得溶液为________溶液，其 pH 为________。

5-13　缓冲溶液的缓冲范围是指________。

5-14　强碱滴定弱酸时，要求弱酸的 cK_a________。

5-15　配制氢氧化钠标准滴定溶液时应该使用________蒸馏水。

5-16　标定 HCl 溶液最常用的基准试剂是________。

5-17　标定 NaOH 溶液最常用的基准试剂是________。

5-18　标定 $HClO_4$ 的冰醋酸溶液最常用的基准试剂是________。

5-19　已知 HAc 的 pK_a=4.74，由 HAc-NaAc 组成的缓冲溶液其缓冲范围是 pH=________。

5-20　甲基橙的变色范围是 pH=________，当溶液的 pH 小于这个范围的下限时，指示剂呈现________色，当溶液的 pH 大于这个范围的上限时则呈现________色，当溶液的 pH 处在这个范围内时，指示剂呈现________色。

二、单项选择题（在每小题列出的备选项中只有一个是符合题目要求的，请将你认为是正确选项的字母代码填入题前的括号内）

5-21　H_2O 的共轭碱是（　　）。

A. Cl^-　　B. Ac^-　　C. H_3O^+　　D. OH^-

5-22　根据酸碱质子理论，不正确的说法是（　　）。

A. 酸愈强，则其共轭碱愈弱　　B. H_3O^+ 是水溶液中最强的酸

C. H_3O^+ 的共轭碱是 OH^-　　D. OH^- 是水溶液中最强的碱

5-23　根据酸碱质子理论下列化合物中不属于酸的是（　　）。

A. HCO_3^-　　B. NH_4^+　　C. HAc　　D. Ac^-

5-24　与缓冲溶液的缓冲能力大小有关的因素是（　　）。

A. 缓冲溶液的 pH 范围　　B. 缓冲溶液组成的浓度比

C. 外加的酸量　　D. 外加的碱量

5-25　根据酸碱质子理论，下列物质中不具有两性的是（　　）。

A. H_2O　　B. HCN　　C. HCO_3^-　　D. HS^-

5-26　下列说法中错误的是（　　）。

A. $NaHCO_3$ 中含有氢，故其水溶液呈酸性

B. 浓 HAc（17mol/L）酸度小于 17mol/L H_2SO_4 水溶液的酸度

C. 浓度（单位 mol/L）相等的一元酸和一元碱反应后其溶液不一定呈中性

D. 共轭酸碱对中，酸越强，则其共轭碱越弱，反之，酸越弱，则其共轭碱越强

5-27　根据酸碱质子理论，NH_4CN 是（　　）。

A. 酸性物质　　B. 碱性物质　　C. 两性物质　　D. 中性物质

5-28　在实验室中发生化学灼伤时正确的处理方法是（　　）。

A. 被强碱灼伤时用强酸洗涤　　B. 被强酸灼伤时用强碱洗涤

C. 先清除皮肤上的化学药品，再用大量干净的水冲洗　　D. 清除药品立即贴上“创可贴”

5-29 共轭酸碱对的 K_a 与 K_b 的关系是（ ）。

A. $K_aK_b=1$ B. $K_aK_b=K_w$ C. $K_b/K_a=K_w$ D. $K_a/K_b=K_w$

5-30 用基准无水碳酸钠标定 0.1mol/L 盐酸，宜选用的指示剂是（ ）。

A. 溴甲酚绿-甲基红 B. 酚酞 C. 百里酚蓝 D. 二甲酚橙

5-31 0.1000mol/L HCl 溶液滴定 20.00mL 同浓度的氨水溶液，其化学计量点时溶液的 pH 为（ ）。

A. 0.0 B. 7.0 C. >7.0 D. <7.0

5-32 在二元酸的滴定分析中，能够进行分步滴定的条件是（ ）。

A. $cK_{a1}\geqslant10^{-8}$ B. $cK_{a1}\geqslant10^{-8}$ 且 $K_{a1}/K_{a2}\geqslant10^4$

C. $cK_{a1}\geqslant10^8$ D. $cK_{a1}\geqslant10^{-8}$ 且 $K_{a1}/K_{a2}\geqslant10^{-4}$

5-33 某弱酸 HA 的 $K_a=1\times10^{-5}$，则其 0.1mol/L 溶液的 pH 为（ ）。

A. 1.0 B. 2.0 C. 3.0 D. 3.5

5-34 酸碱滴定突跃范围为 pH=7.0～9.0，最适宜的指示剂为（ ）。

A. 中性红（pH=6.8～8.0） B. 酚酞（pH=8.0～10.0）

C. 溴百里酚蓝（pH=6.0～7.6） D. 甲酚红（pH=7.2～8.8）

5-35 欲配制 pH=10.0 缓冲溶液应选用的一对物质是（ ）。

A. HAc($K_a=1.8\times10^{-5}$) -NaAc B. HAc-NH_4Ac

C. $NH_3\cdot H_2O$ ($K_b=1.8\times10^{-5}$) -NH_4Cl D. KH_2PO_4-Na_2HPO_4

5-36 在酸碱滴定中，选择强酸强碱作为滴定剂的理由是（ ）。

A. 强酸强碱可以直接配制标准溶液 B. 使滴定突跃尽量大

C. 加快滴定反应速率 D. 使滴定曲线较完美

5-37 下列弱酸或弱碱（设浓度为 0.1mol/L）能用酸碱滴定法直接准确滴定的是（ ）。

A. 氨水（$K_b=1.8\times10^{-5}$） B. 苯酚（$K_a=1.1\times10^{-10}$）

C. NH_4^+ D. H_3BO_3（$K_a=5.8\times10^{-10}$）

5-38 某酸碱指示剂的 $K_{HIn}=1.0\times10^{-5}$，则从理论上推算其变色范围是（ ）。

A. 4～5 B. 5～6 C. 4～6 D. 5～7

5-39 下列各组物质按等物质的量混合配成溶液后，其中不是缓冲溶液的是（ ）。

A. $NaHCO_3$ 和 Na_2CO_3 B. NaCl 和 NaOH

C. NH_3 和 NH_4Cl D. HAc 和 NaAc

5-40 NaOH 溶液标签浓度为 0.300mol/L，该溶液从空气中吸收了少量的 CO_2，现以酚酞为指示剂，用 HCl 标准溶液标定，标定结果比标签浓度（ ）。

A. 高 B. 低 C. 不变 D. 无法确定

三、是非判断题（请在每小题前的括号内，对你认为正确的打√，错误的打×）

5-41 （ ）酸碱滴定中有时需要用颜色变化明显的变色范围较窄的指示剂即混合指示剂。

5-42 （ ）配制酸碱标准滴定溶液时，用吸量管量取 HCl，用台秤称取 NaOH。

5-43 （ ）缓冲溶液在任何 pH 条件下都能起缓冲作用。

5-44 （ ）双指示剂就是混合指示剂。

5-45 （ ）滴定管属于量出式容量仪器。

5-46 （ ）$H_2C_2O_4$ 的两级解离常数为 $K_{a1}=5.6\times10^{-2}$，$K_{a2}=5.1\times10^{-5}$，$K_{a1}/K_{a2}<10^4$，因此不能分步滴定。

5-47 （ ）酸碱滴定法测定分子量较大的难溶于水的羧酸时，可采用中性乙醇为溶剂。

5-48 （　）双指示剂法测定混合碱含量，已知试样消耗标准滴定溶液盐酸的体积$V_1>V_2$，则混合碱的组成为Na_2CO_3+ NaOH。

5-49 （　）盐酸和硼酸都可以用NaOH标准溶液直接滴定。

5-50 （　）强酸滴定弱碱达到化学计量点时pH<7。

5-51 （　）用因吸潮带有少量湿存水的基准试剂Na_2CO_3标定HCl溶液的浓度时，结果偏高；若用此HCl溶液测定某有机碱的摩尔质量时结果也偏高。

5-52 （　）常用的酸碱指示剂，大多是弱酸或弱碱，所以滴加指示剂的多少及时间的早晚不会影响分析结果。

5-53 （　）溶解基准物质时用移液管移取20～30mL蒸馏水加入小烧杯中。

5-54 （　）凡是基准物质，使用前都要进行灼烧处理。

5-55 （　）标准滴定溶液装入滴定管之前，要用该溶液润洗滴定管2～3次，而锥形瓶也需用该溶液润洗或烘干。

5-56 （　）一元弱碱能被直接准确滴定的条件是$cK_b \geqslant 10^{-8}$。

5-57 （　）用浓溶液配制稀溶液的计算依据是稀释前后溶质的物质的量不变。

5-58 （　）酸碱滴定中，滴定剂一般都是强酸或强碱。

5-59 （　）国标中的强制性标准，企业必须执行，而推荐性标准，国家鼓励企业自愿采用。

5-60 （　）1×10^{-6} mol/L的盐酸溶液冲稀1000倍，溶液的pH等于9.0。

四、简答题

5-61 下列物质中哪些是酸、哪些是碱、哪些属共轭酸碱对？并将各酸、各碱分别按其强弱排列起来。HAc、NH_4^+、HCO_3^-、H_3PO_4、H_2CO_3、$H_2PO_4^-$、$C_2O_4^{2-}$、HPO_4^{2-}、Ac^-、HS^-、NH_3、S^{2-}、$HC_2O_4^-$、CO_3^{2-}。

5-62 什么是同离子效应和盐效应？他们对弱酸弱碱的解离平衡有何影响？

5-63 写出下列物质在水溶液中的质子条件式：NH_4CN、Na_2HPO_4、HAc+H_3BO_3。

5-64 何谓缓冲溶液？举例说明其作用原理。

5-65 酸碱（混合）指示剂的作用原理是什么？如何通过甲基橙、甲基红等指示剂在酸碱滴定过程中的过渡色变化，来降低滴定终点误差？

5-66 采用双指示剂法测定混合碱的组成时，当加入甲基橙指示剂后，在临近滴定终点前，为什么要将溶液加热至沸，冷却后再继续滴定至终点？

5-67 请设计一分析方案，来测定混合物NH_4Cl和$NH_3\cdot H_2O$中各物质的组成标度。

5-68 非水滴定法有什么特点？所使用的溶剂主要有哪几类？

5-69 标准滴定溶液的制备方法有哪些？各适用于什么情况？

5-70 什么是基准试剂？它有何用途？

五、计算题（要求写出所用公式、必要的计算步骤、正确表述计算结果以及所求项的单位）

5-71 计算下列物质水溶液的pH。

（1）0.10mol/L NH_4Cl溶液

（2）0.10mol/L Na_3PO_4溶液

（3）0.10mol/L NH_4HCO_3溶液

（4）0.10mol/L NH_4Ac溶液

5-72 100.0mL 0.30mol/L的NaH_2PO_4溶液与50.0mL 0.20mol/L的Na_3PO_4溶液混合，计算溶液的pH。

5-73 现有HAc和NaAc溶液，浓度均为0.1000mol/L，培养某种微生物需要pH=4.90的缓冲溶液1000mL，应取HAc和NaAc溶液各多少毫升？

5-74 计算10.0mL 0.30mol/L $NH_3 \cdot H_2O$与10.0mL 0.10mol/L HCl混合后溶液的pH。

5-75 下列弱酸或弱碱能否用强碱或强酸准确进行滴定？如果可以，计算化学计量点的pH，并指出应选用何种指示剂？（假设各物质的初始浓度均为0.10 mol/L）

（1）氢氟酸

（2）硼酸

（3）三乙醇胺

（4）吡啶

5-76 下列多元酸、多元碱或混合酸能否准确进行分步滴定？如果可以，有几个突跃，其化学计量点的pH为多少？应选用什么作指示剂？（假设各物质的分析浓度均为0.10mol/L）

（1）酒石酸

（2）Na_3PO_4

（3）HCN和HAc

5-77 称取0.5722g硼砂（$Na_2B_4O_7 \cdot 10H_2O$）溶于水后，以甲基红作指示剂，用HCl标准滴定溶液滴定至终点时，消耗的体积为25.30mL，计算HCl的浓度。若使HCl标准滴定溶液的浓度恰好为0.1000mol/L，则需要将此酸1000mL稀释至多少毫升？

5-78 称取某未知混合碱试样0.6800g溶于水后，以酚酞作指示剂，用0.1800mol/L HCl标准滴定溶液滴定至终点，消耗的体积为23.00mL，再以甲基橙为指示剂滴定至终点，消耗的体积为26.80mL，试判断混合碱的组成并计算其质量分数。

5-79 退热药阿司匹林的有效成分是乙酰水杨酸，现称取试样0.3500g，加入50.00mL 0.1020mol/L的NaOH溶液煮沸10min，冷却后用酚酞作指示剂，滴定过量的碱消耗0.05050mol/L的HCl标准滴定溶液35.00mL。计算试样中乙酰水杨酸的质量分数。［已知$M(CH_3COOC_6H_4COOH)=181.16g/mol$］

5-80 用凯氏定氮法测定某氨基酸中的N，称取试样1.7860g，将样品中的氮消化、碱性化后蒸出NH_3，并以25.00mL 0.2014mol/L的HCl标准滴定溶液吸收，剩余的HCl用0.1288mol/L的NaOH标准滴定溶液返滴定，消耗NaOH溶液的体积为10.12mL，计算此蛋白质中氮的质量分数。

5-81 某厂进行氨水原材料分析，称取氨水试样1.038g于洁净的具塞锥形瓶中，加水摇匀，以甲基红为指示剂，用0.5173mol/L的HCl标准滴定溶液滴定至溶液由黄色变为橙色为终点，用去HCl标准滴定溶液25.49mL，计算氨的质量分数$w(NH_3)$。

5-82 企业化验室进行工业硫酸含量的测定，采用GB/T 534—2014方法：用已称量的带磨口盖的小称量瓶，称取硫酸试样0.6879g，小心移入盛有少量水的锥形瓶中，冷却至室温，加甲基红-亚甲基蓝混合指示剂，用$c(NaOH)=0.5057mol/L$的NaOH标准滴定溶液滴定至溶液变为灰绿色为终点，用去25.75mL，计算工业硫酸中硫酸含量。

5-83 某企业依照GB 1886.74—2015对其生产的食品添加剂柠檬酸钾进行出厂检验测定其含量：称取于180℃±2℃温度下烘干后的柠檬酸钾试样0.2475g，置于干燥的锥形瓶中，加40mL冰醋酸，微热溶解，冷至室温，加结晶紫指示液，用$c(HClO_4)=0.1012mol/L$高氯酸标准滴定溶液滴定至溶液由紫色变为蓝色为终点，用去高氯酸标准滴定溶液24.72mL，同时做空白试验，用去高氯酸标准滴定溶液1.06mL。GB 14889—1994规定柠檬酸钾（干燥后）含量（以$C_6H_5K_3O_7$计）不得小于99.0%，试确定该批产品合格否。

第六章　配位化合物与配位滴定法

【知识目标】

1. 了解配合物的组成、结构特点及命名方法，理解配合物稳定常数的含义。

2. 掌握 EDTA 与金属离子配合物的特点。

3. 掌握外界条件尤其是酸度对 EDTA 金属配合物稳定性的影响；理解并掌握条件稳定常数的概念及其计算，掌握准确滴定的条件及 EDTA 酸效应曲线。

4. 理解 pM 的计算，理解金属指示剂的作用原理，掌握金属指示剂应具备的条件及选择的依据。

5. 理解提高配位滴定选择性的方法及配位滴定的测定原理。

6. 遵照化学检验工国家职业标准，理解相关国家标准中各检验项目的相应要求。

【能力目标】

1. 会计算一定酸度条件下，金属离子-EDTA 配合物的条件稳定常数，并能正确判断此条件时可否准确滴定。

2. 会正确计算各离子准确滴定所要求的最小 pH，会灵活使用酸效应曲线。

3. 能综合考虑酸度对 EDTA 滴定的各方面影响，正确选择确定适宜滴定的最佳 pH 范围。

4. 结合具体分析项目，能灵活正确地选用提高配位滴定选择性的方法，以实现混合离子的连续分别滴定。

5. 能合理选用不同的滴定方式，用配位滴定法测定不同金属离子的含量。

6. 会通过文献查阅获取相关国标资料，并能依据之进行相应项目的分析检验。

【素质目标】

1. 树立创新意识和创新精神。

2. 通过配位滴定操作，培养学生科学严谨、实事求是的工作态度。

配位化合物是含有配位键的化合物，是一类有着复杂组成和多种特性、被广泛应用的化合物，是现代化学研究的重要对象。对配位化合物的研究已发展成为一门独立的分支学科——配位化学，并已渗透到其他许多学科领域，形成一些边缘学科，如金属有机化合物、生物无机化学等。它广泛应用于工业、医药、生物、环保、材料、信息等领域，特别是在生物和医学方面更有其特殊的重要性。如生物体内的金属离子，大多数以配合物的形式存在并参与各种生物化学反应。

科学家介绍

戴安邦，著名无机化学家，化学教育家，中科院院士。我国配位化学奠基者之一，毕生致力于化学教育和科学研究，培养了中国几代化学人才，桃李满天下。他对启发式教学和全面的化学教育有精辟的见解并身体力行，影响深远。他一贯从实际出发选择研究课题，同时进行实际问题中基础理论的研究，把解决问题、发展学科和培养人才三者有机结合为一体取得了丰硕的成果。他在学术上的突出成就是配位化学的开拓工作，是我国配位化学的倡导者和奠基人、中国科学院院士。

1901年4月30日，戴安邦出生于江苏丹徒县的农村家庭，少年时随家人在地里劳动，但收获有限、生活贫苦。1919年考入金陵大学学习农科，以便日后改变家乡的贫穷落后面貌。但到第二年下学期学费困难几乎辍学，不得已而到南京成美中学兼任化学和物理教员，进行半工半读，两年预科毕业而转入正科。后因农科的田间实习领域、使学农与半工半读不能兼顾，不得不放弃学农，而改学在中学任教的化学。1924年6月他大学毕业，获理科学士学位，由于学习成绩全优荣获金钥匙奖，并留校任教。1928年他获中国医学会奖学金赴美国纽约哥伦比亚大学化学系深造，由于他勤奋学习，各门功课全优，于次年获硕士学位，同年12月被选为荣誉化学会会员，二获金钥匙。后又被选为荣誉科学会会员，三获金钥匙，并通过博士生预试，攻读博士学位。在胶体化学家托马斯教授的指导下，他充分发挥自己扎实的化学功底和精湛的实验技术，用配位化学观点进行“氧化铝水溶胶的研究”，很快就取得了创造性的结果，于1931年6月获得博士学位，其论文一经在美国化学会志上发表、立即受到学术界的瞩目。1947年8月，戴安邦作为访问学者赴美国伊利诺伊大学分析化学系，主要研究无机沉淀的晶化作用，他卓有成效的工作受到该系主任克拉克教授的欣赏，一再挽留他继续工作，他坚持按期回国，报效祖国。在教育事业方面。从1921年他在南京成美中学踏上讲台，他所讲各课，内容丰富，重点突出。每一堂课，他总是先从事实出发，或表演示教实验，或讲授化学历史故事，或表列实验数据，千方百计地抓住学生的心理，启发学生自觉有效地进行学习。学生和教师都反映听他的课是一种享受，不仅学到了知识，而且还学到了获取知识的方法。并且开拓了中国的配位化学，20世纪50年代末，他看到了经典无机化学的现代化，维尔纳配位场理论有了新的发展，于是在南京大学创办了几十人的全国络合物化学（配位化学）讲习班，为我国培养了一代配位化学的学术带头人或骨干力量。并亲自为化学系本科生开设“络合物化学”课程。

戴安邦教授高尚的科学品德值得我们学习借鉴，他倡导和实践高尚的科学精神与品德，对一个科研工作者应该具备的高尚科学精神总结为5个词，崇实、准确、求真、创新和存疑。“崇实”就是尊重事实，是科学的最基本精神，弄虚作假、浮夸是反科学的，是一切科学工作决不容许的；“准确”即科学知识既要准确，又要精确，他严肃批评了研究中的“差不多”“左右”等不科学态度。“求真”即不满足表象，而是穷究其本质，由宏观至微观，“求真”的对立面是浮光掠影，浅尝辄止，两者毫不相容；“创新”是科学发展之灵魂，其对立面是安于现状，故步自封等思想习惯；“存疑”是“崇实”和“准确”精神的延伸，反对在缺乏证据或证据不足的情况下草率下结论。他一生都在践行自己的初心，为当代青年做出了榜样，为科学的发展，社会的繁荣，祖国的复兴贡献自己的光与热。

第一节　概　述

一、配位化合物及配位平衡

1. 配合物的组成

有许多化合物，如 HCl、NH_3、AgCl、$CuSO_4$ 等，它们的形成都符合经典化合价理论，这些化合物称为简单化合物。与简单化合物不同，另一些化合物是由上述简单化合物结合而成的，其形成不符合经典化合价理论，如

$$CuSO_4 + 4NH_3 \rightleftharpoons [Cu(NH_3)_4]SO_4$$
$$CuCN + 2KCN \rightleftharpoons K_2[Cu(CN)_3]$$

在对 $[Cu(NH_3)_4]SO_4$ 溶液研究时发现，溶液中可检出 SO_4^{2-} 而几乎不存在 Cu^{2+} 和 NH_3 分子。这说明在 $[Cu(NH_3)_4]SO_4$ 化合物中有 $[Cu(NH_3)_4]^{2+}$ 复杂离子稳定存在。这种由一个简单阳离子和一定数目中性分子或阴离子结合而成的复杂离子称为配离子。它是物质的一种稳定结构单元。

凡含有配离子的化合物称为配位化合物，简称配合物，习惯上，配离子也称为配合物。

由上可见，配合物由内界和外界两部分组成：结合紧密且能稳定存在的配离子部分｛如 $[Cu(NH_3)_4]^{2+}$、$[Fe(CN)_6]^{3-}$｝称为内界，又叫配位个体；配位个体由中心离子（如 Cu^{2+}、Fe^{3+}）和配位体（如 NH_3、CN^-）结合而成。配位体中与中心离子直接相连的原子称为配位原子；配位原子的个数称为配位数。配位个体是配合物的特征部分，写成化学式时，用方括号括起来。配位个体之外的其他离子称为外界，如 $[Cu(NH_3)_4]SO_4$ 中的 SO_4^{2-}，$K_3[Fe(CN)_6]$ 中的 K^+，它们距中心离子较远，构成配合物的外界，写在方括号的外面。配合物的组成如图 6-1 所示。

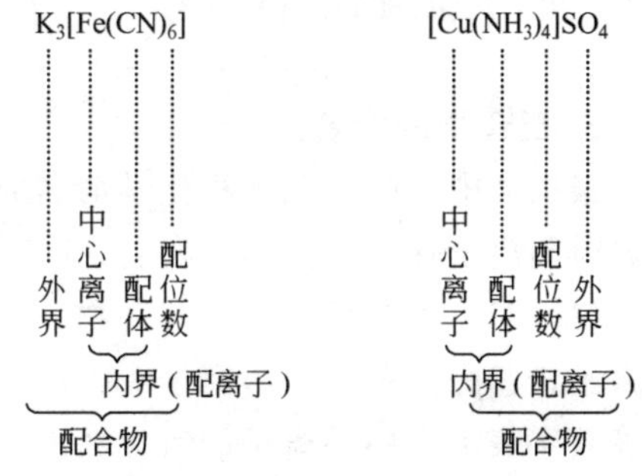

图 6-1　配合物的组成示意图

(1) 中心离子　配合物的中心离子位于配合物的中心，一般是价层有空轨道的金属离子，特别是过渡金属离子。如 Fe^{3+}、Co^{2+}、Ni^{2+}、Cu^{2+}、Zn^{2+} 等。它们形成配合物的能力很强，所以又称为配合物的形成体。有些中性原子也可作形成体，但一般为过渡金属原子。如 $[Ni(CO)_4]$ 中的 Ni 原子，$[Fe(CO)_5]$ 中的 Fe 原子。

(2) 配位体　与中心离子（或原子）结合的阴离子或中性分子称为配位体，简称配体。如 F^-、SCN^-、CN^-、NH_3、乙二胺等。提供配位体的物质称为配位剂，如 NaF、NH_4SCN 等。有时配位剂本身就是配体，如 NH_3、H_2O 等。

在配体中，提供孤对电子并与价层有空轨道的中心离子（或原子）以配位键结合的原子称为配位原子，如 NH_3 中 N 原子、CN^- 中的 C 原子。配位原子主要是位于周期表右上方的ⅣA、ⅤA、ⅥA、ⅦA 族电负性较强的非金属原子，如 C、N、P、O、S、F、Cl、Br、I 等。

根据配体中所含配位原子的数目不同，将配体分为单基（又叫单齿）配体和多基（又叫多齿）配体。单基配体是指只含有一个配位原子的配体，如 NH_3、X^-、CN^- 等。多基配体是指含有两个或两个以上配位原子（同时形成两个以上配位键）的配体。如乙二胺（en）是二基配体，乙二胺四乙酸（EDTA）是六基配体。

由多基配体与同一金属离子配位形成的具有环状结构的配合物称为螯合物，如 $[Cu(en)_2]^{2+}$。其配位体又称螯合剂。螯合物中形成的环称为螯环，以五元环和六元环最为稳定。由于螯环的形成，使螯合物比一般配合物稳定得多，而且环越多，螯合物越稳定。这种由于螯环的形成而使螯合物稳定性增强的作用称为螯合效应。

(3) 配位数　在配合物中，与中心离子直接以配位键相结合的配位原子的总数称为该中心离子的配位数。对单基配体，中心离子的配位数等于配体的数目，如 $[AlF_6]^{3-}$ 中 Al^{3+}

的配位数为 6，$[Cu(NH_3)_4]SO_4$ 中 Cu^{2+} 的配位数为 4。而对多基配体，中心离子的配位数等于配体的数目乘以该配体的基数（齿数）。一般情况下，中心离子的配位数为 2～9，常见的是 2、4、6。配位数的多少取决于中心离子和配体的性质（其电荷、半径、核外电子排布等）以及配合物形成时的外界条件（如浓度、温度）。增大配体浓度、降低反应温度将有利于形成高配位数的配合物。

（4）配离子的电荷　配离子的电荷等于中心离子和配体电荷的代数和。

想一想

配位数与配位体的个数两者有何区别？指出下列各配合物中配位体的个数及配位数：

（1）$[Zn(EDTA)]^{2-}$　（2）$[Al(C_2O_4)_3]^{3-}$　（3）$[Fe(CN)_6]^{3-}$

2. 配合物的命名

根据“中国化学会无机化学命名原则”，配合物的命名服从一般无机化合物的命名原则。命名时阴离子在前，阳离子在后。

（1）配离子为阳离子的配合物　凡属于含配阳离子的配合物，其命名次序都是：①外界阴离子；②配体；③中心离子。配体和中心离子之间加“合”字。配体个数用一、二、三、四等数字表示，中心离子的氧化数以加括号的罗马数字表示并置于中心离子之后。例如：

$[Co(NH_3)_6]Cl_3$　三氯化六氨合钴(Ⅲ)

$[Ag(NH_3)_2]NO_3$　硝酸二氨合银(Ⅰ)

$[Pt(NH_3)_4](OH)_2$　二氢氧化四氨合铂(Ⅱ)

（2）配离子为阴离子的配合物　命名次序为：①配体；②中心离子；③外界阳离子。在中心离子与外界阳离子的名称之间加一“酸”字，其余同上。例如：

$K_2[PtCl_6]$　六氯合铂(Ⅳ)酸钾

$K_3[Fe(CN)_6]$　六氰合铁(Ⅲ)酸钾

$H_2[PtCl_6]$　六氯合铂(Ⅳ)酸

（3）含有多种配体的配合物　配体的次序按先阴离子、后中性分子排列，不同的配体名称间以小圆点“·”分开。若配体同是阴离子或中性分子，则按配位原子元素符号的英文字母顺序排列。例如：

$[Co(NH_3)_4Cl_2]Cl$　氯化二氯·四氨合钴(Ⅲ)

$[Co(NH_3)_5H_2O]Cl_3$　三氯化五氨·一水合钴(Ⅲ)

（4）没有外界的配合物　命名方法与上面是相同的，只是没有外界而已。氧化数为零的可不标出。例如：

$[Fe(CO)_5]$　五羰基合铁

$[Pt(NH_3)_2Cl_2]$　二氯·二氨合铂(Ⅱ)

（5）配离子　配离子的命名与上面相同，只是没有外界部分的名称。例如：

$[Co(NH_3)_6]^{3+}$　六氨合钴(Ⅲ)配离子

$[PtCl_6]^{2-}$　六氯合铂(Ⅳ)配离子

对于配离子的命名，其中的“配”字也可省去。

在以上的命名中，经常需要知道中心离子的氧化数，这可由配离子的电荷等于中心离子和配体电荷的代数和而求得。

练一练

命名下列各配合物：

(1) $[Ag(NH_3)_2]Cl$　(2) $[Cu(NH_3)_4]^{2+}$　(3) $K_4[Fe(CN)_6]$

(4) $[PtCl_3(NH_3)]^-$　(5) $H_2[SiF_6]$　(6) $[CoCl_3(NH_3)_3]$

3. 配合物的稳定常数

在配位反应中，配合物的形成和解离同处于相对平衡的状态中，其平衡常数可用稳定常数(生成常数)或不稳定常数(解离常数)表示，本书采用稳定常数表示。若中心离子为 M^{n+}(省去电荷时以 M 表示)、配位体为 L^-(省去电荷时以 L 表示)，则生成配合物的反应为：

$$M^{n+}+xL^- \rightleftharpoons ML_x^{n-x}$$

达平衡时

$$K=\frac{[ML_x^{n-x}]}{[M^{n+}][L^-]^x} \tag{6-1}$$

此式即稳定常数表达式。K 即配合物的稳定常数，它的大小表示配合物生成倾向的大小，同时也表明配合物稳定性的高低，K 值越大，配合物越稳定。通常配合物的稳定常数用“$K_稳$”或“$\lg K_稳$”表示，以与其他化学平衡常数相区别。不同的配合物，其稳定常数不同。附录 2 列出了一些金属配合物的稳定常数。

应当注意，在书写配合物的稳定常数表达式时，所有浓度均为平衡浓度。

由配合物稳定常数的大小可以判断配位反应完成的程度以及是否可用于滴定分析。

4. 分步配位

同型配合物，根据其稳定常数 $K_稳$ 的大小，可以比较其稳定性。例如，Ag^+ 能与 NH_3 和 CN^- 形成两种同型配合物，它们的稳定常数不同。

$$Ag^+ +2CN^- \rightleftharpoons [Ag(CN)_2]^- \qquad \lg K_稳=21.1$$

$$Ag^+ +2NH_3 \rightleftharpoons [Ag(NH_3)_2]^+ \qquad \lg K_稳=7.40$$

从稳定常数的大小可以看出，$[Ag(CN)_2]^-$ 配离子远比 $[Ag(NH_3)_2]^+$ 配离子稳定。两种同型配合物稳定性的不同，决定了形成配合物的先后次序。例如，若在同时含有 NH_3 和 CN^- 的溶液中加入 Ag^+，则必定是先形成稳定性大的 $[Ag(CN)_2]^-$ 配离子，当 CN^- 与 Ag^+ 配位完全后，才可形成 $[Ag(NH_3)_2]^+$ 配离子。同样，当两种金属离子都能与同一配位体形成两种同型配合物时，其配位次序也是如此。像这种两种配位体都能与同一种金属离子形成两种同型配合物或两种金属离子都能与同一种配位体形成两种同型配合物时，其配位次序总是稳定常数大的配合物先生成，而稳定常数小的后配位的现象，称为“分步配位”。但应指出：只有当两者的稳定常数 $K_稳$ 值相差足够大(10^5 倍)时，才能完全分步，否则就会交叉进行，即 $K_稳$ 大的未配位完全时，$K_稳$ 小的就开始发生配位反应。

5. 置换配位

当同一金属离子与不同配位剂形成的配合物稳定性不同时，则可用形成稳定配合物的配位剂把较不稳定配合物中的配位剂置换出来，或同一配位剂与不同金属离子形成的配合物稳定性不同时，可用形成稳定配合物的金属离子把较不稳定配合物中的金属离子置换出来，由稳定常数较小的配合物转化为稳定常数较大的配合物，这种现象叫置换配位。例如，向含有 $[Ag(NH_3)_2]^+$ 配离子的溶液中加入 CN^-，则 CN^- 可把 NH_3 置换出来，形成 $[Ag(CN)_2]^-$ 配离子，即

$$[Ag(NH_3)_2]^+ +2CN^- \rightleftharpoons [Ag(CN)_2]^- +2NH_3$$

又如乙二胺四乙酸（EDTA）可以和许多金属离子形成稳定性不同的配合物，例如 EDTA-Mg^{2+} 的 $\lg K_{稳}=8.7$，EDTA-Fe^{3+} 的 $\lg K_{稳}=25.1$，当向含有 EDTA-Mg^{2+} 配合物的溶液中加入 Fe^{3+} 时，则 Fe^{3+} 可把 Mg^{2+} 置换出来，形成更加稳定的 EDTA-Fe^{3+} 配合物。

$$\text{EDTA-}Mg^{2+}+Fe^{3+}\rightleftharpoons \text{EDTA-}Fe^{3+}+Mg^{2+}$$

可见，置换配位就是用形成稳定配合物的配位剂或金属离子置换较不稳定配合物中的配位剂或金属离子，置换配位的结果是生成更加稳定的配合物。

以上介绍的利用配合物的稳定常数来考虑配合物的分步配位以及置换配位，都是配位滴定中遇到的最基本的问题。

查一查

查阅文献资料，了解配合物在分析化学、生物化学、医药行业、冶金工业以及电镀工业等各领域的应用情况。

二、配位滴定对反应的要求

配位滴定法是以形成稳定配合物的配位反应为基础，以配位剂或金属离子标准滴定溶液进行滴定的滴定分析方法。能形成配合物的反应很多，但能用于配位滴定的反应必须符合以下要求：

① 生成的配合物必须足够稳定，以保证反应完全，一般应满足 $K_{稳}\geqslant 10^8$。

② 生成的配合物要有明确组成，即在一定条件下只形成一种配位数的配合物，这是定量分析的基础。

③ 配位反应速率要快。

④ 能选用比较简便的方法确定滴定终点。

由于大多数无机配合物的稳定性不高，并且存在逐级配位现象，无法确定其化学计量关系。因此，在无机及分析化学中，人们常用有机配位剂特别是氨羧配位剂，使之与大多数金属离子形成组成一定、稳定性好的配合物，从而弥补了无机配合物的某些不足。利用氨羧配位剂进行定量分析的方法，是配位滴定最常用的方法，可直接或间接测定许多种元素。

三、氨羧配位剂

氨羧配位剂是一类以氨基二乙酸基团［$—N(CH_2COOH)_2$］为基体的有机化合物，其分子中含有配位能力很强的氨氮（$:N<$）和羧氧（$—C(=O)O—$）两种配位原子，它们能与许多金属离子形成稳定的配合物。氨羧配位剂的种类很多，比较重要的有以下四种。

（1）乙二胺四乙酸（简称 EDTA）

$$(HOOCCH_2)_2N—CH_2—CH_2—N(CH_2COOH)_2$$

（2）环己烷二胺四乙酸（简称 CDTA 或 DCTA）

$$\text{环己烷-1,2-二基}:\ CH—\overset{+}{N}H(CH_2COO^-)(CH_2COOH);\ CH—\overset{+}{N}H(CH_2COO^-)(CH_2COOH)$$

（3）乙二醇二乙醚二胺四乙酸（简称 EGTA）

$$\begin{array}{l} \mathrm{CH_2{-}O{-}CH_2{-}CH_2{-}\overset{+}{N}H}\begin{cases}\mathrm{CH_2COO^-}\\ \mathrm{CH_2COOH}\end{cases} \\ | \\ \mathrm{CH_2{-}O{-}CH_2{-}CH_2{-}\overset{+}{N}H}\begin{cases}\mathrm{CH_2COO^-}\\ \mathrm{CH_2COOH}\end{cases} \end{array}$$

(4) 乙二胺四丙酸(简称 EDTP)

$$\begin{array}{l} \mathrm{CH_2{-}\overset{+}{N}H}\begin{cases}\mathrm{CH_2CH_2COO^-}\\ \mathrm{CH_2CH_2COOH}\end{cases} \\ | \\ \mathrm{CH_2{-}\overset{+}{N}H}\begin{cases}\mathrm{CH_2CH_2COO^-}\\ \mathrm{CH_2CH_2COOH}\end{cases} \end{array}$$

其他还有氨三乙酸（NTA)、三乙四胺六乙酸（TTHA）等。在配位滴定中，以乙二胺四乙酸（EDTA）的应用最为广泛，本章主要介绍以 EDTA 为滴定剂的配位滴定法。

第二节　EDTA 及其配合物

一、EDTA 的性质及其解离平衡

乙二胺四乙酸（ethylene diamine tetra-acetic acid，EDTA）是一种四元酸，习惯上用缩写符号“H_4Y”表示。由于 H_4Y 在水中溶解度较小，实际应用时通常用它的二钠盐 $Na_2H_2Y \cdot 2H_2O$，一般也用 EDTA 表示。在水溶液中，EDTA 两个羧基上的 H^+ 转移到 N 原子上，形成双偶极离子，其结构为：

$$\begin{array}{c} \mathrm{HOOCCH_2} \\ \mathrm{^-OOCCH_2} \end{array}\!\!\Big\rangle\overset{+}{\underset{H}{N}}\mathrm{{-}CH_2{-}CH_2{-}}\overset{+}{\underset{H}{N}}\Big\langle\!\!\begin{array}{c} \mathrm{CH_2COO^-} \\ \mathrm{CH_2COOH} \end{array}$$

当 H_4Y 溶于酸度很高的溶液时，它的两个羧酸根还可再接受 H^+ 而形成 H_6Y^{2+}，这样，EDTA 就相当于六元酸，有六级解离平衡。

$$H_6Y^{2+} \rightleftharpoons H^+ + H_5Y^+ \qquad K_{a1} = \frac{[H^+][H_5Y^+]}{[H_6Y^{2+}]}$$

$$H_5Y^+ \rightleftharpoons H^+ + H_4Y \qquad K_{a2} = \frac{[H^+][H_4Y]}{[H_5Y^+]}$$

$$H_4Y \rightleftharpoons H^+ + H_3Y^- \qquad K_{a3} = \frac{[H^+][H_3Y^-]}{[H_4Y]}$$

$$H_3Y^- \rightleftharpoons H^+ + H_2Y^{2-} \qquad K_{a4} = \frac{[H^+][H_2Y^{2-}]}{[H_3Y^-]}$$

$$H_2Y^{2-} \rightleftharpoons H^+ + HY^{3-} \qquad K_{a5} = \frac{[H^+][HY^{3-}]}{[H_2Y^{2-}]}$$

$$HY^{3-} \rightleftharpoons H^+ + Y^{4-} \qquad K_{a6} = \frac{[H^+][Y^{4-}]}{[HY^{3-}]}$$

EDTA 在水溶液中总是以 H_6Y^{2+}、H_5Y^+、H_4Y、H_3Y^-、H_2Y^{2-}、HY^{3-}、Y^{4-} 七种型体存在，而且在不同的酸度下，各种型体的浓度（亦即各存在型体所占的分布分数 δ）是不同的。如图 6-2 所示。

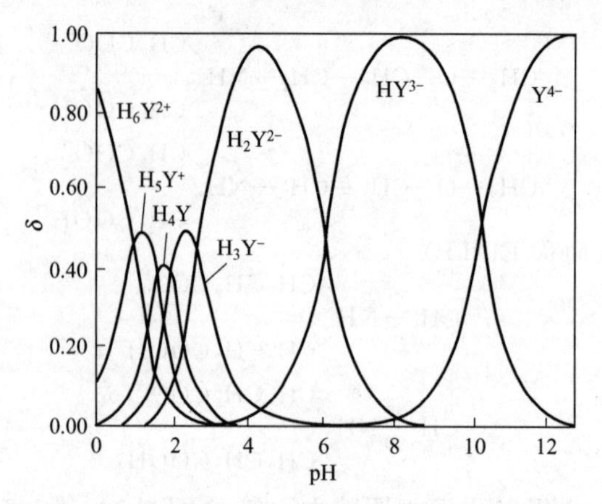

图 6-2　EDTA 各种型体在不同 pH 时的分布曲线

21. 动画：EDTA 各型体在不同 pH 时的分布曲线

由图 6-2 可以看出，在不同 pH 时 EDTA 的主要存在型体不同。在七种型体中，只有 Y^{4-} 能与金属离子直接配位。溶液的酸度越低，Y^{4-} 存在型体越多，当溶液 pH 很大（pH≥12）时，EDTA 几乎完全以 Y^{4-} 形式存在。因此，溶液的酸度越低，EDTA 的配位能力越强。

二、EDTA 与金属离子的配位特点

EDTA 分子中 Y^{4-} 的结构具有两个氨基和四个羧基，其氨氮原子和羧氧原子都有孤对电子，能与金属离子形成配位键，可作为六基配位体与绝大多数金属离子形成稳定的配合物，其特点如下。

1. 形成的配合物相当稳定

EDTA 与金属离子反应形成具有五个五元环（四个 C—C—C—N（C 与 N 经 M 成环）五元环及一个 N—C—C—N（两端 N 经 M 成环）五元环）的螯合物，其立体结构如图 6-3 所示。具有这类环状结构的螯合物都很稳定，故配位反应完全。

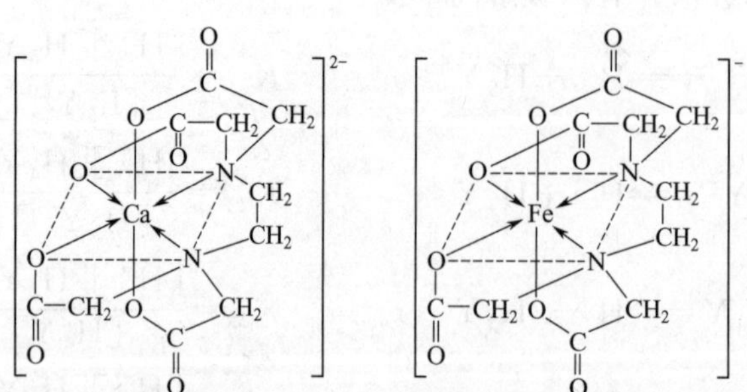

图 6-3　EDTA 与 Ca^{2+}、Fe^{3+} 配合物的立体结构示意图

2. 形成的配合物组成一定

形成的配合物组成一定，一般情况下配位比为 1∶1，计量关系简单。

由于多数金属离子的配位数不会超过 6，所以 EDTA 能与大多数金属离子发生配位反应，而且与不同价态（1～4 价）金属离子配位时形成 1∶1 型配合物。例如：

$$Ca^{2+} + Y^{4-} \rightleftharpoons CaY^{2-}$$

$$Fe^{3+} + Y^{4-} \rightleftharpoons FeY^{-}$$

故通式为：

$$M^{n+}+Y^{4-}\rightleftharpoons MY^{(n-4)}$$

为方便起见，可省去电荷，写为：

$$M+Y\rightleftharpoons MY \tag{6-2}$$

只有极少数高价金属离子，如锆(Ⅳ)、钼(Ⅵ) 等与 EDTA 形成 2∶1 型配合物。

3. 配位反应比较迅速

大多数金属离子与 EDTA 形成配合物的反应瞬间即可完成，只有极少数金属离子（如 Cr^{3+}、Fe^{3+}、Al^{3+}）室温下反应较慢，可加热促使反应迅速进行。

4. 形成的配合物易溶于水

EDTA 分子中含有四个亲水的羧氧基团，且形成的配合物多带有电荷，因而 EDTA 与金属离子形成的配合物易溶于水。而且，EDTA 与无色金属离子形成无色配合物，如 CaY、ZnY、AlY 等；与有色金属离子形成颜色更深的配合物，例如：

CuY	CoY	NiY	FeY	CrY	MnY
深蓝色	玫瑰紫色	蓝绿色	黄色	深紫色	紫红色

所以滴定有色离子时，试液浓度不能太大，以免用指示剂确定滴定终点时带来困难。

5. 配位能力随 pH 增大而增强

EDTA 与金属离子的配位能力随溶液的 pH 增大而增强，这是由于 EDTA 解离产生的 Y^{4-}，其浓度随溶液的 pH 增大而增大的缘故。

第三节　EDTA 配合物的解离平衡

一、EDTA 与金属离子的主反应及配合物的稳定常数

如前所述，EDTA 能与许多金属离子形成 1∶1 型的配合物，反应通式为：

$$M + Y \rightleftharpoons MY$$

此反应为配位滴定的主反应，平衡时配合物的稳定常数为：

$$K_{MY}=\frac{[MY]}{[M][Y]} \tag{6-3}$$

K_{MY} 越大，表示配合物越稳定。EDTA 与不同金属离子形成的配合物，其稳定性是不同的。一些常见金属离子与 EDTA 所形成的配合物的稳定常数如表 6-1 所示。

表 6-1　EDTA 与金属离子配合物的稳定常数

（溶液离子强度 $I=0.1$，温度 20℃）

阳离子	$\lg K_{MY}$	阳离子	$\lg K_{MY}$	阳离子	$\lg K_{MY}$
Na^{+}	1.66	Al^{3+}	16.3	Sn^{2+}	22.11
Li^{+}	2.79	Co^{2+}	16.31	Th^{4+}	23.2
Ba^{2+}	7.86	Cd^{2+}	16.46	Cr^{3+}	23.4
Sr^{2+}	8.73	Zn^{2+}	16.50	Fe^{3+}	25.1
Mg^{2+}	8.69	Pb^{2+}	18.04	U^{4+}	25.80
Ca^{2+}	10.69	Y^{3+}	18.09	V^{3+}	25.9
Mn^{2+}	13.87	Ni^{2+}	18.62	Bi^{3+}	27.94
Fe^{2+}	14.32	Cu^{2+}	18.80	Sn^{4+}	34.5
Ce^{3+}	15.98	Hg^{2+}	21.8	Co^{3+}	36.0

由表 6-1 可以看出，金属离子与 EDTA 形成配合物的稳定性随金属离子的不同而差别很大，这主要取决于金属离子本身的离子电荷数、离子半径和电子层结构。金属离子电荷数越高，离子半径越大，电子层结构越复杂，配合物的稳定常数就越大。这是金属离子影响配合物稳定性大小的本质因素。此外，溶液的温度、酸度和其他配位体的存在等外界条件的变化也影响配合物的稳定性。

二、影响配位平衡的主要因素

在配位滴定中，除待测金属离子 M 与 Y 的主反应外，反应物 M 和 Y 及反应产物 MY 都可能因溶液的酸度、试样中共存的其他金属离子、加入的掩蔽剂或其他辅助配位剂的存在发生副反应，从而影响主反应的进行。其综合影响如下式所示：

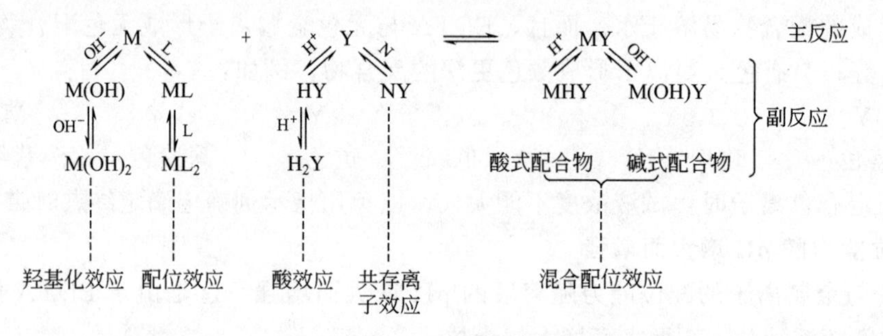

综合反应式中，L 为其他辅助配位剂，N 为共存干扰离子。除主反应外，其他反应皆称为副反应。

由综合反应式可以看出，若反应物 M 或 Y 发生了副反应，则不利于主反应的进行；若反应产物 MY 发生了副反应，则有利于主反应的进行。下面主要讨论对配位平衡影响较大的 EDTA 的酸效应和金属离子 M 的配位效应。

1. EDTA 的酸效应及酸效应系数

式（6-3）中 K_{MY} 是描述在没有任何副反应时，生成配合物的稳定程度。而实际分析工作中，外界条件特别是酸度对 EDTA 配合物 MY 的稳定性是有影响的。如前所述，在 EDTA 的七种型体中，只有 Y 能与金属离子直接配位，Y 的浓度越小，越不利于 MY 的形成。而 Y 的浓度受 H^+ 的影响，其配位能力随 H^+ 浓度的增加而降低。这种由于溶液中 H^+ 的存在，使配位剂 EDTA 参加主反应的能力降低的现象称为 EDTA 的酸效应。其影响程度的大小可用酸效应系数来衡量。酸效应系数为 EDTA 的总浓度 c_Y 与游离 Y 的平衡浓度［Y］的比值，用符号 $\alpha_{Y(H)}$ 表示，即

$$\alpha_{Y(H)}=\frac{c_Y}{[Y]} \tag{6-4}$$

式中，c_Y 为 EDTA 的总浓度，$c_Y=[Y]+[HY]+[H_2Y]+\cdots+[H_6Y]$。

可见，$\alpha_{Y(H)}$ 表示在一定 pH 下，未与金属离子配位的 EDTA 各种型体的总浓度是游离 Y 平衡浓度的多少倍，显然 $\alpha_{Y(H)}$ 是 Y 的分布分数 δ_Y 的倒数，并可根据 EDTA 的各级解离常数及溶液中的 H^+ 浓度计算出来。

$$\alpha_{Y(H)}=\frac{[Y]+[HY]+\cdots+[H_6Y]}{[Y]}=\frac{1}{\delta_Y}$$

经推导、整理即可得出

$$\alpha_{Y(H)}=1+\frac{[H^+]}{K_{a6}}+\frac{[H^+]^2}{K_{a6}K_{a5}}+\cdots+\frac{[H^+]^6}{K_{a6}K_{a5}\cdots K_{a1}}$$

显然 $\alpha_{Y(H)}$ 值与溶液酸度有关，它随溶液 pH 的增大而减小，$\alpha_{Y(H)}$ 越大，表示参加配位反应的 Y 的浓度越小，酸效应越严重。只有当 $\alpha_{Y(H)}=1$ 时，才说明 Y 没有发生副反应。因此，酸效应系数是判断 EDTA 能否滴定某金属离子的重要参数。不同 pH 时 EDTA 的 $\lg\alpha_{Y(H)}$ 值列于表 6-2。

表 6-2　不同 pH 时 EDTA 的 $\lg\alpha_{Y(H)}$ 值

pH	$\lg\alpha_{Y(H)}$	pH	$\lg\alpha_{Y(H)}$	pH	$\lg\alpha_{Y(H)}$
0.0	23.64	3.4	9.70	6.8	3.55
0.4	21.32	3.8	8.85	7.0	3.32
0.8	19.08	4.0	8.44	7.5	2.78
1.0	18.01	4.4	7.64	8.0	2.27
1.4	16.02	4.8	6.84	8.5	1.77
1.8	14.27	5.0	6.45	9.0	1.28
2.0	13.51	5.4	5.69	9.5	0.83
2.4	12.19	5.8	4.98	10.0	0.45
2.8	11.09	6.0	4.65	11.0	0.07
3.0	10.60	6.4	4.06	12.0	0.01

从表 6-2 可以看出，多数情况下 $\alpha_{Y(H)}$ 大于 1，c_Y 大于 [Y]，只有在 pH＞12 时，$\alpha_{Y(H)}$ 才近似等于 1，此时 EDTA 几乎完全解离为 Y，[Y] 等于 c_Y，EDTA 的配位能力最强。

2. 金属离子的配位效应及配位效应系数

当 EDTA 与金属离子 M 配位时，溶液中如果有其他能与金属离子 M 反应的配位剂 L（辅助配位体、缓冲溶液中的配位体或掩蔽剂等）存在，则由于其他配位剂 L 与金属离子 M 的配位反应，会使金属离子 M 参加主反应的能力降低，这种现象称为金属离子的配位效应。其影响程度的大小可用配位效应系数来衡量。配位效应系数为金属离子的总浓度 c_M 与游离金属离子浓度[M]的比值，用符号 $\alpha_{M(L)}$ 表示，即

$$\alpha_{M(L)}=\frac{c_M}{[M]} \tag{6-5}$$

式中，c_M 为金属离子 M 的总浓度，$c_M=[M]+[ML]+[ML_2]+\cdots+[ML_n]$。

可见，$\alpha_{M(L)}$ 表示未与 Y 配位的金属离子 M 的各种存在形式的总浓度是游离金属离子浓度的多少倍。当 $\alpha_{M(L)}=1$ 时，$c_M=[M]$，表示金属离子没有发生副反应；$\alpha_{M(L)}$ 值越大，表示金属离子 M 的副反应配位效应越严重，越不利于主反应的进行。

当配位剂浓度 [L] 一定时，$\alpha_{M(L)}$ 为一定值，此时游离金属离子浓度则为：

$$[M]=\frac{c_M}{\alpha_{M(L)}}$$

三、条件稳定常数

当没有任何副反应存在时，配合物 MY 的稳定常数用 K_{MY}（或 $K_{稳}$）来表示，它不受溶液浓度、酸度等外界条件的影响，所以又称绝对稳定常数。它只有在 EDTA 全部解离成 Y，而且金属离子 M 的浓度未受其他条件影响时才适用。但当 M 和 Y 的配位反应在一定酸度下进行，且有其他金属离子共存以及 EDTA 以外的其他配位体存在时，可能会有副反应发生，

从而影响主反应的进行。此时稳定常数 K_{MY} 就不能客观地反映主反应进行的程度，为此引入条件稳定常数的概念。

条件稳定常数又称表观稳定常数，它是将各种副反应如酸效应、配位效应、共存离子效应、羟基化效应(水解效应）等因素都考虑进去以后配合物 MY 的实际稳定常数，用 K'_{MY} 或 $K'_{稳}$ 表示。若溶液中没有干扰离子(共存离子效应)，溶液酸度又高于金属离子 M 的羟基化(水解效应）酸度时，则只考虑 EDTA 的酸效应和金属离子的配位效应来讨论条件稳定常数。

当溶液具有一定酸度和有其他配位剂存在时，由 H^+ 引起的酸效应，使 [Y] 降低，由配位剂 L 引起的配位效应，使 [M] 降低，则反应达平衡时，其配合物 MY 的实际稳定常数，应该采用溶液中未形成 MY 配合物的 EDTA 的总浓度 c_Y 和 M 的总浓度 c_M 表示，即

$$K'_{MY}=\frac{[MY]}{c_M c_Y} \tag{6-6}$$

根据式(6-4）和式(6-5)，得

$$K'_{MY}=\frac{[MY]}{[M]\alpha_{M(L)}[Y]\alpha_{Y(H)}}=\frac{K_{MY}}{\alpha_{M(L)}\alpha_{Y(H)}}$$

或用对数式表示为：

$$\lg K'_{MY}=\lg K_{MY}-\lg\alpha_{M(L)}-\lg\alpha_{Y(H)} \tag{6-7}$$

此式是处理配位平衡的重要公式。

由于 EDTA 是一个多元酸，所以 EDTA 的酸效应总是存在而不能忽略的。当溶液中没有其他配位剂存在或其他配位剂 L 不与待测金属离子 M 反应（即 $\alpha_{M(L)}=1$)，只有酸效应的影响时，则

$$K'_{MY}=\frac{[MY]}{[M]c_Y}=\frac{K_{MY}}{\alpha_{Y(H)}} \quad 或 \quad \lg K'_{MY}=\lg K_{MY}-\lg\alpha_{Y(H)} \tag{6-8}$$

式中，K'_{MY} 是只考虑了酸效应后的 EDTA 与金属离子 M 形成的配合物 MY 的稳定常数，即在一定酸度条件下用 EDTA 溶液总浓度表示的稳定常数，它表明对同一配合物，其条件稳定常数 K'_{MY} 随溶液的 pH 不同而改变，其大小反映了在相应 pH 条件时形成配合物的实际稳定程度，它是判断滴定可能性的重要依据。

【例题 6-1】 只考虑酸效应，求 pH=2.0 和 pH=5.0 时 ZnY 的 $\lg K'_{ZnY}$。

解 已知 $\lg K_{ZnY}=16.50$，依据式(6-8) 计算如下：

pH=2.0 时，查表 6-2 得 $\lg\alpha_{Y(H)}=13.51$，所以 $\lg K'_{ZnY}=16.50-13.51=2.99$

pH=5.0 时，查表 6-2 得 $\lg\alpha_{Y(H)}=6.45$，所以 $\lg K'_{ZnY}=16.50-6.45=10.05$

由计算可知，在 pH=2.0 时，$\lg K'_{ZnY}=2.99$，说明生成的 ZnY 很不稳定，因此，此时不能用 EDTA 准确滴定 Zn^{2+}；在 pH=5.0 时，$\lg K'_{ZnY}=10.05$，说明此时生成的 ZnY 很稳定，能用 EDTA 准确滴定 Zn^{2+}。

由上例可见，应用条件稳定常数 K'_{MY} 比用稳定常数 K_{MY} 更能正确地判断金属离子与 EDTA 的实际配位情况。因此，K'_{MY} 在选择配位滴定的 pH 条件时有着重要的意义，由表 6-2 和式(6-8) 可知：pH 越大，$\lg\alpha_{Y(H)}$ 越小，$\lg K'_{稳}$ 越大，对滴定越有利。但溶液的 pH 不能无限增大，否则某些金属离子会水解生成氢氧化物沉淀，就难以用 EDTA 直接滴定，因此需降低溶液的 pH。pH 降低（即酸度升高)，$\lg K'_{MY}$ 就减小，对稳定性高的配合物，溶液的 pH 稍低一些，仍可滴定；而对稳定性差的配合物，若溶液的 pH 低至一定程度，其配合物就不再稳定，此时就不能准确滴定。

例如，$\lg K_{FeY}=25.1$，pH=2.0 时，$\lg K'_{FeY}=25.1-13.51=11.59$，由计算可知在 pH=2.0 时 FeY 很稳定，所以能够滴定 Fe^{3+}；但对于 Mg^{2+}，其 $\lg K_{MgY}=8.69$，在 pH=2.0 时 $\lg K'_{MgY}=8.69-13.51$ 为负值，说明在此条件下 Mg^{2+} 与 EDTA 不能形成配合物。实验表明，即使在 pH 为 5～6 时，MgY 也几乎全部解离，只有在 pH 不低于 9.7 的碱性溶液中，滴定才可顺利进行。可见，对不同的金属离子，滴定时都有各自所允许的最低 pH(即最高酸度)。

四、滴定所允许的最低 pH 和酸效应曲线

要确定各种金属离子 M 滴定时允许的最低 pH，若只考虑酸效应，仍需从式(6-8) 来考虑。现假设 M 和 EDTA 的初始浓度均为 c，滴定到达化学计量点时，形成配合物 MY，为简便起见，滴定过程中溶液体积的改变不予考虑，则[MY]≈c。若允许误差为 0.1%，则在化学计量点时，游离金属离子的浓度和游离 EDTA 的总浓度都应小于或等于 $c\times0.1\%$，将此关系应用于式(6-8)，得

$$K'_{MY}\geqslant\frac{[MY]}{[M]c_Y}\geqslant\frac{c}{(c\times0.1\%)^2}\geqslant\frac{1}{c\times10^{-6}}$$

由此得出准确滴定单一金属离子的条件：

$$c_MK'_{MY}\geqslant10^6 \qquad 或 \quad \lg(c_MK'_{MY})\geqslant6 \tag{6-9}$$

其中，c_M 为金属离子的浓度。在配位滴定中，被滴金属离子 M 和 EDTA 的浓度通常在 10^{-2}mol/L 数量级，此时则有

$$\lg K'_{MY}\geqslant8 \tag{6-10}$$

这说明，当用 EDTA 标准滴定溶液滴定与其浓度相同的单一金属离子溶液时，如能满足式(6-9) 条件 [c = 0.01mol/L 时，满足式(6-10)条件]，则一般可获准确结果，误差≤0.1%。

如果不考虑其他配位剂所引起的副反应，则 $\lg K'_{MY}$ 值的大小主要取决于溶液的酸度，当溶液酸度高于某一限度时，则不能准确滴定。这一限度就是配位滴定该金属离子所允许的最低 pH。

滴定金属离子 M 所允许的最低 pH，与待测金属离子的浓度有关。若待测金属离子的浓度 c_M 为 0.01mol/L，这时 $\lg K'_{MY}\geqslant8$，金属离子可被准确滴定。由式(6-8) 和式(6-10) 得

$$\lg\alpha_{Y(H)}\leqslant\lg K_{MY}-8 \tag{6-11}$$

按上式计算可得 $\lg\alpha_{Y(H)}$，它所对应的 pH 就是滴定该金属离子 M 所允许的最低 pH。

【例题 6-2】 已知 Mg^{2+} 和 EDTA 的浓度均为 0.01mol/L。(1)求 pH=6 时的 $\lg K'_{MgY}$，并判断能否进行准确滴定；(2)若 pH=6 时不能准确滴定，试确定滴定允许的最低 pH。

解 查表 6-1 得 $\lg K_{MgY}=8.69$。

(1) pH=6 时，$\lg\alpha_{Y(H)}=4.65$。所以

$\lg K'_{MgY}=\lg K_{MgY}-\lg\alpha_{Y(H)}=8.69-4.65=4.04<8$

故在 pH=6 时，用 EDTA 不能准确滴定 Mg^{2+}。

(2) 由于 $c_{Mg}=c_{EDTA}=0.01$mol/L，所以，根据式(6-11) 得

$$\lg\alpha_{Y(H)}\leqslant\lg K_{MgY}-8=8.69-8=0.69$$

查表 6-2 得对应的 pH=9.7，此即为滴定 Mg^{2+} 时所允许的最低 pH。此值说明，在 pH≥9.7 的溶液中，Mg^{2+} 能被 EDTA 准确滴定。

若将各金属离子的 $\lg K_{MY}$ 值代入式(6-11)，即可求出相应的最大 $\lg\alpha_{Y(H)}$ 值。查表可得滴定该金属离子 M 所允许的最低 pH。将各金属离子的稳定常数 $\lg K_{MY}$ 值与滴定允许的最低 pH 绘成 pH-$\lg K_{MY}$ 曲线，称之为 EDTA 的酸效应曲线，如图 6-4 所示。

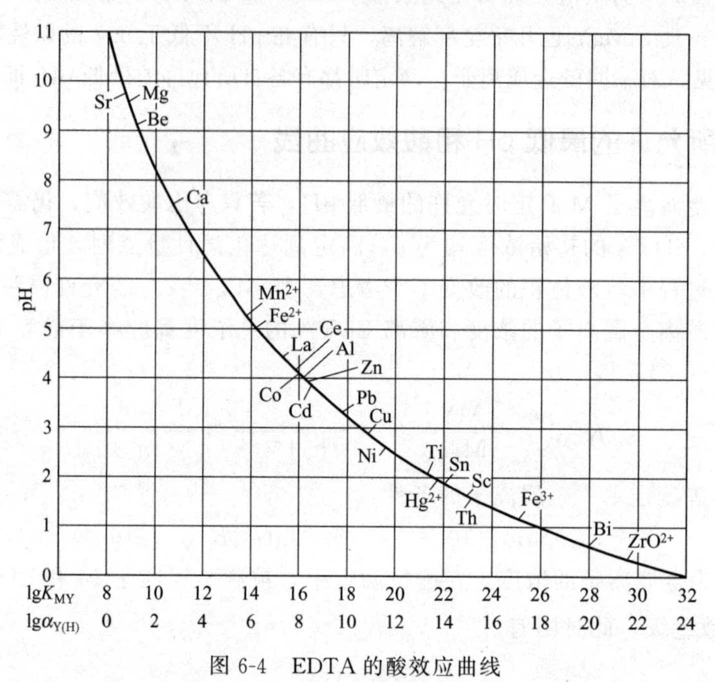

图 6-4 EDTA 的酸效应曲线

（金属离子浓度为 0.01mol/L，允许测定的相对误差为±0.1%）

酸效应曲线可以用来确定滴定所允许的最低 pH 条件，用来判断干扰情况，以及用来控制酸度进行连续测定。

(1) 确定滴定时所允许的最低 pH 条件　从图 6-4 曲线上可以找出滴定各金属离子时所允许的最低 pH。如果小于该 pH，就不能配位或配位不完全。例如，滴定 Fe^{3+} 时，pH 必须大于 1；滴定 Zn^{2+} 时，pH 必须大于 4。实际滴定时所采用的 pH 要比允许的最低 pH 高一些，这样可以保证被滴定的金属离子配位更完全。但要注意，过高的 pH 可能会引起金属离子的羟基化（或水解），形成羟基化合物（或氢氧化物沉淀）。例如，滴定 Mg^{2+} 时，pH 应大于 9.7，但若 pH>12，Mg^{2+} 形成 $Mg(OH)_2$ 沉淀而不与 EDTA 配位。

(2) 判断干扰情况　从图 6-4 曲线上可以判断在一定 pH 条件下滴定某金属离子时，哪些离子有干扰。一般而言，酸效应曲线上待测金属离子右下方的离子都干扰测定。例如在 pH=4 时滴定 Zn^{2+}，若溶液中存在 Pb^{2+}、Cu^{2+}、Fe^{3+}，它们都能与 EDTA 配位而干扰 Zn^{2+} 的测定。至于曲线上待测离子 M 左上方的离子 N，在两者浓度相近时，若 $\lg K_{MY}-\lg K_{NY}>5$，可使 N 不干扰 M 的测定。

(3) 控制溶液酸度进行连续测定　从图 6-4 曲线可以看出，通过控制溶液酸度的办法，有可能在同一溶液中连续滴定几种金属离子。一般来说，曲线上相隔越远的离子越容易用控制溶液酸度的方法来进行选择性的滴定或连续滴定。例如，溶液中含有 Bi^{3+}、Zn^{2+} 和 Mg^{2+}，可在 pH=1 时滴定 Bi^{3+}，然后调节溶液 pH 为 5～6 时滴定 Zn^{2+}，最后再调节溶液 pH=10 滴定 Mg^{2+}。

此外，酸效应曲线还可兼作 pH-$\lg\alpha_{Y(H)}$ 图使用。图 6-4 中第二横坐标是 $\lg\alpha_{Y(H)}$，它与

$\lg K_{MY}$ 之间相差 8 个单位，故可代替表 6-2 使用。

需要特别说明的是，酸效应曲线是在一定条件和要求下得出的，它是以被滴定金属离子的分析浓度 c_M 为 0.01mol/L、测定时允许的相对误差为±0.1%作为特定条件，且只考虑了酸度对 EDTA 的影响，而没有考虑溶液的 pH 对金属离子 M 和配合物 MY 的影响，也没考虑其他配位剂存在的影响。所以由此得出的是较粗略的结果，实际分析时应视具体情况灵活运用。

第四节　配位滴定法的基本原理

一、配位滴定曲线

配位滴定中，被滴定的一般是金属离子。与酸碱滴定法类似，随着配位剂 EDTA 的不断加入，被滴定的金属离子浓度 [M]（通常以 pM=－lg[M] 值表示）不断发生改变，在化学计量点附近溶液的 pM 发生突变，表现出量变到质变的突跃规律。

如果只考虑 EDTA 的酸效应，则可由 $K'_{MY}=\frac{K_{MY}}{\alpha_{Y(H)}}=\frac{[MY]}{[M]c_Y}$ 计算出在不同 pH 溶液中，滴定到不同阶段时被滴定金属离子的浓度，并由此绘制出滴定曲线。溶液的 pH 不同，其 $K'_{稳}$ 也不同，故其滴定曲线也就不同，因此讨论绘制配位滴定曲线，必须指明是在哪一 pH 条件下的滴定曲线。图 6-5 是 pH=12 时，用 0.01000mol/L EDTA 标准滴定溶液滴定 20.00mL 0.01000mol/L Ca^{2+} 溶液的滴定曲线。

0.01000mol/L EDTA 在不同 pH 时滴定 0.01000mol/L Ca^{2+} 的滴定曲线如图 6-6 所示。

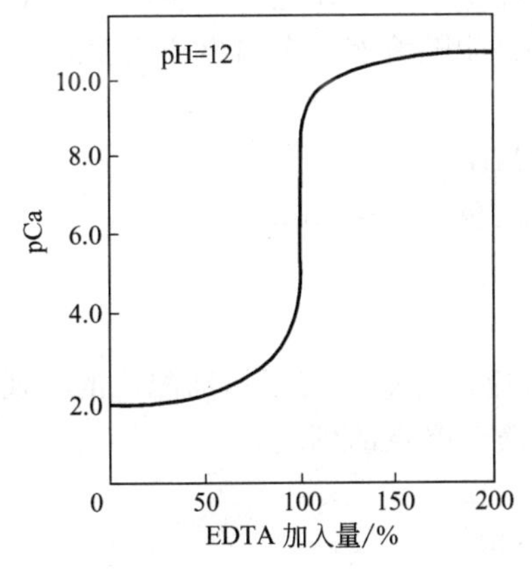

图 6-5　0.01000mol/L EDTA 滴定 0.01000mol/L Ca^{2+} 的滴定曲线

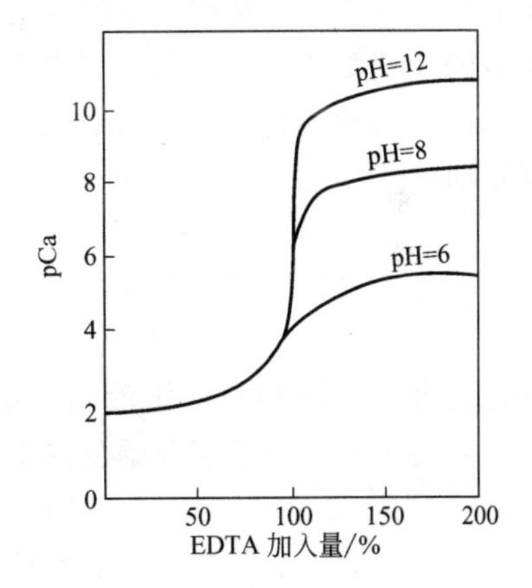

图 6-6　不同 pH 时 0.01000mol/L EDTA 滴定 0.01000mol/L Ca^{2+} 的滴定曲线

对某金属离子 M，当其 $\lg K'_{MY}=10$ 时，用不同浓度的 EDTA 标准滴定溶液滴定与其浓度相同的同一金属离子 M 的滴定曲线的绘制方法同上，如图 6-7 所示。

综合图 6-6 和图 6-7 可以看出，用 EDTA 滴定某金属离子 M(如 Ca^{2+}) 时，配合物的条件稳定常数和被滴定金属离子的浓度是影响配位滴定 pM 突跃的主要因素。

决定配合物条件稳定常数的因素，首先是其绝对稳定常数 K_{MY}，它随金属离子 M 的不同而不同。但由图 6-6 说明，对同一金属离子，在滴定允许的酸度范围内，pH 越大，配合物的条件稳定常数 K'_{MY} 越大，化学计量点附近滴定的 pM 突跃越大。

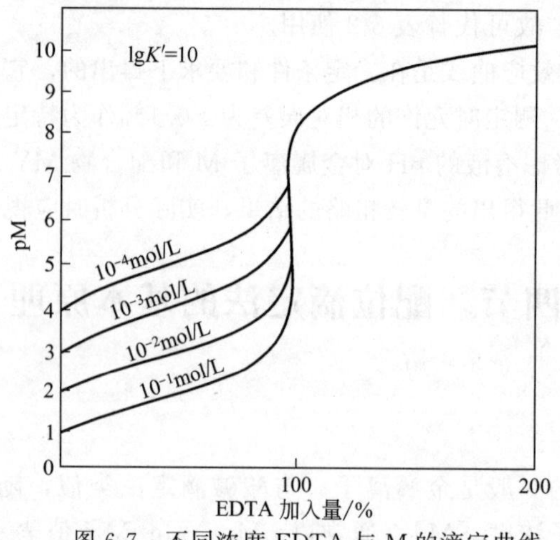

图 6-7 不同浓度 EDTA 与 M 的滴定曲线

由图 6-7 说明，对同一金属离子，其浓度越高，滴定的 pM 突跃越大。

特别指出，讨论配位滴定曲线的目的，主要是为了选择滴定时适宜的 pH 条件；其次是为选择指示剂提供一个大概的范围。这一点与讨论酸碱滴定曲线有所不同。

二、金属指示剂

配位滴定中确定滴定终点的方法很多，但最常用的还是金属指示剂法。

1. 金属指示剂的性质和作用原理

金属指示剂是一些结构复杂的有机配位剂，亦是金属离子的显色剂，能与金属离子形成有色配合物，其颜色与游离指示剂本身的颜色不同，它能随溶液中金属离子浓度的变化而变色，所以这类指示剂称为金属指示剂。

滴定前

$$\underset{}{M(少量)} + In \rightleftharpoons MIn$$

甲色　　乙色

滴定过程中，溶液中大量的游离金属离子 M 被滴定：

$$M + Y \rightleftharpoons MY$$

终点时再加入的 EDTA 溶液则会发生置换配位反应，夺取已与指示剂配位的金属离子，使指示剂游离出来，引起溶液颜色的变化，从而指示滴定终点的到达。

$$MIn + Y \rightleftharpoons MY + In$$

乙色　　　　　　甲色

与酸碱指示剂的推导过程类似，可求得金属指示剂变色点的 pM 值等于其配合物的 $\lg K'_{MIn}$，即 $pM = \lg K'_{MIn}$。选用指示剂时，要求在滴定的 pM 突跃范围内发生颜色变化，并且指示剂变色点的 pM 值应尽量与化学计量点的 pM 值一致或很接近，以减小终点误差。

应该指出，许多金属指示剂不仅具有配位剂的性质，而且通常是多元弱酸或多元弱碱，能随溶液 pH 变化而显示不同颜色，因此，使用金属指示剂也必须选用合适的 pH 范围。

2. 金属指示剂应具备的条件

从以上讨论可知，作为金属指示剂，必须具备下列条件。

① 在滴定的 pH 范围内，游离指示剂本身 In 的颜色与它和金属离子 M 形成的配合物 MIn 的颜色应有显著的区别，这样才能使终点颜色变化鲜明，便于滴定终点的判断。

② 指示剂与金属离子 M 的显色反应要灵敏、迅速，且有良好的可逆性。

③ 指示剂与金属离子 M 形成的有色配合物 MIn 要有适当的稳定性。一般 $K_{MIn}>10^4$，且指示剂与金属离子 M 的配合物 MIn 的稳定性必须小于 EDTA 与金属离子 M 的配合物 MY 的稳定性（满足 $\lg K'_{MY}-\lg K'_{MIn}\geqslant 2$），这样在滴定到达化学计量点时，指示剂才能被 EDTA 置换出来而显示终点的颜色变化。如果 MIn 不太稳定（$K_{MIn}<10^4$），则在化学计量点前指示剂就开始游离出来，使终点变色不敏锐，并使终点提前出现而引入负误差；另一方面，如果指示剂与金属离子 M 或共存的其他金属离子 N 形成更稳定的配合物（$K_{MIn}>K_{MY}$ 或 $K_{NIn}>K_{MY}$）而不能被 EDTA 置换，则虽加入大量 EDTA 也得不到终点，这种现象称为指示剂的封闭现象。若封闭现象是由溶液中的其他金属离子引起，可加入适当掩蔽剂来消除该离子的干扰；若封闭现象是由被滴定金属离子本身引起，它与指示剂形成配合物的颜色变化为不可逆，这时可用返滴定法予以消除。

④ 指示剂与金属离子 M 形成的配合物 MIn 应易溶于水。如果形成胶体溶液或沉淀，则滴定时，会使 EDTA 与 MIn 的置换作用进行得缓慢，从而使终点拖长，这种现象称为指示剂的僵化。为避免此现象的发生，可加入适当有机溶剂或将溶液加热，以增大有关物质的溶解度。同时加热还可以提高反应速率。在可能发生僵化时，临近终点更要缓缓滴定，剧烈摇动。

⑤ 指示剂应具有一定的选择性。即在一定条件下只对某一种（或某几种）金属离子发生显色反应。在此前提下，指示剂的颜色反应最好又有一定的广泛性，即在改变了滴定条件后，它又能作为滴定其他离子的指示剂，这样就能在连续滴定两种或两种以上的金属离子时，避免因加入多种指示剂而发生颜色干扰。

此外，金属指示剂的化学性质要稳定，不易氧化变质或分解，便于储存和使用。

3. 常用的金属指示剂

（1）铬黑 T（EBT）　EBT 可用 NaH_2In 表示，在水溶液中其阴离子 H_2In^- 随溶液 pH 的升高分二级解离而呈现三种不同的颜色：pH<6.3 时为紫红色，pH 为 8～10 时为蓝色，pH>11.6 时为橙色。铬黑 T 与金属离子 M 生成的配合物 MIn 一般显红色。由于 EBT 在 pH<6.3 和 pH>11.6 的溶液中，呈现的颜色与 MIn 的颜色相近，滴定终点时颜色变化不明显，所以 EBT 使用的最适宜酸度为 pH 8～10，可用 NH_3-NH_4Cl 缓冲溶液控制。在该 pH 范围内可用 EBT 作指示剂，用 EDTA 直接滴定 Mg^{2+}、Zn^{2+}、Cd^{2+}、Pb^{2+}、Ba^{2+}、Mn^{2+} 等离子。铬黑 T 作指示剂，在 pH=10 的条件下，用 EDTA 滴定 Ca^{2+}、Mg^{2+} 时，Fe^{3+}、Al^{3+}、Ni^{2+} 等对铬黑 T 有封闭作用，可加入少量三乙醇胺（掩蔽 Fe^{3+}、Al^{3+}）和 KCN（掩蔽 Ni^{2+}）以消除干扰。

（2）酸性铬蓝 K　其水溶液在 pH<7 时呈玫瑰红色，pH 为 8～13 时呈蓝色。在碱性溶液中，酸性铬蓝 K 与 Ca^{2+}、Mg^{2+}、Zn^{2+}、Mn^{2+} 等离子易形成红色配合物，因此它适宜在碱性溶液中使用。它对 Ca^{2+} 的灵敏度比 EBT 高。为了提高终点的敏锐性，通常将酸性铬蓝 K 与萘酚绿 B 混合［1∶(2～2.5)］使用，简称 KB 指示剂，它在碱性溶液中仍为蓝色，与金属离子 M 形成的配合物也为红色。pH=10 时测定 Ca^{2+}、Mg^{2+} 总量，可以 KB 指示剂确定滴定终点。在 pH=12.5 时也可指示单独测定 Ca^{2+} 含量的终点［此时 Mg^{2+} 已生成 $Mg(OH)_2$ 沉淀而不干扰 Ca^{2+} 的测定］。

（3）二甲酚橙　通常用的是二甲酚橙的四钠盐，它易溶于水，在 pH<6.3 时呈黄色，pH>6.3 时呈红色。它与金属离子形成的配合物 MIn 呈紫红色。为使终点变色明显，一般在 pH<6.3 的溶液中使用。许多金属离子，如 Bi^{3+}、Pb^{2+}、Zn^{2+}、Cd^{2+}、Hg^{2+} 等都可用二甲酚橙作指示剂直接滴定，终点由紫红色变为亮黄色，很敏锐。Fe^{3+}、Al^{3+}、Ni^{2+} 等对

二甲酚橙有封闭作用，测定这些离子时，可先加入准确过量的EDTA，然后再加入二甲酚橙，用 Zn^{2+} 或 Pb^{2+} 标准滴定溶液返滴定剩余的EDTA，终点由亮黄色变为紫红色。

(4) 钙指示剂　钙指示剂的水溶液在pH≈7时呈紫色，pH为12～13时呈蓝色。它在pH为12～14时与 Ca^{2+} 的配合物呈酒红色，可用于 Ca^{2+}、Mg^{2+} 共存时滴定 Ca^{2+} (pH>12.5)，此时 Mg^{2+} 生成 $Mg(OH)_2$ 沉淀，对 Ca^{2+} 的测定不产生干扰。Fe^{3+}、Al^{3+}、Ti^{3+}、Cu^{2+}、Co^{2+}、Ni^{2+} 等离子对钙指示剂有封闭作用，Fe^{3+}、Al^{3+}、Ti^{3+} 可用三乙醇胺掩蔽，Cu^{2+}、Co^{2+}、Ni^{2+} 可用KCN掩蔽，少量 Cu^{2+}、Pb^{2+} 可加 Na_2S 消除其影响。

常用金属指示剂见表6-3。

表6-3　常用金属指示剂

指示剂	适用的pH范围	颜色变化		直接滴定的离子	指示剂配制	注意事项
		In	MIn			
铬黑T(eriochrome black T)英文首字母缩写为BT或EBT	8～10	蓝色	红色	pH＝10，Mg^{2+}、Zn^{2+}、Cd^{2+}、Pb^{2+}、Mn^{2+}、稀土元素	1∶100NaCl(研磨)	Fe^{3+}、Al^{3+}、Cu^{2+}、Ni^{2+} 等离子封闭EBT
酸性铬蓝K(acid chrome-blue K)	8～13	蓝色	红色	pH＝10，Mg^{2+}、Zn^{2+}、Mn^{2+}；pH＝13，Ca^{2+}	1∶100NaCl(研磨)	
二甲酚橙(xylenol orange，英文首字母缩写为XO)	<6	亮黄色	红色	pH<1，ZrO^{2+}，pH 1～3.5，Bi^{3+}、Th^{4+}；pH 5～6，Tl^{3+}、Zn^{2+}、Pb^{2+}、Cd^{2+}、Hg^{2+}、稀土元素	0.5%水溶液(5g/L)	Fe^{3+}、Al^{3+}、Ni^{2+}、Tl^{4+} 等离子封闭XO
磺基水杨酸(sulfo salicylic acid，英文首字母缩写为SSA)	1.5～2.5	无色	紫红色	pH 1.5～2.5，Fe^{3+}	5%水溶液(50g/L)	SSA本身无色，FeY^- 呈黄色
钙指示剂(calcon-carboxylic acid，俗称NN)	12～13	蓝色	红色	pH 12～13，Ca^{2+}	1∶100NaCl(研磨)	Tl^{4+}、Fe^{3+}、Al^{3+}、Cu^{2+}、Ni^{2+}、Co^{2+}、Mn^{2+} 等离子封闭NN
PAN[1-(2-pyridylazo)-2-naphthol]	2～12	黄色	紫红色	pH 2～3，Th^{4+}、Bi^{3+}；pH 4～5，Cu^{2+}、Ni^{2+}、Pb^{2+}、Cd^{2+}、Zn^{2+}、Mn^{2+}、Fe^{2+}	0.1%乙醇溶液(1g/L)	MIn在水中溶解度小，为防止PAN僵化，滴定时需加热

第五节　提高配位滴定选择性的方法

由于EDTA能与多种金属离子形成稳定的配合物，而实际分析试样中常常是多种离子共存，从而相互干扰。因此，如何减小或消除干扰，提高配位滴定的选择性，就是配位滴定中必须解决的重要问题。

如前所述，当溶液中只存在一种金属离子M时，只要满足 $\lg(c_M K'_{MY}) \geqslant 6$ 就可准确滴定。但当溶液中有两种或两种以上金属离子共存时，情况就比较复杂了。若溶液中同时含有待测金属离子M和共存离子N，则干扰情况与两者的 $K'_{稳}$ 值及浓度 c 有关。一般情况下满足

$$\frac{c_M K'_{MY}}{c_N K'_{NY}} \geqslant 10^5$$

或

$$\lg(c_M K'_{MY}) - \lg(c_N K'_{NY}) \geqslant 5 \tag{6-12}$$

即

$$\Delta\lg(cK_{稳}) \geqslant 5$$

就有可能通过控制溶液酸度的办法排除干扰。也就是说，在M、N离子共存时，要准确滴

定 M 而 N 不干扰，必须同时满足下列条件：

$$\lg(c_M K'_{MY}) \geqslant 6$$

$$\lg(c_N K'_{NY}) \leqslant 1$$

由以上条件可见，提高配位滴定选择性的主要途径是降低干扰离子 N 的浓度或配合物 NY 的稳定性。

一、利用控制溶液酸度的方法

若 MY 和 NY 的稳定性相差较大[$\Delta\lg(cK_{稳}) \geqslant 5$]时，可利用控制溶液酸度的办法实现选择性滴定。

为了确定滴定待测离子 M 的最适宜酸度，除求出滴定该金属离子所允许的最小 pH 外，还需求出一个最大 pH。这个最大 pH 取决于待测离子 M 开始水解而不宜滴定时的 pH，以及共存离子 N 开始配位而干扰 M 的滴定时的 pH。取二者中较小的 pH，即为配位滴定 M 的最大 pH。

【例题 6-3】　已知溶液中含有 Bi^{3+}、Pb^{2+} 两种离子且浓度均为 0.01mol/L，试确定准确滴定 Bi^{3+} 的适宜酸度。

解　查表 6-1 知 $\lg K_{BiY} = 27.94$，$\lg K_{PbY} = 18.04$。因为 Bi^{3+}、Pb^{2+} 浓度相同，由式(6-12) 得

$$\Delta\lg K_{稳} = 27.94 - 18.04 = 9.9 > 5$$

这说明，控制适宜的酸度可以选择滴定 Bi^{3+} 而 Pb^{2+} 不产生干扰。

由式(6-11) 得

$$\lg\alpha_{Y(H)} \leqslant \lg K_{BiY} - 8 = 19.94$$

查表 6-2 得对应的 pH=0.7，此即为准确滴定 Bi^{3+} 的最小 pH。

由上面计算可知，准确滴定 Bi^{3+} 时必须使溶液的 pH≥0.7。但 pH=2 时，Bi^{3+} 开始水解析出沉淀，所以滴定应在 pH<2 的溶液中进行，即就单一金属离子 Bi^{3+} 来说，在 pH 为 0.7～2 的溶液中滴定即可。但由于 Pb^{2+} 的存在，还必须考虑 Pb^{2+} 的干扰情况。由图 6-4 EDTA 酸效应曲线可知，Pb^{2+} 在 pH≥3.3 时完全配位，而实际上在 pH<3.3 的某一区域里［相当于 $\lg(c_N K'_{NY})$ 为 1～6 的范围］Pb^{2+} 已部分配位，要使 Pb^{2+} 不产生干扰，则要求 Pb^{2+} 不发生配位。此时，必须满足 $\lg(c_{Pb} K'_{PbY}) \leqslant 1$；当 $c_{Pb} = 0.01$mol/L 时，必须使 $\lg K'_{PbY} \leqslant 3$，亦即满足

$$\lg K_{PbY} - \lg\alpha_{Y(H)} \leqslant 3$$

或

$$\lg\alpha_{Y(H)} \geqslant \lg K_{PbY} - 3 = 18.04 - 3 = 15.04$$

查表 6-2 或图 6-4，得 pH≈1.6，这说明，在 pH=1.6 时，Pb^{2+} 开始与 EDTA 配位，而在 pH<1.6 时 Pb^{2+} 几乎不发生配位反应。也就是说，在 pH<1.6 时滴定 Bi^{3+}，Pb^{2+} 不产生干扰。而当溶液的 pH 为 1.6～2 时，虽然 Bi^{3+} 不水解，但 Pb^{2+} 已部分配位而干扰测定。所以 Pb^{2+} 共存时滴定 Bi^{3+} 的最大 pH 应为 1.6 而不是 2。这样，在有 Pb^{2+} 共存的溶液中选择滴定 Bi^{3+} 的适宜酸度就是 pH 为 0.7～1.6。通常在 pH=1 时滴定 Bi^{3+}，以确保滴定时既没有 Bi^{3+} 的水解，同时 Pb^{2+} 又不与 EDTA 配位。为了实现连续分别滴定，可在滴定 Bi^{3+} 后，再调溶液的 pH>3.3 滴定 Pb^{2+}。

从上例讨论可以看出，确定某金属离子 N（$c_N = 0.01$mol/L）开始被 EDTA 配位的 pH 时，可先依据下式计算出 $\lg\alpha_{Y(H)}$：

$$\lg\alpha_{Y(H)} \geqslant \lg K_{NY} - 3$$

然后查表 6-2 得到其对应的 pH，即为该离子 N 开始配位的 pH。

如果在一定 pH 条件下，$\lg(c_M K'_{MY}) \geqslant 6$ 且 $\lg(c_N K'_{NY}) \leqslant 1$，则可在 N 离子存在的情况下准确滴定 M；若在另一 pH 条件下 $\lg(c_N K'_{NY}) \geqslant 6$，则滴定 M 后，还可改变 pH 条件，继续滴定 N，从而实现混合离子的连续分别滴定。

当溶液中有两种以上离子共存时，能否用控制酸度的方法连续分别滴定，应首先考虑配合物稳定常数最大和稳定常数与它相近的那些离子。

【例题 6-4】 溶液中有 Fe^{3+}、Mg^{2+}、Zn^{2+} 各 0.01mol/L，能否控制溶液酸度连续测定其含量？

解 查表 6-1 知 $\lg K_{FeY} = 25.1$，$\lg K_{ZnY} = 16.50$，$\lg K_{MgY} = 8.69$。可见，滴定 Fe^{3+} 时最可能发生干扰的是 Zn^{2+}，$\Delta\lg K_{稳} = 25.1 - 16.50 = 8.6 > 5$，所以，滴定 Fe^{3+} 时共存的 Zn^{2+}、Mg^{2+} 不干扰。

滴定 Fe^{3+} 所允许的最低 pH 约为 1，Fe^{3+} 开始水解的 pH=2.2，$\lg\alpha_{Y(H)} \geqslant \lg K_{ZnY} - 3 = 16.50 - 3 = 13.5$，查得在 Zn^{2+} 存在下，滴定 Fe^{3+} 的最高 pH 为 2，故可在 pH 为 1～2 时滴定 Fe^{3+}；同样，滴定 Zn^{2+} 的最低 pH 约为 4，由 $\lg\alpha_{Y(H)} \geqslant \lg K_{MgY} - 3 = 8.69 - 3 = 5.69$，查得在 Mg^{2+} 存在下，滴定 Zn^{2+} 的最高 pH 为 5.4，故可在 pH 4～5.4 连续滴定 Zn^{2+}，最后在 pH>9.7 时滴定 Mg^{2+}。

此外，配位滴定时溶液适宜酸度的确定，还应考虑指示剂的颜色变化对溶液 pH 的要求，以及其他辅助配位剂存在的影响等，最后通过实验找出滴定时的最佳酸度条件，并通过加入适当缓冲溶液的办法，来维持滴定过程中所需要的 pH 条件。

二、利用掩蔽和解蔽的方法

若待测金属离子 M 的配合物 MY 与干扰离子 N 的配合物 NY 的稳定常数 $K_{稳}$ 相差不大，$\Delta\lg K_{稳} < 5$，则不能用控制酸度的方法实现选择性滴定，此时可用掩蔽剂来降低干扰离子的浓度，以消除干扰。但须考虑干扰离子存在的量，一般干扰离子存在的量不能太大，否则，将难以得到满意的结果。

1. 配位滴定的掩蔽剂 L 应具备的条件

所谓掩蔽剂，是指无须分离干扰物质，能使干扰物质转变为稳定的配合物、沉淀或发生价态变化等而消除其干扰作用的试剂，它应符合下列条件：

① 掩蔽剂 L 与干扰离子 N 形成无色或浅色的、稳定的水溶性配合物，或生成溶解度很小且不影响终点判断的沉淀，或使干扰离子 N 氧化或还原而不与 EDTA 配位。

② 掩蔽剂 L 不影响待测离子 M 与 EDTA 配位，如形成的 NL 必须使 $K_{NL} > K_{NY}$ 且 L 不与 M 配位，即使配位，要求 $K_{ML} \ll K_{MY}$，易于置换。

③ 掩蔽剂 L 的加入对溶液的 pH 变动不大，即掩蔽剂 L 适用的 pH 范围应与滴定 M 所要求的 pH 范围一致。

2. 常用的掩蔽方法

(1) 配位掩蔽法　是利用掩蔽剂 L 与干扰离子 N 发生配位反应，形成更稳定配合物以消除干扰的方法。这是化学分析中应用最广的一种掩蔽方法。

例如，用 EDTA 滴定水中的 Ca^{2+}、Mg^{2+} 总量时，Fe^{3+}、Al^{3+} 的存在对测定有干扰，

通常可加入三乙醇胺，使之与 Fe^{3+}、Al^{3+} 生成更稳定的配合物而将 Fe^{3+}、Al^{3+} 掩蔽。由于 Fe^{3+}、Al^{3+} 在碱性溶液中形成氢氧化物沉淀，故应在酸性溶液中加入三乙醇胺，然后再调 pH=10 测 Ca^{2+}、Mg^{2+} 总量。

一些常用的配位掩蔽剂如表 6-4 所示。

表 6-4　常用的配位掩蔽剂

掩蔽剂	pH 范围	被掩蔽的离子	备注
KCN	pH>8	Co^{2+}、Ni^{2+}、Cu^{2+}、Zn^{2+}、Hg^{2+}、Cd^{2+}、Ag^{+}、Tl^{+} 及铂族元素(钌、铑、钯、锇、铱、铂)离子	
NH_4F	pH 4～6	Al^{3+}、Ti(Ⅳ)、Sn^{4+}、Zr^{4+}、W(Ⅵ)等	用 NH_4F 比 NaF 好，优点是加入后溶液 pH 变化不大
	pH=10	Al^{3+}、Mg^{2+}、Ca^{2+}、Sr^{2+}、Ba^{2+} 及稀土元素	
三乙醇胺(TEA)	pH=10	Al^{3+}、Sn^{4+}、Ti(Ⅳ)、Fe^{3+}	与 KCN 并用可提高掩蔽效果
	pH 11～12	Fe^{3+}、Al^{3+} 及少量 Mn^{2+}	
二巯基丙醇	pH=10	Hg^{2+}、Cd^{2+}、Zn^{2+}、Bi^{3+}、Pb^{2+}、Ag^{+}、As^{3+}、Sn^{4+} 及少量 Cu^{2+}、Co^{2+}、Ni^{2+}、Fe^{3+}	
铜试剂(DDTC)	pH=10	能与 Cu^{2+}、Hg^{2+}、Pb^{2+}、Cd^{2+}、Bi^{3+} 生成沉淀，其中 Cu-DDTC 为褐色，Bi-DDTC 为黄色，故其存在量应分别小于 2mg 和 10mg	
酒石酸	pH=1.2	Sb^{3+}、Sn^{4+}、Fe^{3+} 及 5mg 以下的 Cu^{2+}	在抗坏血酸存在下
	pH=2	Fe^{3+}、Sn^{4+}、Mn^{2+}	
	pH=5.5	Fe^{3+}、Al^{3+}、Sn^{4+}、Ca^{2+}	
	pH 6～7.5	Mg^{2+}、Cu^{2+}、Fe^{3+}、Al^{3+}、Mo^{4+}、Sb^{3+}、W(Ⅵ)	
	pH=10	Al^{3+}、Sn^{4+}	
邻二氮菲	pH 5～6	Cu^{2+}、Ni^{2+}、Co^{2+}、Zn^{2+}、Cd^{2+}、Hg^{2+}、Mn^{2+}	
硫脲	pH 5～6	Cu^{2+}、Hg^{2+}、Tl^{+}	
乙酰丙酮	pH 5～6	Fe^{3+}、Al^{3+}、Be^{2+}	

(2) 沉淀掩蔽法　是利用掩蔽剂 L 与干扰离子 N 发生沉淀反应，形成沉淀以消除干扰的方法。这种掩蔽方法在实际应用中有一定的局限性。

例如，在 Ca^{2+}、Mg^{2+} 共存的溶液中测定 Ca^{2+}，由于 $\Delta \lg K_{稳}<5$，所以 Mg^{2+} 干扰 Ca^{2+} 的测定，因此可加入 NaOH 作沉淀剂，使 Mg^{2+} 形成 $Mg(OH)_2$ 沉淀，从而消除 Mg^{2+} 的干扰。

一些常用的沉淀掩蔽剂如表 6-5 所示。

表 6-5　常用的沉淀掩蔽剂

掩蔽剂	pH 范围	被掩蔽的离子	被滴定的离子	指示剂
NH_4F	pH=10	Mg^{2+}、Ca^{2+}、Sr^{2+}、Ba^{2+}、Ti^{4+} 及稀土元素	Zn^{2+}、Cd^{2+}、Mn^{2+}(还原剂存在下)	铬黑 T
			Cu^{2+}、Ni^{2+}、Co^{2+}	紫脲酸铵
K_2CrO_4	pH=10	Ba^{2+}	Sr^{2+}	Mg-EDTA+铬黑 T
Na_2S 或铜试剂	pH=10	微量重金属	Ca^{2+}、Mg^{2+}	铬黑 T
H_2SO_4	pH=1	Pb^{2+}	Bi^{3+}	二甲酚橙
$K_4[Fe(CN)_6]$	pH 5～6	微量 Zn^{2+}	Pb^{2+}	二甲酚橙
KI	pH 5～6	Cu^{2+}	Zn^{2+}	PAN

(3) 氧化还原掩蔽法　是利用掩蔽剂 L 与干扰离子 N 发生氧化还原反应，改变 N 的氧

化数，降低 N 与 EDTA 配合物的稳定性以消除干扰的方法。

① 高氧化数变为低氧化数。如测定 Fe^{3+}、Bi^{3+} 中的 Bi^{3+} 时，Fe^{3+} 产生干扰，此时可在溶液中加入还原性物质如抗坏血酸或盐酸羟胺，将 Fe^{3+} 还原为 Fe^{2+}，由于 Fe^{2+} 与 EDTA 配合物的稳定性比 Fe^{3+} 与 EDTA 配合物的稳定性小得多，因而能消除 Fe^{3+} 的干扰。

② 低氧化数变为高氧化数。如在某项测定中 Cr^{3+} 产生干扰，则可通过氧化性物质使 Cr^{3+} 氧化为高氧化数的 $Cr_2O_7^{2-}$，从而消除 Cr^{3+} 的干扰。

3. 利用选择性的解蔽方法

GB/T 14666—2003《分析化学术语》指出，将被掩蔽的物质由其被掩蔽的形式恢复到初始状态的作用，称为解蔽。在金属离子与 EDTA 配合物的溶液中，加入某种试剂，将已被 EDTA 或掩蔽剂配位的金属离子释放出来，即为解蔽，所用的试剂即为解蔽剂。经解蔽后，再对该离子进行滴定。利用某些选择性的解蔽剂，可提高配位滴定的选择性。

例如，用配位滴定法测定铜样中的 Zn^{2+} 和 Pb^{2+}，试液调至碱性后，加 KCN 掩蔽 Zn^{2+}、Cu^{2+}（氰化钾是剧毒物！只允许在碱性溶液中使用），此时 Pb^{2+} 不能被 KCN 掩蔽，故可在 pH＝10 以铬黑 T 为指示剂，用 EDTA 标准滴定溶液滴定 Pb^{2+}。在滴定 Pb^{2+} 后的溶液中，加入甲醛作解蔽剂破坏 $[Zn(CN)_4]^{2-}$，使原来被 CN^- 配位了的 Zn^{2+} 重新释放出来，再用 EDTA 继续滴定。

某些离子的解蔽示例如表 6-6 所示。

表 6-6 一些离子的解蔽示例

欲测离子	掩蔽方法	解蔽方法
Ca^{2+}	F^-，CaF	加入 Al^{3+}，生成 $[AlF_6]^{3-}$
Mg^{2+}	pH＞12，$Mg(OH)_2$	pH ＜10，沉淀溶解
Ni^{2+}	CN^-，$[Ni(CN)_4]^{2-}$	加入 Ag^+，生成 $[Ag(CN)_2]^-$
Sn^{4+}	F^-，$[SnF_6]^{2-}$	加入 H_3BO_3，生成 $[BF_4]^-$
TiO^{2+}	H_2O_2，$[TiO(H_2O_2)]^{2+}$	加入 HCHO、SO_3^{2-}、NO_2^-，使 H_2O_2 分解
Mo^{6+}、W^{6+}	H_2O_2，过氧化氢配合物	加入 HCHO，使 H_2O_2 分解
Zr^{4+}	F^-，$[ZrF_7]^{3-}$	加入 Be^{2+}、Al^{3+}，生成 $[BeF_4]^{2-}$、$[AlF_6]^{3-}$

在利用控制溶液酸度进行分别滴定或掩蔽解蔽方法都无法排除干扰时，只有对试液进行分离。有关分离方法将在第九章中介绍。

三、选用其他配位剂滴定

随着配位滴定法的发展，除 EDTA 外还可选用其他一些氨羧配位剂作滴定剂，它们与金属离子形成的配合物其稳定性各有特点，可以用来提高配位滴定的选择性。

例如 EGTA（乙二醇二乙醚二胺四乙酸）与 Ca^{2+}、Mg^{2+} 形成的配合物其稳定性相差较大，故可在 Ca^{2+}、Mg^{2+} 共存时，用 EGTA 选择性滴定 Ca^{2+}。

第六节 配位滴定法的应用

一、EDTA 标准滴定溶液的制备

本书介绍的 EDTA 标准滴定溶液的制备方法，所依据的标准是 GB/T 601—2016 中的 4.15。

1. EDTA 标准滴定溶液的配制

EDTA($Na_2H_2Y \cdot 2H_2O$) 基准试剂可直接配制标准滴定溶液，但其提纯方法复杂，且 EDTA($Na_2H_2Y \cdot 2H_2O$) 试剂常含有湿存水，故 EDTA 标准滴定溶液一般采用间接法配制。

22. 国标：GB/T 6682—2008 分析实验室用水规格和试验方法

配位滴定对蒸馏水的要求较高，若配制溶液的水中含有 Ca^{2+}、Mg^{2+}、Pb^{2+}、Sn^{2+} 等，会消耗部分 EDTA，随测定情况的不同对测定结果产生不同的影响。若水中含有 Al^{3+}、Cu^{2+} 等，会对某些指示剂有封闭作用，使终点难以判断。因此，在配位滴定中必须对所用蒸馏水的质量进行检查。为保证质量，最好选用去离子水或二次蒸馏水，即应符合 GB/T 6682—2008《分析实验室用水规格》中二级用水标准。

查一查

查阅了解《GB/T 6682—2008》中分析实验室二级用水标准的具体指标。

常用 EDTA 标准滴定溶液的浓度为 0.01～0.1mol/L，配制时，称取一定质量的 EDTA ($Na_2H_2Y \cdot 2H_2O$，其摩尔质量 $M=372.2$g/mol)，加适量蒸馏水溶解（必要时可加热），冷却后稀释至所需体积，摇匀。

为了防止 EDTA 溶液溶解玻璃中的 Ca^{2+} 形成 CaY，EDTA 溶液应储存在聚乙烯塑料瓶或硬质玻璃瓶中。

2. EDTA 标准滴定溶液的标定

标定 EDTA 溶液的基准试剂很多，如纯金属锌、铜、铋、铅及氧化锌、碳酸钙等。国家标准中采用氧化锌作基准试剂（使用前 ZnO 应在 800℃±50℃的高温炉中灼烧至恒重）。氧化锌加盐酸溶液溶解后加水，用氨水调节溶液 pH 为 7～8，加氨-氯化铵缓冲溶液甲[1] (pH≈10)，以铬黑 T 指示滴定终点，用上述配制好的 EDTA 溶液滴定至溶液由紫色变为纯蓝色。同时做空白试验。其标定反应及指示剂颜色变化为：

滴定前　$Zn^{2+} + HIn^{2-} \rightleftharpoons ZnIn^{-} + H^{+}$
（蓝色）　（红色）

滴定过程中　$Zn^{2+} + H_2Y^{2-} \rightleftharpoons ZnY^{2-} + 2H^{+}$

化学计量点　$H_2Y^{2-} + ZnIn^{-} \rightleftharpoons ZnY^{2-} + HIn^{2-} + H^{+}$
（红色）　（蓝色）

乙二胺四乙酸二钠标准滴定溶液的浓度 c(EDTA)，数值以摩尔每升（mol/L）表示，按下式计算：

$$c(\text{EDTA})=\frac{m(\text{ZnO})\times 1000}{M(\text{ZnO})(V-V_0)}$$

式中　V——标定时消耗 EDTA 溶液的体积，mL；

V_0——空白试验时消耗 EDTA 溶液的体积，mL。

配位滴定的测定条件与待测组分及指示剂的性质有关。为了消除系统误差，提高测定的准确度，在选择基准试剂时应注意使标定条件与测定条件尽可能一致。例如，测定 Ca^{2+}、

[1] GB/T 603—2002 中 4.1.3.3.1 规定：称取 54g 氯化铵，溶于水，加 350mL 氨水，稀释至 1000mL。

Mg^{2+}用的EDTA，最好用$CaCO_3$作基准试剂进行标定。

查一查

查阅GB/T 7476—1987《水质　钙的测定　EDTA滴定法》中0.01mol/L EDTA标准滴定溶液的制备方法，掌握以$CaCO_3$作基准试剂进行标定的方法步骤及计算。

二、应用实例

配位滴定法在测定金属及其化合物含量方面有着广泛的应用，通过采用不同的滴定方式，不但可以扩大配位滴定的应用范围，同时还可提高配位滴定的选择性。

直接滴定法是配位滴定中最基本的方法。许多金属离子如Ca^{2+}、Mg^{2+}、Co^{2+}、Ni^{2+}、Zn^{2+}、Cd^{2+}、Pb^{2+}、Cu^{2+}、Fe^{3+}、Bi^{3+}等在一定酸度条件下，都可用EDTA标准滴定溶液直接滴定。对于与EDTA配位缓慢，或在滴定的pH条件下发生水解，或对指示剂有封闭作用，或使指示剂产生僵化，或无合适的指示剂等情况，均可采用返滴定法，如含铝(Al^{3+})化合物即可采用此法测定。某些金属离子或非金属离子（如SO_4^{2-}、PO_4^{3-}等）可通过置换滴定法或间接滴定法进行测定。

1. 水中钙、镁总量的测定

水中钙、镁含量是衡量生活用水和工业用水水质的一项重要指标。如锅炉给水，经常要进行此项分析，为水的处理提供依据。各国对水中钙、镁含量表示的方法不同，我国通常采用以下两种方法表示。

① 将水中Ca^{2+}、Mg^{2+}的总含量折合为$CaCO_3$后，以每升水中所含Ca^{2+}、Mg^{2+}的总量相当于$CaCO_3$的质量（单位为mg）表示，即以$CaCO_3$的质量浓度ρ表示，单位为mg/L。国家标准GB 5749—2006规定饮用水中钙、镁含量以$CaCO_3$计，不得超过450mg/L。

② 将水中Ca^{2+}、Mg^{2+}的总含量以物质的量浓度c来表示，单位为mmol/L。

测定水中Ca^{2+}、Mg^{2+}总含量，通常在pH=10的氨性缓冲溶液中，以铬黑T作指示剂，用EDTA标准滴定溶液直接滴定，直至溶液由酒红色变为纯蓝色为终点。滴定时，水中少量的Fe^{3+}、Al^{3+}等干扰离子可用三乙醇胺掩蔽，Cu^{2+}、Pb^{2+}等重金属离子可用KCN、Na_2S来掩蔽。

23. 视频：水质　钙和镁总量的测定

测定过程中有CaY、MgY、Mg-EBT、Ca-EBT四种配合物生成，其稳定性依次为CaY＞MgY＞Mg-EBT＞Ca-EBT（略去电荷）。

由此可见，当加入铬黑T后，它首先与Mg^{2+}结合，生成红色的配合物Mg-EBT，当滴入EDTA时，首先与之结合的是Ca^{2+}，其次是游离态的Mg^{2+}，最后EDTA夺取与铬黑T结合的Mg^{2+}，使指示剂游离出来，溶液的颜色由红色变为蓝色，指示滴定终点。

设消耗EDTA的体积为V，由上述讨论可知，水中钙、镁总量可计算如下：

$$\text{钙、镁总量}\ \rho(CaCO_3, mg/L)=\frac{c(EDTA)V(EDTA)M(CaCO_3)\times 10^3}{V_{水样}}$$

$$\text{钙、镁总量}\ c(mmol/L)=\frac{c(EDTA)V(EDTA)\times 10^3}{V_{水样}}$$

上述方法适宜水中钙、镁总量（又称水的总硬度）在0.1mmol/L以上的水质分析，如工业用锅炉给水或循环冷却水高硬度水样的测定等。GB/T 6909—2008规定，锅炉用水和冷却水硬度的测定，使用铬黑T作指示剂时，硬度测定范围为0.1～5mmol/L，硬度超过

5mmol/L 时，可适当减少取样体积，稀释到 100mL 后测定；而硬度测定范围为 1～100μmol/L 时，则使用酸性铬蓝 K 作指示剂。

【例题 6-5】 GB/T 1576—2018《工业锅炉水质》规定，采用锅外水处理的自然循环蒸汽锅炉给水硬度不得大于 0.030mmol/L。某企业按照 GB/T 6909—2018《锅炉用水和冷却水分析方法　硬度的测定》测定生产蒸汽时锅炉给水的钙、镁总量：准确吸取 100.0mL 水样于锥形瓶中，加硼砂缓冲溶液[1]和酸性铬蓝 K 指示液，在不断摇动下，用 0.004928mol/L EDTA 标准滴定溶液滴定（使用 5mL 微量滴定管），近终点时缓慢滴定，溶液由红色刚好转变为蓝色即为终点，消耗 EDTA 标准滴定溶液 0.588mL。试通过计算说明其硬度是否符合蒸汽锅炉给水的硬度要求。

解　该水质的钙、镁总量 c（μmol/L）可计算如下：

$$\text{钙、镁总量}\ c=\frac{c(\text{EDTA})V(\text{EDTA})}{V_{\text{水样}}}\times 10^6$$

$$=\frac{0.004928\times 0.588}{100.0}\times 10^6=28.98(\mu\text{mol/L})$$

$$=0.02898(\text{mmol/L})$$

由于 0.02898mmol/L 低于国标 GB/T 1576—2018 规定的硬度，故该水可用于蒸汽锅炉给水。

查一查

查阅适于测定地下水及地面水中钙和镁总量的国标 GB/T 7477—1987《水质　钙和镁总量的测定　EDTA　滴定法》，掌握测定的方法步骤及其相关计算。

2. 铝盐含量的测定

对于铝盐含量的测定，可用返滴定法或置换滴定法。

在食品加工中用作膨松剂的食品添加剂硫酸铝钾，其含量测定（GB 1886.229—2016）强制性规定采用返滴定法。将试样按 GB 1886.229—2016 规定方法制备成溶液，移取一定体积的上述试液于锥形瓶中，准确加入适当过量的 EDTA 标准滴定溶液，调溶液 pH 为 5～6，加醋酸-醋酸钠缓冲溶液（pH≈6），煮沸数分钟，使 Al^{3+} 与 EDTA 反应完全。冷却后，用硝酸铅标准滴定溶液返滴定过量的 EDTA，从而确定硫酸铝钾的含量。同时做空白试验。

硫酸铝钾的含量以质量分数 w[以 $KAl(SO_4)_2\cdot 12H_2O$ 计] 表示，按下式计算：

$$w=\frac{c[\text{Pb(NO}_3)_2](V_0-V)M[\text{KAl(SO}_4)_2\cdot 12\text{H}_2\text{O}]\times 10^{-3}}{m\times\dfrac{V_{\text{样}}}{V_{\text{总}}}}$$

式中　V_0——空白试验时消耗硝酸铅标准滴定溶液的体积，mL；

V——试样测定时消耗硝酸铅标准滴定溶液的体积，mL；

m——所称试样的准确质量，g；

[1] GB/T 6909—2018 规定：称取 40g 硼砂（$Na_2B_4O_7\cdot 10H_2O$），加 10g NaOH，溶于水并稀释至 1000mL，储于塑料瓶中。

$V_{样}$——分取试样溶液的准确体积，mL；

$V_{总}$——所配试样溶液的总体积，mL。

其他铝盐以及干燥氢氧化铝、氢氧化铝凝胶等都可用此法测定。

3. 铝镁合金粉中铝含量的测定

我国有色金属行业标准 YS/T 617.2—2007 规定，铝镁合金粉中铝含量的测定采用氟化物置换配位滴定法。试样用盐酸溶解，在 pH 为 2.5～2.8 的条件下 Al^{3+} 及其他金属离子与 EDTA 配位。在 pH 为 5～6 时，以 Zn^{2+} 标准滴定溶液滴定过量的 EDTA（不计 Zn^{2+} 标准滴定溶液的体积），然后用氟化物置换铝，并释放出定量的 EDTA，再用 Zn^{2+} 标准滴定溶液滴定被释放出来的 EDTA，记下此时消耗 Zn^{2+} 标准滴定溶液的体积，借此测定铝含量（试液中含有 1mg 铜、1mg 铁、1mg 锰时不干扰测定）。铝镁合金粉中的铝含量以质量分数 $w(\mathrm{Al})$ 表示，按下式计算：

$$w(\mathrm{Al})=\frac{c(\mathrm{Zn}^{2+})V(\mathrm{Zn}^{2+})\times 0.4127}{m_{\mathrm{s}}}$$

式中 0.4127——锌换算为铝的换算因数，即 $\frac{M(\mathrm{Al})}{M(\mathrm{Zn})}=\frac{26.982}{65.38}$。

配合物在生化、医药中的应用

配合物的应用十分广泛。凡属化学学科或与化学有关的领域，如分析化学、生物无机化学、生物学、医药、环境保护、材料工程、冶金、土壤、肥料等，都涉及配合物及配位反应。

配合物尤其是螯合物在生物、医药方面更有着极为重要而广泛的应用。实验证明，生物体中的许多金属元素，如 Mn、Fe、Co、Cu、Mo、Zn、Cr 以及 V、Ni、Sn、Cd 等都是以配合物的形式存在的。如植物体内起光合作用的关键物质叶绿素是 Mg^{2+} 与卟啉形成的大环螯合物；与呼吸作用密切相关的血红蛋白是 Fe^{2+} 的卟啉螯合物等。人体必需的微量元素都是以配合物的形式存在于人的机体内。生物体内高效专一的生物催化剂——酶，大多数是由金属元素与氨基酸侧链基团所形成的结构复杂的金属配合物。它们都是温和条件下的高效催化剂，如固氮酶就是一种铁、钼蛋白酶。

在药物治疗方面，EDTA 的钙配合物是排除人体内的铅和放射性元素的高效解毒剂。这是因为 $[CaY]^{2-}$ 解离出来的 Y^{4-} 可与这些有毒金属离子形成更稳定的无毒配合物，并随尿从人体内排出。同理，砷、汞可以和二巯基丙醇形成稳定的无毒配合物随尿液迅速排出。许多药物本身就是配合物，例如治疗糖尿病的胰岛素是锌的螯合物，对人体健康有重要作用；又如抗贫血的维生素 B_{12} 是钴的螯合物等。近年来，对配合物的抗肿瘤功能研究受到人们的重视，顺-$[Pt(NH_3)_2Cl_2]$（简称顺铂）及类似的 Pt^{2+} 化合物，对肿瘤具有抑制作用，已得到证明并已用于临床。随着对抗癌配合物的进一步研究，已发现多种水溶性大（易被人体吸收）、抗癌能力强的广谱抗癌配合物，如铜、钯的一些低价配合物已被证实具有抗癌活性。茂铁、茂钛配合物对多种癌症的扩散具有强抑制作用。

同步练习

一、填空题（请将正确答案写在空格上）

6-1 配离子是由一个简单________和一定数目________或________结合而成的复杂离子。

6-2 配合物由内界和________两部分组成，内界又叫________。

6-3　配位个体由________和________结合而成。

6-4　中心离子是配合物的________，它位于配离子的________。常见的中心离子是价层有________带正电荷的金属离子。

6-5　配位体（简称配体）中具有________且与________直接相连的原子叫配位原子，配位原子的个数称为________。

6-6　填充下表：

配合物的化学式	命　名	中心离子	配离子电荷	配位体	配位原子	配位数
$[Cu(NH_3)_4]SO_4$						
$K_3[Fe(CN)_6]$						
$H_2[PtCl_6]$						
$[Zn(NH_3)_4](OH)_2$						
$[Co(NH_3)_6]Cl_3$						
$[CoCl_2(NH_3)_4]Cl$						

6-7　配合物稳定常数$K_{稳}$值大小表明了配合物________的高低，$K_{稳}$值越大，配合物越________。

6-8　置换配位的结果是生成更加________的配合物。

6-9　氨羧配位剂分子中含有配位能力很强的________和________两种配位原子。

6-10　EDTA（ethylene diamine tetra-acetic acid——乙二胺四乙酸）是一种四元酸，习惯上用缩写符号________表示，当H_4Y溶于酸度很高的溶液中时，EDTA就相当于________。

6-11　EDTA在水溶液中总是以H_6Y^{2+}、H_5Y^+、H_4Y、H_3Y^-、H_2Y^{2-}、HY^{3-}、________七种型体存在，其中只有________能与金属离子直接配位。

6-12　在EDTA的水溶液中，溶液的酸度越低，________存在型体越多，当溶液pH很大（pH≥12）时，EDTA几乎完全以________形式存在。因此，溶液的酸度越低，EDTA的配位能力________。

6-13　EDTA与大多数金属离子发生配位反应时，其配位比为________。

6-14　EDTA的酸效应系数$\alpha_{Y(H)}$值随溶液pH增大而________，$\alpha_{Y(H)}$越大，表示参加配位反应的Y^{4-}的浓度越小，酸效应越________。

6-15　多数情况下$\alpha_{Y(H)}$大于1，c_Y________[Y]，只有在pH________12时，$\alpha_{Y(H)}$才近似等于1，此时EDTA几乎完全解离为Y，［Y］________c_Y，EDTA的配位能力________。

6-16　影响配位滴定pM突跃的主要因素是________和________。

6-17　讨论配位滴定曲线的主要目的是为了选择滴定时________，其次是为选择________提供一个大概的范围。

6-18　配位滴定中K_{MIn}应________K_{MY}，否则产生指示剂的________现象。

6-19　金属指示剂配合物MIn应________于水，否则产生指示剂的________现象。

6-20　配位滴定中准确测定单一金属离子M的条件是________。

二、单项选择题（在每小题列出的备选项中只有一个是符合题目要求的，请将你认为是正确选项的字母代码填入题前的括号内）

6-21　用EDTA直接滴定有色金属离子M，终点所呈现的颜色是（　　）。

A. 游离指示剂本身的颜色　B. EDTA-M配合物的颜色

C. 指示剂-M配合物的颜色　D. 上述A+B的混合色

6-22 EDTA配位滴定中M、N离子共存时，要准确滴定M而N不干扰，必须满足的条件是（ ）。

A. $\lg(c_{M}K'_{MY})\geqslant 6$　B. $\Delta\lg(cK_{稳})\geqslant 5$

C. $\lg(c_{N}K'_{NY})\leqslant 1$　D. $\lg(c_{M}K'_{MY})\geqslant 6$ 且 $\Delta\lg(cK_{稳})\geqslant 5$

6-23 关于酸效应系数正确的说法是（ ）。

A. $\alpha_{Y(H)}$ 值随溶液pH增大而增大　B. $\lg\alpha_{Y(H)}$ 值随溶液pH增大而减小

C. pH<12的多数情况下 $\alpha_{Y(H)}$ 等于1　D. pH≥12的情况下 $\alpha_{Y(H)}$ 大于1

6-24 由于溶液中 H^{+} 的存在，使配位剂EDTA参加主反应的能力降低的现象称为EDTA的（ ）。

A. 同离子效应　B. 盐效应

C. 酸效应　D. 共存离子效应

6-25 某溶液主要含有 Ca^{2+}、Mg^{2+} 及少量 Al^{3+}、Fe^{3+}，今在pH=10时加入三乙醇胺后，用EDTA滴定，以铬黑T为指示剂，则测出的是（ ）金属离子的含量。

A. Mg^{2+}　B. Ca^{2+}、Mg^{2+}　C. Al^{3+}、Fe^{3+}　D. Ca^{2+}、Mg^{2+}、Al^{3+}、Fe^{3+}

6-26 EDTA配位滴定中，不宜采用直接滴定法测定单一金属离子M的情况是（ ）。

A. $\lg(c_{M}K'_{MY})\geqslant 6$　B. 待测金属离子与EDTA配位迅速

C. 生成的指示剂配合物MIn易溶于水　D. 待测金属离子对指示剂有封闭作用

6-27 EDTA配位滴定中，酸度是影响配位平衡的主要因素，下列说法正确的是（ ）。

A. pH越大，酸效应系数越大，配合物的稳定性越大

B. pH越小，酸效应系数越大，配合物的稳定性越大

C. 酸度越低，酸效应系数越小，配合物的稳定性越大

D. 酸度越高，酸效应系数越小，配合物的稳定性越大

6-28 EDTA配位滴定时，金属离子M和N的浓度相近，通过控制溶液酸度实现连续测定M和N的条件是（ ）。

A. $\lg K_{MY}-\lg K_{NY}\geqslant 2$ 且 $\lg cK'_{MY}$ 和 $\lg cK'_{NY}$ 都≥6

B. $\lg K_{MY}-\lg K_{NY}\geqslant 5$ 且 $\lg cK'_{MY}$ 和 $\lg cK'_{NY}$ 都≥6

C. $\lg K_{MY}-\lg K_{NY}\geqslant 5$ 且 $\lg cK'_{MY}$ 和 $\lg cK'_{NY}$ 都≥3

D. $\lg K_{MY}-\lg K_{NY}\geqslant 8$ 且 $\lg cK'_{MY}$ 和 $\lg cK'_{NY}$ 都≥4

6-29 下列标准中必须制定为强制性标准的是（ ）。

A. 国家标准　B. 分析方法标准　C. 食品卫生标准　D. 行业标准

6-30 用含有少量 Ca^{2+}、Mg^{2+} 的纯水配制EDTA溶液，然后于pH=5.5时，以二甲酚橙为指示剂，用锌标准溶液标定EDTA的浓度，最后在pH=10.0时，用上述EDTA溶液滴定试样中 Ni^{2+} 的含量，对测定结果的影响是（ ）。

A. 偏高　B. 偏低　C. 没影响　D. 不能确定

6-31 根据中华人民共和国标准化法规定，我国标准分为（ ）两类。

A. 国家标准和行业标准　B. 国家标准和企业标准

C. 国家标准和地方标准　D. 强制性标准和推荐性标准

6-32 EDTA配位滴定中，准确测定单一金属离子的条件是（ ）。

A. $\lg(cK'_{MY})\geqslant 8$　B. $cK'_{MY}\geqslant 10^{-8}$

C. $\lg(cK'_{MY})\geqslant 6$　　D. $cK'_{MY}\geqslant 10^{-6}$

6-33　GB/T 601—2002 中采用氧化锌作基准试剂标定 EDTA 溶液浓度，但在测定水中 Ca^{2+}、Mg^{2+} 总量时，为提高测定准确度，所用 EDTA 溶液最好用下列（　　）基准试剂进行标定。

A. 纯金属锌　B. 纯金属铜　C. 氧化锌　D. 碳酸钙

6-34　影响 EDTA 配合物稳定常数大小的因素是（　　）。

A. 溶液 pH　B. 催化剂　C. 反应物浓度　D. 反应速率

6-35　测定水中钙、镁离子总量时，用碳酸钙基准物质标定 EDTA，此时应选用的指示剂是（　　）。

A. 二甲酚橙　B. 铬黑 T　C. 钙指示剂　D. 六亚甲基四胺

6-36　EDTA 配位滴定法测定 Pb^{2+} 含量时，消除共存 Ca^{2+}、Mg^{2+} 干扰最简便的方法是（　　）。

A. 控制溶液酸度法　B. 配位掩蔽法　C. 沉淀分离法　D. 解蔽法

6-37　EDTA 配位滴定中，分析实验室用水一般应符合 GB/T 6682 中（　　）级用水的规定。

A. 一　B. 二　C. 三　D. 四

6-38　产生金属指示剂的僵化现象是因为（　　）。

A. $K'_{MIn}<K'_{MY}$　B. $K'_{MIn}>K'_{MY}$　C. MIn 溶解度小　D. 指示剂不稳定

6-39　以下基准试剂使用前干燥条件不正确的是（　　）。

A. 无水 Na_2CO_3 270～300℃　B. 邻苯二甲酸氢钾 105～110℃

C. ZnO 800℃±50℃　D. $CaCO_3$ 800℃

6-40　用 EDTA 配位滴定法测定 SO_4^{2-} 时，应采用的方法是（　　）。

A. 直接滴定　B 返滴定　C. 间接滴定　D. 置换滴定

三、是非判断题（请在题前的括号内，对你认为正确的打√，错误的打×）

6-41　（　　）溶液的 pH 愈小，金属离子与 EDTA 配位反应能力愈低。

6-42　（　　）氨羧配位剂能与多数金属离子形成稳定的可溶性配合物的原因是含有配位能力很强的氨氮和羧氧两种配位原子。

6-43　（　　）分析室常用的 EDTA 水溶液呈中性。

6-44　（　　）在配位滴定中，通常用 EDTA 的二钠盐，这是因为 EDTA 的二钠盐比 EDTA 的溶解度小。

6-45　（　　）在只考虑酸效应的配位反应中，酸度越高形成配合物的条件稳定常数越大。

6-46　（　　）只要金属离子能与 EDTA 形成配合物，都能用 EDTA 直接滴定。

6-47　（　　）在滴定的 pH 范围内，游离指示剂本身的颜色与它和 M 形成的配合物 MIn 的颜色一定要有显著的区别。

6-48　（　　）一般来说，EDTA 与金属离子生成配合物的 K_{MY} 越大，则滴定允许的最低 pH 越大。

6-49　（　　）EDTA 滴定中，当溶液中存在某些金属离子与指示剂生成极稳定的配合物时，则易产生指示剂的封闭现象。

6-50　（　　）EDTA 酸效应系数 $\alpha_{Y(H)}$ 随溶液 pH 变化而变化；pH 越低，则 $\alpha_{Y(H)}$ 值越大，对配位滴定越有利。

6-51　（　　）影响配位平衡的主要因素是 EDTA 的酸效应和金属离子的配位效应。

6-52 （ ）EDTA 配位滴定中，pH≥12 时可不考虑酸效应，此时配合物的条件稳定常数与绝对稳定常数相等。

6-53 （ ）实验室所用水为三级水，用于一般化学分析试验，可以用蒸馏、离子交换等方法制取。

6-54 （ ）配制溶液和分析试验中所用的纯水，要求其纯度越高越好。

6-55 （ ）标定 EDTA 的基准物有纯金属锌、ZnO、$CaCO_3$ 等。

6-56 （ ）酸效应曲线的作用就是查找各种金属离子滴定所需的最低酸度。

6-57 （ ）EDTA 配位滴定时的适宜酸度范围，根据 $\lg(cK'_{MY})\geq 6$ 就可以确定。

6-58 （ ）若被测金属离子与 EDTA 配位反应缓慢，则一般可采用置换滴定方式进行测定。

6-59 （ ）测定水中钙、镁总量时加入 NH_3-NH_4Cl 是为了保持溶液酸度基本不变。

6-60 （ ）配位滴定法中指示剂是根据配位滴定的突跃范围而选择的。

四、简答题

6-61 配体的个数与配位数是不是同一个概念？指出下列各配合物中配体的个数及配位数。

$[Cu(NH_3)_4]^{2+}$ $[Mg(EDTA)]^{2-}$ $[Fe(C_2O_4)_3]^{3-}$

6-62 由表 6-2 总结 $\alpha_{Y(H)}$ 值与溶液 pH 大小的关系，说明其对 EDTA 配位能力强弱产生了怎样的影响，pH 多大时 $\alpha_{Y(H)}$ 才近似等于 1？怎样的酸度下 EDTA 的配位能力最强？

6-63 什么叫配合物？配合物与简单化合物有什么不同？简单配合物与螯合物有什么不同？

6-64 配合物稳定常数 $K_{稳}$ 的表达式及其意义是什么？

6-65 什么是分步配位、置换配位？它们在配位滴定中具有什么实用意义？

6-66 配位滴定对配位反应有哪些要求？氨羧配位剂具有哪些结构特点？EDTA 与金属离子形成的配合物具有哪些特点？

6-67 金属指示剂的作用原理是什么？金属指示剂应具备什么条件？选择金属指示剂的依据是什么？金属指示剂在使用或保存中存在哪些问题？应如何消除？为什么金属指示剂使用时要求一定的 pH 范围？

6-68 为什么配位滴定往往要在缓冲溶液中进行？配位滴定的酸度条件如何选择？主要从哪些方面考虑？

6-69 两种金属离子 M 和 N 共存，什么条件下才可能利用控制酸度的方法进行分别滴定？现有 Bi^{3+} 和 Ni^{2+}（浓度均为 0.01mol/L）的混合溶液，能否通过控制溶液酸度的方法分别滴定 Bi^{3+} 和 Ni^{2+}？

6-70 掩蔽干扰离子有哪些方法？配位滴定的掩蔽剂应具备什么条件？

6-71 拟定分析方案，指出滴定剂、酸度、指示剂及所需其他试剂，并说明滴定的方式。

(1) 水泥中 Ca^{2+}、Mg^{2+}、Fe^{3+}、Al^{3+} 的测定；

(2) 含 Bi^{3+}、Pb^{2+}、Al^{3+}、Mg^{2+} 溶液中 Pb^{2+} 的测定；

(3) Zn^{2+}、Mg^{2+} 混合液中两者的测定（举出两种方案）。

6-72 用什么指标衡量生活用水和工业用水的质量？对生活用水国家标准是如何要求的？

五、计算题（要求写出所用公式、必要的计算步骤、正确表述计算结果以及所求项的单位）

6-73 溶液中 Bi^{3+} 和 Pb^{2+} 的浓度均为 0.01mol/L，pH＝1.0 时用 EDTA 滴定 Bi^{3+}，计算 $\lg K'_{稳}$，并判断能否进行滴定。

6-74 求用 0.01000 mol/L EDTA 溶液滴定同浓度的 Zn^{2+} 所允许的最低 pH。

6-75 称取纯的 $CaCO_3$ 0.2513g，用 HCl 溶解后在容量瓶中配成 250mL。吸取此溶液

25.00mL，以紫脲酸铵作指示剂，用去24.50mL EDTA溶液滴定至终点。计算EDTA溶液物质的量浓度及$T_{ZnO/EDTA}$。

6-76　测定水中钙、镁总量时，取100.0mL水样，以铬黑T作指示剂，用0.01000mol/L EDTA溶液滴定，共消耗2.41mL。计算水中钙、镁总量，分别以ρ($CaCO_3$ mg/L)和c(mmol/L)表示。

6-77　称取0.5000g煤试样，经灼烧使其中硫完全氧化成SO_3，经溶解除去沉淀后，向滤液中加入0.05000mol/L $BaCl_2$ 20.00mL，使生成$BaSO_4$沉淀，过量的Ba^{2+}用0.02500mol/L EDTA滴定，用去20.00mL，计算煤中硫的质量分数。

6-78　分析Cu-Zn-Mg合金，称取0.5000g试样，溶解后配成100.0mL试样，移取25.00mL，调pH=6.0，用PAN作指示剂，用0.05000mol/L EDTA滴定Cu和Zn，消耗37.30mL。另移取25.00mL调至pH=10，加KCN，掩蔽Cu和Zn，以铬黑T为指示剂，用上述EDTA标准滴定溶液滴至终点，消耗4.10mL。然后再滴加甲醛以解蔽Zn，再用EDTA滴定，又消耗13.40mL，计算试样中Cu、Zn、Mg各自的质量分数。

6-79　称取1.000g黏土试样，用碱熔融后分离除去SiO_2，配成250.0mL溶液，移取25.00mL试液，在pH为2.0～2.5溶液中，以磺基水杨酸作指示剂，消耗0.01069mol/L EDTA6.30mL滴定Fe^{3+}。然后在pH=3时，加入过量的EDTA溶液，再调pH为4～5，煮沸，用PAN作指示剂，以0.02000mol/L $CuSO_4$标准滴定溶液滴定多余的EDTA至溶液呈紫红色。再加入NH_4F，煮沸，再用上述$CuSO_4$标准滴定溶液滴定，消耗17.10mL。试计算黏土中Fe_2O_3和Al_2O_3各自的质量分数。

6-80　移取含Bi^{3+}、Pb^{2+}、Cd^{2+}的试液25.00mL，以二甲酚橙为指示剂，在pH为1时，用0.02015mol/L EDTA标准滴定溶液滴定，消耗20.28mL。调pH至5.5，继续用EDTA溶液滴定，消耗30.16mL。再加入邻二氮菲使与Cd^{2+}-EDTA离子中的Cd^{2+}发生配位反应，置换出的EDTA再用0.02002mol/L Pb^{2+}标准滴定溶液滴定，消耗10.15 mL，计算溶液中Bi^{3+}、Pb^{2+}、Cd^{2+}的浓度。

6-81　欲测定某试液中Fe^{3+}、Fe^{2+}的含量。吸取25.00mL该试液，在pH=2时用浓度为0.01500mol/L的EDTA滴定，消耗15.40mL，调节pH为6，继续滴定，又消耗14.10mL，计算其中Fe^{3+}及Fe^{2+}的浓度（以mg/mL表示）。

6-82　将镀于5.04cm^2某惰性材料表面上的金属铬（ρ=7.10g/cm^3）溶解于无机酸中，然后将此酸性溶液移入100mL容量瓶中并稀释至刻度。吸取25.00mL该试液，调节pH为5后，加入25.00mL 0.02010mol/L的EDTA溶液使之充分螯合，过量的EDTA用0.01005mol/L的$Zn(Ac)_2$溶液回滴，需8.24mL可滴定至二甲酚橙指示剂变色。该惰性材料表面上铬镀层的平均厚度为多少毫米？

第七章　氧化还原反应与氧化还原滴定法

【知识目标】

1. 掌握氧化还原反应的本质，能熟练配平氧化还原反应方程式。

2. 理解标准电极电势和条件电极电势的意义，了解浓度、酸度等因素对电极电势的影响，了解能斯特公式计算电对的电极电势，掌握电极电势的应用。

3. 理解不同因素对不同氧化还原滴定的不同影响，学会选择或创造适当的反应条件，使反应符合滴定分析的要求。

4. 理解氧化还原滴定曲线的应用，掌握指示剂的选择和使用。

5. 掌握高锰酸钾法、重铬酸钾法、碘量法和亚硝酸钠法的测定原理、特点、指示剂、反应条件以及应用要求。

6. 熟练掌握氧化还原滴定结果的计算。

【能力目标】

1. 能全面地了解测定样品的性质，并选择合适的氧化还原条件进行样品测定。

2. 能熟练制备高锰酸钾、碘、重铬酸钾、亚硝酸钠等标准滴定溶液。

3. 能很好地分析氧化还原滴定过程中误差产生的原因以提高分析结果的准确性。

4. 能采取有效措施提高氧化还原反应的反应速率及反应程度。

【素质目标】

1. 培养学生诚信敬业的态度，树立质量意识和环保意识。

2. 通过氧化还原滴定实验，培养学生认真严谨、实事求是的工作态度。

氧化还原反应是化学反应的基本类型之一。其特征是反应前后某些元素的氧化数发生变化。其反应实质是反应物之间发生了电子的转移（电子得失或偏移）。这类反应涉及面广，从冶金工业、化学工业到动植物体内的代谢作用都涉及大量复杂的氧化还原过程。

第一节　氧化还原反应

一、基本概念

1. 氧化数

国际纯粹与应用化学联合会（IUPAC）对氧化数作了如下定义：氧化数（又称氧化值）是一种化合物或单质中元素原子的表观电荷数，这个表观电荷数的确定是把成键电子指定给电负性较大的原子而求得的。

确定氧化数所遵循的规则如下：

① 单质中元素的氧化数为零。如 N_2、Fe、S_8 等物质中，氮、铁、硫的氧化数都为零。

② 在一般含氢化合物中氢的氧化数为＋1，如 H_2O、HCl 等物质中。在二元金属氢化物中氢的氧化数为－1，如 NaH 中。

③ 在一般含氧化合物中氧的氧化数为－2；在过氧化物中氧的氧化数为－1；在含氟氧键的化合物（OF_2）中氧的氧化数为正值。

④ 简单离子的氧化数等于该离子的电荷数。如 Mg^{2+}、Cl^- 中镁和氯的氧化数分别为＋2、－1（注意离子电荷与氧化数表示方法的不同）。

⑤ 在共价化合物中，将属于两原子的共用电子对指定给电负性较大的元素后，两原子表现出的“形式电荷”数就是它们的氧化数。即在共价化合物中元素的氧化数是原子在化合态时的“形式电荷”数。如 NH_3 中氮的氧化数为＋3。

⑥ 对于结构未知或组成复杂的化合物，依据“中性分子中各元素氧化数的代数和为零；离子中各元素氧化数的代数和为该离子所带的电荷数”进行推算。如 MnO_4^- 中锰的氧化数为＋7。

氧化数可为整数，也可为分数或小数。如 Fe_3O_4 中的铁，其平均氧化数为＋8/3；$Na_2S_4O_6$ 中，硫的平均氧化数为＋2.5。

【例题 7-1】 计算下列物质中硫的氧化数。

H_2SO_4　　$S_2O_3^{2-}$　　$S_4O_6^{2-}$

解 根据“中性分子中各元素氧化数的代数和为零；离子中各元素氧化数的代数和为该离子所带的电荷数”，设硫的氧化数为 x，则

H_2SO_4 中　　$2\times(+1)+x+4\times(-2)=0$　　$x=+6$

$S_2O_3^{2-}$ 中　　$2x+3\times(-2)=-2$　　$x=+2$

$S_4O_6^{2-}$ 中　　$4x+6\times(-2)=-2$　　$x=+2.5$

【例题 7-2】 试求 CH_4、C_2H_6、C_2H_4、C_2H_2 中 C 的氧化数。

解 设 CH_4、C_2H_6、C_2H_4、C_2H_2 中 C 的氧化数分别为 x_1、x_2、x_3、x_4。

CH_4 中　　$x_1+4\times(+1)=0$　　$x_1=-4$

C_2H_6 中　　$2x_2+6\times(+1)=0$　　$x_2=-3$

C_2H_4 中　　$2x_3+4\times(+1)=0$　　$x_3=-2$

C_2H_2 中　　$2x_4+2\times(+1)=0$　　$x_4=-1$

由计算可知，CH_4、C_2H_6、C_2H_4、C_2H_2 中 C 的氧化数分别为－4、－3、－2 和－1。

必须指出的是，对于共价化合物，其氧化数和化合价的概念是不同的。氧化数是人为规定性的概念，表示元素原子在化合状态时的形式电荷数。而化合价是共价化合物的共价数（即某元素的原子形成共价键时共用电子对的数目）。因此，在共价化合物中，氧化数和共价数二者常常不一致。例如，在 CH_4、$CHCl_3$ 和 CCl_4 中，碳的共价数均为 4，而其氧化数却分别为－4、＋2 和＋4。

2. 氧化与还原

氧化还原反应的本质是电子发生转移（包括电子的得失和偏移，习惯上人们把电子的偏移也称作电子的得失），引起元素氧化数的变化。其中失去电子使元素氧化数升高的过程叫氧化反应，得到电子使元素氧化数降低的过程叫还原反应。例如：

$$2I^- - 2e \rightleftharpoons I_2 \quad I^- \text{发生氧化反应}$$

$$Cl_2 + 2e \rightleftharpoons 2Cl^- \quad Cl_2 \text{发生还原反应}$$

为叙述方便，将氧化与还原分别定义，事实上氧化与还原反应是存在于同一反应中并且同时发生的，即一种元素的氧化数升高，必有另一元素的氧化数降低，且氧化数升高总数与氧化数降低总数相等。在氧化还原反应过程中，得电子氧化数降低的物质是氧化剂（被还原）；失电子氧化数升高的物质是还原剂（被氧化）。例如：

$$Zn + Cu^{2+} \longrightarrow Zn^{2+} + Cu$$

反应中，Cu^{2+} 是氧化剂，发生还原反应；Zn 是还原剂，发生氧化反应。又如

$$\underset{(氧化剂)}{2KMnO_4} + \underset{(还原剂)}{5K_2SO_3} + \underset{(介质)}{3H_2SO_4} \longrightarrow 2MnSO_4 + 6K_2SO_4 + 3H_2O$$

反应式中，2 个 $KMnO_4$ 得到 10 个电子，Mn 元素的氧化数从 +7 变为 +2，故称 $KMnO_4$ 为氧化剂，反应中（被）还原为 Mn^{2+}；5 个 K_2SO_3 失去 10 个电子，S 元素的氧化数从 +4 升为 +6，故称 K_2SO_3 为还原剂，反应中（被）氧化为 K_2SO_4。在这个反应中由于 H_2SO_4 分子中各元素的氧化数未发生变化，故称它为介质。

根据元素氧化数的变化情况，还可将氧化还原反应分类。把氧化数的变化发生在不同物质中不同元素上的反应称为一般的氧化还原反应；把氧化数的变化发生在同一物质中不同元素上的反应称为自身氧化还原反应；把氧化数的变化发生在同一物质中同一元素上的氧化还原反应称为歧化反应。

试分析电子得失和电子偏移的区别？

3. 氧化还原电对

在氧化还原反应中，氧化剂与它的还原产物、还原剂与它的氧化产物组成的体系，称为氧化还原电对，简称电对。例如下面的反应中，存在这样两个电对：Cl_2/Cl^- 和 Br_2/Br^-。

$$Cl_2 + 2Br^- \longrightarrow 2Cl^- + Br_2$$

在氧化还原电对中，氧化数较高的物质称为氧化型物质（如 Cl_2、Br_2），氧化数较低的物质称为还原型物质（如 Cl^-、Br^-）。书写电对时，氧化型物质在左侧，还原型物质在右侧，中间用斜线“/”隔开，即“氧化型/还原型”。每个电对中，氧化型物质与还原型物质之间存在下列共轭关系：

$$氧化型 + ne \rightleftharpoons 还原型$$

例如：

$$I_2 + 2e \rightleftharpoons 2I^-$$

$$Fe^{3+} + e \rightleftharpoons Fe^{2+}$$

上面电对物质的共轭关系式称为氧化还原半反应。每一个电对都对应一个氧化还原半反应。例如：

Cu^{2+}/Cu	$Cu^{2+} + 2e \rightleftharpoons Cu$
I_3^-/I^-	$I_3^- + 2e \rightleftharpoons 3I^-$
H_2O_2/OH^-	$H_2O_2 + 2e \rightleftharpoons 2OH^-$
MnO_4^-/Mn^{2+}	$MnO_4^- + 8H^+ + 5e \rightleftharpoons Mn^{2+} + 4H_2O$

由上面的氧化还原半反应可以看出，电对中氧化型物质得电子，在反应中作氧化剂；还原型物质失电子，在反应中作还原剂。氧化型物质的氧化能力越强，对应还原型物质的还原能力越弱；氧化型物质的氧化能力越弱，对应还原型物质的还原能力越强。如 MnO_4^-/Mn^{2+}

中，MnO_4^- 氧化能力强，是强氧化剂，而 Mn^{2+} 还原能力弱，是弱还原剂。又如 Zn^{2+}/Zn 电对中，Zn 是强还原剂，Zn^{2+} 是弱氧化剂。

同一物质在不同的电对中可表现出不同的性质。如在 Fe^{3+}/Fe^{2+} 电对中，Fe^{2+} 为还原型，反应中可作还原剂；而在 Fe^{2+}/Fe 电对中，Fe^{2+} 为氧化型，反应中可作氧化剂。这说明物质的氧化还原性是相对的，有些物质与强氧化剂作用时，表现出还原性，与强还原剂作用时，表现出氧化性。如 H_2O_2 与 $KMnO_4$ 作用时表现出还原性，其水溶液反应如下：

$$2MnO_4^- + 5H_2O_2 + 6H^+ \longrightarrow 2Mn^{2+} + 5O_2\uparrow + 8H_2O$$

当 H_2O_2 与 KI 作用时，表现出氧化性，其反应为：

$$2H^+ + H_2O_2 + 2I^- \longrightarrow 2H_2O + I_2$$

在无机分析反应中，常见的氧化剂一般是活泼的非金属单质［如 X_2（X 代表 F、Cl、Br、I）、O_2］和一些高氧化数的化合物［如 $(NH_4)_2S_2O_8$、KIO_3、$KMnO_4$、$K_2Cr_2O_7$、$NaBiO_3$、MnO_2、浓 H_2SO_4 及 Fe^{3+}、Ce^{4+} 等］。常见的还原剂一般是活泼的金属（如 Na、Mg）和低氧化数的化合物（如 CO、H_2S、X^- 及 Fe^{2+}、Sn^{2+} 等）。处于中间氧化数的物质常常既具有氧化性又具有还原性，如 H_2O_2、H_2SO_3 等。

二、氧化还原反应方程式的配平

氧化还原反应方程式一般比较复杂，用观察法往往不易配平，需按一定方法配平。最常用的方法有氧化数法和离子-电子法。这里只介绍氧化数法。

氧化数法配平氧化还原反应方程式的原则是：①氧化剂中元素原子氧化数降低的总值等于还原剂中元素原子氧化数升高的总值，依据此原则来确定氧化剂和还原剂化学式前面的系数。②根据质量守恒定律配平非氧化还原部分的原子数目。下面以 Cu 与稀 HNO_3 反应为例说明配平的步骤。

（1）写出反应物和生成物的化学式。

$$Cu + HNO_3 \longrightarrow Cu(NO_3)_2 + NO + H_2O$$

（2）标出氧化数有变化的元素的氧化数，并求出反应前后氧化剂中元素氧化数降低值和还原剂中元素氧化数升高值。

Cu 的氧化数升高 2

$$\overset{0}{Cu} + H\overset{+5}{N}O_3 \longrightarrow \overset{+2}{Cu}(NO_3)_2 + \overset{+2}{N}O + H_2O$$

N 的氧化数降低 3

（3）调整系数，使氧化数升高的总值与降低的总值相等：根据氧化数升高与降低的总值必须相等的原则，在有关化学式的前面各乘以相应的系数（多采用最小公倍法确定）。

Cu 的氧化数升高 2 × 3

$$\overset{0}{Cu} + H\overset{+5}{N}O_3 \longrightarrow \overset{+2}{Cu}(NO_3)_2 + \overset{+2}{N}O + H_2O$$

N 的氧化数降低 3 × 2

即
$$3Cu + 2HNO_3 \longrightarrow 3Cu(NO_3)_2 + 2NO + H_2O$$

（4）配平反应前后氧化数未发生变化的其他元素的原子数（一般用观察法）。

生成物中除了 2 个 NO 分子外，尚有 6 个 NO_3^-，需在左边再加上 6 个 HNO_3 分子。这样方程式左边有 8 个 H 原子，右边可生成 4 个 H_2O 分子，得到方程式

$$3Cu + 8HNO_3 \xlongequal{} 3Cu(NO_3)_2 + 2NO + 4H_2O$$

再核对方程式两边的氧原子数都是24，该方程式已配平。

【例题7-3】 配平高锰酸钾与亚硫酸钾在酸性溶液中的反应方程式。

解 （1）写出反应物和主要产物的化学式。

$$KMnO_4 + K_2SO_3 + H_2SO_4(稀) \longrightarrow MnSO_4 + K_2SO_4$$

（2）使反应前后元素氧化数的升降值相等。

Mn的氧化数降低 5×2

$$\overset{+7}{KMn}O_4 + K_2\overset{+4}{S}O_3 + H_2SO_4(稀) \longrightarrow \overset{+2}{Mn}SO_4 + K_2\overset{+6}{S}O_4$$

S的氧化数升高 2×5

$$2KMnO_4 + 5K_2SO_3 + H_2SO_4(稀) \longrightarrow 2MnSO_4 + 5K_2SO_4$$

（3）配平其他原子数。

对含氧酸盐作氧化剂的配平，一般先观察氧化数为−2的氧（即 $\overset{-2}{O}$）的数目。$2KMnO_4$ 变为 $2Mn^{2+}$ 余出8个 $\overset{-2}{O}$，而 $5K_2SO_3$ 变为 $5K_2SO_4$ 则尚需5个 $\overset{-2}{O}$，因此左边剩余3个 $\overset{-2}{O}$，需6个 H^+ 与之结合，生成 $3H_2O$。此6个 H^+ 由介质 H_2SO_4 供给，故左边为 $3H_2SO_4$。最后检查两边各原子的数目是否相等。即

$$2KMnO_4 + 5K_2SO_3 + 3H_2SO_4(稀) \xlongequal{} 2MnSO_4 + 6K_2SO_4 + 3H_2O$$

必须强调指出：在配平方程式时，如果是分子方程式，则不能出现离子；如果是离子方程式，配平时反应方程式的两边不仅各元素的原子个数相等，电荷总数也应相等，但配平的切入点是电荷平衡。例如：

$$Fe^{3+} + Fe \longrightarrow 2Fe^{2+}$$

$$MnO_4^- + Fe^{2+} + 8H^+ \longrightarrow Mn^{2+} + Fe^{3+} + 4H_2O$$

以上两反应式从各元素的原子个数看是平衡了，但两边的电荷数没有平衡，所以方程式并未配平。另外，在水溶液中的反应，要根据实际情况，用 H^+、OH^-、H_2O 等配平H和O元素❶。

知识链接

离子-电子法配平氧化还原反应方程式

在水溶液中进行的氧化还原反应，除用氧化数配平外，还常用离子-电子法配平。其配平原则是：反应过程中，氧化剂获得的电子总数等于还原剂失去的电子总数。现结合以下实例说明其配平步骤。

在酸性介质中，$KMnO_4$ 与 K_2SO_3 反应生成 $MnSO_4$ 和 K_2SO_4，配平此化学方程式。

配平的具体步骤如下：

(1) 根据反应写出未配平的离子方程式

$$MnO_4^- + SO_3^{2-} + H^+ \longrightarrow Mn^{2+} + SO_4^{2-} + H_2O \qquad ①$$

(2) 写出两个半反应式，即还原剂被氧化的半反应和氧化剂被还原的半反应：

❶ 对于含氧酸盐参加的氧化还原反应，在配平两边元素氧化数有变化的原子之后，如果出现右边氧原子的总数少于左边氧原子的总数，若介质为酸性（H^+），则产物中必有 H_2O，若介质为中性（H_2O），则产物必有 OH^-；如果出现右边的氧原子总数多于左边的氧原子总数，若介质为碱性（OH^-），产物中一定有 H_2O 产生，或介质为中性（H_2O）。

氧化半反应　　$SO_3^{2-} \longrightarrow SO_4^{2-}$

还原半反应　　$MnO_4^- \longrightarrow Mn^{2+}$

式中产物的氧原子数较反应物中的多，反应又在酸性介质中进行，所以可在上式反应物中加 H_2O，生成物中加 H^+，然后进行各元素原子数及电荷数的配平，可得

$$SO_3^{2-} + H_2O = SO_4^{2-} + 2H^+ + 2e \qquad ②$$

式中产物中的氧原子数减少，应加足够多的氢离子(氧原子减少数的 2 倍)，使它结合为水，配平后则得

$$MnO_4^- + 8H^+ + 5e = Mn^{2+} + 4H_2O \qquad ③$$

(3)根据氧化剂和还原剂得失电子数相等的原则，在两个半反应式中各乘以适当的系数，即以式②×5，式③×2，然后相加得到一个配平的离子方程式：

$$2MnO_4^- + 5SO_3^{2-} + 6H^+ = 5SO_4^{2-} + 2Mn^{2+} + 3H_2O$$

(4) 写出完全的反应方程式：

$$5K_2SO_3 + 2KMnO_4 + 3H_2SO_4 = 6K_2SO_4 + 2MnSO_4 + 3H_2O$$

氧化数法是一种适用范围较广的配平氧化还原反应方程式的方法。离子-电子法虽然仅适用于溶液中离子方程式的配平，但它避免了氧化数的计算。在水溶液中进行的较复杂的氧化还原反应，一般均用离子-电子法配平。这两种配平方法可以相互补充。

*第二节　电极电势

一、能斯特方程式

24. 国标：GB/T 14666—2003 分析化学术语（第 3 部分）

物质的氧化型和还原型构成一个氧化还原电对。每一个氧化还原电对的氧化能力和还原能力的大小可用电对的电极电势 φ[❶] 来衡量，亦即在氧化还原反应中，氧化剂和还原剂的强弱可用相关电对的电极电势来衡量。而电对的电极电势的大小不仅取决于电对物质的本性，还与反应温度、氧化型物质和还原型物质的浓度、压力等有关，可由能斯特（Nernst）方程式[❷]来计算。

对任意给定的氧化还原电对的半反应

$$a\text{Ox} + ne \rightleftharpoons b\text{Red}$$

其电极电势可表示为：

$$\varphi_{\text{Ox/Red}} = \varphi^{\ominus}_{\text{Ox/Red}} + \frac{RT}{nF}\ln\frac{\alpha_{\text{Ox}}^{\ a}}{\alpha_{\text{Red}}^{\ b}} \qquad (7\text{-}1)$$

式中　$\varphi_{\text{Ox/Red}}$——Ox-Red（即氧化型-还原型）电对的电极电势，V；

$\varphi^{\ominus}_{\text{Ox/Red}}$——电对的标准电极电势，V；

R——摩尔气体常数，8.3145J/(mol·K)；

T——热力学温度，K；

F——法拉第常数，96485C/mol (C 是库仑)；

n——反应物（氧化剂或还原剂）反应中转移的电子数；

❶ 电极电势的定义、确定及相关推导由物理化学给出。

❷ 能斯特方程式的推导由物理化学给出。

a，b——电对的半反应式中各相应物质的计量系数，固体和纯液体不列入该式；

α_{Ox}，α_{Red}——氧化型 Ox、还原型 Red 的活度，mol/L，其大小受溶液中离子强度的影响。

式(7-1) 即为电极电势的能斯特（Nernst）方程式，简称能斯特方程（或称能斯特公式）。若将自然对数换成常用对数，并将有关常数代入，则在 298.15K 时，能斯特方程可表示为：

$$\varphi_{Ox/Red}=\varphi^{\ominus}_{Ox/Red}+\frac{0.059}{n}\lg\frac{\alpha_{Ox}{}^{a}}{\alpha_{Red}{}^{b}} \tag{7-2}$$

需要指出，能斯特方程中 Ox、Red 是广义的氧化型物质和还原型物质，它包括没有发生氧化数变化的参加电对半反应的所有物质如 H^{+}、OH^{-}等。

利用能斯特公式可计算电对在各种浓度下的电极电势，这在实际应用中非常重要。

由式(7-2) 可见，电对的电极电势与存在于溶液中的氧化型和还原型的活度 α 有关。当 $\alpha_{Ox}=\alpha_{Red}=1$mol/L 或 $\alpha_{Ox}/\alpha_{Red}=1$ 时，$\varphi_{Ox/Red}=\varphi^{\ominus}_{Ox/Red}$，这时的电极电势等于标准电极电势。

二、标准电极电势

标准电极电势是指在一定温度下（通常为 298.15K）氧化还原半反应中各组分都处于标准状态，即离子或分子的活度等于 1mol/L 或活度比率为 1，反应中若有气体参加（或生成），则其分压等于 0.101325MPa 时的电极电势，它仅随温度变化。附录 3 列出了目前国际上推荐的 25℃时一些电对的标准电极电势，它是把所有的反应都写成还原反应，习惯上称为标准还原电势，它们是按电极电势的代数值递增顺序排列的。在该表中，电极电势的代数值越小，表明电极反应中还原型物质的还原能力越强（其本身越易被氧化），而氧化型物质的氧化能力越弱；电极电势的代数值越大，表明电极反应中氧化型物质的氧化能力越强（其本身越易被还原），而还原型物质的还原能力越弱。因此，电极电势是表示氧化还原电对所对应的氧化型物质或还原型物质氧化还原能力（即得失电子能力）相对大小的一个物理量。$\varphi^{\ominus}$是一强度性质的物理量，无加和性，与电极反应的方向及半反应的写法无关，即对任一电极反应，无论其氧化型物质作氧化剂还是还原型物质作还原剂，其电极电势的代数值不变。

三、条件电极电势

1. 条件电极电势的引出

在利用能斯特公式计算各种不同情况下氧化还原电对的电极电势时，遇到的困难是有关离子的活度数值不易准确得知。所以在简单的计算中，往往忽略溶液中离子强度的影响，通常就以溶液的浓度 c 代替活度 α 代入能斯特公式来近似计算。此时能斯特公式表示为：

$$\varphi_{Ox/Red}=\varphi^{\ominus}_{Ox/Red}+\frac{0.059}{n}\lg\frac{c_{Ox}{}^{a}}{c_{Red}{}^{b}} \tag{7-3}$$

由于这种计算方法忽略了离子强度等因素的影响，所以只能得出粗略的结果。但在实际工作中，溶液的离子强度常常是较大的，其影响不能忽略。更重要的是，当氧化型或还原型因水解或配位等副反应使其存在形式改变时，会使电对的氧化型或还原型的浓度发生改变，这在更大程度上可引起电极电势的变化。在这种情况下，用能斯特公式计算有关电对的电极电势时，如果仍采用该电对的标准电极电势，且忽略离子强度（以浓度代替活度）及副反应的影响，就会使计算结果与实际情况相差很大，从而导致一个相当大的误差。而在无机及分析化学中要求准确地求得氧化还原电对的电极电势，为此引出条件电极电势的概念。此时能斯特公式表示为：

$$\varphi_{Ox/Red}=\varphi^{\ominus\prime}_{Ox/Red}+\frac{0.059}{n}\lg\frac{c_{Ox}{}^{a}}{c_{Red}{}^{b}} \tag{7-4}$$

式中，$\varphi^{\ominus\prime}_{Ox/Red}$称为条件电极电势。它是在一定条件（介质、浓度）下氧化型和还原型的浓度均为1mol/L或它们的浓度比率为1时，校正了各种外界因素（即配位反应、沉淀反应、溶液酸度等副反应）影响后的实际电极电势，它是由实验测得的。条件电极电势反映了离子强度及各种副反应影响的总结果，在条件一定时为一常数，当条件改变时也将随着改变。$\varphi^{\ominus}$与$\varphi^{\ominus\prime}$的关系与配位反应中$K_稳$和$K'_稳$的关系相似：当用$K'_稳$表示配合物的稳定性时，$K_稳$定义式中的$[Y^{4-}]$可以用c_Y代替。同理，当用$\varphi^{\ominus\prime}$代替能斯特公式中的$\varphi^{\ominus}$时，式(7-2)中的活度就可用浓度c代替了。$\varphi^{\ominus\prime}$的大小，说明在外界因素影响下，氧化还原电对的实际氧化还原能力。显然，引入$\varphi^{\ominus\prime}$后，处理实际问题就比较简单，也更为符合实际情况。因此应用$\varphi^{\ominus\prime}$比用$\varphi^{\ominus}$能更正确地判断氧化还原反应的方向、次序以及反应完成的程度。附录4列出了部分氧化还原电对的条件电极电势。在处理有关氧化还原反应的电极电势计算时，最好采用条件电极电势，但由于目前条件电极电势的数据还比较少，当缺乏相同条件下的$\varphi^{\ominus\prime}$数据时，可采用相近条件下的$\varphi^{\ominus\prime}$，也可采用$\varphi^{\ominus}$并通过Nernst公式计算来考虑外界因素的影响。

下面举例说明能斯特公式(7-3）和式(7-4）的应用。

【例题 7-4】 计算0.10mol/L HCl溶液中As(Ⅴ)/As(Ⅲ）电对的条件电极电势（忽略离子强度的影响）。

解　在0.10mol/L HCl溶液中，电对的半反应为：

$$H_3AsO_4+2H^++2e \rightleftharpoons H_3AsO_3+H_2O \qquad \varphi^{\ominus}(H_3AsO_4/H_3AsO_3)=0.560V$$

由于忽略离子强度的影响，故$\varphi^{\ominus\prime}$只受溶液酸度影响，因此可用浓度c代替活度α。由式(7-3）得

$$\varphi(H_3AsO_4/H_3AsO_3)=\varphi^{\ominus}(H_3AsO_4/H_3AsO_3)+\frac{0.059}{2}\lg\frac{c(H_3AsO_4)[c(H^+)]^2}{c(H_3AsO_3)}$$

$$=\varphi^{\ominus}(H_3AsO_4/H_3AsO_3)+0.059\lg c(H^+)+\frac{0.059}{2}\lg\frac{c(H_3AsO_4)}{c(H_3AsO_3)}$$

根据条件电极电势的定义，当$c(H_3AsO_4)=c(H_3AsO_3)=1mol/L$时，$\varphi(H_3AsO_4/H_3AsO_3)$就是As(Ⅴ)/As(Ⅲ）电对的条件电极电势$\varphi^{\ominus\prime}(H_3AsO_4/H_3AsO_3)$，所以

$$\varphi^{\ominus\prime}(H_3AsO_4/H_3AsO_3)=\varphi^{\ominus}(H_3AsO_4/H_3AsO_3)+0.059\lg c(H^+)$$

$$=0.560+0.059\lg 0.10=0.501(V)$$

【例题 7-5】 已知在$c(H_2SO_4)=2mol/L$的溶液中，$c(Ce^{4+})=2.00\times10^{-2}mol/L$，$c(Ce^{3+})=4.00\times10^{-3}mol/L$，求$Ce^{4+}/Ce^{3+}$电对的电极电势。

解　查附录得在$c(H_2SO_4)=2mol/L$时，$\varphi^{\ominus\prime}(Ce^{4+}/Ce^{3+})=1.44V$，由式(7-4）得

$$\varphi(Ce^{4+}/Ce^{3+})=\varphi^{\ominus\prime}(Ce^{4+}/Ce^{3+})+0.059\lg\frac{c(Ce^{4+})}{c(Ce^{3+})}$$

$$=1.44+0.059\lg\frac{2.00\times10^{-2}}{4.00\times10^{-3}}=1.48(V)$$

2. 外界条件对电极电势的影响

(1）离子强度的影响　离子强度较大时，活度与浓度的差别较大，如用浓度代替活度进行有关计算就会带来一定的误差。但在一般情况下各种副反应对电极电势的影响要远比离子强度的影

响大，所以在通常情况下多是忽略离子强度的影响，直接用浓度 c 代替活度 α 计算电极电势。

(2) 副反应的影响　在氧化还原反应中，常利用沉淀反应或配位反应使电对的氧化型或还原型的浓度发生变化，从而改变电对的电极电势大小，进而对反应方向产生影响。

若加入一种沉淀剂，使之与氧化型或还原型生成沉淀，则降低了氧化型或还原型的浓度，因而使电对的电极电势发生改变。由能斯特公式可知，若电对的氧化型生成沉淀，则使电极电势降低；若还原型生成沉淀，则使电极电势升高。从而使氧化还原反应朝生成沉淀的方向进行。例如，碘量法测定 Cu^{2+} 的含量就是基于此原理。查 $\varphi^{\ominus}$ 表，得 $\varphi^{\ominus}(Cu^{2+}/Cu^{+})=+0.16V$，$\varphi^{\ominus}(I_2/I^-)=+0.54V$，仅从两电对的标准电极电势看，$Cu^{2+}$ 不能氧化 I^-。但是，由于过量的 I^- 与 Cu^+ 生成 CuI 沉淀，使游离的 Cu^+ 浓度大为降低，Cu^{2+}/Cu^+ 电对的电势大为升高，此时实际为 Cu^{2+}/CuI 电对，其 $\varphi^{\ominus}(Cu^{2+}/CuI)=0.86V$，由此，$\varphi^{\ominus}(Cu^{2+}/CuI)>\varphi^{\ominus}(I_2/I^-)$，$Cu^{2+}$ 可以氧化 I^- 生成 CuI 和 I_2，反应为：

$$2Cu^{2+} + 4I^- \longrightarrow 2CuI\downarrow + I_2$$

若溶液中的某阴离子或加入的配位剂，可与金属离子的氧化型或还原型形成稳定的配合物，则会降低氧化型或还原型的浓度，因而也能改变电对的电极电势。由能斯特公式可知，若氧化型形成稳定的配合物，则使电极电势降低；若还原型形成稳定的配合物，则使电极电势升高。例如，由 $\varphi^{\ominus}$ 知，Fe^{3+} 可以将 I^- 氧化成 I_2。当向体系中加入氟化物时，则 Fe^{3+} 与 F^- 形成稳定的 $[FeF_6]^{3-}$ 配离子，致使游离 Fe^{3+} 的浓度大为降低，Fe^{3+}/Fe^{2+} 电对的电极电势值也变小，并小于 I_2/I^- 电对的电极电势值。在这种情况下，Fe^{3+} 的氧化能力变弱而不能氧化 I^- 了。用碘量法测铜时，就是利用这个原理和方法来消除 Fe^{3+} 对 Cu^{2+} 测定的干扰。

(3) 溶液酸度的影响　许多有 H^+ 或 OH^- 参加的氧化还原反应，其溶液的酸度就直接影响电对的电极电势。因此，调节溶液的酸度时，就会使电对的电极电势发生改变，因而有可能影响反应的方向。

【例题 7-6】　碘离子与砷酸的反应为：

$$H_3AsO_4 + 2I^- + 2H^+ \rightleftharpoons H_3AsO_3 + I_2 + H_2O$$

试由标准电极电势判断反应的方向。若在溶液中加入 $NaHCO_3$，使 pH=8，此时反应方向又如何？

解 $H_3AsO_4 + 2H^+ + 2e \rightleftharpoons H_3AsO_3 + H_2O$　　$\varphi^{\ominus}(H_3AsO_4/H_3AsO_3)=0.56V$

$I_2 + 2e \rightleftharpoons 2I^-$　　$\varphi^{\ominus}(I_2/I^-)=0.54V$

从标准电极电势看，在酸性溶液中，I_2 不能氧化 H_3AsO_3，相反 H_3AsO_4 能氧化 I^-，上述反应自左向右进行。但 H_3AsO_4/H_3AsO_3 电对的半反应中有 H^+ 参加反应，所以溶液酸度的改变对电极电势的影响很大。如果在溶液中加入 $NaHCO_3$，使 pH=8，即 $[H^+]$ 由标准状态时的 1mol/L 降低到 1.0×10^{-8} mol/L，而其他物质的浓度不变仍为 1mol/L，并忽略离子强度的影响，则

$$\varphi(H_3AsO_4/H_3AsO_3)=\varphi^{\ominus}(H_3AsO_4/H_3AsO_3)+\frac{0.059}{2}\lg\frac{c(H_3AsO_4)[c(H^+)]^2}{c(H_3AsO_3)}$$

$$=\varphi^{\ominus}(H_3AsO_4/H_3AsO_3)+0.059\lg c(H^+)+\frac{0.059}{2}\lg\frac{c(H_3AsO_4)}{c(H_3AsO_3)}$$

当 $c(H_3AsO_4)=c(H_3AsO_3)=1mol/L$ 时，有

$$\varphi^{\ominus'}(H_3AsO_4/H_3AsO_3)=\varphi^{\ominus}(H_3AsO_4/H_3AsO_3)+0.059\lg c(H^+)$$

$$=0.56+0.059\lg10^{-8}=0.088(V)$$

这就是说，在 pH＝8 时，As(Ⅴ)/As(Ⅲ) 电对的电极电势不再是 0.56V，而是

0.088V。这时 $\varphi^{\ominus}(I_2/I^-) > \varphi^{\ominus'}(H_3AsO_4/H_3AsO_3)$，$I_2$ 能氧化 H_3AsO_3，上述氧化还原反应可自右向左定量进行。

应注意，由于上述反应中两个电对的 $\varphi^{\ominus}$ 相差不大，而且又有 H^+ 参加反应，所以只要适当改变酸度就能使两电对的电极电势相对大小发生改变，从而改变反应的方向。因此要通过改变溶液酸度的方法来改变反应方向，必须是反应的两电对的电极电势相近而且有 H^+（或 OH^-）参加反应才可实现。

此外，氧化剂或还原剂浓度的改变也会影响电对的电极电势大小，这里不再举例。

四、电极电势的应用

标准电极电势是一个非常重要的物理量，是化学中重要的数据之一。它能把在水溶液中进行的氧化还原反应系统化，主要应用在以下四方面。

1. 比较氧化剂、还原剂的相对强弱

标准电极电势表中的 $\varphi^{\ominus}$ 值一般是按代数值由小到大的顺序排列的。纵观表中的数据可以知道，排在 H^+/H_2 以上的为负值，排在其下面的为正值。前已述及，电极电势的大小反映物质在水溶液中氧化还原能力的强弱。①电极电势高，对应电对中氧化型物质是强氧化剂，还原型物质是弱还原剂。②电极电势低，对应电对中还原型物质是强还原剂，氧化型物质是弱氧化剂。

【例题 7-7】 根据标准电极电势数值，判断下列电对中氧化型物质的氧化能力和还原型物质的还原能力强弱次序。

$$MnO_4^-/Mn^{2+} \qquad Fe^{3+}/Fe^{2+} \qquad I_2/I^-$$

解　查 $\varphi^{\ominus}$ 表，得 $\varphi^{\ominus}(MnO_4^-/Mn^{2+})=1.51V$，$\varphi^{\ominus}(Fe^{3+}/Fe^{2+})=0.771V$，$\varphi^{\ominus}(I_2/I^-)=0.535V$。可见，电对 MnO_4^-/Mn^{2+} 的 $\varphi^{\ominus}$ 值最大，说明其氧化型 MnO_4^- 是这三组氧化还原电对中最强的氧化剂；电对 I_2/I^- 的 $\varphi^{\ominus}$ 值最小，说明其还原型物质 I^- 是这三组氧化还原电对中最强的还原剂。因此，各氧化型物质氧化能力的强弱顺序为 $MnO_4^- > Fe^{3+} > I_2$，各还原型物质还原能力的强弱顺序为 $I^- > Fe^{2+} > Mn^{2+}$。

2. 判断氧化还原反应的方向

当两个电对相互作用发生氧化还原反应时，其反应方向总是电极电势高的电对中的氧化型物质氧化电极电势低的电对中的还原型物质。

【例题 7-8】 判断标准状态下，298.15K 时，下面的反应能否自发进行？

$$Zn + Cu^{2+} \rightleftharpoons Zn^{2+} + Cu$$

解　查 $\varphi^{\ominus}$ 表，得 $\varphi^{\ominus}(Cu^{2+}/Cu)=+0.335V$，$\varphi^{\ominus}(Zn^{2+}/Zn)=-0.76V$。显然，Zn 是比 Cu 更强的还原剂，而 Cu^{2+} 是比 Zn^{2+} 更强的氧化剂。故 Cu^{2+} 能将 Zn 氧化，上面的反应能自发地自左向右进行。也就是说，作为氧化剂电对的 $\varphi_1^{\ominus}$ 应大于作为还原剂电对的 $\varphi_2^{\ominus}$（即 $\varphi_1^{\ominus}-\varphi_2^{\ominus}>0$）。

由上述事实，可以得出一个规律：氧化还原反应总是自发地由较强氧化剂与较强还原剂相互作用，向着生成较弱还原剂和较弱氧化剂的方向进行。

当参与反应的氧化型物质与还原型物质处于非标准状态时，严格地说，应根据能斯特方程求得在给定条件下两电对的实际电极电势 φ（或 $\varphi^{\ominus'}$），然后再依此进行比较和判断。不过，多数情况下，$\varphi^{\ominus}$ 在 φ 值中占主要部分，浓度的变化对电极电势影响不是太大，只要两电对的 $\varphi^{\ominus}$ 差值大于 0.2V，一般仍可直接用 $\varphi^{\ominus}$ 值来判断。但对两个电极电势相差较小（小于 0.2V）的电对来说，氧化还原反应的方向常因参加反应的物质浓度或溶液酸度的变化而有可能产生逆转。如用碘化物还原二价铜的反应及【例题 7-6】的情况，即应依据求得的实际电极电势 φ(或 $\varphi^{\ominus'}$)值来判断。

3. 判断氧化还原反应进行的次序

当一种氧化剂可以氧化同一体系中的几种还原剂时，氧化剂首先氧化最强的还原剂（其电极电势值最低）。同理，当一种还原剂可以还原同一体系中的几种氧化剂时，首先还原最强的氧化剂（其电极电势值最高）。如 Cl_2 可以分别将 Br_2、I_2 从它们的盐溶液中置换出来。如果在含有等浓度的 I^-、Br^- 的混合溶液中滴加氯水（Cl_2），由于

$$\varphi^{\ominus}(Cl_2/Cl^-)=1.36V \quad \varphi^{\ominus}(Br_2/Br^-)=1.07V \quad \varphi^{\ominus}(I_2/I^-)=0.54V$$

所以，I^- 首先与 Cl_2 反应被氧化成 I_2，然后才是 Br^- 被氧化。

4. 判断氧化还原反应进行的程度

一个化学反应进行的程度可用平衡常数的大小来衡量，而氧化还原反应的平衡常数可根据能斯特方程从有关电对的条件电极电势或标准电极电势求得，如果引用的是条件电极电势，求得的则是条件平衡常数。

对任一氧化还原反应，就氧化剂和还原剂两电对，依据能斯特公式经推导即可得到其平衡常数。

$$\lg K'=\frac{(\varphi_1^{\ominus'}-\varphi_2^{\ominus'})n_1 n_2}{0.059} \tag{7-5}$$

式中，K' 为条件平衡常数；$\varphi_1^{\ominus'}$、$\varphi_2^{\ominus'}$ 分别为氧化剂和还原剂两电对的条件电极电势，若查不到 $\varphi^{\ominus'}$，则可近似地采用 $\varphi^{\ominus}$；n_1、n_2 分别为氧化剂和还原剂半反应中转移的电子数。

由上式可见，氧化还原反应平衡常数的大小是由氧化剂与还原剂两电对的 $\varphi^{\ominus'}$ 或 $\varphi^{\ominus}$ 的差值以及转移的电子数决定的，两电对的 $\varphi^{\ominus'}$ 或 $\varphi^{\ominus}$ 值相差越大，K' 值也就越大，反应进行得越完全。对于 $n_1=n_2=1$ 型的反应，一般当 $\lg K'\geqslant 6$ 或两电对的条件电极电势差值 $\varphi_1^{\ominus'}-\varphi_2^{\ominus'}\geqslant 0.4V$[1] 时，可满足允许误差小于或等于 0.1%的滴定分析要求，因此可认为反应已进行完全。

需注意，$\varphi_1^{\ominus'}-\varphi_2^{\ominus'}$ 值很大，仅说明该反应有进行完全的可能，但不一定能定量反应，也不一定能迅速完成。所以，创造条件使两电对的电极电势差值超过 0.4V 且无副反应，即氧化剂与还原剂之间的反应符合一定的化学反应方程式及化学计量关系，这样，理论上即可滴定。当然实际应用时，还需考虑反应的速率问题。

第三节　氧化还原滴定法的基本原理

氧化还原滴定法是以氧化还原反应为基础的滴定分析法，其应用十分广泛。通常是用一些氧化剂或还原剂作标准滴定溶液来测定可被它们氧化或还原的物质的含量，也可以间接测定一些本身不具备氧化还原性质，但能与氧化剂或还原剂发生定量反应的物质的含量。

用于滴定分析的氧化还原反应必须具备下列条件：

① 反应能够定量地进行完全。一般认为滴定剂和被滴定物质对应的电对的条件电极电势差大于 0.4V，反应就能定量地进行完全。

② 滴定反应能够迅速完成。

③ 有适当的方法或指示剂确定滴定终点。

[1] 对于电子转移数 $n_1\neq n_2$ 的反应，则为 $\lg K'\geqslant 3(n_1+n_2)$ 或两电对的条件电极电势差 $\varphi_1^{\ominus'}-\varphi_2^{\ominus'}\geqslant 3(n_1+n_2)\dfrac{0.059}{n_1 n_2}$。

由于上述条件的限制，并非所有的氧化还原反应都能用于滴定分析。有些反应从理论上看进行得很完全，但由于反应速率太慢而无实际意义。上节讨论的根据电对的标准电极电势或条件电极电势可判断反应的方向、次序及反应进行的程度等问题都只是指出反应进行的存在，并不能说明反应速率的快慢。实际上不同的氧化还原反应其反应速率会有很大的差别，有些反应从理论上（即从电极电势角度）看是可以进行的，但实际上因反应速率太慢可以认为在瞬间反应并未发生。所以对于氧化还原反应，一般不能单从平衡观点来判断，显然还应从它们的反应速率和反应机理（历程）来考虑反应的现实性。而反应物浓度、压力、温度及催化剂等因素都会影响反应速率。另外，氧化还原反应还常常可能发生副反应或因反应条件不同而生成不同的产物。因此，在氧化还原滴定中，为了使氧化还原反应能按所需要的方向定量、迅速地进行完全，根据不同情况选择并控制适当的反应条件（包括温度、酸度、浓度和添加某些试剂等）就是十分重要的问题。关于这一点，在后面介绍各种氧化还原滴定方法时，将结合每种方法作详细阐述，这里不再笼统地讨论。

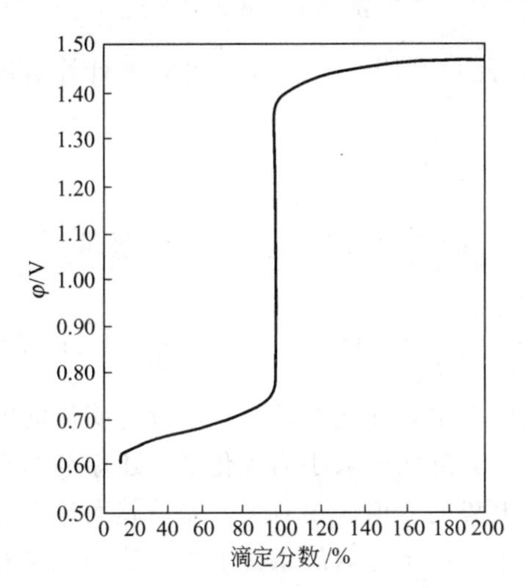

图 7-1　$0.1000mol/L\ Ce^{4+}$滴定 $0.1000mol/L\ Fe^{2+}$的滴定曲线

一、氧化还原滴定曲线

在氧化还原滴定过程中，随着标准滴定溶液的不断滴入和反应的进行，参加反应的氧化型和还原型物质的浓度不断发生变化，导致溶液中有关电对的电极电势也随之发生改变。这种变化也是遵循量变引起质变这一规律的，在化学计量点附近也有一个突跃——电极电势突跃。若用曲线形式表示标准滴定溶液加入量与溶液电极电势变化的关系，即得到氧化还原滴定曲线。氧化还原滴定曲线可通过实验测出的数据绘制而成，对某些反应也可利用能斯特公式计算出各滴定点的电极电势值来绘制。

图 7-1 为用 0.1000mol/L 硫酸铈溶液在 $1mol/L\ H_2SO_4$ 介质中滴定 $0.1000mol/L\ Fe^{2+}$溶液的滴定曲线。滴定反应为：

$$Ce^{4+}+Fe^{2+}\longrightarrow Ce^{3+}+Fe^{3+}$$

两电对的条件电极电势为：

$$Ce^{4+}+e\rightleftharpoons Ce^{3+}\qquad \varphi^{\ominus'}(Ce^{4+}/Ce^{3+})=1.44V\quad (0.5mol/L\ H_2SO_4\ 中)$$

$$Fe^{3+}+e\rightleftharpoons Fe^{2+}\qquad \varphi^{\ominus'}(Fe^{3+}/Fe^{2+})=0.68V$$

滴定过程中，每加入一定量的滴定剂，反应就达到一个新的平衡。此时反应体系中两电对的电极电势相等。因此，溶液中各平衡点的电极电势可选用便于计算的任何一个电对来计算。

（1）化学计量点前　溶液中存在剩余的 Fe^{2+}，所以这一阶段溶液的电极电势可依据 Fe^{3+}/Fe^{2+} 电对来计算。

$$\varphi(Fe^{3+}/Fe^{2+})=\varphi^{\ominus'}(Fe^{3+}/Fe^{2+})+0.059\lg\frac{c(Fe^{3+})}{c(Fe^{2+})}$$

此时，$\varphi(Fe^{3+}/Fe^{2+})$ 值随溶液中 $c(Fe^{3+})/c(Fe^{2+})$ 的变化而变化。当 Fe^{2+} 剩余 0.1% 时，溶液的电极电势 φ 为：

$$\varphi=\varphi(Fe^{3+}/Fe^{2+})=\varphi^{\ominus'}(Fe^{3+}/Fe^{2+})+0.059\lg\frac{c(Fe^{3+})}{c(Fe^{2+})}=0.68+0.059\lg\frac{99.9}{0.1}=0.86(V)$$

(2) 化学计量点时　滴定达到化学计量点时，反应定量完成。此时溶液中未反应的 Ce^{4+} 及 Fe^{2+} 的浓度都极小但它们相等，又由于反应达到平衡时两电对的电极电势相等，故溶液的电极电势 φ 可由两电对的能斯特公式联立求解。经推导可得化学计量点时电极电势的计算公式：

$$\varphi_{计}=\frac{n_1\varphi_1^{\ominus'}+n_2\varphi_2^{\ominus'}}{n_1+n_2} \tag{7-6}$$

式中　n_1，n_2——两电对的电极反应中转移的电子数；

$\varphi_1^{\ominus'}$，$\varphi_2^{\ominus'}$——两电对的条件电极电势，V。

此式仅适于氧化型和还原型系数相同的电对即对称电对。

对于硫酸铈溶液滴定 Fe^{2+}，化学计量点时的电极电势为：

$$\varphi=\frac{n_1\varphi^{\ominus'}(Fe^{3+}/Fe^{2+})+n_2\varphi^{\ominus'}(Ce^{4+}/Ce^{3+})}{n_1+n_2}=\frac{0.68+1.44}{2}=1.06(V)$$

(3) 化学计量点后　溶液中存在过量的 Ce^{4+}，因此可利用 Ce^{4+}/Ce^{3+} 电对来计算溶液的电极电势。

$$\varphi(Ce^{4+}/Ce^{3+})=\varphi^{\ominus'}(Ce^{4+}/Ce^{3+})+0.059\lg\frac{c(Ce^{4+})}{c(Ce^{3+})}$$

此时 $\varphi(Ce^{4+}/Ce^{3+})$ 值随溶液中 $c(Ce^{4+})/c(Ce^{3+})$ 的改变而变化。当 Ce^{4+} 过量 0.1% 时，溶液的电极电势 φ 为：

$$\varphi=\varphi(Ce^{4+}/Ce^{3+})=\varphi^{\ominus'}(Ce^{4+}/Ce^{3+})+0.059\lg\frac{c(Ce^{4+})}{c(Ce^{3+})}=1.44+0.059\lg\frac{0.1}{100}=1.26(V)$$

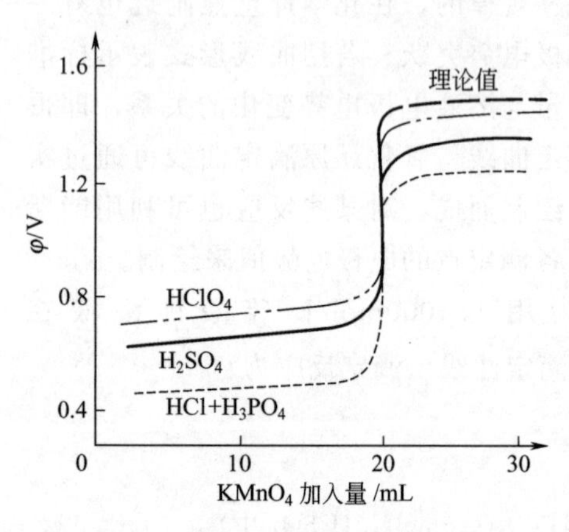

图 7-2　$KMnO_4$ 溶液在不同介质中滴定 Fe^{2+} 的滴定曲线

从计算可以看出，在化学计量点附近有明显的电势突跃，而且电势突跃的大小与氧化剂、还原剂两电对的条件电极电势的差值大小有关，差值越大，突跃越大，反之越小。由于电对的条件电极电势与条件有关，所以对于同一滴定反应，在不同的介质条件下进行时，其滴定曲线及电势突跃是不同的。图 7-2 是用高锰酸钾溶液在不同介质中滴定 Fe^{2+} 的滴定曲线。

另外，如果用指示剂确定终点，则滴定终点时的电势取决于指示剂变色时的电势，可能与化学计量点电势不一致，实际工作中要加以注意。

二、氧化还原滴定中的指示剂

氧化还原滴定的终点，可通过测定溶液的电势直接确定，也可用电势滴定的方法确定，还可利用指示剂来确定。氧化还原滴定中使用的指示剂根据其指示终点的原理不同分为以下三类。

1. 自身指示剂

在氧化还原滴定中，有些标准滴定溶液或被滴定的物质本身具有一定的颜色，而其滴定的反应产物为无色或浅色物质，则滴定时无需另加指示剂，可利用标准滴定溶液或被滴定物质自身的颜色变化来指示滴定终点。因此称之为自身指示剂。

例如，高锰酸钾溶液本身显很深的紫红色，其还原产物 Mn^{2+} 则近乎无色。当用高锰酸钾在酸性溶液中滴定无色或浅色的还原剂溶液时，就不必另加指示剂。达到化学计量点后，

稍微过量的 $KMnO_4$（此时 MnO_4^- 的浓度约为 2.0×10^{-6} mol/L）就可使溶液显粉红色，指示终点的到达。

2. 专属指示剂

有些物质本身并不具有氧化还原性，但它能与氧化剂或还原剂产生易于辨认的特殊颜色，因而可指示滴定终点，这类指示剂称为专属指示剂。

例如，可溶性淀粉溶液与 I_2（有 I^- 存在下）生成深蓝色的吸附配合物，当 I_2 被还原成 I^- 时，吸附配合物解离，蓝色消失，当 I^- 被氧化为 I_2 时，蓝色出现，反应特效而灵敏。所以，在碘量法中，通常用淀粉溶液作指示剂，根据深蓝色的出现或消失确定滴定终点，变色十分明显，因此，淀粉就是碘量法的专属指示剂。

3. 氧化还原指示剂

这类指示剂本身是具有氧化还原性质的有机化合物，所以在滴定过程中也发生氧化还原反应，其氧化型和还原型具有不同的颜色，滴定过程中指示剂因被氧化或被还原而引起颜色变化，因而可指示滴定终点。

例如，重铬酸钾溶液滴定 Fe^{2+} 时，常用二苯胺磺酸钠作指示剂。它的氧化型呈红紫色，还原型是无色的，酸性介质中以还原型存在。当重铬酸钾溶液滴定 Fe^{2+} 到化学计量点时，稍微过量的 $K_2Cr_2O_7$ 即将二苯胺磺酸钠由无色的还原型氧化为红紫色的氧化型，指示终点的到达（浅绿色→红紫色）。

为减小终点误差，应使终点电势尽量与化学计量点电势一致。而终点电势取决于指示剂变色时的电势。如果以 In_{Ox} 和 In_{Red} 分别表示指示剂的氧化型和还原型，对于指示剂半反应：

$$In_{Ox} + ne \rightleftharpoons In_{Red}$$

根据能斯特公式，得

$$\varphi_{In} = \varphi_{In}^{\ominus\prime} + \frac{0.059}{n}\lg\frac{c_{In_{Ox}}}{c_{In_{Red}}}$$

式中，$\varphi_{In}^{\ominus\prime}$ 为指示剂的条件电极电势。由上式可以看出，溶液的颜色随 $c_{In_{Ox}}/c_{In_{Red}}$ 这一浓度比改变而变化。同酸碱指示剂的变色情况相似，当 $c_{In_{Ox}}/c_{In_{Red}}$ 为 10/1～1/10 时，肉眼能看到颜色的转变，指示剂从氧化型的颜色转变为还原型颜色。同理，可推导出氧化还原指示剂变色的电势范围为：

$$\varphi_{In} = \varphi_{In}^{\ominus\prime} \pm \frac{0.059}{n} \qquad (\text{无 } \varphi_{In}^{\ominus\prime} \text{ 时用 } \varphi_{In}^{\ominus})$$

式中　φ_{In}——指示剂变色时的电势，V；

n——1 分子指示剂反应中转移的电子数。

由于 $0.059/n$ 甚小，故一般可依据指示剂的 $\varphi_{In}^{\ominus\prime}$（或 $\varphi_{In}^{\ominus}$）来估计指示剂变色的电势范围。表 7-1 列出了一些重要的氧化还原指示剂的 $\varphi_{In}^{\ominus\prime}$。选择指示剂时，应使指示剂变色点的电势处在滴定体系的电势突跃范围之内。

表 7-1　一些氧化还原指示剂的条件电极电势及颜色变化

指示剂	$\varphi_{In}^{\ominus\prime}$ [$c(H^+)$=1mol/L]/V	颜色变化	
		氧化型	还原型
亚甲基蓝	0.36	蓝色	无色
二苯胺	0.76	紫色	无色
二苯胺磺酸钠	0.84	紫红色	无色
邻苯氨基苯甲酸	0.89	紫红色	无色
邻二氮菲-亚铁	1.06	浅蓝色	红色
硝基邻二氮菲-亚铁	1.25	浅蓝色	紫红色

为了减小误差，应尽量使指示剂的 $\varphi_{In}^{\ominus\prime}$ 与反应的化学计量点的电势接近。

第四节　常用的氧化还原滴定法

氧化还原滴定法一般是根据所用标准滴定溶液的名称命名的。常用的氧化还原滴定法有高锰酸钾法、重铬酸钾法、碘量法、亚硝酸钠法等。

一、高锰酸钾法

1. 概述

高锰酸钾法是利用高锰酸钾作标准滴定溶液进行滴定的氧化还原滴定法。$KMnO_4$ 是强氧化剂，它的氧化能力及还原产物都与溶液的酸度有关。

在强酸性溶液中，MnO_4^- 被还原成 Mn^{2+}：

$$MnO_4^- + 8H^+ + 5e \rightleftharpoons Mn^{2+} + 4H_2O \qquad \varphi^{\ominus} = 1.51V$$

在弱酸性、中性、弱碱性溶液中，MnO_4^- 被还原成 MnO_2：

$$MnO_4^- + 2H_2O + 3e \rightleftharpoons MnO_2\downarrow + 4OH^- \qquad \varphi^{\ominus} = 0.59V$$

在强碱性溶液中，MnO_4^- 被还原成 MnO_4^{2-}：

$$MnO_4^- + e \rightleftharpoons MnO_4^{2-} \qquad \varphi^{\ominus} = 0.56V$$

由于 $KMnO_4$ 在强酸性溶液中有更强的氧化能力，同时生成近乎无色的 Mn^{2+}，便于终点的观察，因此高锰酸钾法多在强酸性条件下使用。调节酸度常采用 H_2SO_4，避免使用 HCl 和 HNO_3。

高锰酸钾法强酸性条件下测定时，调节溶液酸度为什么要避免使用 HCl 和 HNO_3？

$KMnO_4$ 氧化有机物在碱性条件下的反应速率比在酸性条件下更快，所以用高锰酸钾法测定有机物时，一般是在碱性溶液中进行。

高锰酸钾法的测定范围：①直接测定许多还原性物质，如 Fe^{2+}、As(Ⅲ)、Sb(Ⅲ)、$C_2O_4^{2-}$、H_2O_2、NO_2^- 等。②有些氧化性物质，不能用高锰酸钾溶液直接滴定，可用返滴定法测定。例如测定 MnO_2 的含量时，可在试样的 H_2SO_4 溶液中加入准确过量的 $Na_2C_2O_4$，待 MnO_2 与 $C_2O_4^{2-}$ 作用完全后，再用高锰酸钾标准滴定溶液滴定剩余的 $C_2O_4^{2-}$。这里必须注意，返滴定法测定时，只有在待测物质的还原产物（如上例中是 Mn^{2+}）与 $KMnO_4$ 不起作用时才有实用价值。③对于某些非氧化还原性物质（如 Ca^{2+}），虽不能用高锰酸钾标准滴定溶液直接滴定，但它能与另一氧化剂或还原剂（如 $C_2O_4^{2-}$）定量反应，这时可用间接法测定。如将 Ca^{2+} 沉淀为 CaC_2O_4，将沉淀过滤洗涤后，再用稀 H_2SO_4 溶解，然后用高锰酸钾标准滴定溶液滴定溶液中的 $C_2O_4^{2-}$，间接求得 Ca^{2+} 的含量。显然，凡能与 $C_2O_4^{2-}$ 定量反应形成草酸盐沉淀的金属离子，如 Ba^{2+}、Ni^{2+}、Cd^{2+}、Zn^{2+}、Cu^{2+}、Pb^{2+}、Bi^{3+} 等都能用这种方法测定。

MnO_4^- 本身为紫红色，Mn^{2+} 近乎无色，MnO_4^- 浓度为 2.0×10^{-6} mol/L 的溶液即显示出粉红色，所以用 $KMnO_4$ 滴定无色或浅色溶液时，一般不用另加指示剂，可利用化学计量点后微过量的 MnO_4^- 本身的颜色（粉红色）来指示终点。

高锰酸钾法的优点是 $KMnO_4$ 氧化能力强，应用广泛，可直接或间接测定许多无机物和有机物且自身可作指示剂。其缺点是高锰酸钾试剂常含少量杂质，其标准滴定溶液不够稳定；另一方面由于它的氧化能力强，可以和很多还原性物质发生作用，所以干扰也比较严重。

2. 高锰酸钾标准滴定溶液的制备

本书介绍的高锰酸钾标准滴定溶液的制备方法，所依据的标准是 GB/T 601—2016 中的 4.12。

(1) 配制　纯的高锰酸钾溶液是相当稳定的，但市售的高锰酸钾试剂中常含有少量的 MnO_2 和其他杂质，配制溶液所用的蒸馏水中也常含有微量的还原性物质，它们都能缓慢地还原 $KMnO_4$，生成 $MnO(OH)_2$ 沉淀，而 $MnO(OH)_2$、Mn^{2+} 的存在以及光、热、酸、碱等都能促使高锰酸钾溶液分解，因此高锰酸钾标准滴定溶液只能用间接法制备。即称取稍多于理论量的高锰酸钾试剂，溶于一定体积的水中，配制成接近所需浓度的高锰酸钾溶液，缓缓煮沸 15min，冷却，于暗处放置两周，用已处理过的 4 号玻璃滤锅过滤。储存于棕色瓶中。

为了获得稳定的高锰酸钾溶液，在配制过程中应注意以下问题。

① 称取稍多于理论量的 $KMnO_4$ 固体，并溶解在一定体积的蒸馏水中。

② 在企业实际分析工作中，为了节省配制时间，往往将粗配的高锰酸钾溶液作如下处理：将高锰酸钾溶液加热至沸，并保持微沸约 1h，然后放置 2～3 天后过滤，以使溶液中可能存在的还原性物质完全氧化。

③ 用微孔玻璃滤埚除去析出的沉淀（切不可用普通滤纸过滤）时，玻璃滤埚的处理是指将玻璃滤埚在同样浓度的高锰酸钾溶液中缓缓煮沸 5min。

④ 将过滤后的高锰酸钾溶液储于棕色试剂瓶中并置于暗处保存。

在配制高锰酸钾标准滴定溶液时，为什么不能用普通滤纸过滤？

(2) 标定　标定高锰酸钾溶液的基准试剂很多，如 $Na_2C_2O_4$、$H_2C_2O_4 \cdot 2H_2O$、As_2O_3、$(NH_4)_2Fe(SO_4)_2 \cdot 6H_2O$ 及纯铁丝等。其中 $Na_2C_2O_4$ 因其不含结晶水、易于提纯、性质稳定等优点而最为常用。标定需在 H_2SO_4 介质中进行，反应为：

$$2MnO_4^- + 5C_2O_4^{2-} + 16H^+ \longrightarrow 2Mn^{2+} + 10CO_2\uparrow + 8H_2O$$

标定时准确称取一定质量于 105～110℃电烘箱中干燥至恒重的工作基准试剂草酸钠，溶于硫酸溶液（8+92）中，用上述配制好的高锰酸钾溶液滴定，近终点时加热至约 65℃，继续滴定至溶液呈粉红色，并保持 30s。同时做空白试验。

高锰酸钾标准滴定溶液的浓度 $c\left(\frac{1}{5}KMnO_4\right)$，数值以摩尔每升（mol/L）表示，按下式计算：

$$c\left(\frac{1}{5}KMnO_4\right) = \frac{m(Na_2C_2O_4)\times 1000}{M\left(\frac{1}{2}Na_2C_2O_4\right)(V-V_0)}$$

式中　V——标定时消耗高锰酸钾溶液的体积，mL；

V_0——空白试验时消耗高锰酸钾溶液的体积，mL。

为使标定反应定量而迅速地进行，应掌握好以下滴定条件：

① 温度。上述反应在室温下进行缓慢，因此为了提高反应速率，滴定至近终点时加热到约 65℃。温度不宜过高，更不能直火加热，否则在酸性溶液中会使部分 $H_2C_2O_4$ 发生分解：

$$H_2C_2O_4 \longrightarrow CO_2\uparrow + CO\uparrow + H_2O$$

② 酸度。为使标定反应正常进行，溶液应保持足够的酸度，一般将草酸钠溶于硫酸溶液(8＋92)。酸度不够时，易生成 MnO_2 沉淀或其他产物；酸度过高又会促使 $H_2C_2O_4$ 分解。

③ 滴定速率。即使在 65℃的强酸性溶液中，$KMnO_4$ 与 $C_2O_4^{2-}$ 间的反应速率也是比较慢的，但反应产物 Mn^{2+} 对该反应有催化作用，这种生成物本身可起催化作用的反应叫做自动催化反应。滴定开始时，溶液中没有 Mn^{2+} 催化，反应速率很慢，加入的第一滴高锰酸钾溶液褪色很慢，所以开始滴定时滴定速率一定要慢，只有在前一滴 $KMnO_4$ 的紫红色完全褪去之后，才可加入下一滴。等几滴 $KMnO_4$ 与 $C_2O_4^{2-}$ 完全反应之后，生成的 Mn^{2+} 使反应加速，滴定速率可适当快些，但也不能太快，否则，滴入的 $KMnO_4$ 来不及完全与 $C_2O_4^{2-}$ 反应，而在热的酸性溶液中发生分解，影响标定结果。

$$4MnO_4^- + 12H^+ \longrightarrow 4Mn^{2+} + 5O_2\uparrow + 6H_2O$$

如果在滴定前，就向溶液中加入几滴 $MnSO_4$ 试剂，则滴定一开始，反应就是较快的，但此时滴定也不能太快，否则也会使 $KMnO_4$ 发生上述分解反应。

④ 滴定终点。因为 MnO_4^- 本身为紫红色，终点时稍过量的 MnO_4^- 就能使溶液呈粉红色而指示终点的到达。此终点不太稳定，这是由于空气中的还原性气体或尘埃等杂质可与 $KMnO_4$ 作用，使 MnO_4^- 还原而使粉红色褪去。因此滴定时溶液出现粉红色经 30s 不褪色即可认为终点已到。

另外，标定过的高锰酸钾溶液应避光避热且不宜长期存放，使用久置的高锰酸钾溶液时，应将其过滤并重新标定。

3. 高锰酸钾法的应用

(1) 工业硫酸亚铁含量的测定　硫酸亚铁 $FeSO_4 \cdot 7H_2O$ 为绿色结晶，故又称绿矾。在抗生素工业生产中用于发酵液的处理。测定时在 H_2SO_4 溶液中进行，$KMnO_4$ 与亚铁盐的反应为：

$$MnO_4^- + 5Fe^{2+} + 8H^+ \longrightarrow Mn^{2+} + 5Fe^{3+} + 4H_2O$$

滴定在常温下进行，且滴定宜快，以防 Fe^{2+} 被空气氧化。本法只适用于亚铁盐原料，不适于其制剂。因 $KMnO_4$ 对糖浆、淀粉等也有氧化作用，可改用硫酸铈法。

$$w(FeSO_4 \cdot 7H_2O) = \frac{c\left(\frac{1}{5}KMnO_4\right)V(KMnO_4)M(FeSO_4 \cdot 7H_2O)}{m_s}$$

25. 视频：过氧化氢含量的测定

(2) 过氧化氢含量的测定　下面介绍的工业过氧化氢含量的测定方法，所依据的标准是 GB/T 1616—2014。在稀 H_2SO_4 溶液中，过氧化氢能定量地被 $KMnO_4$ 氧化生成氧气和水：

$$2MnO_4^- + 5H_2O_2 + 6H^+ \longrightarrow 2Mn^{2+} + 5O_2\uparrow + 8H_2O$$

用小滴瓶以减量法称取一定质量各种规格的工业过氧化氢试样：过氧化氢质量分数为 27.5%～30% 的称取 0.15～0.20g、质量分数为 35% 的称取 0.12～0.16g（精确至 0.0002g），置于已加有适量硫酸溶液(1＋15) 的锥形瓶中；质量分数为 50%～70%的称取

0.8～1.0g(精确至0.0002g)，置于250mL容量瓶中稀释至刻度，摇匀，用移液管准确移取25.00mL稀释后的溶液于已加有适量硫酸溶液（1+15）的锥形瓶中。用$c\left(\frac{1}{5}KMnO_4\right)=0.1mol/L$的高锰酸钾溶液滴定至溶液呈粉红色，并保持30s不褪色。

27.5%～35%的工业过氧化氢以质量分数$w_1(H_2O_2)$表示的含量，按下式计算：

$$w_1(H_2O_2)=\frac{c\left(\frac{1}{5}KMnO_4\right)V(KMnO_4)\times 0.01701}{m}$$

50%～70%的工业过氧化氢以质量分数$w_2(H_2O_2)$表示的含量，按下式计算：

$$w_2(H_2O_2)=\frac{c\left(\frac{1}{5}KMnO_4\right)V(KMnO_4)\times 0.01701}{m\times\frac{25.00}{250}}$$

式中　0.01701——以$\frac{1}{2}H_2O_2$为基本单元的过氧化氢的毫摩尔质量，g/mmol；

m——所称试样的准确质量，g。

(3) 钙含量的测定　先将试样中的Ca^{2+}沉淀为CaC_2O_4，沉淀经过滤、洗涤后用适当浓度的H_2SO_4溶解，然后用高锰酸钾标准滴定溶液滴定溶液中的$H_2C_2O_4$，间接求得钙的含量。有关反应如下：

$$Ca^{2+}+C_2O_4^{2-}\longrightarrow CaC_2O_4\downarrow$$

$$CaC_2O_4+2H^+\longrightarrow Ca^{2+}+H_2C_2O_4$$

$$2MnO_4^-+5H_2C_2O_4+6H^+\longrightarrow 2Mn^{2+}+10CO_2\uparrow+8H_2O$$

$$w(Ca)=\frac{c\left(\frac{1}{5}KMnO_4\right)V(KMnO_4)M\left(\frac{1}{2}Ca\right)}{m_s}$$

(4) 有机物含量的测定　在强碱性溶液中，MnO_4^-与有机物反应，生成绿色的MnO_4^{2-}。利用这一反应可定量测定有机物。例如测定甲酸时，向试液中加入准确过量的高锰酸钾标准滴定溶液，并加入NaOH至溶液呈碱性。

$$HCOO^-+2MnO_4^-+3OH^-\longrightarrow CO_3^{2-}+2MnO_4^{2-}+2H_2O$$

待反应完成后，将溶液酸化，用还原剂标准滴定溶液（Fe^{2+}标准滴定溶液）滴定溶液中所有的高价锰，使之还原为Mn(Ⅱ)，计算出消耗还原剂的物质的量。用同样方法，测出反应前一定量碱性高锰酸钾标准滴定溶液相当于还原剂的物质的量，根据二者之差即可计算出甲酸的含量。

此法可测定甲醇、甘油、羟基乙酸、酒石酸、柠檬酸、苯酚、水杨酸、甲醛及葡萄糖等。

二、重铬酸钾法

重铬酸钾法是以重铬酸钾作标准滴定溶液进行滴定的氧化还原滴定法。$K_2Cr_2O_7$是一种较强的氧化剂，在酸性条件下$Cr_2O_7^{2-}$与还原剂作用被还原为Cr^{3+}，反应为：

$$Cr_2O_7^{2-}+14H^++6e\rightleftharpoons 2Cr^{3+}+7H_2O\qquad \varphi^\ominus=1.33V$$

从$\varphi^\ominus$可见$K_2Cr_2O_7$的氧化能力比$KMnO_4$的氧化能力稍弱，但它仍是一种较强的氧化剂，能测定许多无机物和有机物。此法只能在酸性条件下使用，它的应用范围不如高锰酸钾法广泛，但重铬酸钾法与高锰酸钾法相比具有许多优点：①$K_2Cr_2O_7$ 易提纯（水中重结晶在 140～150℃时干燥即可），干燥后可作基准试剂，因此可用直接法制备重铬酸钾标准滴定溶液；②重铬酸钾溶液相当稳定，只要保存在密闭的容器中，其浓度可长期不变；③$K_2Cr_2O_7$ 在室温下不与 Cl^- 作用，故可在盐酸介质中进行滴定；④$K_2Cr_2O_7$ 在酸性溶液中与还原剂作用，总是被还原成 Cr^{3+}，所以不会有生成其他产物的副反应存在。

应用重铬酸钾法测定时，常用氧化还原指示剂，如二苯胺磺酸钠等。

用重铬酸钾法可直接测定铁矿石中的全铁含量，这是重铬酸钾法最重要的应用。

铁矿石中全铁含量的测定方法（俗称无汞测铁），所依据的标准是 GB/T 6730.5—2007。本法适用于天然铁矿石、铁精矿和造块，包括烧结产品中全铁含量的测定。取样和试样制备参照 GB/T 6730.5—2007 中 6 执行。试样用盐酸分解后过滤，收集滤液和洗液。把残渣灼烧后用氢氟酸和硫酸处理，用焦硫酸钾熔融，并加水和盐酸温热溶解浸出熔融物，将该溶液和主液合并，在不沸腾状态下蒸发至一定体积，再加少量高锰酸钾溶液并在沸点以下加热以氧化砷或有机物。在不断搅拌下立刻滴加氯化亚锡溶液还原大部分铁（Ⅲ），然后滴加三氯化钛溶液以使剩余铁（Ⅲ）还原完全。以稀重铬酸钾溶液氧化过剩的还原剂。向上述处理好的试液中立即加适量硫磷混酸，以二苯胺磺酸钠为指示剂，用重铬酸钾标准滴定溶液滴定至溶液刚呈紫红色为终点。同时做空白试验。此测定中所涉及的反应如下：

$$2Fe^{3+} + Sn^{2+} \longrightarrow 2Fe^{2+} + Sn^{4+}$$

$$Fe^{3+} + Ti^{3+} \longrightarrow Fe^{2+} + Ti^{4+}$$

$$6Fe^{2+} + Cr_2O_7^{2-} + 14H^+ \longrightarrow 6Fe^{3+} + 2Cr^{3+} + 7H_2O$$

加入 H_3PO_4 的主要作用如下。

① 与黄色的 Fe^{3+} 生成无色的 $[Fe(HPO_4)]^{2-}$ 配离子，使终点容易观察。

② 降低铁电对 Fe^{3+}/Fe^{2+} 的电极电势，使指示剂变色点电势更接近化学计量点电势。

在测定过程中应注意以下几点：

① 应注意重铬酸钾标准滴定溶液的环境温度。如果它与配制时的温度（20℃）有差异，则要作适当的容积校准。每相差 1℃相当于 0.02%（例如当滴定过程中的环境温度比配制标准溶液过程的温度高时，滴定度应减小）。

② 当溶液中无铁存在时，二苯胺磺酸钠指示剂不与重铬酸溶液作用。因此，空白试验时需在用氯化亚锡溶液还原前，用单刻度移液管加 1.00mL 铁标准溶液（1.00mL 铁标准溶液相当于 1.00mL 重铬酸钾标准滴定溶液），并根据所用重铬酸钾标准溶液的体积 V_1(mL) 来确定空白试验值（V_0），即 $V_0 = V_1 - 1.00$。

③ 所用 1.00mL 单刻度移液管使用前应预先进行校正。

通过 $Cr_2O_7^{2-}$ 和 Fe^{2+} 的反应，还可测定其他一些氧化性或还原性物质的含量。如利用返滴定法可测得 CH_3OH 的含量。

环境监测部门常用重铬酸钾法进行化学需氧量的测定。化学需氧量简称 COD，是指水体中易被强氧化剂氧化的还原性物质所消耗的氧化剂的量，结果以氧的量(O_2，mg/L) 来表示。化学需氧量的测定方法主要有重铬酸钾法（COD_{Cr}）和高锰酸钾法（COD_{Mn}），其中高锰酸钾法测定化学需氧量只适用于地表水、饮用水和生活污水的测定，而重铬酸钾法适用于各种类型的污水，尤其是工业污水的测定。COD_{Cr} 是我国实施排放总量控制的指标之一。其测定原理是：水样中加入一定量的重铬酸钾标准溶液，在强酸（H_2SO_4）条件下，以

Ag_2SO_4 为催化剂，加热回流 2h，使重铬酸钾与有机物及还原性物质充分作用。过量的重铬酸钾以邻二氮菲亚铁为指示剂，用硫酸亚铁铵标准滴定溶液返滴定。根据硫酸亚铁铵标准滴定溶液的用量计算出水中还原性物质消耗氧的量。

应该指出，$K_2Cr_2O_7$（其中的六价铬）有毒害，使用时应注意废液处理，以免污染环境。

三、碘量法

1. 概述

碘量法是利用 I_2 的氧化性或 I^- 的还原性进行测定的氧化还原滴定分析方法。其半反应为：

$$I_2 + 2e \rightleftharpoons 2I^- \qquad \varphi^\ominus(I_2/I^-) = 0.535V$$

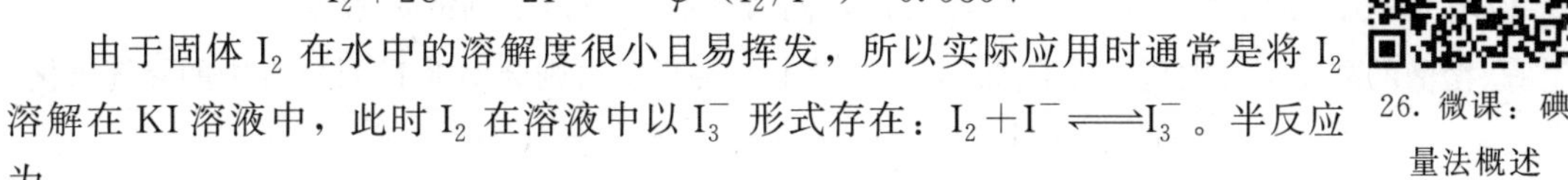

26. 微课：碘量法概述

由于固体 I_2 在水中的溶解度很小且易挥发，所以实际应用时通常是将 I_2 溶解在 KI 溶液中，此时 I_2 在溶液中以 I_3^- 形式存在：$I_2 + I^- \rightleftharpoons I_3^-$。半反应为：

$$I_3^- + 2e \rightleftharpoons 3I^- \qquad \varphi^\ominus(I_3^-/I^-) = 0.545V$$

但为简便起见，一般仍将 I_3^- 简写为 I_2。

由 I_2/I^- 电对的 $\varphi^\ominus$ 值可知，I_2 的氧化能力较弱，它只能与一些较强的还原剂作用；I^- 是一种中等强度的还原剂，它能被许多氧化剂氧化为 I_2。因此，碘量法又可分为直接碘量法和间接碘量法。

(1) 直接碘量法　直接碘量法又称碘滴定法，它是利用 I_2 作标准滴定溶液，在微酸性或近中性溶液中直接滴定电极电势比 $\varphi^\ominus(I_2/I^-)$ 低的较强还原性物质的分析方法。其基本反应为：

$$I_2 + 2e \rightleftharpoons 2I^-$$

例如，SO_2 用水吸收后，可用碘标准滴定溶液直接滴定，反应为：

$$I_2 + SO_2 + 2H_2O \longrightarrow 2I^- + SO_4^{2-} + 4H^+$$

此外，直接碘量法还可用于测定 Sn^{2+}、Sb(Ⅲ)、As(Ⅲ)、S^{2-}、SO_3^{2-}、$S_2O_3^{2-}$、维生素 C 等。

由于 I_2 是一种较弱的氧化剂，所以直接碘量法的测定范围有限。

(2) 间接碘量法　间接碘量法又称滴定碘法，它是利用 I^- 的还原性，先将电极电势比 $\varphi^\ominus(I_2/I^-)$ 高的待测氧化性物质与 I^- 作用定量地析出 I_2，然后再用还原剂（常用 $Na_2S_2O_3$）标准滴定溶液滴定析出的 I_2，从而测出氧化性物质的含量。其基本反应为：

$$2I^- - 2e \rightleftharpoons I_2$$

$$I_2 + 2S_2O_3^{2-} \longrightarrow 2I^- + S_4O_6^{2-}$$

例如 $K_2Cr_2O_7$ 的测定，先将 $K_2Cr_2O_7$ 试液在酸性介质中与过量 KI 作用产生 I_2，再用硫代硫酸钠标准滴定溶液滴定析出的 I_2。相关反应为：

$$Cr_2O_7^{2-} + 6I^- + 14H^+ \longrightarrow 2Cr^{3+} + 3I_2 + 7H_2O$$

$$I_2 + 2S_2O_3^{2-} \longrightarrow 2I^- + S_4O_6^{2-}$$

显然，凡能与 KI 作用定量析出 I_2 的氧化性物质，如 Cu^{2+}、H_2O_2、MnO_4^-、$Cr_2O_7^{2-}$、CrO_4^{2-}、AsO_4^{3-}、SbO_4^{3-}、ClO_4^-、ClO_3^-、ClO^-、IO_3^- 等都可用间接碘量法测定。间接碘

量法还可用于测定能与 CrO_4^{2-} 生成沉淀的 Pb^{2+}、Ba^{2+} 等。

碘量法常以淀粉为指示剂，淀粉溶液与 I_2（有 I^- 存在下）作用生成深蓝色的吸附配合物，灵敏度很高。直接碘量法以蓝色出现为终点；间接碘量法以蓝色消失为终点。

2. 碘量法的反应条件

综上所述，碘量法既可以测定还原性物质，也可以测定氧化性物质。但测定时需严格控制反应条件。

（1）防止 I_2 的挥发和 I^- 被空气氧化　I_2 的挥发和 I^- 在酸性溶液中被空气中的氧气氧化是碘量法误差的主要来源。

① 加入过量的 KI。KI 的实际用量一般比理论用量多 2～3 倍，过量的 KI 与 I_2 生成 I_3^-，以增大 I_2 的溶解度，降低 I_2 的挥发性，同时提高淀粉指示剂的灵敏度。

② 溶液的酸度不宜太高，且溶液应避免阳光直接照射，否则会促进 I^- 被空气中的氧气氧化。

$$4I^- + 4H^+ + O_2(\text{空气中}) \longrightarrow 2I_2 + 2H_2O$$

此反应进行的程度和反应速率都将随溶液酸度及光线的增强而提高。

③ 反应及滴定都应在室温下（<25℃）进行，温度较高 I_2 更易挥发。氧化性物质与 KI 作用析出 I_2 的反应应在碘量瓶中水封密闭进行，并于暗处放置数分钟，使反应完全后，从暗处取出立即用 $Na_2S_2O_3$ 标准滴定溶液滴定。

④ 不宜剧烈摇瓶，且滴定速率也不宜太慢。

（2）控制溶液酸度　直接碘量法不能在碱性溶液中进行。间接碘量法中 I_2 和 $S_2O_3^{2-}$ 间的反应必须在中性或弱酸性溶液中进行，否则会发生副反应。

碱性溶液中
$$3I_2 + 6OH^- \longrightarrow IO_3^- + 5I^- + 3H_2O$$
$$S_2O_3^{2-} + 4I_2 + 10OH^- \longrightarrow 2SO_4^{2-} + 8I^- + 5H_2O$$

强酸性溶液中
$$S_2O_3^{2-} + 2H^+ \longrightarrow SO_2\uparrow + S\downarrow + H_2O$$
$$4I^- + 4H^+ + O_2 \longrightarrow 2I_2 + 2H_2O$$

（3）适时加入淀粉指示剂　间接碘量法中硫代硫酸钠溶液滴定 I_2 时，一般是在大部分 I_2 被还原，滴定接近终点时才加入淀粉指示剂。若加入太早，将会有较多的 I_2 被淀粉所吸附，这部分 I_2 就不易与硫代硫酸钠溶液反应，从而造成较大的滴定误差。

3. 碘量法标准滴定溶液的制备

碘量法中经常使用的标准滴定溶液有 I_2 和 $Na_2S_2O_3$ 两种。

（1）碘标准滴定溶液的制备

① 配制。用升华法制得的纯碘，可用直接法制备标准滴定溶液。但 I_2 具有较强的腐蚀性和挥发性，不宜用分析天平称量，所以通常是用市售的碘采用间接法制备。由于 I_2 本身在水中溶解度极小且易挥发，所以配制时先在托盘天平上称取一定量的 I_2 和 KI（I_2 ∶ KI＝1 ∶ 3），置于研钵中加少量水润湿研磨，待 I_2 全部溶解后再加水稀释到一定体积。将溶液储于具有玻璃塞的棕色试剂瓶中防止与橡皮等有机物接触，置于阴暗处避免光照和遇热。

② 标定。As_2O_3（砒霜，有剧毒）是标定碘溶液常用的基准试剂。As_2O_3 难溶于水，故先将准确称取的 As_2O_3 溶于 NaOH 溶液中，然后以酚酞为指示剂，用 H_2SO_4 中和过量的 NaOH 至中性或微酸性，再加入过量的 $NaHCO_3$（具有缓冲作用），保持溶液 pH 为 8 左右。以淀粉为指示剂，用碘溶液进行滴定，终点时溶液由无色突变为蓝色。相关的反应为：

$$As_2O_3 + 6OH^- \longrightarrow 2AsO_3^{3-} + 3H_2O$$

$$AsO_3^{3-}+I_2+H_2O \longrightarrow AsO_4^{3-}+2I^-+2H^+$$

$$H^++HCO_3^- \longrightarrow CO_2\uparrow+H_2O$$

实际上的滴定反应为：

$$AsO_3^{3-}+I_2+2HCO_3^- \longrightarrow AsO_4^{3-}+2I^-+2CO_2\uparrow+H_2O$$

根据 As_2O_3 的质量及碘溶液的消耗体积，即可计算出碘溶液的准确浓度。

碘溶液也可用硫代硫酸钠标准滴定溶液通过浓度比较来标定。其反应为：

$$2S_2O_3^{2-}+I_2 \longrightarrow 2I^-+S_4O_6^{2-}$$

下面介绍的碘标准滴定溶液 $\left[c\left(\frac{1}{2}I_2\right)=0.1\text{mol/L}\right]$ 的制备方法，所依据的标准是 GB/T 601—2016 中的 4.9。

① 配制。称取适量碘及碘化钾，溶于 100mL 水中，配制成接近所需浓度的碘标准滴定溶液，摇匀，储存于棕色瓶中。

② 标定。准确移取一定体积上述配制好的碘溶液，置于碘量瓶中，加蒸馏水（15～20℃），用硫代硫酸钠标准滴定溶液 $[c(Na_2S_2O_3)=0.1\text{mol/L}]$ 滴定，近终点时，加淀粉指示剂，继续滴定至溶液蓝色消失。同时做空白试验：取 250mL 水（15～20℃），加 0.05～0.20mL 上述配制好的碘溶液和淀粉指示剂，用硫代硫酸钠标准滴定溶液 $[c(Na_2S_2O_3)=0.1\text{mol/L}]$ 滴定至溶液蓝色消失。

碘标准滴定溶液的浓度 $c\left(\frac{1}{2}I_2\right)$，数值以 mol/L 表示，按下式计算：

$$c\left(\frac{1}{2}I_2\right)=\frac{(V_1-V_2)c_1}{V_3-V_4}$$

式中　V_1——标定时消耗硫代硫酸钠标准滴定溶液的准确体积，mL；

V_2——空白试验时消耗硫代硫酸钠标准滴定溶液的准确体积，mL；

c_1——硫代硫酸钠标准滴定溶液的准确浓度，mol/L；

V_3——标定时移取碘溶液的准确体积，mL；

V_4——空白试验时所加碘溶液的准确体积，mL。

注意：每次标定碘溶液前应对硫代硫酸钠标准滴定溶液进行标定。配制碘溶液的时候，一定要在 100mL 水中完全溶解后才能转移至容量瓶中。

通常先将硫代硫酸钠溶液用 $K_2Cr_2O_7$ 作基准试剂进行标定，再将 I_2 与 $Na_2S_2O_3$ 比较以确定碘溶液的准确浓度，以避免 As_2O_3 的使用。

（2）硫代硫酸钠标准滴定溶液的制备　本书介绍的硫代硫酸钠标准滴定溶液 $[c(Na_2S_2O_3)=0.1\text{mol/L}]$ 的制备方法，所依据的标准是 GB/T 601—2002 中的 4.6。

① 配制。市售 $Na_2S_2O_3\cdot 5H_2O$ 常含有 S、Na_2SO_4、Na_2SO_3、NaCl、Na_2CO_3 等杂质，且易风化、潮解；硫代硫酸钠溶液不稳定，易分解，其浓度随时间而变化，其中 $Na_2S_2O_3$ 在微生物作用下分解是存放过程中硫代硫酸钠溶液浓度变化的主要原因。故硫代硫酸钠标准滴定溶液应用间接法制备。即称取一定质量的硫代硫酸钠（$Na_2S_2O_3\cdot 5H_2O$，或无水硫代硫酸钠），加少量无水碳酸钠，溶于一定体积的水中配成接近所需浓度的溶液，缓缓煮沸 10min，冷却，于暗处放置两周后过滤。

② 标定。硫代硫酸钠溶液的标定采用间接碘量法，标定时可用 $K_2Cr_2O_7$、$KBrO_3$、KIO_3 和纯铜等为基准试剂，其中以 $K_2Cr_2O_7$ 最为常用。反应为：

$$Cr_2O_7^{2-} + 6I^- + 14H^+ \longrightarrow 2Cr^{3+} + 3I_2 + 7H_2O$$

$$2S_2O_3^{2-} + I_2 \longrightarrow 2I^- + S_4O_6^{2-}$$

标定时准确称取一定质量于（120±2)℃干燥至恒重的工作基准试剂重铬酸钾，置于碘量瓶中，溶于蒸馏水中，加入碘化钾及硫酸溶液，摇匀，于暗处放置10min。加适量蒸馏水(15～20℃)，用上述配制好的硫代硫酸钠溶液滴定，近终点时加入淀粉指示液，继续滴定至溶液由蓝色变为亮绿色。同时做空白试验。

硫代硫酸钠标准滴定溶液的浓度 $c(Na_2S_2O_3)$，数值以mol/L表示，按下式计算：

$$c(Na_2S_2O_3) = \frac{m(K_2Cr_2O_7)\times 1000}{M\left(\frac{1}{6}K_2Cr_2O_7\right)(V-V_0)}$$

式中 V——标定时消耗硫代硫酸钠溶液的体积，mL；

V_0——空白试验时消耗硫代硫酸钠溶液的体积，mL。

用 $K_2Cr_2O_7$ 为基准试剂标定硫代硫酸钠溶液时应注意下列条件：

① $K_2Cr_2O_7$ 与KI反应时溶液的酸度一般以0.4mol/L左右为宜。如果酸度过高，I^- 易被空气中的 O_2 氧化；酸度过低，则 $K_2Cr_2O_7$ 与KI反应较慢。

② 为加快 $K_2Cr_2O_7$ 与KI的反应速率，需加入过量（一般比理论计算量多2～3倍）的KI，并用水密封于暗处放置10min使反应完全。

③ 用硫代硫酸钠溶液滴定前，应先加蒸馏水将被滴液稀释，以降低其酸度，减少空气中 O_2 对 I^- 的氧化，同时还可减少 Cr^{3+} 的绿色对滴定终点的影响。

④ 近终点时加入指示剂。用硫代硫酸钠溶液滴定溶液由红棕色(I_2 色)至淡黄绿色（少量 I_2 与 Cr^{3+} 的混合色）时即已接近终点，此时加入淀粉，再继续滴定至溶液由蓝色变为亮绿色（Cr^{3+} 色）即为终点。

滴定至终点的溶液放置后有变回蓝色的现象，如果不是很快变蓝（几分钟后）则可认为是空气氧化 I^- 所致，不影响标定结果；如果是迅速不断地变蓝，说明 $K_2Cr_2O_7$ 与KI反应不完全，系由溶液放置时间短或稀释太早所致，此时需弃去重新标定。

长期保存的硫代硫酸钠标准滴定溶液，应每隔一定时间重新标定一次。若溶液变黄或浑浊，说明有S析出，不能继续使用，必须过滤后重新标定其浓度，或弃去重配。

4. 碘量法的应用

(1) 维生素C(药片)含量的测定　维生素C又名抗坏血酸，化学式为 $C_6H_8O_6$。维生素C是预防和治疗维生素C缺乏病及促进身体健康的药品，也是分析中常用的掩蔽剂。维生素C分子中的烯二醇基具有较强的还原性，它能被 I_2 定量地氧化为二酮基，反应式为：

```
   ┌────O────┐   H                        ┌────O────┐   H
   │         │   │                        │         │   │
   C──C══C──C──C──CH2OH  + I2 ──→  C──C──C──C──C──CH2OH  + 2HI
   ‖  │   │  │  │                  ‖  ‖  ‖  │  │
   O  OH  OH H  OH                 O  O  O  H  OH
```

维生素C的含量测定可依据《中国药典》进行：准确称取一定质量的维生素C原料药，加新煮沸并冷却的蒸馏水与稀醋酸使之溶解，加淀粉指示液，立即用碘标准滴定溶液滴定，至溶液显蓝色并在30s内不褪色即为终点。

原料药中维生素C的含量，以质量分数 $w(C_6H_8O_6)$ 计，按下式计算：

$$w(C_6H_8O_6)=\frac{TVF\times10^{-3}}{m_s}$$

式中 T——滴定度，1mL 碘标准滴定溶液（0.1mol/L）相当于 $C_6H_8O_6$ 的质量为 8.806mg，即 $T_{C_6H_8O_6/I_2}=8.806mg/mL$；

V——测定时消耗碘标准滴定溶液的体积，mL；

F——碘标准滴定溶液的浓度校正因子，$F=\frac{c_{实际}}{c_{标准}}$。

必须注意，维生素 C 的还原性很强，在空气中易被氧化，在碱性介质中更容易被氧化，所以溶液要酸化，而且实验操作要熟练。由于蒸馏水中含有溶解氧，因此必须事先煮沸，否则会使测定结果偏低。如果有能被 I_2 直接氧化的物质存在，则对本测定有干扰。

（2）铜含量的测定 在中性或弱酸性溶液中，Cu^{2+} 可与 I^- 作用析出 I_2 并生成难溶物 CuI，这是碘量法测定铜的基础。析出的 I_2 可用硫代硫酸钠标准滴定溶液滴定。其反应为：

$$2Cu^{2+}+4I^-\longrightarrow 2CuI\downarrow+I_2$$

$$I_2+2S_2O_3^{2-}\longrightarrow 2I^-+S_4O_6^{2-}$$

为了得到准确的分析结果，具体测定时应注意以下几点：

① KI 在反应中既是还原剂（将 Cu^{2+} 还原为 Cu^+）、沉淀剂（沉淀 Cu^+ 为 CuI），又是配位剂（将 I_2 配合为 I_3^-），为使上述反应趋于完全，必须加入过量的 KI。

② Cu^{2+} 与 KI 的反应要求在 pH 为 3～4 的弱酸性溶液中进行。否则，酸度过低，Cu^{2+} 将水解；酸度过高，Cu^{2+} 会加速 I^- 被空气中 O_2 氧化的反应。因此常用 NH_4F-HF、HAc-NaAc 或 HAc-NH_4Ac 等缓冲溶液控制酸度。

③ Cu^{2+} 与 KI 的反应速率较快，无需放置，加入 KI 之后应立即滴定。

④ 由于 CuI 沉淀表面强烈吸附 I_2，使测定结果偏低，为此，可在近终点时即大部分 I_2 被 $Na_2S_2O_3$ 滴定后，加入 NH_4SCN，使 CuI 沉淀转化为溶解度更小且对 I_2 吸附作用较小的 CuSCN 沉淀。

$$CuI+SCN^-\longrightarrow CuSCN\downarrow+I^-$$

这样不仅可以释放被吸附的 I_2，而且反应再生出来的 I^- 与未作用的 Cu^{2+} 反应，在这种情况下，可以使用较少的 KI 而能使反应进行得更完全。但 NH_4SCN 只能在接近终点时加入，否则 SCN^- 可直接还原 Cu^{2+} 而使测定结果偏低。

⑤ 若试液中含有 Fe^{3+}，则可将 I^- 氧化成 I_2 而干扰测定。应加入 NH_4F，使 Fe^{3+} 与 F^- 生成稳定的 $[FeF_6]^{3-}$ 配离子，降低 Fe^{3+}/Fe^{2+} 电对的电极电势，使 Fe^{3+} 失去氧化 I^- 的能力。

$$w(Cu)=\frac{c(Na_2S_2O_3)V(Na_2S_2O_3)M(Cu)}{m_s}$$

此法测定铜快速准确，广泛用于测定矿石、炉渣、铜合金、电镀液及胆矾等试样中的铜。

（3）葡萄糖含量的测定 葡萄糖分子中所含的醛基，能在碱性条件下用过量 I_2 氧化成羧基，反应为：

$$I_2+2OH^-\longrightarrow IO^-+I^-+H_2O$$

$$CH_2OH(CHOH)_4CHO+IO^-+OH^-\longrightarrow CH_2OH(CHOH)_4COO^-+I^-+H_2O$$

剩余的 IO^- 在碱性溶液中歧化成 IO_3^- 和 I^-，反应为：

$$3IO^- \longrightarrow IO_3^- + 2I^-$$

溶液经酸化后又析出 I_2，反应为：

$$IO_3^- + 5I^- + 6H^+ \longrightarrow 3I_2 + 3H_2O$$

最后以硫代硫酸钠标准滴定溶液滴定析出的 I_2。

除上述三种测定以外，很多具有氧化性的物质如过氧化物、臭氧、漂白粉中的有效氯等都可以用碘量法测定。

（4）食用油过氧化值的测定　其反应基本原理如下：

$$\underset{\text{O---O}}{\text{—CH—CH—}} + 2KI \longrightarrow \underset{\text{O}}{\text{—CH—CH—}} + K_2O + I_2$$

$$I_2 + 2S_2O_3^{2-} \longrightarrow 2I^- + S_4O_6^{2-}$$

称取 2.00～3.00g 混匀的食用油试样，置于 250mL 碘量瓶中，加 10mL 三氯甲烷，溶解试样，再加入 15mL 乙酸和 1.00mL 饱和碘化钾溶液，迅速盖好瓶塞，轻轻摇匀 0.5min，暗处放置 3min。取出加水 100mL，摇匀后，立即用 0.0020mol/L $Na_2S_2O_3$ 标准溶液滴定，至淡黄色时，加 1mL 淀粉指示液，继续滴定至蓝色消失为终点。用相同量的三氯甲烷、乙酸、碘化钾溶液、水做空白试验。

查一查

查阅 GB/T 11060.1—2010《天然气含硫化合物的测定　第 1 部分：用碘量法测定硫化氢含量》。

四、亚硝酸钠法

1. 概述

亚硝酸钠法是以亚硝酸钠作标准滴定溶液进行滴定的氧化还原滴定法。亚硝酸钠法主要用来测定芳香族伯胺和芳香族仲胺的含量。测定在盐酸酸性条件下进行，亚硝酸钠与芳伯胺发生重氮化反应。

$$\underset{\text{芳伯胺}}{Ar—NH_2} + NaNO_2 + 2HCl \longrightarrow \underset{\text{氯化重氮盐}}{[Ar—\overset{+}{N}\equiv N]Cl^-} + NaCl + 2H_2O$$

亚硝酸钠与芳仲胺起亚硝基化反应。

$$\underset{\text{芳仲胺}}{(Ar)(R)NH} + NaNO_2 + HCl \longrightarrow \underset{\text{亚硝基化合物}}{(Ar)(R)N—NO} + H_2O + NaCl$$

通常把前者叫重氮化滴定法；后者叫亚硝基化滴定法。其中以重氮化滴定法最为常用。芳伯胺、芳仲胺和亚硝酸钠反应，物质的量比均为 1∶1，总称亚硝酸钠法。

进行重氮化滴定时必须注意下列反应条件。

（1）酸的种类和浓度　在盐酸溶液中重氮化反应速率比在硝酸或硫酸中快，而且芳伯胺盐酸盐的溶解度也较大，故常用盐酸。滴定时一般在 1mol/L 的酸度下进行为宜，此时反应速率既快又完全，且增加重氮盐的稳定性。如果酸度不足，不但生成的重氮盐容易分解，且易与尚未反应的芳伯胺发生副反应，使结果偏低。但酸度过大也不好，会阻碍芳伯胺的游离，影响重氮化反应的速率。

（2）反应温度　重氮化反应随温度升高而加快，但温度高时，重氮盐易分解，且

HNO_2 易逸失。实践证明，温度在 15℃以下测定结果较准确。如果采用“快速滴定法”，则在 30℃以下均能得到满意结果。

（3）滴定速率　重氮化反应速率较慢，故在滴定过程中尤其在近终点时滴定不宜过快，亚硝酸钠溶液应缓缓滴加，并不断搅拌。为加快反应速率，通常采用“快速滴定法”，即将滴定管尖插入液面以下，将大部分亚硝酸钠溶液在不断搅拌下迅速滴入，近终点时将管尖提出液面再缓缓滴定。这样既可加快滴定速率，又可使反应作用完全。

另外，苯胺环上特别是在对位上有其他取代基存在时，其取代基不同，重氮化反应速率也不同。对于反应较慢的化合物，常在滴定液中加入 KBr 作催化剂。

亚硝酸钠法滴定终点的判断目前多采用电位滴定法或永停滴定法，也可用指示剂法。指示剂法又可分为外指示剂法和内指示剂法。

（1）外指示剂法　当待测物质与 $NaNO_2$ 作用，全部变成重氮盐或亚硝基化合物后，溶液中微过量的亚硝酸钠标准滴定溶液，就能使碘化钾淀粉指示剂中的 I^- 氧化成 I_2，I_2 与淀粉结合显蓝色，指示滴定终点到达。其反应为：

$$2NO_2^- + 2I^- + 4H^+ \longrightarrow I_2 + 2NO\uparrow + 2H_2O$$

KI-淀粉指示剂不能直接加到滴定液中，因为这将使加入的 NO_2^- 在与芳伯胺作用前先与 KI 作用，无法观察终点。通常是把 KI 与淀粉混在一起做成糊状物涂于白瓷板上或做成试纸，在滴定接近终点时，用细玻璃棒蘸取少许滴定液，与外面白瓷板上的指示剂接触或在试纸上划过，看是否有蓝色条痕立即出现以确定滴定终点是否达到。这种使用指示剂的方法称为外指示剂法。如果重氮盐呈现较深的黄色，则以绿色条痕为终点，此时若呈现蓝色条痕，表明亚硝酸钠溶液已加过量。

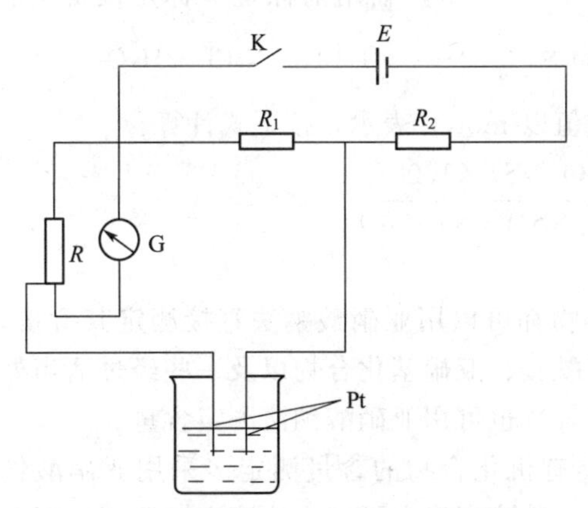

图 7-3　永停滴定测量仪表安装示意图

R—电阻（其阻值与检流计临界阻尼电阻值近似）；R_1—电阻（60～70Ω，或用可变电阻，使加于两电极上的电压约为 50mV）；R_2—电阻（2000Ω）；E—干电池（1.5V）；K—开关；G—检流计（灵敏度为 10^{-9} A/格）；Pt—铂电极

（2）内指示剂法　因外指示剂使用手续较繁，显色常不够明显，现已趋向采用内指示剂，如橙黄（Ⅳ）-亚甲蓝混合指示剂。该指示剂为紫色，当有稍过量 HNO_2 时，紫色消失，以此判断终点到达。使用内指示剂虽操作简便，但终点颜色变化有时不够敏锐。可采用内外指示剂结合使用的方法，即在内指示剂已临近终点时，再用外指示剂最后确定，效果较单独使用一种指示剂为好。

*（3）永停滴定法　电位滴定法和永停滴定法是滴定分析中用以确定滴定终点或选择核对指示剂变色域的方法。选用适当的电极系统可作氧化还原法、酸碱法（水溶液和非水溶液）、沉淀法、重氮化法或水分测定法第一法等的终点指示。永停滴定法采用两支相同的铂电极，在电极间加入一低电压（如 50mV），若电极在溶液中极化，则在未到滴定终点时，仅有很小电流或无电流通过；但当到达滴定终点时，滴定液略有过剩，使电极去极化，溶液中即有电流通过，电流计指针突然偏转，不再回复。反之，若电极由去极化变为极化，则电流计指针从有偏转回到零点，也不再变动。

永停滴定可用永停滴定仪或按图 7-3 装置。

永停滴定法用作重氮化滴定法的终点指示时，其具体做法如下：调节 R_1 使加于电极上的电压约为 50mV。取待测试样适量，精密称定，置于 250mL 烧杯中，除另有规定外，可加水 40mL 和盐酸溶液（1∶2）15mL。置于电磁搅拌器上，搅拌使之溶解，再加溴化钾 2g。插入铂-铂电极，将滴定管的尖端插入液面下约 2/3 处，用亚硝酸钠溶液（0.1mol/L）迅速滴定，随滴随搅拌，至近终点时，将滴定管的尖端提出液面，用少量水淋洗，洗液并入溶液中，继续缓缓滴定，至电流计指针突然偏转，并不再回复，即为滴定终点。

用作水分测定的终点指示时，可调节 R_1 使电流计的初始电流为 5～10μA，待滴定到电流突增至 50～150μA 并持续数分钟不退回，即为滴定终点。

2. 亚硝酸钠标准滴定溶液的制备

(1) 配制　亚硝酸钠溶液在 pH=10 左右最稳定，亚硝酸钠标准滴定溶液通常用间接法配制。在托盘天平上称取一定量亚硝酸钠晶体、少量氢氧化钠和碳酸钠，加新煮沸并冷却的蒸馏水溶解，再稀释成一定体积。亚硝酸钠溶液遇光易分解，应置于棕色试剂瓶中，密闭保存。

配制亚硝酸钠溶液时在碱性环境中较稳定，能不能用氨水调节酸度？为什么？

(2) 标定　标定亚硝酸钠标准滴定溶液现在多用对氨基苯磺酸（$C_6H_7O_3NS$）作基准试剂。对氨基苯磺酸难溶于水，需先用氨水溶解，然后加盐酸中和氨并使溶液成酸性，用待标定的亚硝酸钠溶液采用“快速滴定法”滴定，使用外指示剂法确定终点，或用永停滴定法确定终点（详细步骤见 GB/T 601—2016），临用前标定。标定反应为：

$$HO_3S-C_6H_4-NH_2 + NaNO_2 + 2HCl \longrightarrow \left[HO_3S-C_6H_4-\overset{+}{N}\equiv N\right]Cl^- + NaCl + 2H_2O$$

亚硝酸钠标准滴定溶液的浓度 $c(NaNO_2)$，数值以 mol/L 表示，按下式计算：

$$c(NaNO_2)=\frac{m(C_6H_7O_3NS)\times 1000}{M(C_6H_7O_3NS)V(NaNO_2)}$$

3. 亚硝酸钠法的应用

凡分子结构中含有芳香族伯胺或仲氨基的化合物都可以用亚硝酸钠法直接测定其含量，如磺胺类药物、普鲁卡因及磷酸伯胺喹等。有些芳酰胺、亚硝基化合物以及一些经过适当处理后可得芳伯氨基的化合物（如扑热息痛、氯霉素等）也可用亚硝酸钠法测定含量。

以磺胺类有机化合物含量的测定为例。磺胺类有机化合物的含量测定多采用亚硝酸钠法，如用重氮化滴定法可直接测定磺胺嘧啶的含量，其滴定终点可用永停滴定法确定。即准确称取一定质量的试样，加水和盐酸溶解后加溴化钾，然后按上述永停滴定法用亚硝酸钠标准滴定溶液滴定。磺胺嘧啶的含量以质量分数 $w(C_{10}H_{10}N_4O_2S)$ 计，按下式计算：

$$w(C_{10}H_{10}N_4O_2S)=\frac{TVF\times 10^{-3}}{m_s}$$

式中　T——滴定度，1mL 亚硝酸钠标准滴定溶液（0.1mol/L）相当于 $C_{10}H_{10}N_4O_2S$ 的质量为 25.03mg，即 $T_{C_{10}H_{10}N_4O_2S/NaNO_2}=25.03mg/mL$；

V——测定时消耗亚硝酸钠标准滴定溶液的体积，mL；

F——亚硝酸钠标准滴定溶液的浓度校正因子，$F=\frac{c_{实际}}{c_{标准}}$。

五、其他氧化还原滴定法简介

1. 硫酸铈法

硫酸铈法是以硫酸铈作标准滴定溶液进行滴定的氧化还原滴定法。$Ce(SO_4)_2$ 是一种强氧化剂，在水溶液中易水解，需在酸度较高的溶液中使用。在酸性溶液中，Ce^{4+} 与还原剂作用被还原为 Ce^{3+}，半反应为：

$$Ce^{4+} + e \rightleftharpoons Ce^{3+} \qquad \varphi^{\ominus} = 1.61V$$

Ce^{4+}/Ce^{3+} 电对的条件电极电势与酸的种类和浓度有关。由于在高氯酸溶液中 Ce^{4+} 不易形成配合物，所以在高氯酸介质中 Ce^{4+}/Ce^{3+} 电对的电极电势最高，应用也较多。

$Ce(SO_4)_2$ 的氧化性与 $KMnO_4$ 的氧化性差不多，所以凡是高锰酸钾法能测定的物质，一般也能用硫酸铈法测定。与高锰酸钾法比较，硫酸铈法具有以下优点：①硫酸铈标准滴定溶液可用易于提纯的硫酸铈铵 $Ce(SO_4)_2 \cdot (NH_4)_2SO_4 \cdot 2H_2O$ 直接配制，溶液稳定，放置较长时间或加热煮沸也不分解；②Ce^{4+} 还原为 Ce^{3+} 时，只有一个电子转移，没有中间产物形成，反应简单；③可在盐酸溶液中用 Ce^{4+} 直接滴定还原剂如 Fe^{2+}，达化学计量点后，Cl^- 才慢慢被 Ce^{4+} 氧化，Cl^- 的存在不影响滴定；④在多种有机物（如醇类、醛类、甘油、蔗糖、淀粉等）存在下，用 Ce^{4+} 滴定 Fe^{2+} 仍可得到良好结果。

在酸度较低（低于 1mol/L）时，磷酸有干扰，能生成磷酸高铈沉淀；铈盐价格较贵，这是硫酸铈法的不足之处。

硫酸铈溶液呈黄色，还原为 Ce^{3+} 时溶液无色，可利用 Ce^{4+} 本身的颜色指示滴定终点，但灵敏度不高。一般多采用邻二氮杂菲-Fe(Ⅱ) 作指示剂。

由于硫酸铈法具有上述的优点，又不像重铬酸钾法中六价铬那样有毒，已逐渐受到重视。在医药工业方面测定药品中铁的含量多采用此法。

2. 溴酸钾法

溴酸钾法是利用溴酸钾作氧化剂进行滴定的氧化还原滴定法。$KBrO_3$ 是强氧化剂，在酸性溶液中与还原性物质作用，BrO_3^- 被还原为 Br^-，半反应为：

$$BrO_3^- + 6H^+ + 6e \rightleftharpoons Br^- + 3H_2O \qquad \varphi^{\ominus} = 1.44V$$

$KBrO_3$ 易提纯，故其标准滴定溶液可用直接法配制。Sn(Ⅱ)、Sb(Ⅲ)、As(Ⅲ)、Tl(Ⅰ)、Fe^{2+}、H_2O_2、N_2H_4 等许多还原性物质，均可用溴酸钾标准滴定溶液利用直接滴定法进行测定。

溴酸钾法通常是在溴酸钾标准滴定溶液中加入过量的 KBr，配成 $KBrO_3$-KBr 标准滴定溶液（俗称“溴试剂”），然后与碘量法配合使用，主要用于测定有机物。此 $KBrO_3$-KBr 标准滴定溶液一经酸化，BrO_3^- 与 Br^- 立即反应生成 Br_2。

$$BrO_3^- + 5Br^- + 6H^+ \longrightarrow 3Br_2 + 3H_2O$$

析出的 Br_2 可与某些有机物发生加成反应或取代反应。为提高反应速率，应加入过量的溴试剂，待 Br_2 与待测物反应完全后，剩余的 Br_2 与 KI 作用，析出的 I_2 用硫代硫酸钠标准滴定溶液滴定。

$$Br_2 + 2I^- \longrightarrow 2Br^- + I_2$$

$$I_2 + 2S_2O_3^{2-} \longrightarrow 2I^- + S_4O_6^{2-}$$

Br_2 水不稳定，不适合直接作滴定剂；而 $KBrO_3$-KBr 溶液很稳定，只在酸化时才产生 Br_2。利用 Br_2 的取代反应可测定甲酚、间苯二酚等酚类及芳香胺类有机物；利用 Br_2 的加成反应可测定甲基丙烯醛、甲基丙烯酸及丙烯酸酯类等有机物的不饱和度。根据 $KBrO_3$ 和

$Na_2S_2O_3$ 标准滴定溶液的浓度及消耗的体积，可求得被测有机物的含量。

以苯酚含量的测定为例。苯酚又名石炭酸，在医药和有机化工中广为应用。测定时，先在苯酚试样中加入过量的 $KBrO_3$-KBr 标准滴定溶液，用酸酸化后，苯酚羟基邻位和对位上的氢原子被溴取代。

$$C_6H_5OH + 3Br_2 \longrightarrow C_6H_2Br_3OH\downarrow + 3H^+ + 3Br^-$$

反应完全后，加入 KI 还原剩余的 Br_2，然后以淀粉溶液为指示剂，再用硫代硫酸钠标准滴定溶液滴定析出的 I_2，溶液由蓝色刚变无色即为终点。

另外，8-羟基喹啉能定量沉淀许多金属离子，可用溴酸钾法测定沉淀中 8-羟基喹啉的含量，从而间接测定金属的含量。

第五节　氧化还原滴定计算示例

氧化还原滴定的计算，仍然是依据等物质的量规则进行。在氧化还原滴定的计算中，最重要的是正确确定待测组分和标准滴定溶液的基本单元。在用间接滴定法或置换滴定法测定时，由于待测组分与标准滴定溶液之间不直接反应，而是经过多步反应完成的，这时需从各步反应去考虑，方可找出实际参加反应的待测组分和标准滴定溶液的基本单元。由此间接确定出待测组分及标准滴定溶液的基本单元，即可进一步进行氧化还原滴定的有关计算。

【例题 7-9】 称取基准试剂 $Na_2C_2O_4$ 0.1500g 溶解在强酸性溶液中，然后用高锰酸钾标准滴定溶液滴定，到达终点时消耗 20.00mL，计算高锰酸钾溶液的物质的量浓度，以 $c\left(\frac{1}{5}KMnO_4\right)$表示。

解　滴定反应为：

$$2MnO_4^- + 5C_2O_4^{2-} + 16H^+ \longrightarrow 2Mn^{2+} + 10CO_2\uparrow + 8H_2O$$

由上述反应式可知

$$n\left(\frac{1}{5}KMnO_4\right) = n\left(\frac{1}{2}Na_2C_2O_4\right)$$

则有

$$c\left(\frac{1}{5}KMnO_4\right)V(KMnO_4) = \frac{m(Na_2C_2O_4)}{M\left(\frac{1}{2}Na_2C_2O_4\right)}$$

故$$c\left(\frac{1}{5}KMnO_4\right) = \frac{m(Na_2C_2O_4)}{M\left(\frac{1}{2}Na_2C_2O_4\right)V(KMnO_4)} = \frac{0.1500}{67.00\times 20.00\times 10^{-3}} = 0.1119(\text{mol/L})$$

【例题 7-10】 称取 0.5000g 石灰石试样，溶解后，将 Ca^{2+} 沉淀为 CaC_2O_4，经过滤、洗涤后将沉淀溶于稀 H_2SO_4 中，用 $c\left(\frac{1}{5}KMnO_4\right)=0.1010$mol/L 的高锰酸钾标准滴定溶液滴定，到达终点时消耗 35.00mL 高锰酸钾溶液，计算试样中 Ca 的质量分数。

解　沉淀反应为：

$$Ca^{2+} + C_2O_4^{2-} \longrightarrow CaC_2O_4\downarrow$$

溶解、滴定反应分别是：

$$CaC_2O_4+2H^+ \longrightarrow Ca^{2+}+H_2C_2O_4$$

$$2MnO_4^-+5C_2O_4^{2-}+16H^+ \longrightarrow 2Mn^{2+}+10CO_2\uparrow+8H_2O$$

由上述反应可知　$n\left(\frac{1}{5}KMnO_4\right)=n\left(\frac{1}{2}C_2O_4{}^{2-}\right)=n\left(\frac{1}{2}Ca\right)$

则

$$w(Ca)=\frac{c\left(\frac{1}{5}KMnO_4\right)V(KMnO_4)M\left(\frac{1}{2}Ca\right)}{m_s}$$

$$=\frac{0.1010\times35.00\times10^{-3}\times20.04}{0.5000}=0.1417=14.17\%$$

【例题 7-11】 准确称取 4.9030g 基准试剂 $K_2Cr_2O_7$，溶于水，转移至 1L 容量瓶中，稀释至刻度。计算此重铬酸钾溶液的浓度 $c\left(\frac{1}{6}K_2Cr_2O_7\right)$ 及它对 Fe、Fe_2O_3 的滴定度。

解　已知 $M\left(\frac{1}{6}K_2Cr_2O_7\right)=49.03g/mol$，则

$$c\left(\frac{1}{6}K_2Cr_2O_7\right)=\frac{4.9030}{49.03\times1.00}=0.1000(mol/L)$$

$K_2Cr_2O_7$ 和 Fe^{2+} 的反应为：

$$6Fe^{2+}+Cr_2O_7^{2-}+14H^+ \longrightarrow 6Fe^{3+}+2Cr^{3+}+7H_2O$$

由上述反应可知　$n(Fe^{2+})=n\left(\frac{1}{6}K_2Cr_2O_7\right)$

故　$n(Fe)=n\left(\frac{1}{6}K_2Cr_2O_7\right)$　　$n\left(\frac{1}{2}Fe_2O_3\right)=n\left(\frac{1}{6}K_2Cr_2O_7\right)$

得

$$T_{Fe/K_2Cr_2O_7}=c\left(\frac{1}{6}K_2Cr_2O_7\right)\times10^{-3}\times M(Fe)$$

$$=0.1000\times10^{-3}\times55.85=0.005585(g/mL)$$

$$T_{Fe_2O_3/K_2Cr_2O_7}=c\left(\frac{1}{6}K_2Cr_2O_7\right)\times10^{-3}\times M\left(\frac{1}{2}Fe_2O_3\right)$$

$$=0.1000\times10^{-3}\times79.85=0.007985(g/mL)$$

【例题 7-12】 称取铜合金试样 0.2000g，以间接碘量法测定铜含量。析出的碘用 $c(Na_2S_2O_3)=0.1000mol/L$ 的硫代硫酸钠标准滴定溶液滴定，终点时消耗硫代硫酸钠标准滴定溶液 20.00mL，计算试样中铜的质量分数。

解　滴定反应为：

$$2Cu^{2+}+4I^- \longrightarrow 2CuI\downarrow+I_2$$

$$I_2+2S_2O_3^{2-} \longrightarrow 2I^-+S_4O_6^{2-}$$

由上述反应可知　$n(Cu^{2+})=n(Na_2S_2O_3)$

得 $$w(Cu)=\frac{c(Na_2S_2O_3)V(Na_2S_2O_3)M(Cu)}{m_s}$$

$$=\frac{0.1000\times20.00\times10^{-3}\times63.55}{0.2000}=0.6355=63.55\%$$

【例题 7-13】 取废水试样 100.00mL，用 H_2SO_4 酸化后，加 25.00mL $c(K_2Cr_2O_7)=0.01667$mol/L 的 $K_2Cr_2O_7$ 标准滴定溶液，以 Ag_2SO_4 为催化剂煮沸，待水样中还原性物质完全被氧化后，以邻二氮菲-亚铁为指示剂，用 $c(FeSO_4)=0.1000$mol/L 的 $FeSO_4$ 标准滴定溶液滴定剩余的 $Cr_2O_7^{2-}$，用去 15.00mL。计算水样的化学需氧量，以 ρ(g/L) 表示。

解 $K_2Cr_2O_7$ 和 Fe^{2+} 的反应为：

$$6Fe^{2+}+Cr_2O_7^{2-}+14H^+\longrightarrow 6Fe^{3+}+2Cr^{3+}+7H_2O$$

由上述反应可知 $$n(Fe^{2+})=n\left(\frac{1}{6}K_2Cr_2O_7\right)$$

由于 $K_2Cr_2O_7$ 和 O_2 的相当关系为：

$$n\left(\frac{1}{4}O_2\right)=n\left(\frac{1}{6}K_2Cr_2O_7\right)$$

故此处有 $$n\left(\frac{1}{4}O_2\right)=n\left(\frac{1}{6}K_2Cr_2O_7\right)-n(FeSO_4)$$

则

$$\rho(O_2)=\frac{m(O_2)}{V_{水样}}=\left[c\left(\frac{1}{6}K_2Cr_2O_7\right)V(K_2Cr_2O_7)-c(FeSO_4)V(FeSO_4)\right]\times\frac{M\left(\frac{1}{4}O_2\right)}{V_{水样}}$$

代入数据得

$$\rho(O_2)=(6\times0.01667\times25.00-0.1000\times15.00)\times\frac{8.000}{100.00}=0.0800(g/L)$$

【阅读材料1】

能 斯 特

能斯特是德国卓越的物理学家、物理化学家和化学史家，是 W. 奥斯特瓦尔德的学生，热力学第三定律创始人，能斯特灯的创造者。1864 年 6 月 25 日他出生于西普鲁士的布里森，1887 年毕业于维尔茨堡大学并获博士学位，在那里，他认识了阿仑尼乌斯，并把他推荐给奥斯特瓦尔德当助手。第二年，他得出了电极电势与溶液浓度的关系式，即能斯特方程。

能斯特先后在格丁根大学和柏林大学任教。他的研究成果很多，主要有：发明了闻名于世的白炽灯（能斯特灯）、建议规定铂氢电极的电位为零、能斯特方程、能斯特热定理（即热力学第三定律）、低温下固体比热容的测定等，因而获 1920 年诺贝尔化学奖。

他把成绩的取得归功于导师奥斯特瓦尔德的培养，因而自己也毫无保留地把知识传授给他的学生，其学生中先后有三位诺贝尔物理学奖获得者（米利肯，1923 年；安德森，1936 年；格拉泽，1960 年）。师徒五代相传是诺贝尔奖史上空前的。

由于纳粹迫害，能斯特于 1933 年离职，1941 年 11 月 18 日在德国逝世，终年 77 岁。1951 年，他的骨灰移葬哥廷根大学。

【阅读材料2】

双氧水在日常生活和生产中的作用

双氧水的用途分医用、军用和工业用三种。日常消毒用的是医用双氧水，医用双氧水可杀灭肠道致病菌、化脓性球菌、致病酵母菌，一般用于物体表面的消毒。双氧水具有氧化作用，但医用双氧水浓度等于或低于3%，擦拭到创伤面，会有灼烧感，表面被氧化成白色，用清水清洗一下就可以了，过3～5min就恢复原来的肤色。化学工业用作生产过硼酸钠、过碳酸钠、过氧乙酸、亚氯酸钠、过氧化硫脲等的原料，酒石酸、维生素等的氧化剂。医药工业用作杀菌剂、消毒剂，以及生产福美双杀虫剂和401抗菌剂的氧化剂。印染工业用作棉织物的漂白剂，还原染料染色后的发色剂。用于生产金属盐类或其他化合物时除去铁及其他重金属。也用于电镀液，可除去无机杂质，提高镀件质量。还用于羊毛、生丝、皮毛、羽毛、象牙、猪鬃、纸浆、脂肪等的漂白。高浓度的过氧化氢可用作火箭动力燃料。民用：处理厨房下水道的异味，到药店购买双氧水加水加洗衣粉倒进下水道，可去污、消毒、杀菌；3%的过氧化氢（医用级）可供伤口消毒；在实验室制备中，过氧化氢可用于制备氧气，快速方便，但成本较高，不宜应用于工业制备或大规模制备中。

同步练习

一、填空题（请将正确答案写在空格上）

7-1 下列现象各属什么反应（填 A，B，C，D）

（1）用 $KMnO_4$ 滴定 Fe^{2+} 时，Cl^- 的氧化反应速率被加速________。

（2）用 $KMnO_4$ 滴定 $C_2O_4^{2-}$ 时，红色的消失由慢到快________。

（3）Ag^+ 存在时，Mn^{2+} 被 $S_2O_8^{2-}$ 氧化为 MnO_4^- ______。

A. 催化反应　　B. 自动催化反应　　C. 副反应　　D. 诱导反应

7-2 若两电对电子转移数均为1，为使反应完全程度达到99.9%，则两电对的条件电极电势差至少应大于________。若两电对电子转移数均为2，则该数值应为________。

7-3 0.1978g基准 As_2O_3 在酸性溶液中恰好与40.00mL $KMnO_4$ 溶液反应完全，该 $KMnO_4$ 溶液的浓度为________。[$M(As_2O_3)=197.8$]

7-4 已知在1 mol/L HCl介质中 $\varphi^{\ominus\prime}(Fe^{3+}/Fe^{2+})=0.68V$；$\varphi^{\ominus\prime}(Sn^{4+}/Sn^{2+})=0.14V$，则下列滴定反应；$2Fe^{3+}+Sn^{2+}\longrightarrow 2Fe^{2+}+Sn^{4+}$ 平衡常数为________；化学计量点电极电势为________；反应进行的完全程度 $c(Fe^{2+})/c(Fe^{3+})$ 为________。

7-5 氧化还原滴定化学计量点附近电极电势突跃的长短与氧化剂、还原剂两电对的________有关，它们相差越________，电极电势突跃越________；若两电对转移的电子数相等，化学计量点正好在突跃的________；若转移的电子数不等，则化学计量点应偏向________。

7-6 常用的氧化还原滴定法有________、________和________。

7-7 用 $KMnO_4$ 法间接测定钙或直接滴定 Fe^{2+} 时，若滴定反应中用HCl调节酸度，测定结果会________；这主要是由于________，反应为________。

7-8 如果溶液中同时存在 $HgCl_2$ 和 Cl_2，加入还原剂 $SnCl_2$ 时，________先被还原。[已知 $\varphi^{\ominus\prime}(Sn^{4+}/Sn^{2+})=0.14V$，$\varphi^{\ominus\prime}(Hg^{2+}/Hg_2Cl_2)=0.62V$，$\varphi^{\ominus\prime}(Cl_2/Cl^-)=0.36V$]

7-9 反应式 $2KMnO_4+3H_2SO_4+5H_2O_2\longrightarrow K_2SO_4+2MnSO_4+5O_2+8H_2O$ 中，氧化剂是________。

7-10 在碘量法中，淀粉是专属指示剂，当溶液呈蓝色时，这是________。

7-11 高锰酸钾法应在强酸性溶液中进行，所用强酸是________。

7-12 盛高锰酸钾溶液的锥形瓶中产生的棕色污垢可以用________洗涤。

7-13 间接碘量法要求在中性或弱酸性介质中进行测定，若酸度太高，将会________。

7-14 能用于标定 $Na_2S_2O_3$ 溶液的物质有________。

7-15 配制硫酸亚铁铵标准溶液时，须加数滴________，以防硫酸亚铁铵水解。

7-16 用高锰酸钾法测定硅酸盐样品中 Ca^{2+} 的含量。称取样品 0.5972g，在一定条件下，将 Ca^{2+} 沉淀为 CaC_2O_4，过滤，洗涤沉淀，将洗涤的 CaC_2O_4 溶于稀硫酸中，用 $c(KMnO_4)=0.05052mol/L$ 的 $KMnO_4$ 标准溶液滴定，消耗 25.62mL，计算硅酸盐中 Ca 的质量分数________。已知 $M(Ca)=40g/moL$。

7-17 碘量法滴定的酸度条件为________。

7-18 在高锰酸钾测定过氧化氢时，选择的介质条件________。

7-19 高锰酸钾一般不能用于________。

7-20 铬酸洗液呈________颜色时表明氧化能力已降低至不能使用。

二、单项选择题（在每小题列出的备选项中只有一个是符合题目要求的，请将你认为是正确选项的字母代码填入题前的括号内）

7-21 增加反应酸度时，氧化剂的电极电势会增大的是（　　）。

A. Fe^{3+}　　B. I_2　　C. $K_2Cr_2O_7$　　D. Cu^{2+}

7-22 利用电极电势可判断氧化还原反应的性质，但它不能判别（　　）。

A. 氧化还原反应速率　　B. 氧化还原反应方向

C. 氧化还原能力大小　　D. 氧化还原的完全程度

7-23 下列物质中可以用氧化还原滴定法测定的是（　　）。

A. 草酸　　B. 醋酸　　C. 盐酸　　D. 硫酸

7-24 在高锰酸钾法测铁中，一般使用硫酸而不是盐酸来调节酸度，其主要原因是（　　）。

A. 盐酸强度不足　　B. 硫酸可起催化作用

C. Cl^- 可能与高锰酸钾作用　　D. 以上均不对

7-25 碘值是指（　　）。

A. 100g 样品相当于加碘的质量（g）　　B. 1g 样品相当于加碘的质量（g）

C. 100g 样品相当于加碘的质量（g）　　D. 1g 样品相当于加碘的质量（mg）

7-26 高锰酸钾标准溶液必须放置在（　　）容器中。

A. 白色试剂瓶　　B. 白色滴瓶　　C. 棕色试剂瓶　　D. 不分颜色试剂瓶

7-27 已知 $\varphi(Fe^{3+}/Fe^{2+})=0.72V$，$\varphi(Sn^{4+}/Sn^{2+})=0.14V$，判断在酸性介质中 $2Fe^{3+}+Sn^{2+}\longrightarrow 2Fe^{2+}+Sn^{4+}$ 的反应方向是（　　）。

A. 从左向右　　B. 从右向左　　C. 不能判定　　D. 不能反应

7-28 碘量法测定 $CuSO_4$ 含量，试样溶液中加入过量的 KI，下列叙述其作用错误的是（　　）。

A. 还原 Cu^{2+} 为 Cu^+　　B. 防止 I_2 挥发

C. 与 Cu^+ 形成 CuI 沉淀　　D. 把 $CuSO_4$ 还原成单质 Cu

7-29 标定 $KMnO_4$ 标准溶液所需的基准物是（　　）。

A. $Na_2S_2O_3$　　B. $K_2Cr_2O_7$　　C. Na_2CO_3　　D. $Na_2C_2O_4$

7-30 在间接碘量法测定中，下列操作正确的是（　　）。

A. 边滴定边快速摇动　　B. 加入过量 KI 并在室温和避免阳光直射的条件下滴定

C. 在70～80℃恒温条件下滴定　D. 滴定一开始就加入淀粉指示剂

7-31　提高氧化还原反应的速率可采取的措施是（　　）。

A. 减少反应物浓度　B. 增加温度　C. 加入指示剂　D. 加入配位剂

7-32　可用直接法配制的标准滴定溶液是（　　）。

A. $KMnO_4$　B. HCl　C. $AgNO_3$　D. $K_2Cr_2O_7$

7-33　用 $Na_2C_2O_4$ 标定 $KMnO_4$ 标准溶液时，滴定刚开始褪色较慢，但之后褪色变快的原因是（　　）。

A. 温度过低　B. 反应进行后温度升高　C. Mn^{2+} 的催化作用　D. $Na_2C_2O_4$ 的量变小

7-34　以 $K_2Cr_2O_7$ 为基准物质标定 $Na_2S_2O_3$ 溶液，应选用的指示剂是（　　）。

A. 酚酞　B. 二甲酚橙　C. 淀粉　D. 荧光黄

7-35　重铬酸钾滴定法测铁，加入 H_3PO_4 的作用，主要是（　　）。

A. 防止沉淀　B. 提高酸度　C. 防止 Fe^{2+} 氧化

D. 降低 Fe^{3+}/Fe^{2+} 电对的电极电势，增大突跃范围，减小终点误差

7-36　碘标准滴定溶液必须放置在（　　）容器中。

A. 白色试剂瓶　B. 白色滴瓶　C. 棕色试剂瓶　D. 白色容量瓶

7-37　对氧化还原反应速率没有什么影响的是（　　）。

A. 反应温度　B. 反应物的两电对电极电势之差　C. 反应物的浓度　D. 催化剂

7-38　碘量法测定黄铜中的铜含量，为除去 Fe^{3+} 干扰，可加入（　　）。

A. 碘化钾　B. 氟化铵　C. 过氧化氢　D. 硝酸

7-39　在用 $KMnO_4$ 法测定 H_2O_2 含量时，为加快反应可加入（　　）。

A. H_2SO_4　B. $MnSO_4$　C. $KMnO_4$　D. NaOH

7-40　在用 NaC_2O_4 标定 $KMnO_4$ 时，终点颜色保持（　　）时间不变即为终点。

A. 1min　B. 30s　C. 2min　D. 45s

三、是非判断题（请在题前的括号内，对你认为正确的打√，错误的打×）

7-41　（　　）$KMnO_4$ 标准溶液测定 MnO_2 含量，用的是直接滴定法。

7-42　（　　）影响氧化还原反应速率的主要因素有反应物的浓度、酸度、温度和催化剂。

7-43　（　　）配制 $KMnO_4$ 标准溶液时，需要将 $KMnO_4$ 溶液煮沸一定时间并放置数天，配好的 $KMnO_4$ 溶液要用滤纸过滤后才能保存。

7-44　（　　）直接碘量法以淀粉为指示剂滴定时，指示剂需在接近终点时加入，终点是从蓝色变为无色。

7-45　（　　）欲提高 $Cr_2O_7^{2-}+6I^-+14H^+ \longrightarrow 2Cr^{3+}+3I_2+7H_2O$ 的反应速率，可采用加热的方法。

7-46　（　　）碘量法测铜，加入KI起三种作用：还原剂、沉淀剂和配位剂。

7-47　（　　）间接碘量法加入KI一定要过量，淀粉指示剂要在接近终点时加入。

7-48　（　　）由于 $K_2Cr_2O_7$ 容易提纯，干燥后可作为基准物直接配制标准液，不必标定。

7-49　（　　）配制 I_2 溶液时要滴加KI。

7-50　（　　）配制 $K_2Cr_2O_7$ 标准滴定溶液时，可直接于分析天平上准确称取，不必将药品烘干处理。

7-51　（　　）用高锰酸钾法测定 H_2O_2 时，需通过加热来加速反应。

7-52　（　　）间接碘量法要求暗处静置，是为了防止 I^- 被氧化。

7-53　（　　）在氧化还原滴定中，往往选择强氧化剂作滴定剂，使得两电对的条件电极电

势之差大于0.4V，反应就能定量进行。

7-54 （ ）标定亚硝酸钠标准滴定溶液多用对氨基苯磺酸（$C_6H_7O_3NS$）作基准试剂，采用“快速滴定法”滴定。

7-55 （ ）升高温度可以加快氧化还原反应速率，有利于滴定分析的进行。

7-56 （ ）在滴定时，$KMnO_4$ 溶液要放在碱式滴定管中。

7-57 （ ）氯化碘溶液可以用来直接滴定有机化合物中的不饱和烯键。

7-58 （ ）溶液酸度越高，$KMnO_4$ 氧化能力越强，与 $Na_2C_2O_4$ 反应越完全，所以用 $Na_2C_2O_4$ 标定 $KMnO_4$ 时，溶液酸度越高越好。

7-59 （ ）配制好的 $KMnO_4$ 溶液要盛放在棕色瓶中保护，如果没有棕色瓶应放在避光处保存。

7-60 （ ）高锰酸钾法在强酸性下进行，其酸为 HNO_3。

四、简答题

7-61 为什么盐酸只能将铁氧化成 Fe^{2+}，而硝酸可将铁氧化成 Fe^{3+}？

7-62 如何判断一个氧化还原反应能否进行完全？

7-63 影响氧化还原反应速率的主要因素有哪些？可采取哪些措施加速反应的完成？

7-64 应用于氧化还原滴定的反应，应具备哪些主要条件？

7-65 氧化还原滴定中，可用哪些方法检测终点？所使用的指示剂有几种类型？氧化还原指示剂的变色原理和选择原则与酸碱指示剂有何异同？

7-66 在氧化还原滴定之前，为什么要进行预处理？预处理对所用的氧化剂或还原剂有哪些要求？

7-67 氧化还原滴定过程中滴定的突跃范围与两电对的电极电势有什么关系？

7-68 常用的氧化还原滴定法有哪些？各种方法的原理及特点是什么？在实际分析工作中有何应用？举例说明。

7-69 配制高锰酸钾、碘、硫代硫酸钠标准滴定溶液各应注意什么？应采取哪些步骤？为什么？

7-70 标定高锰酸钾、碘、硫代硫酸钠标准滴定溶液的浓度时，最常用的基准试剂分别是什么？应注意哪些条件？

7-71 碘量法的主要误差来源是什么？如何防止？

五、计算题（要求写出所用公式、必要的计算步骤、正确表述计算结果以及所求项的单位）

7-72 高锰酸钾溶液的物质的量浓度为 $c\left(\frac{1}{5}KMnO_4\right)=0.1242mol/L$，求用（1）Fe；（2）$Fe_2O_3$；（3）$FeSO_4\cdot7H_2O$ 表示的滴定度。

7-73 标定高锰酸钾溶液浓度时，准确称取0.1625g基准试剂 $Na_2C_2O_4$ 溶于水后，在 H_2SO_4 酸性溶液中，用待标定的高锰酸钾溶液滴定至终点，消耗24.20mL，求此高锰酸钾溶液的浓度 $c\left(\frac{1}{5}KMnO_4\right)$。

7-74 在强酸性溶液中，某一高锰酸钾溶液46.13mL所氧化的 $KHC_2O_4\cdot H_2O$ 的质量，需要用21.21mL0.1506 mol/L NaOH溶液才能中和完全，求此 $KMnO_4$ 的浓度 $c\left(\frac{1}{5}KMnO_4\right)$ 为多少？

7-75 将0.1602g石灰石试样溶于盐酸溶液中，然后将钙沉淀为 CaC_2O_4，沉淀经洗涤后溶在稀 H_2SO_4 中，用高锰酸钾溶液滴定，消耗20.70mL，已知 $KMnO_4$ 对 $CaCO_3$ 的滴定度为0.006020g/mL，求石灰石中 $CaCO_3$ 的质量分数。

7-76　将 1.000g 钢样中的铬氧化成 $Cr_2O_7^{2-}$，加入 25.00mL 0.1000mol/L Fe^{2+} 标准滴定溶液，然后用 $c\left(\frac{1}{5}KMnO_4\right)=0.09000$ mol/L 的高锰酸钾标准滴定溶液返滴定剩余的 Fe^{2+}，消耗 7.00mL，求钢中铬的质量分数。

7-77　在酸性溶液中，$Cr_2O_7^{2-}$ 可被 Fe^{2+} 还原为 Cr^{3+}，现要配制 500mL $c\left(\frac{1}{6}K_2Cr_2O_7\right)=$ 0.1060mol/L 的重铬酸钾标准滴定溶液，问应称取多少克的 $K_2Cr_2O_7$？此重铬酸钾溶液对铁的滴定度是多少？

7-78　称取含铁试样 0.3563g，溶于盐酸溶液后，将 Fe^{3+} 还原为 Fe^{2+} 加 H_2SO_4-H_3PO_4 混合酸，以二苯胺磺酸钠为指示剂，用 $c\left(\frac{1}{6}K_2Cr_2O_7\right)=0.1000$ mol/L 重铬酸钾溶液滴至终点，消耗 35.92mL，求试样中（1）Fe，（2）Fe_2O_3 表示的质量分数。

7-79　称取 0.1500g 基准试剂 KIO_3，在酸性溶液中与过量 KI 作用，析出的碘用硫代硫酸钠溶液滴定，消耗 24.00mL，求此硫代硫酸钠溶液的浓度。

7-80　为了检查试剂 $FeCl_3 \cdot 6H_2O$ 的质量，称取该试样 0.5000g 溶于水，加盐酸溶液 3mL 和 KI 2g，析出的 I_2 用 0.1000mol/L $Na_2S_2O_3$ 标准滴定溶液滴定，消耗 18.17mL。问该试剂属于哪一级（国家规定二级品含量不小于 99.0%，三级品含量不小于 98.0%）？（主要反应为：$2Fe^{3+}+2I^- \longrightarrow I_2+2Fe^{2+}$　　$I_2+2Na_2S_2O_3 \longrightarrow 2NaI+Na_2S_4O_6$）

第八章 沉淀溶解平衡与沉淀滴定法

【知识目标】

1. 掌握溶度积的概念及溶度积与溶解度的换算关系，掌握溶度积规则。
2. 掌握分步沉淀、沉淀的溶解及沉淀的转化方法。
3. 掌握用于沉淀滴定的沉淀反应应具备的条件。
4. 掌握莫尔法的基本原理及滴定条件。
5. 了解佛尔哈德法、法扬司法的基本方法。
6. 掌握硝酸银及硫氰酸铵标准滴定溶液的制备方法。
7. 掌握沉淀法对沉淀形式和称量形式的要求，了解挥发法和萃取法的基本原理。

【能力目标】

1. 能熟练使用各种测定仪器（如马弗炉、抽滤瓶、分液漏斗等）。
2. 会选择合适的沉淀剂，准确测定样品的含量。
3. 会熟练制备硝酸银、硫氰酸钾等标准滴定溶液。
4. 能熟练实现难溶电解质沉淀的转化和溶解。
5. 能利用溶度积规则判断沉淀的生成与溶解，解决实际生活和工作中存在的问题。

【素质目标】

通过实际操作，培养学生认真负责、精益求精的工匠精神，树立质量意识、节约意识及团结合作意识。

沉淀的生成和溶解是一个可逆过程，所以难溶电解质的溶液中存在着沉淀-溶解平衡。沉淀-溶解平衡是沉淀滴定法和称量分析法（又称重量分析法）的理论基础，而溶度积又是讨论沉淀-溶解平衡的依据。本章以沉淀-溶解平衡为基础，着重讨论沉淀滴定法和称量分析法。

第一节 难溶电解质的溶解平衡

不同电解质的溶解度是不同的。习惯上，把25℃时，溶解度小于0.01g/(100g水）的电解质叫做难溶电解质。如氯化银、硫酸钡、氢氧化铁等都是难溶电解质。溶液中难溶电解质固体与其溶解在溶液中的相应离子之间存在的平衡，称为沉淀-溶解平衡。

一、溶度积

1. 溶度积常数

电解质的溶解度有大有小，但绝对不溶于水的物质是不存在的。例如，难溶电解质氯化银在水中为白色沉淀。若将固体氯化银放入水中，固体表面上的 Ag^+ 和 Cl^- 在水分子的作用下，受到极性水分子的吸引和撞击，就会脱离固体表面形成水合离子进入溶液，这个过程称为氯化银的溶解；同时，溶液中的水合 Ag^+ 和 Cl^- 在运动过程中又会受到固体氯化银的吸引，脱去水而重新回到固体表面，这个过程称为氯化银的沉淀(或结晶)。当溶解速率和沉淀速率相等（或溶液达到饱和）时，体系达到动态平衡，即难溶电解质的沉淀-溶解平衡。如氯化银的饱和溶液中，存在如下沉淀-溶解平衡。

$$AgCl(s) \rightleftharpoons Ag^+ + Cl^-$$

其平衡常数表达式为：

$$K_{sp} = [Ag^+][Cl^-]$$

式中，K_{sp} 是难溶电解质固体和它的饱和溶液在平衡状态时的平衡常数，称为难溶电解质的溶度积常数，简称溶度积。它与其他平衡常数一样，只与难溶电解质的本性和温度有关，而与溶液中离子的浓度无关。

对于任一难溶电解质 A_mB_n，在一定温度下达到平衡时，存在

$$A_mB_n(s) \rightleftharpoons mA^{n+} + nB^{m-}$$

则

$$K_{sp} = [A^{n+}]^m[B^{m-}]^n \tag{8-1}$$

上式表明，当温度一定时，难溶电解质的饱和溶液中，其各阴、阳离子浓度的系数幂的乘积是一个常数，即溶度积常数。

应用以上关系式时，应注意以下几点：

① 溶度积只适用于难溶化合物的饱和溶液，即只有在沉淀-溶解达到平衡时，溶液中相应离子浓度的系数幂的乘积才等于 K_{sp}。

② 溶度积随温度变化而改变。

③ 在溶度积关系式中，离子浓度为物质的量浓度，单位为 mol/L。

2. 溶度积与溶解度的关系

难溶电解质的溶度积及溶解度的大小，均反映了该难溶电解质的溶解能力。根据溶度积公式所表示的关系，可以将溶度积和溶解度进行换算。假设难溶电解质为 A_mB_n，在一定温度下其溶解度为 S，根据沉淀-溶解平衡

$$A_mB_n(s) \rightleftharpoons mA^{n+} + nB^{m-}$$

有

$$[A^{n+}] = mS,\ [B^{m-}] = nS$$

则

$$K_{sp} = [A^{n+}]^m[B^{m-}]^n = (mS)^m(nS)^n = m^m n^n S^{m+n} \tag{8-2}$$

溶解度习惯上常用 100g 溶剂中所能溶解溶质的质量表示，单位为 g/100g。在利用上述公式进行计算时，需将溶解度的单位转化为物质的量浓度单位 mol/L。

【例题 8-1】 已知 298K 时，碳酸钙的溶度积为 2.9×10^{-9}，氟化钙的溶度积为 2.7×10^{-11}，试通过计算比较两者溶解度的大小。

解　(1) 设碳酸钙的溶解度为 S_1。根据沉淀-溶解平衡反应式

$$CaCO_3(s) \rightleftharpoons Ca^{2+} + CO_3^{2-}$$

平衡浓度/(mol/L)　　S_1　　S_1

$$K_{sp} = [Ca^{2+}][CO_3^{2-}] = S_1^2$$

$$S_1 = \sqrt{2.9\times10^{-9}} = 5.4\times10^{-5}(\text{mol/L})$$

(2) 设氟化钙的溶解度为 S_2。

$$CaF_2(s) \rightleftharpoons Ca^{2+} + 2F^-$$

平衡浓度/(mol/L) $\qquad S_2 \quad 2S_2$

$$K_{sp} = [Ca^{2+}][F^-]^2 = S_2(2S_2)^2 = 4S_2^3$$

$$S_2 = \sqrt[3]{\frac{2.7\times10^{-11}}{4}} = 1.9\times10^{-4}(mol/L) > S_1$$

在上例中，氟化钙的溶度积比碳酸钙的小，但溶解度却比碳酸钙的大。可见对于不同类型（例如碳酸钙为AB型，氟化钙为AB_2型）的难溶电解质，溶度积小的，溶解度却不一定小。因而不能由溶度积直接比较其溶解能力的大小，而必须计算出其溶解度才能够比较。对于相同类型的难溶物，则可以由溶度积直接比较其溶解能力的大小。

3. 溶度积规则

溶度积规则是判断某溶液中有无沉淀生成或沉淀能否溶解的标准。为此需要引入离子积的概念。

（1）离子积　所谓离子积，是指在一定温度下，难溶电解质在任意状态时，溶液中离子浓度幂的乘积，用符号Q表示。例如

$$BaSO_4(s) \rightleftharpoons Ba^{2+} + SO_4^{2-}$$

其离子积$Q=c(Ba^{2+})c(SO_4^{2-})$，其中$c(Ba^{2+})$和$c(SO_4^{2-})$分别表示Ba^{2+}和SO_4^{2-}在任意状态时的浓度；而$K_{sp}=[Ba^{2+}][SO_4^{2-}]$，其中$[Ba^{2+}]$和$[SO_4^{2-}]$分别表示$Ba^{2+}$和$SO_4^{2-}$在沉淀-溶解平衡状态时的浓度。显然，离子积$Q$与溶度积$K_{sp}$具有不同的意义，$K_{sp}$仅仅是$Q$的一个特例。

（2）溶度积规则　对于某一给定溶液，Q与K_{sp}相比较，可得到以下结论：

① 若$Q=K_{sp}$，则表示溶液为饱和溶液，沉淀和溶解处于动态平衡，无沉淀析出。

② 若$Q>K_{sp}$，则表示溶液为过饱和溶液，有沉淀从溶液中析出，直至形成该温度下的饱和溶液而达到新的平衡。

③ 若$Q<K_{sp}$，则表示溶液为不饱和溶液，无沉淀析出。如溶液中还存在有该难溶电解质，将继续溶解直至形成饱和溶液为止。

以上规则称为溶度积规则。由溶度积规则可知，要使沉淀自溶液中析出，必须设法增大溶液中相关离子的浓度，使难溶电解质的离子积大于溶度积（即$Q>K_{sp}$）。

【例题8-2】 若将0.002mol/L硝酸银溶液与0.005mol/L氯化钠溶液等体积混合，问是否有氯化银沉淀析出？（已知氯化银的溶度积$K_{sp}=1.8\times10^{-10}$）

解　由于硝酸银溶液与氯化钠溶液等体积混合，浓度各减小一半，即

$$c(AgNO_3)=0.001mol/L,\ c(NaCl)=0.0025mol/L$$

因为硝酸银和氯化钠完全解离，所以

$$c(Ag^+)=0.001mol/L,\ c(Cl^-)=0.0025mol/L$$

离子积为：　$Q=c(Ag^+)c(Cl^-)=0.001\times0.0025=2.5\times10^{-6}$

而氯化银的溶度积为：　$K_{sp}=1.8\times10^{-10}$

即$Q>K_{sp}$，则有沉淀析出。

二、分步沉淀

以上讨论的是溶液中只有一种能生成沉淀的离子，而实际上溶液中往往含有多种离子，随着沉淀剂的加入，各种沉淀会相继产生。例如，在含有相同浓度Cl^-和I^-的混合溶液中，逐滴加入硝酸银溶液，先是产生黄色的碘化银沉淀，而后才出现氯化银沉淀。

为什么沉淀的次序会有先后呢？可以用溶度积规则加以解释。假定溶液中Cl^-和I^-的浓

度都是 0.001mol/L，在此溶液中加入硝酸银溶液，由于氯化银和碘化银的溶度积不同，相应沉淀开始时所需 Ag^+ 的浓度也不同，氯化银和碘化银沉淀开始析出时，$[Ag^+]$ 分别为：

$$[Ag^+]_{AgI}=\frac{K_{sp}(AgI)}{[I^-]}=\frac{9.3\times10^{-17}}{0.001}=9.3\times10^{-14}(mol/L)$$

$$[Ag^+]_{AgCl}=\frac{K_{sp}(AgCl)}{[Cl^-]}=\frac{1.8\times10^{-10}}{0.001}=1.8\times10^{-7}(mol/L)$$

由上式可知，沉淀 I^- 所需要的 Ag^+ 浓度远比沉淀 Cl^- 所需要的 Ag^+ 浓度小得多。因此，对于同类型的难溶电解质氯化银和碘化银来说，在 Cl^- 和 I^- 浓度相同或相近的情况下，逐滴加入硝酸银溶液，将首先到达碘化银的溶度积而析出碘化银沉淀，之后才会逐渐析出溶度积较大的氯化银沉淀。

这种由于难溶电解质的溶度积（或溶解度）不同而出现先后沉淀的现象称为分步沉淀。分步沉淀是实现各种离子间分离的有效方法。

三、沉淀的溶解方法

根据溶度积规则，沉淀溶解的必要条件是 $Q<K_{sp}$，即只要降低难溶电解质饱和溶液中有关离子的浓度，沉淀就可以溶解。对于不同类型的沉淀，可采用不同的方法来降低离子的浓度。常用的方法有以下几种。

1. 生成弱电解质

根据难溶电解质的组成，加入适当的试剂与溶液中某种离子结合生成水、弱酸、弱碱或气体，可使平衡体系中相应离子的浓度降低，促使沉淀溶解。

例如，碳酸钙溶于盐酸的反应可表示为：

$$\begin{array}{l}CaCO_3(s) \rightleftharpoons Ca^{2+} + CO_3^{2-}\\ \qquad\qquad\qquad\qquad\quad + \\ \qquad\quad 2HCl \longrightarrow 2Cl^- + 2H^+\\ \qquad\qquad\qquad\qquad\quad \Downarrow\\ \qquad\qquad\qquad\quad H_2CO_3 \longrightarrow CO_2\uparrow + H_2O\end{array}$$

由于易分解的碳酸的生成，使溶液中 CO_3^{2-} 的浓度减小，碳酸钙的沉淀-溶解平衡向溶解的方向移动，结果使碳酸钙溶解在盐酸中。

一些难溶的氢氧化物，例如氢氧化镁、氢氧化铜、氢氧化铁等，与强酸作用因生成水而溶解。例如氢氧化铁溶于盐酸。

$$\begin{array}{l}Fe(OH)_3(s) \rightleftharpoons Fe^{3+} + 3OH^-\\ \qquad\qquad\qquad\qquad\quad + \\ \qquad\quad 3HCl \longrightarrow 3Cl^- + 3H^+\\ \qquad\qquad\qquad\qquad\quad \Downarrow\\ \qquad\qquad\qquad\qquad 3H_2O\end{array}$$

由于水的生成，使难溶电解质氢氧化铁解离出的 OH^- 浓度减小，氢氧化铁的沉淀-溶解平衡向溶解方向移动，故氢氧化铁可溶解在盐酸中。

2. 发生氧化还原反应

难溶电解质硫化铜不溶于盐酸，但能溶于硝酸。其原因在于硝酸具有强氧化性，能将 S^{2-} 氧化为单质硫，由于硫的析出，溶液中 S^{2-} 浓度降低，破坏了硫化铜的沉淀-溶解平衡，使平衡向着沉淀溶解的方向移动，促使硫化铜溶解。反应关系可表示为：

$$
\begin{array}{ccc}
3CuS \rightleftharpoons 3Cu^{2+} + 3S^{2-} & & \\
+ & & \\
8HNO_3 \longrightarrow 6NO_3^- + 8H^+ + 2NO_3^- & & \\
\Downarrow & & \\
3S\downarrow + 2NO\uparrow + 4H_2O & &
\end{array}
$$

该过程的总反应式为：

$$3CuS + 8HNO_3 \longrightarrow 3Cu(NO_3)_2 + 3S\downarrow + 2NO\uparrow + 4H_2O$$

3. 生成难解离的配离子

难溶电解质氯化银不溶于硝酸，但是可溶于稀氨水。这是由于氯化银与氨水生成了$[Ag(NH_3)_2]^+$配离子，使溶液中Ag^+的浓度大大降低，氯化银的沉淀-溶解平衡向右移动，使沉淀溶解。反应式为：

$$
\begin{array}{c}
AgCl(s) \rightleftharpoons Ag^+ + Cl^- \\
+ \\
2NH_3 \\
\Downarrow \\
[Ag(NH_3)_2]^+
\end{array}
$$

同理，溴化银能溶于硫代硫酸钠溶液、碘化银能溶于氰化钾溶液，则是由于在溶解过程中分别生成了$[Ag(S_2O_3)_2]^{3-}$和$[Ag(CN)_2]^-$配离子，使溶液中Ag^+的浓度大大降低，相应的沉淀-溶解平衡因向沉淀溶解的方向移动而溶解。

想一想

如何有效去除生活用水产生的水垢？

四、沉淀的转化

某些难溶盐如硫酸铅、硫酸钡、硫酸钙等用上述方法仍不能溶解，这时可采用沉淀转化的方法。例如，在白色的硫酸铅沉淀中加入铬酸钾溶液，沉淀将转化为黄色的铬酸铅。反应式为：

$$
\begin{array}{c}
PbSO_4(s) \rightleftharpoons Pb^{2+} + SO_4^{2-} \\
+ \\
K_2CrO_4 \longrightarrow CrO_4^{2-} + 2K^+ \\
\Downarrow \\
PbCrO_4\downarrow
\end{array}
$$

由于$K_{sp}(PbCrO_4) < K_{sp}(PbSO_4)$，且$S(PbCrO_4) < S(PbSO_4)$，当向硫酸铅饱和溶液中加入铬酸钾溶液后，$CrO_4^{2-}$与$Pb^{2+}$生成了溶解度更小的铬酸铅沉淀，从而使溶液中$Pb^{2+}$的浓度降低，硫酸铅的沉淀-溶解平衡向右移动，发生沉淀的转化。

这种由一种沉淀转变为另一种溶解度更小的沉淀的过程，叫做沉淀的转化。对于各类难溶电解质，沉淀转化的方向均是朝着生成更难溶电解质的方向进行。

第二节 沉淀滴定法

沉淀滴定法是以沉淀反应为基础的滴定分析方法。沉淀反应很多，但不是所有的沉淀反应都能用于滴定，能用于沉淀滴定的沉淀反应必须符合以下条件：

① 反应要定量进行完全，生成的沉淀组成恒定且溶解度要小，对于1+1型沉淀，要求$K_{sp}\leqslant 10^{-10}$。

② 反应速率要快。

③ 有适当的指示剂或其他方法来指示滴定终点。

④ 沉淀的吸附和共沉淀现象不影响滴定终点的确定。

能同时满足以上条件的反应不多，目前常用的是生成难溶性银盐的反应，如

$$Ag^{+}+Cl^{-}\longrightarrow AgCl\downarrow \ (白色)$$

$$Ag^{+}+SCN^{-}\longrightarrow AgSCN\downarrow \ (白色)$$

这种利用生成难溶性银盐反应进行沉淀滴定的方法称为银量法，用此法可以测定Cl^{-}、Br^{-}、I^{-}、CN^{-}、SCN^{-}、Ag^{+}等离子以及一些含卤素的有机化合物。本节仅介绍此类方法。

银量法根据滴定方式、滴定条件以及所选用指示剂的不同，可分为莫尔法、佛尔哈德法和法扬司法。

一、莫尔法

1. 基本原理

莫尔法是在中性或弱碱性介质中，以铬酸钾为指示剂的一种银量法。现以硝酸银标准滴定溶液滴定溶液中的Cl^{-}为例，说明莫尔法测定的基本原理。

莫尔法的理论依据是分步沉淀原理。由于氯化银沉淀的溶解度（约1.3×10^{-5}mol/L）比铬酸银沉淀的溶解度（约8.0×10^{-5}mol/L）小，从溶度积角度考虑，氯化银比铬酸银开始沉淀时所需Ag^{+}的浓度要小，所以当用硝酸银标准滴定溶液滴定同时含有Cl^{-}和CrO_4^{2-}的溶液时，首先析出氯化银沉淀。当滴定到化学计量点附近时，溶液中Cl^{-}浓度越来越小，Ag^{+}浓度增加，直到$[Ag^{+}]^2[CrO_4^{2-}]>K_{sp}(Ag_2CrO_4)$，立即生成砖红色的铬酸银沉淀（量少时为橙色），指示滴定终点的到达。其反应为：

$$Ag^{+}+Cl^{-}\longrightarrow AgCl\downarrow \ (白色) \qquad K_{sp}=1.8\times10^{-10}$$

$$2Ag^{+}+CrO_4^{2-}\longrightarrow Ag_2CrO_4\downarrow \ (砖红色) \qquad K_{sp}=2.0\times10^{-12}$$

2. 滴定条件和应用范围

应用莫尔法时，必须注意下列滴定条件。

（1）铬酸钾指示剂的用量　铬酸钾指示剂的用量对滴定终点的影响很大，如果溶液中CrO_4^{2-}浓度过高或过低，Ag_2CrO_4沉淀的析出将提前或滞后。最理想的情况是使铬酸银沉淀恰好在化学计量点时析出，因此必须严格控制溶液中铬酸钾指示剂的用量，即$[CrO_4^{2-}]$的大小。根据溶度积原理，当反应达到化学计量点时，形成氯化银的饱和溶液，此时$[Ag^{+}]=[Cl^{-}]$。由于$[Ag^{+}][Cl^{-}]=K_{sp}(AgCl)=1.8\times10^{-10}$，则化学计量点时

$$[Ag^{+}]=\sqrt{K_{sp}(AgCl)}=\sqrt{1.8\times10^{-10}}=1.3\times10^{-5}(mol/L)$$

如欲恰好在化学计量点时析出铬酸银沉淀，此时所需$[CrO_4^{2-}]$应按下式计算：

$$[Ag^{+}]^2[CrO_4^{2-}]\geqslant K_{sp}(Ag_2CrO_4)$$

得

$$[CrO_4^{2-}]\geqslant\frac{K_{sp}(Ag_2CrO_4)}{[Ag^{+}]^2}=\frac{2.0\times10^{-12}}{(1.3\times10^{-5})^2}=1.2\times10^{-2}(mol/L)$$

由以上计算可以看出，恰好在化学计量点时析出铬酸银沉淀所需K_2CrO_4的浓度较高，由于K_2CrO_4溶液呈黄色，若浓度较高，实际测定时将影响终点现象的观察，所以实际测定时常使K_2CrO_4的浓度比理论所需浓度略低些。实验证明，在一般浓度（0.1mol/L）的滴

定中，所含 CrO_4^{2-} 最适宜的浓度约为 5.0×10^{-3} mol/L（相当于每 50～100mL 溶液中加入 5%铬酸钾溶液 0.5～1mL）。显然，K_2CrO_4 浓度降低后，要使 Ag_2CrO_4 沉淀析出，必将多消耗一些 $AgNO_3$，这样滴定终点将在化学计量点后出现。在这种情况下，通常以指示剂的空白值对测定结果进行校正，以减小误差。

（2）溶液酸度　莫尔法滴定应在中性或弱碱性介质中进行。若在酸性溶液中，CrO_4^{2-} 与 H^+ 结合生成 $HCrO_4^-$ 并转化为 $Cr_2O_7^{2-}$，使 CrO_4^{2-} 浓度降低，铬酸银沉淀出现过迟，甚至不生成沉淀；若碱性过高，又将出现氧化银沉淀。

$$2H^+ + 2CrO_4^{2-} \rightleftharpoons 2HCrO_4^- \rightleftharpoons Cr_2O_7^{2-} + H_2O$$

$$2Ag^+ + 2OH^- \rightleftharpoons 2AgOH\downarrow \rightleftharpoons Ag_2O\downarrow + H_2O$$

莫尔法测定最适宜的 pH 范围是 6.5～10.5。若溶液酸性过强，可用碳酸氢钠、硼砂或碳酸钙中和；若溶液碱性过强，可用稀硝酸中和后再进行滴定。如果溶液中有 NH_3 存在，需用稀硝酸将溶液中和至 pH 为 6.5～7.2，再进行滴定。

（3）干扰离子　在滴定条件下，凡能与 Ag^+ 生成沉淀的阴离子（如 PO_4^{3-}、SO_3^{2-}、CO_3^{2-}、S^{2-}、$C_2O_4^{2-}$ 等）以及能与 CrO_4^{2-} 生成沉淀的阳离子（如 Ba^{2+}、Pb^{2+} 等）均不应存在。此外，易水解的离子（如 Fe^{3+}、Al^{3+}、Sn^{4+} 等）、有色金属离子（如 Cu^{2+}、Co^{2+}、Ni^{2+} 等）的存在，也会给滴定结果带来较大的误差。因此，若有上述离子存在，应采用分离或掩蔽等方法将其除去后，再进行滴定。

（4）充分振荡　由于滴定生成的氯化银沉淀容易吸附溶液中的 Cl^-，使溶液中 Cl^- 浓度降低，铬酸银沉淀提前出现。因此，在滴定时必须充分摇瓶振荡溶液，使被吸附的 Cl^- 释放出来，以保证分析结果的准确度。

莫尔法可直接测定 Cl^- 或 Br^-，当两者共存时，测定的是 Cl^- 和 Br^- 的总量。莫尔法不能用于测定 I^- 和 SCN^-，因为碘化银和硫氰酸银沉淀强烈地吸附 I^- 和 SCN^-，使终点提前出现，且终点变化不明显。

莫尔法也不适于以氯化钠标准滴定溶液滴定 Ag^+，如果要用该法测定试样中的 Ag^+，则应在试液中准确地加入过量的氯化钠标准滴定溶液，然后用硝酸银标准滴定溶液返滴定剩余的 Cl^-。

*二、佛尔哈德法

1. 基本原理

佛尔哈德法是在酸性介质中，以铁铵矾 [$NH_4Fe(SO_4)_2\cdot12H_2O$] 作指示剂来确定滴定终点的一种银量法。根据滴定方式的不同，佛尔哈德法分为直接滴定法和返滴定法两种。

（1）直接滴定法测定 Ag^+　在含有 Ag^+ 的酸性溶液中，以铁铵矾作指示剂，用硫氰酸铵（或硫氰酸钾、硫氰酸钠）标准滴定溶液滴定，溶液中首先析出硫氰酸银白色沉淀。当 Ag^+ 定量沉淀后，稍过量的 SCN^- 与 Fe^{3+} 生成 $[Fe(SCN)]^{2+}$ 红色配离子，指示滴定终点的到达。反应如下：

化学计量点前　$Ag^+ + SCN^- \longrightarrow AgSCN\downarrow$（白色）

化学计量点及化学计量点后　$Fe^{3+} + SCN^- \longrightarrow [Fe(SCN)]^{2+}$（红色）

在滴定过程中，不断有硫氰酸银沉淀生成，由于它具有强烈的吸附作用，使部分 Ag^+ 被吸附于其表面上，会造成终点提前出现而导致测定结果偏低。为此，滴定时必须充分摇动溶液，使被吸附的 Ag^+ 及时释放出来。

(2) 返滴定法测定卤素离子　在含有卤素离子(X^-)的硝酸溶液中，加入适当过量的硝酸银标准滴定溶液，以铁铵矾作指示剂，用硫氰酸铵标准滴定溶液返滴定剩余的硝酸银标准滴定溶液。反应如下：

滴定前　$$\underset{(过量)}{Ag^+} + X^- \longrightarrow AgX\downarrow$$

化学计量点前　$$\underset{(剩余)}{Ag^+} + SCN^- \longrightarrow AgSCN\downarrow$$

化学计量点时稍过量的 SCN^- 与铁铵矾指示剂反应，生成红色的 $[Fe(SCN)]^{2+}$ 配离子，指示终点的到达。反应如下：

$$Fe^{3+} + SCN^- \longrightarrow [Fe(SCN)]^{2+}(红色)$$

当以佛尔哈德法滴定 Cl^- 时，由于硫氰酸银的溶解度小于氯化银的溶解度，加入过量的硫氰酸铵后，会将氯化银沉淀转化为硫氰酸银沉淀，生成的红色又逐渐地消失。如果继续滴定到稳定的红色，必将多消耗硫氰酸铵，使分析结果产生较大的误差。

$$AgCl + SCN^- \longrightarrow AgSCN\downarrow + Cl^-$$

为了避免上述现象的发生，可采取下列措施：

① 加热煮沸，使氯化银凝聚。当试液中加入过量的硝酸银标准滴定溶液后，立即将溶液加热煮沸，使氯化银凝聚，以减少氯化银沉淀对 Ag^+ 的吸附。过滤将氯化银沉淀滤去后，用稀硝酸洗涤沉淀，然后用硫氰酸铵标准滴定溶液滴定滤液中剩余的 Ag^+。但这种方法操作繁琐，易丢失 Ag^+，使测定结果偏高。

② 加入有机溶剂。在氯化银沉淀完全之后，滴加硫氰酸铵标准滴定溶液之前，加入适量的 1,2-二氯乙烷（或硝基苯、邻苯二甲酸二丁酯等）有机溶剂，使氯化银沉淀进入 1,2-二氯乙烷有机层中而不与 SCN^- 接触，从而阻止了 SCN^- 与氯化银发生沉淀转化反应。用本法测定 Br^- 和 I^-[❶]时，由于 $K_{sp}(AgI)=9.3\times10^{-17}$ 和 $K_{sp}(AgBr)=5.0\times10^{-13}$ 都小于 $K_{sp}(AgSCN)$，因此不会发生沉淀转化反应，故可不必采用上述措施。

2. 滴定条件

佛尔哈德法适用于在酸性（稀硝酸）溶液中进行，其酸度通常控制在 0.2～0.5mol/L。许多弱酸盐如 PO_4^{3-}、AsO_4^{3-}、S^{2-} 都不干扰卤素离子的测定，因此佛尔哈德法在酸性（稀硝酸）介质中选择性高。而在碱性或中性溶液中，指示剂中的 Fe^{3+} 将发生水解析出沉淀，使测定无法进行。此外，对于能够与 SCN^- 起反应的强氧化剂、铜盐、汞盐等也应预先除去，否则将干扰测定。

佛尔哈德法在盐酸溶液中可以进行吗？

佛尔哈德法除可测定可溶性无机物外，还可测定一些有机化合物中的卤素含量。

*三、法扬司法

1. 基本原理

法扬司法是以吸附指示剂确定滴定终点的一种银量法。

---

❶ 在测定碘化物时，由于指示剂中的 Fe^{3+} 能将 I^- 氧化为 I_2，使测定结果偏低，所以指示剂必须在加入过量 $AgNO_3$ 标准滴定溶液后才能加入。

吸附指示剂是一类有色的有机化合物，它的阴离子在溶液中能被胶体沉淀表面吸附，使分子结构发生改变，从而引起颜色的变化，借以指示滴定终点。

例如，以硝酸银标准滴定溶液滴定 Cl^- 时，以荧光黄为吸附指示剂来指示滴定终点。在中性溶液中荧光黄呈黄绿色，滴定反应如下：

$$Ag^+ + Cl^- \longrightarrow AgCl\downarrow \text{（白色胶状沉淀）}$$

此时溶液中尚有未被滴定的 Cl^-，氯化银胶状沉淀表面因吸附 Cl^- 而带负电荷。加入荧光黄指示剂后，由于荧光黄的阴离子被排斥不被吸附，溶液出现荧光黄阴离子的黄绿色。即

化学计量点前　　　　$AgCl \cdot Cl^- + FIn^-$（黄绿色）

其中 $AgCl \cdot Cl^-$ 为 AgCl 胶状沉淀吸附 Cl^-，FIn^- 为荧光黄阴离子。

化学计量点后，由于加入了稍过量的硝酸银标准滴定溶液，溶液中有过量的 Ag^+，因此氯化银胶状沉淀表面又因吸附 Ag^+ 而带正电荷，荧光黄阴离子 FIn^- 被带正电荷的氯化银胶状沉淀吸附而呈粉红色。溶液颜色由黄绿色变为粉红色，指示滴定终点的到达。即

化学计量点后 $AgCl \cdot Ag^+ + FIn^- \longrightarrow AgCl \cdot Ag^+ \cdot FIn^-$（粉红色）

如果用氯化钠标准滴定溶液滴定 Ag^+，则终点颜色变化正好相反。

2. 滴定条件

为了使滴定终点变色敏锐、准确，使用吸附指示剂时应注意以下条件。

（1）应加入保护胶　因为吸附指示剂颜色的变化是发生在沉淀的表面，欲使滴定终点变色明显，应尽量使沉淀的比表面大一些。为此，需加入一些保护胶（如糊精、淀粉等），阻止卤化银凝聚，使其保持胶体状态。

（2）溶液的酸度要适当　吸附指示剂大多是有机弱酸，而起指示作用的是它们的阴离子，为使其能在溶液中更多地解离出阴离子，必须控制溶液的 pH。如荧光黄指示剂只能在 pH 为 7～10 时使用，而二氯荧光黄则可在 pH 为 4～10 的范围内使用。

（3）滴定时应避免强光照射　因卤化银沉淀对光敏感，很易转变为灰黑色而影响终点的观察。

（4）选择吸附力适当的指示剂　沉淀胶体微粒对指示剂的吸附能力应略小于对被测离子的吸附能力，否则指示剂将在化学计量点前变色。但吸附能力又不能太小，否则终点出现会过迟。卤化银对卤化物和几种吸附指示剂吸附能力的大小顺序为：

$$I^- > \text{二甲基二碘荧光黄} > Br^- > \text{曙红} > Cl^- > \text{荧光黄}$$

（5）溶液的浓度不能太稀　否则产生的沉淀太少，终点观察比较困难。

吸附指示剂种类较多，常用的吸附指示剂的适用范围及配制方法见表 8-1。

表 8-1　常用吸附指示剂的适用范围及配制方法

名　称	终点颜色变化	溶液 pH 范围	被测离子	配制方法
荧光黄	黄绿色→粉红色	7～10	Cl^-	0.2%乙醇溶液
溴酚蓝	黄绿色→蓝色	5～6	Cl^-、I^-	0.1%水溶液
二氯荧光黄	黄绿色→红色	4～10	Cl^-、Br^-、I^-、SCN^-	70%乙醇溶液
曙红	橙黄色→红紫色	2～10	Br^-、I^-、SCN^-	70%乙醇溶液

第三节　沉淀滴定法的应用

一、银量法标准滴定溶液的制备

1. 硝酸银标准滴定溶液的制备

本书介绍的硝酸银标准滴定溶液的制备方法，所依据的标准是 GB/T 5009.1—2003 中的附录 B。

(1) 配制 [$c(AgNO_3)=0.1mol/L$] 硝酸银标准滴定溶液可以用符合基准试剂要求的硝酸银直接配制。但市售的硝酸银常含有杂质，如银、氧化银、游离硝酸和亚硝酸等，因此需用间接法配制。即粗称一定质量的硝酸银，溶于水中配成接近所需浓度的溶液，摇匀，溶液应保存于棕色瓶中。

(2) 标定 准确称取一定质量于 270℃干燥至恒重的工作基准试剂氯化钠，使之溶解于水中，加淀粉指示液，边摇动边用 $AgNO_3$ 标准滴定溶液避光滴定，近终点时，加荧光黄指示液，继续滴定浑浊液由黄色变为粉红色。同时做空白试验。

硝酸银标准滴定溶液的浓度 $c(AgNO_3)$，数值以 mol/L 表示，按下式计算：

$$c(AgNO_3)=\frac{m(NaCl)\times 1000}{M(NaCl)(V-V_0)}$$

式中 V——标定时消耗硝酸银溶液的体积，mL；

V_0——空白试验时消耗硝酸银溶液的体积，mL。

2. 硫氰酸铵标准滴定溶液的制备

(1) 配制 市售的硫氰酸铵常含有硫酸盐、硫化物等杂质，而且容易潮解。因此，只能用间接法配制。

(2) 标定 标定硫氰酸铵标准滴定溶液可以铁铵矾为指示剂，用已知准确浓度的硝酸银标准滴定溶液，通过“浓度比较”的方法来标定，亦可用硝酸银基准试剂来标定。滴定至溶液呈浅红色保持 30s 不褪即为终点。反应为：

$$Ag^{+}+SCN^{-}\longrightarrow AgSCN\downarrow(\text{白色})$$

$$Fe^{3+}+SCN^{-}\longrightarrow[Fe(SCN)]^{2+}(\text{红色})$$

硫氰酸铵标准滴定溶液的浓度 $c(NH_4SCN)$，数值以 mol/L 表示，按下式计算：

$$c(NH_4SCN)=\frac{c(AgNO_3)V(AgNO_3)}{V(NH_4SCN)}$$

或

$$c(NH_4SCN)=\frac{m(AgNO_3)\times 1000}{M(AgNO_3)V(NH_4SCN)}$$

二、应用实例

1. 水样中氯离子含量的测定

下面介绍的莫尔法测定水样中氯离子的含量，所参照的标准是 GB/T 15453—2018，适于天然水、工业循环冷却水、以软化水为补给水的锅炉炉水中氯离子含量的测定。

采集代表性水样，放在干净且化学性质稳定的玻璃瓶或聚乙烯瓶内。保存时不必加入特别的防腐剂。

若采集的水样杂质含量较高，可根据具体情况选择合适的方法进行预处理。

测定时用吸管吸取一定体积的水样或经过预处理的水样（若氯化物含量高，可取适量水样用蒸馏水稀释至 50mL）置于锥形瓶中。另取一锥形瓶加入同样体积的蒸馏水做空白试验。如水样 pH 在 5～9.5 范围时，可直接滴定；超出此范围的水样应以酚酞作指示剂，用稀硝酸或氢氧化钠溶液调节至红色刚刚褪去。以铬酸钾溶液指示滴定终点，在不断摇动下，最好在白色背景条件下用硝酸银标准滴定溶液 [$c(AgNO_3)=0.01mol/L$] 滴定至砖红色沉淀刚刚出现。同时做空白试验。

27. 视频：水中氯离子含量的测定

水样中氯离子的含量以氯的质量浓度 $\rho(Cl)$ 计，数值以 mg/L 表示，按下式计算：

$$\rho(Cl)=\frac{c(AgNO_3)(V-V_0)M(Cl)}{V_{水样}}\times 1000$$

式中　V——测定水样时消耗硝酸银标准滴定溶液的体积，mL；

V_0——空白试验时消耗硝酸银标准滴定溶液的体积，mL。

注意：铬酸钾在水样中的浓度影响终点到达的迟早，在 50～100mL 滴定液中加入 1mL 5%铬酸钾溶液，使 CrO_4^{2-} 浓度为 2.6×10^{-3}～5.2×10^{-3} mol/L。在滴定终点时，硝酸银加入量略过终点，可用空白测定值消除。

2. 生理盐水中氯化钠含量的测定

生理盐水中氯化钠的测定可采用莫尔法，以铬酸钾为指示剂，用硝酸银标准滴定溶液滴定。根据分步沉淀的原理，溶解度小的氯化银先沉淀，溶解度大的铬酸银后沉淀，适当控制铬酸钾指示剂的浓度使氯化银恰好完全沉淀后立即出现砖红色铬酸银沉淀，指示滴定终点的到达。

生理盐水中氯化钠的质量浓度可按下式进行计算：

$$\rho(NaCl)=\frac{c(AgNO_3)V(AgNO_3)M(NaCl)}{V_{样}}$$

查一查

生理盐水的浓度是多少？如何制备生理盐水？

【例题 8-3】 准确称取 0.1169g 氯化钠，加水溶解后，以铬酸钾作指示剂，用硝酸银标准滴定溶液滴定至终点，消耗 20.00mL，求该硝酸银溶液的物质的量浓度。

解　　$Ag^++Cl^-\longrightarrow AgCl\downarrow$

达到化学计量点时　　$n(AgNO_3)=n(NaCl)$

即　　$$c(AgNO_3)V(AgNO_3)=\frac{m(NaCl)}{M(NaCl)}$$

所以　　$$c(AgNO_3)=\frac{0.1169}{58.44\times20.00\times10^{-3}}=0.1000(mol/L)$$

【例题 8-4】 称取某可溶性氯化物试样 0.2266g，加入 30.00mL 0.1121mol/L 的硝酸银标准滴定溶液。剩余的硝酸银用 0.1185mol/L 的硫氰酸铵标准滴定溶液滴定，消耗 6.50mL。计算试样中氯的质量分数。

解　由题意得

$$n(\mathrm{Cl})=n(\mathrm{AgNO_3})-n(\mathrm{NH_4SCN})$$

$$w(\mathrm{Cl})=\frac{m(\mathrm{Cl})}{m_s}$$

故

$$w(\mathrm{Cl})=\frac{[c(\mathrm{AgNO_3})V(\mathrm{AgNO_3})-c(\mathrm{NH_4SCN})V(\mathrm{NH_4SCN})]M(\mathrm{Cl})}{m_s}$$

$$=\frac{(0.1121\times30.00-0.1185\times6.50)\times10^{-3}\times35.45}{0.2266}$$

$$=0.4056=40.56\%$$

第四节　称量分析法

称量分析法（又称重量分析法）通常是通过物理或化学反应将试样中的待测组分与其他组分分离后，转化为一定的称量形式，然后用称量的方法称得待测组分或它的难溶化合物的质量，计算出待测组分在试样中的含量。

按照待测组分与其他组分分离方法的不同，称量分析法主要分为沉淀法、挥发法和萃取法等类型。

一、沉淀法

沉淀法是称量分析的主要方法。该法是利用沉淀剂与待测组分发生沉淀反应，使待测组分转变为一种难溶的化合物从溶液中析出，经过过滤、洗涤、烘干或灼烧后，转化为组成固定的物质，最后进行称量。根据所称得沉淀的质量计算出待测组分的含量。例如，用沉淀法测定钢铁中的镍含量时，首先将含镍的试样溶解，然后在 pH 为 8～9 的氨性溶液中加入有机沉淀剂丁二酮肟，使其生成丁二酮肟镍沉淀。沉淀经过滤、洗涤、烘干后称量，即可计算出试样中镍的质量。

1. 对沉淀形式和称量形式的要求

在利用沉淀法进行分析时，向试液中加入适当过量的沉淀剂，使待测组分以适当的沉淀形式从试液中沉淀下来，然后经过滤、洗涤、烘干或灼烧后，得到称量形式。沉淀形式和称量形式可以相同，也可以不同。沉淀形式和称量形式在称量分析中，对分析结果的准确度有着十分重要的影响，因此对这两种形式都有具体的要求。

（1）对沉淀形式的要求

① 沉淀的溶解度必须足够小。这样才能保证待测组分沉淀完全。通常要求分析过程中沉淀溶解损失不超过 0.0002g。

② 沉淀必须纯净，易于过滤和洗涤。这样不仅便于操作，也是保证分析结果准确的一个重要因素。

③ 沉淀形式应易于转化为称量形式。这样可以降低能耗和简化操作手续，也应是沉淀选择的理想目标。

（2）对称量形式的要求

① 称量形式的组成必须确定并与化学式完全相符，否则无法计算分析结果。

② 称量形式要有足够的稳定性。这样才能保证在称量过程中不易吸收空气中的二氧化

碳和水。

③ 称量形式的摩尔质量要大，待测组分在称量形式中所占比例要小。这样可减少称量误差，提高分析结果的准确度。

2. 沉淀的条件

沉淀按其物理性质不同，可粗略地分为晶形沉淀和非晶形沉淀（又称无定形沉淀）两大类。晶形沉淀是指具有一定形状的晶体，它是由较大的沉淀颗粒组成的，内部排列规则有序，结构紧密，吸附杂质少，极易沉降，有明显的晶面，如硫酸钡、草酸钙等。非晶形沉淀是指无晶体结构特征的一类沉淀，它是由许多聚集在一起的微小颗粒组成的，内部排列杂乱无序、结构疏松，常常是体积庞大的絮状沉淀，不能很好地沉降，无明显的晶面，如 $Fe_2O_3 \cdot xH_2O$ 等。在沉淀过程中，究竟生成何种类型的沉淀，除取决于沉淀本身的性质外，还与沉淀形成时的条件有关。

（1）晶形沉淀的沉淀条件

① 应在适当稀的热溶液中进行沉淀。这样溶液相对过饱和度较低，有利于形成较大颗粒的晶形沉淀。但是，对于溶解度较大的沉淀，溶液不能太稀，否则沉淀溶解损失较多，影响结果的准确度。

② 应在不断搅拌下缓慢滴加沉淀剂。这样可使沉淀剂有效地分散开，避免局部相对过饱和度过大而产生大量细小晶粒。

③ 沉淀反应完毕后进行陈化。陈化是指沉淀生成后，为了减少吸附和夹带的杂质离子，经放置或加热得到易于过滤的粗颗粒沉淀的操作。沉淀经过陈化后，可使原来微小的晶粒逐渐变成较大的晶粒，原来不完整的晶体变得更加完整和纯净。

（2）非晶形沉淀的沉淀条件

① 应在较浓的溶液中进行沉淀，沉淀剂加入的速率要快些。这样沉淀的结构比较紧密。但在浓溶液中杂质的浓度也比较高，沉淀吸附杂质的量也多。因此，在沉淀完毕后，应立即加入大量热水稀释并搅拌，使被吸附的杂质重新转入溶液中。

② 在热溶液中及电解质存在下进行沉淀。这不仅可以防止胶体生成，减少杂质的吸附，而且能促使带电的胶体粒子相互凝聚，加快沉降速率，有利于形成较紧密的沉淀。

③ 趁热过滤、洗涤，不必陈化。因为沉淀放置时间较长，就会逐渐失去水分，聚集得更紧，吸附的杂质更难洗去。在进行洗涤时，一般可选用热的稀的电解质溶液作洗涤液，以防止沉淀重新变为难以过滤和洗涤的胶体。

非晶形沉淀吸附杂质较严重，一次沉淀很难保证沉淀纯净，必要时应进行再沉淀。

3. 沉淀的纯净

称量分析不仅要求沉淀完全，而且要求沉淀应是纯净的。但是，实际上当沉淀析出时，总是或多或少地夹杂着溶液中的某些组分，使沉淀受到玷污。

（1）影响沉淀纯净的因素

① 共沉淀。在进行沉淀反应时，溶液中某些可溶性杂质混杂于沉淀中一起析出，这种现象称为共沉淀。例如，在硫酸钠溶液中加入氯化钡时，若从溶解度来看，硫酸钠、氯化钡都不应沉淀，但由于共沉淀现象，有少量的硫酸钠或氯化钡被带入硫酸钡沉淀中。产生共沉淀现象的主要原因有表面吸附、机械吸留和形成混晶等。

② 后沉淀。在沉淀过程结束后，当沉淀与母液一起放置时，溶液中某些杂质离子可能慢慢地沉积到原沉淀上，放置的时间越长，杂质析出的量越多，这种现象称为后沉淀。例

如，以草酸铵沉淀 Ca^{2+} 时，若溶液中含有少量 Mg^{2+}，当草酸钙沉淀时，草酸镁不沉淀，但是在草酸钙沉淀放置过程中，草酸钙晶体表面由于吸附大量的 $C_2O_4^{2-}$，使草酸钙沉淀表面附近 $C_2O_4^{2-}$ 的浓度增加，此时在草酸钙表面上就会有草酸镁析出。沉淀在溶液中放置时间愈长，后沉淀现象愈显著。

(2) 沉淀纯净的方法　沉淀纯净是保证分析结果准确性的重要条件之一。为此，在实际工作中可采取下列措施：

① 选择适当的分析步骤。例如，测定试样中某少量组分的含量时，不要首先沉淀主要组分，否则可能由于大量沉淀的析出，使部分少量组分混入沉淀中，引起测量误差。

② 降低易被吸附杂质离子的浓度。例如，沉淀硫酸钡时，Fe^{3+} 可产生共沉淀，为此，可加入还原剂使 Fe^{3+} 还原为 Fe^{2+}，或者加入 EDTA 使其发生配位反应，则 Fe^{3+} 的共沉淀量即可大为降低。

③ 进行再沉淀。即将已得到的沉淀过滤后溶解，再进行第二次沉淀。第二次沉淀时，溶液中杂质的量大为降低，共沉淀或后沉淀现象自然减少。

④ 选择适当的洗涤液洗涤沉淀。由于吸附作用是一种可逆过程，选择适当的洗涤液洗涤沉淀，使洗涤液中的离子取代沉淀所吸附的杂质离子。例如，$Fe(OH)_3$ 吸附 Mg^{2+}，用 NH_4NO_3 稀溶液洗涤时，被吸附在沉淀表面的 Mg^{2+} 被洗涤液的 NH_4^+ 取代，而吸附在沉淀表面的 NH_4^+，可在灼烧沉淀时分解除去。

⑤ 选择适宜的沉淀条件。沉淀条件包括溶液温度、浓度、试剂的加入顺序和速率以及陈化时间等情况。这些条件均对沉淀的纯度产生影响。

⑥ 选用合适的沉淀剂。例如，再沉淀时，选用有机沉淀剂，常可以减少共沉淀现象。

4. 沉淀法操作过程

(1) 溶解　指将试样溶解制成溶液的过程。溶解时需根据试样性质的不同，选择适当的溶剂。

(2) 沉淀　在适宜的条件下，向上述溶液中加入适当的沉淀剂，使其与待测组分发生沉淀反应，生成难溶化合物沉淀析出。

(3) 过滤和洗涤　过滤是使沉淀与母液分离的过程，一般采用无灰滤纸或微孔玻璃过滤器过滤。洗涤沉淀是为了除去不挥发的盐类杂质和母液。洗涤沉淀时应遵循“少量多次”的原则。

(4) 烘干或灼烧　烘干可除去沉淀中的水分和挥发性物质，同时使沉淀组成达到恒定。灼烧除了可除去沉淀中的水分和挥发性物质外，还可使沉淀由沉淀形式转化为称量形式。沉淀经烘干或灼烧后，必须达到恒重。

(5) 称量、计算　利用分析天平称量经烘干或灼烧后的沉淀，由所得沉淀的质量计算出分析结果。

5. 沉淀法结果计算

【例题 8-5】 测定某铁矿石中铁的含量时，称取样品质量为 0.2500g，经处理后得沉淀形式为 $Fe(OH)_3$，然后灼烧为 Fe_2O_3，称得其质量为 0.2490g，求此矿石中铁的质量分数为多少？

解　Fe 与 $Fe(OH)_3$、Fe_2O_3 之间的定量关系为

$$2Fe \longrightarrow 2Fe(OH)_3 \longrightarrow Fe_2O_3$$

$$2\times55.85 \quad 2\times106.87 \quad 159.69$$

$$m(Fe) \qquad 0.2490$$

则
$$m(Fe)=m(Fe_2O_3)\times\frac{2M(Fe)}{M(Fe_2O_3)}$$

$$w(Fe)=\frac{m(Fe)}{m_s}=\frac{2\times55.85\times0.2490}{159.69\times0.2500}=0.6967=69.67\%$$

在称量分析操作中，最后得到的是称量形式的质量，计算时往往需要将称量形式的质量换算为待测组分的质量。从例题 8-5 中可以看出，矿石中待测组分铁的质量是由称量形式 Fe_2O_3 的质量乘以待测组分的摩尔质量与称量形式的摩尔质量的比值$\frac{2M(Fe)}{M(Fe_2O_3)}$得到的，这一摩尔质量的比值称为“换算因数”，又称“化学因数”，以 F 表示。

$$F=\frac{M(待测组分)}{M(称量形式)} \tag{8-3}$$

在换算因数中，分子和分母中所含待测组分的原子或分子数目必须相等。显然待测组分的质量等于称量形式的质量与换算因数的乘积。利用换算因数可以很方便地依据样品以及称量形式的质量计算出待测组分的质量分数。此外，换算因数也可以应用于一种组分换算为另一种组分。例如，将 $BaCl_2\cdot2H_2O$ 换算为 $BaCl_2$ 和 Ba 的换算因数分别为：

$$F=\frac{M(BaCl_2)}{M(BaCl_2\cdot2H_2O)}=\frac{208.24}{244.27}=0.8525$$

$$F=\frac{M(Ba)}{M(BaCl_2\cdot2H_2O)}=\frac{137.33}{244.27}=0.5622$$

【例题 8-6】 在分析矿石中锰的含量时，称取 1.432g 试样，经处理后得到 0.1226g Mn_3O_4，计算该矿石试样中 Mn 的质量分数为多少？若以 Mn_2O_3 表示结果，质量分数又为多少？

解 以 Mn 表示时，换算因数 $F=\frac{3M(Mn)}{M(Mn_3O_4)}=\frac{3\times54.94}{228.82}=0.7203$

$$w(Mn)=\frac{m(Mn_3O_4)F}{m_s}$$

$$=\frac{0.1226\times0.7203}{1.432}=0.06167=6.167\%$$

以 Mn_2O_3 表示时，换算因数 $F=\frac{3M(Mn_2O_3)}{2M(Mn_3O_4)}=\frac{3\times157.88}{2\times228.82}=1.0350$

$$w(Mn_2O_3)=\frac{m(Mn_3O_4)F}{m_s}$$

$$=\frac{0.1226\times1.0350}{1.432}=0.08861=8.861\%$$

【例题 8-7】 测定某试样中 MgO 的含量时，先将 Mg^{2+} 沉淀为 $MgNH_4PO_4$，再灼烧成 $Mg_2P_2O_7$ 称量。若试样质量为 0.2400g，得到 $Mg_2P_2O_7$ 的质量为 0.1930g，计算试样中 MgO 的质量分数为多少？

解 $Mg_2P_2O_7$ 换算为 MgO 的换算因数为：

$$F=\frac{2M(MgO)}{M(Mg_2P_2O_7)}=\frac{2\times40.31}{222.60}=0.3622$$

$$w(MgO)=\frac{m(Mg_2P_2O_7)F}{m_s}$$

$$=\frac{0.1930\times0.3622}{0.2400}=0.2913=29.13\%$$

*二、挥发法

挥发法一般是采用加热或其他方法使试样中的挥发性组分逸出，经称量后，根据试样质量的减少，计算试样中该组分的含量；或利用某种吸收剂吸收逸出的组分，根据吸收剂质量的增加，计算试样中该组分的含量。

1. 葡萄糖干燥失重的测定

葡萄糖干燥失重指的是葡萄糖样品干燥后的损失质量。它指的是将样品放在温度为100℃、压力不超过135MPa的真空烘箱内干燥的损失质量。测量结果以样品损失质量与样品原质量之比（即质量分数）表示。对同一样品要求至少进行两次测定。测定结果可计算如下：

$$X=\frac{m_{s1}-m_{s2}}{m_{s1}}$$

式中　X——样品的干燥失重，%；

m_{s1}——干燥前样品的质量，g；

m_{s2}——干燥后样品的质量，g。

如允许差符合要求，取两次测定的算术平均值为结果。允许差指分析人员同时或迅速连续进行两次测定，其结果之差的绝对值。该值应不超过1.0%。

2. 煤样中灰分的测定(缓慢灰化法)

称取一定质量的空气干燥煤样，放入马弗炉中，以一定的速度加热到815℃±10℃，灰化并灼烧到质量恒定。以残留物的质量占煤样质量的百分数作为灰分产率。

*三、萃取法

萃取法是采用互不相溶的两种溶剂，将待测组分从一种溶剂萃取到另一种溶剂中来，然后将萃取液中的溶剂蒸去，干燥至恒重，通过称量萃取出的干燥物的质量，计算出待测组分的含量。

例如二盐酸奎宁注射液含量的测定。二盐酸奎宁注射液是一种生物碱制剂，它是水溶性的，而其游离生物碱本身则不溶于水，但溶于有机溶剂，故可用有机溶剂萃取。

测定时，取一定量试样，加氨液呈碱性，使奎宁生物碱游离，用氯仿分数次萃取，直至将奎宁生物碱萃取完全。分离后，合并氯仿萃取液，过滤，滤液在水浴上蒸干，干燥直至恒重，称量，即可计算样品中二盐酸奎宁的含量。

同步练习

一、填空题（请将正确答案写在空格上）

8-1　沉淀滴定法中莫尔法的指示剂是________。

8-2　沉淀滴定法中莫尔法滴定酸度pH是________。

8-3　沉淀滴定法中铵盐存在时莫尔法滴定酸度pH是________。

8-4　沉淀滴定法中佛尔哈德法的指示剂是________。

8-5　沉淀滴定法中佛尔哈德法的滴定剂是________。

8-6　沉淀滴定法中，法扬司法指示剂的名称是________。

8-7 沉淀滴定法中，莫尔法测定 Cl^- 的终点颜色变化是________。

8-8 重量分析法中，一般同离子效应将使沉淀溶解度________。

8-9 重量分析法中，沉淀阴离子的酸效应将使溶解度________。

8-10 重量分析法中，配位效应将使沉淀溶解度________。

8-11 重量分析法中，晶形沉淀的颗粒越大，沉淀溶解度________。

8-12 重量分析法中，非晶形沉淀颗粒较晶形沉淀________。

8-13 重量分析法中，溶液过饱和度越大，分散度________。

8-14 重量分析法中，溶液过饱和度越大，沉淀颗粒________。

8-15 用佛尔哈德法测定 Br^- 和 I^- 时，不需要过滤除去银盐沉淀，这是因为________、________的溶解度比________的小，不会发生________反应。

8-16 佛尔哈德法的滴定终点理论上应在________到达，但实际操作过程中常常在________到达，这是因为 AgSCN 沉淀吸附________离子。

8-17 荧光黄指示剂的变色是因为它的负离子被吸附了________的沉淀颗粒吸附而产生。

8-18 佛尔哈德法中消除 AgCl 沉淀转化影响的方法有________除去 AgCl 沉淀或加入________包围 AgCl 沉淀。

8-19 用莫尔法只能测定________和________，而不能测定________和________，这是由于________。

8-20 法扬司法测定 Cl^- 时，在荧光黄指示剂溶液中常加入淀粉，其目的是保护________，减少________，增加________。

二、单项选择题（在每小题列出的备选项中只有一个是符合题目要求的，请将你认为是正确选项的字母代码填入题前的括号内）

8-21 在重量分析中，下列叙述不正确的是（ ）。

A. 当定向速度大于聚集速度时，易形成晶形沉淀

B. 当定向速度大于聚集速度时，易形成非晶形沉淀

C. 定向速度是由沉淀物的性质所决定

D. 聚集速度是由沉淀的条件所决定

8-22 晶形沉淀的沉淀条件是（ ）。

A. 浓、冷、慢、搅、陈　　B. 稀、热、快、搅、陈

C. 稀、热、慢、搅、陈　　D. 稀、冷、慢、搅、陈

8-23 法扬司法中应用的指示剂其性质属于（ ）。

A. 配位　　B. 沉淀　　C. 酸碱　　D. 吸附

8-24 沉淀的类型与定向速度有关，影响定向速度大小的主要相关因素是（ ）。

A. 离子大小　　B. 物质的极性　　C. 溶液浓度　　D. 相对过饱和度

8-25 用莫尔法测定时，干扰测定的阴离子是（ ）。

A. Ac^-　　B. NO_3^-　　C. $C_2O_4^{2-}$　　D. SO_4^{2-}

8-26 沉淀的类型与聚集速度有关，影响聚集速度大小的主要相关因素是（ ）。

A. 物质的性质　　B. 溶液的浓度　　C. 过饱和度　　D. 相对过饱和度

8-27 用莫尔法测定时，阳离子不能存在的是（ ）。

A. K^+　　B. Na^+　　C. Ba^{2+}　　D. Ag^+

8-28 在重量分析中，洗涤非晶形沉淀的洗涤液应是（ ）。

A. 冷水　　B. 含沉淀剂的稀溶液　　C. 热的电解质溶液　　D. 热水

8-29　以 Fe^{3+} 为指示剂，NH_4SCN 为标准滴定溶液滴定 Ag^+ 时，其酸度条件是（　　）。

A. 酸性　　B. 碱性　　C. 弱碱性　　D. 中性

8-30　pH = 4 时用莫尔法滴定 Cl^- 含量，将使结果（　　）。

A. 偏高　　B. 偏低　　C. 忽高忽低　　D. 无影响

8-31　莫尔法测定氯的含量时，其滴定反应的酸度条件是（　　）。

A. 强酸性　　B. 弱酸性　　C. 强碱性　　D. 弱碱性或近中性

8-32　指出下列条件适于佛尔哈德法的是（　　）。

A. pH=6.5～10　　B. 以 K_2CrO_4 为指示剂

C. 滴定酸度为 0.1～1mol/L　　D. 以荧光黄为指示剂

8-33　下列各沉淀反应，不属于银量法的是（　　）。

A. $Ag^+ + Cl^- \longrightarrow AgCl\downarrow$　　B. $Ag^+ + I^- \longrightarrow AgI\downarrow$

C. $2Ag^+ + S^{2-} \longrightarrow Ag_2S\downarrow$　　D. $Ag^+ + SCN^- \longrightarrow AgSCN\downarrow$

8-34　已知 CaC_2O_4 的溶解度为 4.75×10^{-5}，则 CaC_2O_4 的溶度积是（　　）。

A. 9.50×10^{-5}　　B. 2.38×10^{-5}　　C. 2.26×10^{-9}　　D. 2.26×10^{-10}

8-35　在重量分析中，影响弱酸盐沉淀形式溶解度的主要因素为（　　）。

A. 水解效应　　B. 酸效应　　C. 盐效应　　D. 同离子效应

8-36　已知 $K_{sp}(AgCl)>K_{sp}(AgBr)>K_{sp}(AgI)$，在含有 0.01mol/L 的 I^-、Br^-、Cl^- 溶液中，逐滴加入 $AgNO_3$ 试剂，先出现的沉淀是（　　）。

A. AgI　　B. AgBr　　C. AgCl　　D. 同时出现

8-37　往 AgCl 沉淀中加入浓氨水，沉淀消失，这是因为（　　）。

A. 盐效应　　B. 同离子效应　　C. 酸效应　　D. 配位效应

8-38　莫尔法测定 Cl^- 的含量，要求介质的 pH 在 6.5～10.0 范围，若酸度过高，则（　　）。

A. AgCl 沉淀完全　　B. AgCl 沉淀不完全

C. AgCl 沉淀吸附 Cl^- 增强　　D. Ag_2CrO_4 沉淀不易形成

8-39　25℃时，Ag_2CrO_4 的溶解度为 8.0×10^{-5}mol/L，它的溶度积为（　　）。

A. 5.1×10^{-8}　　B. 6.4×10^{-9}　　C. 2.0×10^{-12}　　D. 1.3×10^{-8}

8-40　$AgNO_3$ 与 NaCl 反应，在化学计量点时 Ag^+ 的浓度为（　　）［已知 $K_{sp}(AgCl)=1.8\times10^{-10}$］。

A. 2.0×10^{-5}　　B. 1.34×10^{-5}　　C. 2.0×10^{-6}　　D. 1.34×10^{-6}

三、是非判断题（请在题前的括号内，对你认为正确的打√，错误的打×）

8-41　（　　）Ag_2CrO_4 的溶度积［$K_{sp}(Ag_2CrO_4)=2.0\times10^{-12}$］小于 AgCl 的溶度积［$K_{sp}(AgCl)=1.8\times10^{-10}$］，所以在含有相同浓度的 CrO_4^{2-} 试液中滴加 $AgNO_3$ 时，则 Ag_2CrO_4 首先沉淀。

8-42　（　　）某难溶化合物 AB 的溶液中含 $c(A^+)$ 和 $c(B^-)$ 均为 10^{-5} mol/L，则其 $K_{sp}=1.0\times10^{-10}$。

8-43　（　　）在 $BaSO_4$ 饱和溶液中加入 Na_2SO_4 将会使得 $BaSO_4$ 溶解度增大。

8-44　（　　）重量分析中使用的“无灰滤纸”，指每张滤纸的灰分质量小于 0.2mg。

8-45　（　　）在法扬司法中，为了使沉淀具有较强的吸附能力，通常加入适量的糊精或淀粉使沉淀处于胶体状态。

8-46　（　　）根据同离子效应，可加入大量沉淀剂以降低沉淀在水中的溶解度。

8-47　（　　）当溶液中$[Ag^+][Cl^-]\geqslant K_{sp}(AgCl)$ 时，反应向着生成沉淀的方向进行。

8-48 (　　) 沉淀的转化对于相同类型的沉淀通常是由溶度积较大的转化为溶度积较小的过程。

8-49 (　　) 沉淀反应中，当离子积＜K_{sp}时，从溶液中继续析出沉淀，直至建立新的平衡关系。

8-50 (　　) 在分步沉淀中K_{sp}小的物质总是比K_{sp}大的物质先沉淀。

8-51 (　　) 使用分液漏斗进行液-液萃取时，先将上层液体通过上口倒出，再将下层液体由下口活塞放出。

8-52 (　　) 在电烘箱中蒸发盐酸。

8-53 (　　) 对于难溶电解质来说，离子积和溶度积为同一个概念。

8-54 (　　) 铂坩埚与大多数试剂不反应，可用王水在铂坩埚中溶解样品。

8-55 (　　) 沉淀的溶度积越大，它的溶解度也越大。

8-56 (　　) 萃取分离的依据是“相似相溶”原理。

8-57 (　　) 在镍坩埚中做熔融实验，其熔融温度一般不超过700℃。

8-58 (　　) 欲使沉淀溶解，应设法降低有关离子的浓度，保持$Q<K$，沉淀即不断溶解，直至消失。

8-59 (　　) 已知$K_{sp}(AgCl)>K_{sp}(AgBr)>K_{sp}(AgI)$，在含有0.01mol/L的$I^-$、$Br^-$、$Cl^-$溶液中，逐渐加入$AgNO_3$试剂，先出现的沉淀是AgI。

8-60 (　　) 共沉淀引入的杂质量，随陈化时间的增大而增多。

四、简答题

8-61 难溶电解质的溶度积越大，其溶解度是否也越大？为什么？

8-62 根据溶度积规则，沉淀溶解的必要条件是什么？常用的沉淀溶解方法有哪些？

8-63 什么叫沉淀滴定法？用于沉淀滴定的反应必须符合哪些条件？

8-64 莫尔法用硝酸银滴定氯化钠时，滴定过程中为什么要充分摇动溶液？如果不摇动溶液，对测定结果有何影响？

8-65 用佛尔哈德法测定Cl^-的条件是什么？是否可在碱性条件下进行？

8-66 使用吸附指示剂时，为了使滴定终点颜色变化敏锐，应注意哪些问题？

8-67 如何制备硝酸银标准滴定溶液？

8-68 标定硫氰酸铵标准滴定溶液应在什么条件下进行？能否在强酸性条件下进行标定？为什么？

8-69 称量分析对沉淀形式和称量形式有哪些要求？为什么？

五、计算题（要求写出所用公式、必要的计算步骤、正确表述计算结果以及所求项的单位）

8-70 将40.00mL物质的量浓度为0.1020mol/L的硝酸银标准滴定溶液加到25.00mL氯化钡溶液中，剩余的硝酸银溶液用0.09800mol/L的硫氰酸铵标准滴定溶液返滴定，消耗15.00mL，问25.00mL氯化钡溶液中含氯化钡的质量为多少？

8-71 现有某含氯化钾与溴化钾的混合样品0.3028g，溶于水后用硝酸银标准滴定溶液滴定，消耗0.1014mol/L硝酸银30.20mL。试计算混合物中氯化钾和溴化钾的质量分数。

8-72 将8.67g杀虫剂样品中的砷转化为砷酸盐，加入50.00mL 0.02504mol/L硝酸银，使其沉淀为砷酸银（Ag_3AsO_4），然后用0.05441mol/L硫氰酸钾溶液滴定过量的Ag^+，消耗了3.64mL，计算样品中三氧化二砷的质量分数。

8-73 某碱厂用莫尔法测定原盐中氯的含量，以$c(AgNO_3)=0.1000$mol/L的硝酸银标准滴定溶液滴定，欲使滴定时消耗的标准滴定溶液的体积（以mL计）恰好等于氯的质量分数（以百分数表示)，问应称取试样多少克?

8-74 称取银合金试样 0.3000g，溶解后制成溶液，加入铁铵矾指示液，用 $c(NH_4SCN)=0.1000mol/L$ 的硫氰酸铵标准滴定溶液滴定，消耗 23.80mL，计算试样中银的质量分数。

8-75 称取某氯化钡样品 0.4801g，经沉淀后得到硫酸钡沉淀 0.4578g，计算样品中氯化钡的质量分数。

8-76 将 0.4825g 硫酸镁试样中的 Mg^{2+} 沉淀为磷酸铵镁（$MgNH_4PO_4$），灼烧后得到 0.1920g 焦磷酸镁（$Mg_2P_2O_7$）。计算试样中硫酸镁（以 $MgSO_4\cdot 7H_2O$ 表示）的质量分数。

8-77 称取某铁矿石试样 0.3728g，经处理后，沉淀形式为 $Fe(OH)_3$，然后灼烧为 Fe_2O_3，称得其质量为 0.2892g，求此矿石中 Fe 和 Fe_3O_4 的质量分数。

第九章 常用分离方法简介

【知识目标】

1. 理解组分分离与富集的目的和意义。
2. 掌握各种分离（富集）方法的基本原理、有关操作技术。
3. 熟悉回收率、萃取率、交换容量、比移值等计算。

【能力目标】

1. 能选择适宜的沉淀剂、萃取剂对试样中的待测组分，进行分离与富集。
2. 会依据离子交换树脂的类型，分离（富集）不同电荷的阴、阳离子。
3. 能应用纸色谱、薄层色谱技术，对未知试样成分进行定性与定量检验。

【素质目标】

培养学生严谨科学的学习态度，树立创新意识。

第一节 组分分离的意义及回收效果

一、分离与富集

无机及分析化学所涉及的试样广而复杂，当对样品中的某种组分进行分析检测时，其他共存物质可能会对待测物质产生干扰，这种情况在实际工作中常会遇到。对于样品成分比较简单的试样，通过控制分析条件或采用适当的掩蔽剂，即可消除干扰。如用 EDTA 滴定 Ca^{2+}、Mg^{2+} 时，可用三乙醇胺消除重金属离子的干扰。但对于试样构成复杂的样品，单凭加入掩蔽剂等方法，还不能完全消除干扰，必须采用适当的分离方法，使待测组分与干扰成分完全分开，以提高分析方法的选择性。

有时，还可能遇到试样不仅成分复杂，而且待测组分的含量极低的情况。因此，欲准确测定样品中待测组分的含量，不仅涉及分析方法的选择性，还要考虑如何提高分析方法的灵敏度。例如，我国饮用水质量标准中规定，Hg^{2+} 的存在量不能高于 1μg/L（汞及其化合物属剧毒物质），这种微量组分的分析用常规的化学分析方法，很难达到其测定方法的检测限（除非选择其他适宜的仪器分析手段），故在分离其他干扰成分的同时还应兼顾待测物质的富集，这也是分析检测不可回避的现实问题。

二、分离与富集的效果评价

在分析工作中，所采取的分离方法通常应具有富集的作用，即不但能消除其他物质的干扰，还可以使待测物质得到适当的“浓缩”，从而实现选择性、灵敏度与后续分析方法的统一。将干扰成分减少到不至于影响待测物质的测定，并使待测物质的损失量控制在最低程度，是对分离过程的基本要求。那么，如何衡量待测物质在“净化”和“浓缩”过程中有无损失的问题呢？这就必然要考虑分离和富集的效果了。

通常，评价某一分离过程的效果用回收率（习惯上以百分数的形式给出结果）来表示，其公式为：

$$\text{回收率}=\frac{\text{分离后得到的待测物质的量}}{\text{样品中原有待测物质的量}} \tag{9-1}$$

回收率接近100%是最理想的结果，这是理论上定量回收的标准。对于常量组分的分离，若分离方法得当，通常能够满足定量分析要求；但对于待测物质含量较低的情况，要达到定量回收的目的却很难。微量、痕量组分的分离，回收率达到90%甚至稍微再低些，也是可行的。

分离方法可分为化学分离和物理分离两大类别。化学分离主要是依据被分离物质在化学性质上的差异，借助适当的化学反应使试样中的待测组分得到分离与富集，如沉淀分离、溶剂萃取分离等。本章主要讨论化学分离。

第二节　沉淀与共沉淀分离法

沉淀分离法是依据物质溶度积原理（或疏水性质），利用沉淀反应来进行分离的方法。沉淀分离法是一种经典的分离方法，操作简单、易于掌握，在实际工作中有着广泛的应用。但其不足之处是分离过程中涉及过滤、洗涤等操作步骤，若后续分析手段再采用沉淀称量分析方法，耗时较多。

一、常量组分的沉淀分离

1. 利用无机沉淀剂进行沉淀分离

（1）沉淀为氢氧化物　多数金属离子能生成氢氧化物沉淀，由于各种氢氧化物沉淀的溶度积有很大差别，因此可以通过控制溶液酸度的方法，使某些金属离子在规定的pH范围内形成氢氧化物沉淀，而另一些金属离子不形成沉淀，达到彼此分离的目的[❶]。利用氢氧化物沉淀分离时，常用下列方法控制溶液的酸度。

① 氢氧化物法。通常利用NaOH作沉淀剂，使两性金属离子（如Al^{3+}、Zn^{2+}、Pb^{2+}等）与非两性金属离子进行分离。

② 氨水法。在铵盐（如NH_4Cl）存在的情况下，使用氨水可使溶液的pH控制在9左右，使高价金属离子与大部分一、二价金属离子进行分离。此时，Fe^{3+}、Al^{3+}等形成$Fe(OH)_3$、$Al(OH)_3$沉淀，Ag^+、Cu^{2+}、Zn^{2+}、Cd^{2+}、Co^{2+}、Ni^{2+}等与$NH_3 \cdot H_2O$形成稳定的配合物而留在溶液中。

③ 其他方法。除上述两种方法外，还可以利用某些难溶化合物的悬浊液（如ZnO、MgO等）、非无机沉淀剂（如醋酸及其共轭碱或六亚甲基四胺及其共轭酸等）组成的缓冲溶液，来控制、调节溶液的pH。

一些金属氢氧化物沉淀的pH如表9-1所示。

❶ 利用溶液中滞留组分作为测定对象的分离方法称为基体沉淀法。

（2）沉淀为硫化物　以 H_2S 为沉淀剂，可沉淀许多金属离子，所形成的金属硫化物的溶度积差异较大。由于溶液中的 S^{2-} 浓度与 H^+ 浓度有关，因此可通过控制溶液的酸度，来调节溶液中硫离子的浓度，从而将不同金属离子分离开来。

硫化物沉淀法在分离和除去某些重金属离子时十分有效，但对其他一些金属离子，其分离的选择性较差。可改用硫代乙酰胺为沉淀剂，通过不同酸度下进行均相沉淀，改善沉淀的性能，提高沉淀分离的效果。

表 9-1　某些金属氢氧化物沉淀的 pH 范围

氢氧化物	pH				
	开始沉淀		沉淀完全（残留离子浓度 $<10^{-5}$mol/L）	沉淀开始溶解	沉淀完全溶解
	离子原始浓度为 1.0mol/L	离子原始浓度为 0.01mol/L			
$Sn(OH)_4$	0	0.5	1.0	13	>14
$TiO(OH)_2$	0	0.5	2.0		
$Sn(OH)_2$	0.9	2.1	4.7	10	13.5
$ZrO(OH)_2$	1.3	2.3	3.8		
$Fe(OH)_3$	1.5	2.3	4.1	14	
$Al(OH)_3$	3.3	4.0	5.2	7.8	10.8
$Cr(OH)_3$	4.0	4.9	6.8	12	>14
$Zn(OH)_2$	5.4	6.4	8.0	10.5	12～13
$Fe(OH)_2$	6.5	7.5	9.7	13.5	
$Co(OH)_2$	6.6	7.6	9.2	14.1	
$Ni(OH)_2$	6.7	7.7	9.5		
$Cd(OH)_2$	7.2	8.2	9.7		
$Mn(OH)_2$	7.2	8.8	10.4	14	
$Mg(OH)_2$	9.4	10.4	12.4		
$Pb(OH)_2$		7.2	8.7	10	13

2. 利用有机沉淀剂进行沉淀分离

用无机沉淀剂虽然可以沉淀许多金属离子，但总体来说其选择性较差，灵敏度也不够高。而采用有机沉淀剂分离法，则具有选择性高、沉淀完全、吸附无机杂质少且形成的沉淀物分子量较大等特点。

28. 国标：GB/T 223.23—2008 钢铁及合金镍含量的测定 丁二酮肟分光光度法

常用的有机沉淀剂主要有：丁二酮肟、*N*-亚硝基苯胲铵（俗称铜铁灵）、8-羟基喹啉、二乙基二硫代氨基甲酸钠(俗称铜试剂，简称 DDTC)、四苯硼酸钠等。沉淀剂与待测组分所形成的集合物（一般为螯合物或离子缔合物）具有强疏水性质，因此多数有机沉淀剂还可在溶剂萃取中作为萃取剂使用。如钢铁（或合金）中镍含量的测定，既可用丁二酮肟沉淀称量分析法测定(常量成分)，也可用丁二酮肟-氯仿萃取比色法测定(微量成分)。

查一查

GB/T 223.23—2008《钢铁及合金 镍含量的测定 丁二酮肟分光光度法》：

（1）本标准的方法一、方法二，各自适用质量分数在什么范围的镍含量测定？

（2）方法二，为什么要用萃取分离-丁二酮肟分光光度法测定镍含量？

二、共沉淀及微（痕）量组分的分离富集

当沉淀从溶液中析出时，某些本来不应该沉淀的组分同时也被沉淀下来的现象，称为共沉淀。例如，测定自来水中的痕量 Pb^{2+}，可先加入适量 Hg^{2+} 载体，用 H_2S 为沉淀剂，利

用生成的 HgS 作沉淀载体，使 PbS 共沉淀而达到分离与富集的目的。

1. 用无机共沉淀剂进行分离富集

无机共沉淀剂主要利用表面吸附作用和生成混晶进行共沉淀。在共沉淀分离过程中，无机共沉淀剂与其他金属离子共同构成共沉淀载体。几种无机共沉淀剂的应用情况如表 9-2 所示。

表 9-2　几种无机共沉淀剂的应用

沉淀剂	共沉淀载体	捕集离子	适用条件
H_2S	HgS	Pb^{2+}、Cu^{2+}	弱酸性溶液
NH_3	$Fe(OH)_3$	Al^{3+}、Sn^{4+}、Bi^{3+}、In^{3+}	NH_3-NH_4Cl 体系
	$Al(OH)_3$	Fe^{3+}、TiO^{2+}	
H_2SO_4	$SrSO_4$	Pb^{2+}	pH 3.3～3.7
$MnO_4^- + Mn^{2+}$	$MnO(OH)_2$	Sb^{3+}	$c(H^+)=1.5mol/L$

2. 用有机共沉淀剂进行分离富集

有机共沉淀剂分离的原理，主要是通过金属螯合物、离子缔合物在水中的微溶性和絮凝作用。通常，有机试剂既是沉淀剂也可作为载体使用，若要得到更好的分离效果，有时需另外加入其他有机共沉淀惰性载体。几种有机共沉淀剂的应用情况如表 9-3 所示。

表 9-3　几种有机共沉淀剂的应用

沉淀剂	共沉淀惰性载体	捕集离子	适用条件	备注
丁二酮肟	丁二酮肟二烷酯	Ni^{2+}	乙醇溶液	螯合物型
8-羟基喹啉	酚酞	Co^{2+}、Ni^{2+}	乙醇溶液	螯合物型
甲基紫	—	Zn^{2+}	有 SCN^- 存在	离子缔合物型
甲基紫	对二甲氨基偶氮苯	Tl^{3+}	有 Cl^- 存在	离子缔合物型
丁基罗丹明 B	—	Pu^{4+}	有 NO_3^- 存在	离子缔合物型
对二甲氨基苄基罗丹明	—	Ag^+	有 CN^- 或 I^- 存在	离子缔合物型

第三节　溶剂萃取分离法

溶剂萃取分离法，主要指液-液萃取分离法。它是利用与水不相溶的有机溶剂同试样的水溶液一起振荡，使待测组分进入有机相，其他组分留在水相中，从而达到分离的目的。溶剂萃取分离法所需的仪器设备简单，操作迅速，分离与富集的效果好，故得到广泛的应用。该方法既能用于常量组分的分离，也能用于微量组分的分离与富集。

一、溶剂萃取的基本原理

1. 萃取过程的本质

萃取过程的本质在于相似相溶原理。一般无机盐（如 NaCl 等）属于离子型化合物，具有易溶于水而难溶于有机溶剂的特点，这种性质称为亲水性（也称疏油性）。许多有机化合物（如油脂、长链烷烃以及 I_2 等）为共价化合物，具有难溶于极性强的水而易溶于有机溶剂的特点，这种性质称为疏水性（也称亲油性）。溶剂萃取分离正是利用待测物质对水或油类溶剂的亲、疏性不同，而使待测组分在萃取体系的两相中得以分离的。

欲从水中把金属离子等亲水性物质萃取至有机溶剂中，必须设法将拟萃取组分由亲水性转化为疏水性。例如，Ni^{2+} 在水溶液中以水合离子 $[Ni(H_2O)_6]^{2+}$ 存在，是亲水的，要将它转化为疏水的，就必须中和其电荷，并引入疏水基团取代水合离子中配位的水分子，形成能溶于有机溶剂的型体。为此，可用氨水调节试液的 pH 在 9 左右，加入丁二酮肟与 Ni^{2+} 形成螯合物。生成的 Ni-丁二酮肟螯合物属电中性的，而且 Ni 的周围被两个有机分子所笼罩，其中拥有 4 个疏水基团（$—CH_3$），因而具有较强的疏水性质，能被有机溶剂（如氯仿等）萃取到有机相中。其反应为：

$$Ni^{2+}+2\begin{array}{l}CH_3—C{=}NOH\\ \quad\quad\ |\\ CH_3—C{=}NOH\end{array} \rightleftharpoons \text{Ni-丁二酮肟螯合物} + 2H^+$$

有时，需要把有机相中的物质再转移至水相中，这个过程称为反萃取。如上述反应形成的 Ni-丁二酮肟螯合物，被有机溶剂氯仿萃取后，再用 0.5mol/L HCl 溶液与之一起振荡，金属螯合物即变得不稳定并释放出 Ni^{2+}，金属离子又恢复其亲水性质。萃取与反萃取配合使用，能提高复杂物系待分离物质的选择性。

2. 分配系数和分配比

用有机溶剂从水中萃取溶质 B 时，溶质 B 就会在两相间进行分配，如果溶质 B 在两相中存在的型体相同，达到分配平衡时，溶质 B 在有机相中的浓度 $[B]_o$ 和在水相中的浓度 $[B]_w$ 之比，在一定温度下是一常数，即

$$K_D=\frac{[B]_o}{[B]_w} \tag{9-2}$$

上式称为分配定律，其中 K_D 即为分配系数。

实际上，溶剂萃取过程中常常伴有溶质 B 的解离、缔合、配位等多种化学作用（即溶质 B 在两相中存在的型体不同），这时分配定律就不再适用了。

分配比（distribution ratio，D）是指溶质 B 在有机相中的各种存在型体的总浓度 $c(B)_o$ 和在水相中的各种存在型体的总浓度 $c(B)_w$ 之比，即

$$D=\frac{c(B)_o}{c(B)_w}=\frac{[B_1]_o+[B_2]_o+\cdots+[B_n]_o}{[B_1]_w+[B_2]_w+\cdots+[B_n]_w} \tag{9-3}$$

只有溶质 B 在两相中的型体相同时，才有 $D=K_D$；而在其他情况下，$D\neq K_D$。

3. 萃取率

在分析工作中，人们常用萃取率（extraction rate，E）来表示溶剂萃取分离的回收效率。萃取率代表的是溶质 B 被萃取到有机相中的物质的量（习惯上以百分数表示）。

$$E=\frac{\text{B 在有机相中的量}}{\text{B 在两相中的总量}}=\frac{c(B)_oV_o}{c(B)_oV_o+c(B)_wV_w}$$

分子分母同除以 $c(B)_wV_o$，得萃取率(E)与分配比(D)的关系如下：

$$E=\frac{c(B)_o/c(B)_w}{c(B)_o/c(B)_w+V_w/V_o}=\frac{D}{D+V_w/V_o} \tag{9-4}$$

式(9-4)中的 V_w/V_o 称作相体积比（简称相比）。不难看出，E 值的大小由分配比和相比所决定。当相比一定时，E 值只取决于分配比 D，D 越大，萃取率就越高。

当相比为 1（等体积萃取）时，式(9-4) 可简化为：

$$E=\frac{D}{1+D} \tag{9-5}$$

E 与 D 的数值关系见下表。

D	1	10	100	1000
E	50	91	99	99.9

从上面这组数据可以看出，当 $D \geqslant 100$ 时，基本能够达到定量回收的目的。若某一萃取体系的 D 值较小，也可以通过改变相比（V_w/V_o）来提高萃取率，但效果并不显著，且又浪费有机试剂，甚至影响后续的测定（因浓度降低）。因此，实际工作中常采用连续多次的萃取方法，即“少量多次”原则，来满足溶剂萃取分离的回收效果。

设体积为 V_w 的水溶液中含有被萃取物的质量为 m_0，每次用体积为 V_o 的有机溶剂萃取，经连续 n 次萃取后水相中剩余被萃取物的质量为 m_n，则不难推导出经 n 次萃取后，水相中剩余被萃取物的质量计算公式为：

$$m_n = m_0\left(\frac{V_w}{DV_o + V_w}\right)^n \tag{9-6}$$

【例题 9-1】 某 100mL I_2 的水溶液中含 I_2 的质量为 10mg，用 90mL CCl_4 按下述两种方式萃取：(1) 用 90mL 一次萃取；(2) 每次用 30mL 分三次萃取。试分别计算水溶液中剩余 I_2 的质量，并比较其萃取效率（已知 $D=85$）。

解　(1) 用 90mL 一次萃取时

$$m_1 = 10 \times \frac{100}{85 \times 90 + 100} = 0.13(\text{mg})$$

$$E = \frac{10 - 0.13}{10} = 0.9870 = 98.70\%$$

(2) 每次用 30mL 分三次萃取时

$$m_3 = 10 \times \left(\frac{100}{85 \times 30 + 100}\right)^3 = 0.00054(\text{mg})$$

$$E = \frac{10 - 0.00054}{10} = 0.9999 = 99.99\%$$

二、重要的萃取体系

无机及分析化学所接触到的待测组分，多数能以离子状态溶解于水溶液中，由于水分子具有较强的极性，因而它们在水中容易呈现亲水性质。如果用与水不相溶的有机溶剂将它们萃取分离，通常须在水中先加入某种试剂，使待测组分与该试剂结合，所形成的新产物应具有疏水性质。这种试剂称为萃取剂，而用于萃取疏水物质的有机溶剂称为萃取溶剂。根据待测组分与萃取剂反应的类型不同，常用的萃取体系主要有螯合物和离子缔合物两种类型。

1. 螯合物萃取体系

螯合物萃取体系中所使用的萃取剂（也称为螯合剂），一般能与金属阳离子形成电中性的疏水性螯合物，以利于有机溶剂将其萃取。常见的螯合剂有丁二酮肟、8-羟基喹啉、双硫腙(又称打萨腙)、铜铁灵、铜试剂、乙酰丙酮（简称 HAA）等；常用的萃取溶剂有氯仿、四氯化碳、苯等。

萃取效果与螯合物的稳定性及其在有机相中的分配比有关。螯合剂与金属离子生成的螯合物越稳定、在萃取溶剂中的溶解度越大，萃取率就越高。

2. 离子缔合物萃取体系

阳离子与阴离子通过静电引力相结合而形成的电中性化合物，称为离子缔合物。离子缔合物萃取体系主要有如下三种形式。

(1) 金属阳离子的离子缔合物　水合金属阳离子与适当的大分子有机试剂作用，可形成不带配位水分子的配阳离子，然后再与其他阴离子缔合，形成疏水性的离子缔合物。例如，Fe^{2+} 与邻二氮菲形成的螯合物，具有正电荷，能与 I^-、ClO_4^-、SO_4^{2-} 等阴离子生成离子缔合物而被氯仿等有机溶剂萃取。

(2) 金属配阴离子或无机酸根的离子缔合物　许多金属阳离子能与无机阴离子形成配阴离子(如 $[GaCl_4]^-$、$[TlBr_4]^-$ 等)；某些无机酸在水溶液中以阴离子型体存在（如 WO_4^{2-}、ReO_4^- 等)。为了萃取这些离子，可利用一种大分子有机试剂与它们结合，形成离子缔合物。例如，在 HCl 溶液中，Tl^{3+} 与 Cl^- 可形成 $[TlCl_4]^-$ 配阴离子，再加入在水相中显正电性质的甲基紫，即可生成不带电荷的疏水性离子缔合物，可用苯等有机溶剂萃取。又如，欲萃取水溶液中的 ReO_4^-，可向水相中加入氯化四苯钾$[(C_6H_5)_4AsCl]$ 萃取剂，生成的离子缔合物可用氯仿等有机溶剂萃取。

(3) 形成类盐的离子缔合物　金属配阴离子还可与含氧的有机溶剂（如乙醚等）形成离子缔合物。例如，在 6mol/L HCl 溶液中，可用乙醚来萃取 Fe^{3+}，Fe^{3+} 与 Cl^- 能形成 $[FeCl_4]^-$ 配阴离子，乙醚与 H^+ 能形成$[(CH_3CH_2)_2OH^+]$，两者一起共同构成如下所示的离子缔合物，可被乙醚本身所萃取。

$$(CH_3-CH_2)_2OH^+ + [FeCl_4]^- \longrightarrow [(CH_3-CH_2)_2OH^+]\cdot[FeCl_4]^-$$

在这一特殊萃取体系中，乙醚既是萃取剂又是萃取溶剂。

由于离子缔合物萃取体系的种类较多，其萃取条件也各有差异，因此为提高萃取率，应从有利于离子缔合物形成和提高分配比等方面加以考虑。

① 同离子效应对萃取效率的影响。如用氯化四苯钾萃取 ReO_4^-，水中的 Cl^- 浓度不能太高，否则会抑制 $(C_6H_5)_4As^+$ 的生成。

② 溶液酸度的影响。溶液酸度对螯合物和离子缔合物的形成均有影响，因为构成可萃取物质的有机大分子，多数是有机弱酸或弱碱，酸度对其解离、配位、成盐过程影响较大。此外，采用含氧的有机溶剂(如醚、酮等)进行溶剂萃取，水溶液的酸度必须足够高，以便形成 $R-OH^+-R'$离子。

三、溶剂萃取分离技术及操作

液-液萃取分离技术可分为单级萃取法（间歇萃取）和多级萃取法，多级萃取主要应用于工业生产领域。这里只对实验室常用的间歇萃取分离技术的操作进行简单介绍。

1. 萃取

萃取操作通常是在梨形分液漏斗中进行，当待萃取溶液和萃取剂依次加入容器后，将分液漏斗倾斜，一只手持上口及磨塞略朝下，另一只手持下端旋塞处略朝上，振荡溶液使两种介质充分接触。振荡时间视其化学反应和扩散速率不同而异，一般需要 30s 到数分钟。振荡持续一段时间后，需打开旋塞进行放气，使容器的内外气压处于平衡状态。

2. 分层

在振荡过程完成后，将分液漏斗直立安放在铁架台的金属环中，静置（一般需 10min 左右)，由于两种介质的密度不同，会呈现清晰的界面（两层)。若出现难分层现象，可静置更长一些时间或加入少量电解质进行破乳化。

3. 分液

待两种介质静置、充分分层后，经下端旋塞放出下层液体（通常是水相，也称萃余相），从上口倒出上层液体（通常是有机相，也称萃取相）。分开两相时不应使待测组分损失。若一次萃取达不到预期效果，可对萃余相进行再次萃取。

如果被萃取物是有色物质（或加入显色剂使其产生颜色），则可直接进行可见分光光度法测定。如果被萃取物中的金属元素采用原子吸收光谱仪测定，则最常用的萃取剂为吡咯烷二硫代氨基甲酸铵(APDC)，萃取溶剂为甲基异丁基酮(MIBK)。

第四节　离子交换分离法

离子交换分离法是利用离子交换剂与溶液中的离子之间所发生的交换反应来进行分离的。该方法分离效率高，既能用于带相反电荷离子间的分离，也能用于带相同电荷离子间的分离，尤其是它还能用于性质相近的离子间的分离以及微量组分的富集和高纯物质的制备。

离子交换剂的种类很多，但按其基体成分主要可分为无机和有机两种类型交换剂。目前，应用较多的是有机离子交换剂中的离子交换树脂。

一、离子交换树脂的种类及性质

离子交换树脂是一类具有网状结构的高分子聚合物，在水、酸和碱中不溶，具有一定的耐热性，对有机溶剂、氧化剂、还原剂等具有很好的稳定性。在网状结构的骨架上，有众多可与待分离（交换）离子起交换作用的活性基团，根据这些活性基团的性质不同，可将其分成多种类型。

(1) 阳离子交换树脂　这类树脂的活性基团一般为酸性基团，酸性基团上的 H^+ 能与溶液中的阳离子发生交换作用。根据酸性基团的强弱，可分为强酸型和弱酸型两类。如果活性基团为磺酸基($—SO_3H$)，则为强酸型阳离子交换树脂，如国产 001×7 型（原 732 型）树脂。强酸型树脂在酸性、中性和碱性溶液中都可使用，不受同离子效应的影响。如果活性基团为—COOH，则为弱酸型阳离子交换树脂，只适用于 pH 不小于 4 的溶液。

(2) 阴离子交换树脂　这类树脂的活性基团一般为碱性基团，碱性基团上的 OH^- 能与溶液中的阴离子发生交换作用。根据碱性基团的强弱，也可将其分为强碱型和弱碱型两类。如果活性基团为季氨基 [$—N(CH_3)_3Cl$]，则为强碱型阴离子交换树脂，如国产 201×7 型（原 717 型）树脂。强碱型树脂在碱性、中性和酸性溶液中都可使用。

(3) 螯合树脂　这类树脂含有高选择性的特殊活性基团，可与某些金属离子形成螯合物，在交换过程中能选择性地交换某种金属离子。例如含有氨羧基 [$—N(CH_2COOH)_2$] 的螯合树脂，对 Cu^{2+}、Co^{2+}、Ni^{2+} 有很好的选择性。

离子交换树脂是由不同有机单体聚合而成的高分子聚合物。如常用的聚苯乙烯磺酸型阳离子交换树脂，就是用苯乙烯和二乙烯苯聚合后经磺化制得的产物，其制取过程及树脂结构如下：

—CH—CH_2—CH—CH_2—CH—CH_2—

$CH{=}CH_2$　　$CH{=}CH_2$

x　　$+y$　　$\xrightarrow{聚合}$ —CH—CH_2—CH—CH_2—CH—CH_2—CH—CH_2—CH—CH_2—

$CH{=}CH_2$

—CH_2—CH—CH_2—

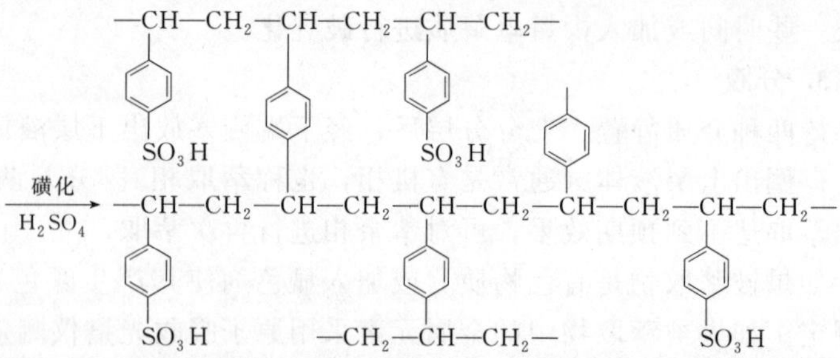

—CH—CH₂—CH—CH₂—CH—CH₂—

SO_3H SO_3H

$\xrightarrow[H_2SO_4]{\text{磺化}}$ —CH—CH₂—CH—CH₂—CH—CH₂—CH—CH₂—CH—CH₂—

SO_3H —CH₂—CH—CH₂— SO_3H

基于碳链和苯环作为骨架，树脂拥有三维空间的网状结构，其中磺酸基为活性基团。当用于分离（交换）时，$—SO_3H$ 活性基团中的 H^+ 即可与溶液中的阳离子进行下列交换反应：

$$nR—SO_3H+M^{n+} \rightleftharpoons (R—SO_3)_nM+nH^+$$

类似地，阴离子交换树脂在水溶液中，先发生水合形成 $R'—OH$，从而可与溶液中的阴离子(或配阴离子）进行下列交换反应：

$$nR—N(CH_3)_3OH+X^{n-} \rightleftharpoons [R—N(CH_3)_3]_nX+nOH^-$$

离子交换的原理，即基于上述的离子交换反应。

二、离子交换树脂的性能参数

1. 交联度

在聚苯乙烯磺酸型阳离子交换树脂的结构中，骨架中的长碳链是由苯乙烯基体聚合形成的，而各长碳链间的相互联结又是通过二乙烯苯实现的，故二乙烯苯被称为交联剂。树脂中所含交联剂的质量分数，就是树脂的交联度。一般离子交换树脂的交联度为 4%～14%。

2. 交换容量

离子交换树脂的交换容量是指每千克干树脂所能交换的离子的量，用符号 Q_m 表示，单位为 mmol/g。在交联度一定的情况下，交换容量的大小主要取决于树脂网状结构中活性基团的数目。H 型和 OH 型离子交换树脂的交换容量，可分别采用 NaOH 和 HCl 溶液浸泡后进行实测。一般离子交换树脂的交换容量为 3～6mmol/g。

【例题 9-2】 准确称取 1.6000g 干燥的 H 型阳离子交换树脂置于 250mL 锥形瓶中，加入 100.00mL 0.2000mol/L 的 NaOH 标准滴定溶液，搅拌后密封、静置过夜，取出已交换后的均匀清液 20.00mL，用 0.1000mol/L 的 HCl 标准滴定溶液滴定至酚酞变色，消耗 HCl 的体积为 22.00mL。计算该树脂的交换容量。

解 在 20.00mL 交换后的清液中，原来用于浸泡树脂的 NaOH 溶液中的一部分 OH^- 被 Na^+ 交换出 H 型阳离子交换树脂中的 H^+ 反应，其余的被 HCl 标准滴定溶液反应。因此，该树脂的交换容量为：

$$Q_m=\frac{0.2000\times100.00-0.1000\times22.00\times100.0/20.00}{1.6000}=5.625(\text{mmol/g})$$

三、离子交换树脂对离子的亲和力

离子交换树脂对离子的亲和力，反映了待分离（交换）离子在离子交换树脂上的交换能力。这种亲和力与待交换离子的水合离子的半径、电荷以及极化程度有关。在常温下，稀溶液中，树脂对不同离子的亲和力顺序如下。

对于强酸型阳离子交换树脂，不同价态离子的亲和力顺序为：

$$Th^{4+} > Al^{3+} > Ca^{2+} > Na^{+}$$

相同价态离子的亲和力顺序为：

$$Tl^{+} > Ag^{+} > Cs^{+} > Rb^{+} > K^{+} > NH_4^{+} > Na^{+} > H^{+} > Li^{+}$$

$$Ba^{2+} > Pb^{2+} > Sr^{2+} > Ca^{2+} > Ni^{2+} > Cu^{2+} > Co^{2+} > Zn^{2+} > Mg^{2+}$$

对于强碱型阴离子交换树脂，亲和力顺序为：

$SO_4^{2-} > CrO_4^{2-} > I^{-} > HSO_4^{-} > NO_3^{-} > Br^{-} > CN^{-} > NO_2^{-} > Cl^{-} > HCOO^{-} > CH_3COO^{-} > OH^{-} > F^{-}$

由于树脂对离子的亲和力不同，所以对各种离子具有不同的选择性。例如，为了分离 Li^{+}、Na^{+}、K^{+}，可将这三种离子交换在 001×7 型树脂柱的上端，再用 0.1mol/L 的 HCl 溶液洗脱，由于 Li^{+} 对树脂的亲和力最小，沿着树脂层向下最先进行着解吸、交换、再解吸、再交换的过程，第一个被洗下(流出)，接着是 Na^{+}，最后是 K^{+}。如果对流出液采取分段收集，则可分别进行测定。

四、离子交换分离技术及操作

离子交换分离技术可分为静态法(间歇操作）和动态法，间歇操作在分析工作中较少使用。这里只对实验室常用的动态操作技术进行简单介绍。

1. 装柱

动态操作通常是在玻璃质离子交换柱中进行，用润湿的玻璃棉塞在交换柱的底端，关闭下端旋塞，使柱内充满水。稍微打开下端旋塞，用小烧杯把事先处理好的树脂带水均匀地加到交换柱中至所需高度，再在树脂层上面铺上一层玻璃棉。在装柱及其后续有关操作过程中，应防止树脂层中夹带气泡，并保持液面始终没过上层玻璃棉(以免发生“沟流”现象)，影响分离效果。

2. 交换

在加入待分离试液的同时，缓慢转动交换柱下端旋塞，使试液按一定的流速通过树脂层，不发生交换反应的物质流出。需要进行洗脱操作才能实现待测离子分离目的的试液，最好将待分离的离子交换并富集到树脂层的上端，以避免发生“穿漏”现象，导致分离过程失败。

3. 洗脱

洗脱的目的是将被交换到树脂层上的各个离子依次洗脱下来，承接在不同的容器中，而后进行分别测定。难以分开的组分，常用梯度洗脱的手段加以分离。洗脱是交换的逆过程。

4. 再生

在大多数情况下，洗脱即可达到树脂再生的目的。但有时需要将树脂转化成他型，则必须用适当的再生剂通过树脂，使树脂再生为所需的类型。

第五节　色谱分离法

色谱分离法简称色谱法，旧称层析分离法或色层分离法。根据分离过程的机理，可将色谱分离法分为分配色谱法、吸附色谱法、离子交换色谱法和凝胶色谱法等类型。无论哪种色谱分离技术，待分离物质都要在两相(固定相、流动相）间作相对运动，以实现彼此分离的目的。按流动相的状态不同，可将色谱分离法分为气相色谱法和液相色谱法；按固定相的形式不同，又可将色谱分离法分为柱色谱法、平面色谱法。普通柱色谱法的分离过程类似于前已述及的柱中离子交换动态操作技术，这里只对属于平面色谱法的纸色谱法和薄层色谱法进行简要介绍。由于平面色谱分离技术所用设备相对简单、易于操作，既可用于定性分析，也可用于定量分析，还可与其他波谱分析仪器（如红外、紫外、质谱、核磁共振等）配合使用，进行有机物质的分离、剖析与鉴定，故在有机化学、生物化学、医药卫生、环境保护等领域有着广泛的应用。

一、纸色谱法

纸色谱法（PC 法）以滤纸作为载体，利用纸中吸附的水分（约为滤纸自身质量的20%）作固定相，通常选用一种溶剂或多种溶剂的混合溶液作流动相（亦称展开剂）。鉴于构成固定相的成分以水为主（不妨将其理解为固定液），实质上分离的机理也就相当于待测物质在水相、有机相间的分配，因此该方法又称为纸上萃取分离法。分离后各物质的斑点自身具有颜色或另通过蒸气熏、喷显色剂使其显色。

流动相一般在载体的固定相中自下而上地移动，利用毛细作用，随着流动相不断上升，势必要与载体滤纸上的固定液（水分）接触。此时，待分离的物质在两相间发生一次又一次的分配（相当于连续萃取过程），在流动相中分配比大的组分迁移得快，分配比小的组分滞留在后面，从而达到彼此分离的目的。纸色谱法所用装置如图 9-1(a) 所示。

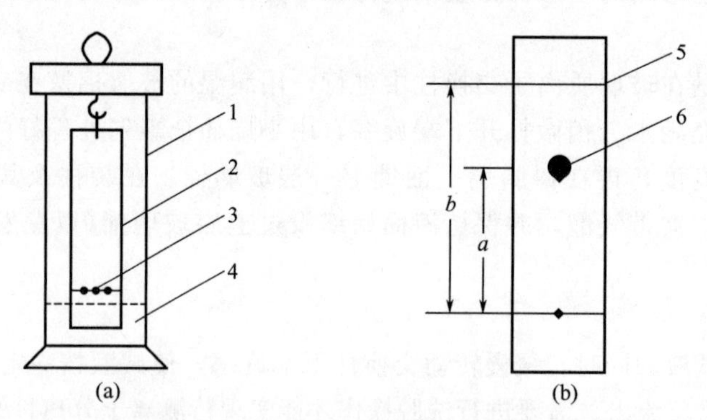

图 9-1 纸色谱法装置图和比移值计算

1—色谱分离筒；2—滤纸；3—原点；4—展开剂；5—前沿；6—斑点

在纸色谱分离中，用比移值（R_f）来衡量各组分的分离效果。比移值是指某组分在载体板面上，由原点移动至斑点中心的距离与展开剂由原点移动至溶剂前沿的距离之比。如图 9-1(b)所示，其计算公式如下：

$$R_f=\frac{a}{b}=\frac{\text{原点至斑点中心的距离}}{\text{原点至溶剂前沿的距离}} \tag{9-7}$$

R_f 值最小为 0，即该组分在流动相中的分配比极小，基本上滞留在原点不动；R_f 值最大为 1，即该组分在流动相中的分配比很大，极易随流动相一起向上移动。有时，分离后各组分的 R_f 值虽然都比较大，但各斑点的迁移距离较为接近，则可采用二维色谱分离[1]或变换展开剂的技术来解决。例如，对于氨基酸的分离，可先用体积比为 7∶3 的酚-水混合液作展

[1] 该技术通常是将平纹滤纸裁成正方形，加样后卷成筒型进行色谱分离，然后再将筒型滤纸打开，颠倒 90°如法进行二次色谱分离。

开剂进行第一次展开，再用体积比为 4∶1∶2 的丁醇-醋酸-水混合液作展开剂进行第二次展开。展开后将滤纸晾干，用 1.0g/L 茚三酮丁醇溶液喷雾显色，可分离、鉴别出近 20 种氨基酸。

二、薄层色谱法

薄层色谱法（简称 TLC 法），通常是在一块平滑玻璃板上均匀地涂布一层吸附剂（如硅胶、氧化铝、硅藻土等）作为固定相，并将色谱分离板斜靠在色谱分离缸（筒）中进行的色谱分离。

在薄层色谱分离过程中，促使流动相（展开剂）移动的动力仍然是毛细作用，当展开剂沿着吸附剂薄层向上迁移时，待分离物质在固定相和流动相间便发生吸附、溶解、再吸附、再溶解的物理化学过程。由于固定相和流动相对待分离物质的吸附（或溶解）能力不同，使得不同待测物质在两相中的移动速率也不相同，易被固定相吸附的物质移动速率慢，难以被吸附的物质移动速率快，从而形成彼此分开的斑点。

薄层色谱法常用的固定相为硅胶 G（其中含有质量分数为 5%～15%的熟石膏），粒度以 150～300 目为宜。使用时用蒸馏水将吸附剂粉末调制成糨糊状，然后用涂布器将其均匀地涂布在表面平整、光洁的玻璃板上（一般厚度为 0.2～0.5mm）。薄层涂布完毕以后，可在室温下放置 0.5h，固化。用于分配色谱的薄层，可直接使用上述铺好并固化的薄层板，固定相中残留的水分起着固定液的作用。若要使用具有吸附功能的薄层板，则需要将固化后的薄层板在 110℃干燥、活化 1h 左右，使残留的水分基本除尽，以便满足吸附色谱的功能。

薄层色谱与纸色谱相比，最突出的优点为快速，一般分离过程不会超过 1h；效率高，可用于相似物质的分离；斑点显色多样化，既可以用硫酸喷雾或加热灼烧显色，也可以在紫外线照射下通过吸附剂（如硅胶 GF_{365}）的荧光背景显现分离后的斑点。

三、色谱分离操作与定性定量方法

色谱分离法试样加入的方式，是用毛细管（或微量注射器）将待分离物质或标准样品的溶液，点在专用纸（板）底部的同一条线上，加载样品的地方称为原点[1]。加样前，通常在专用纸（板）上用铅笔标记原点的位置；加样后，一般需将试样中的溶剂蒸发以后，再将专用纸（板）置于展开容器中进行展开。当展开剂上升到接近专用纸（板）的上端时，即可停止分离操作，取出专用纸（板），并标记溶剂前沿的位置。

在一定条件下，R_f 值是物质自身的特征值，故可以利用 R_f 值作为定性分析的依据。但是，由于影响 R_f 值的因素较多（如温度、展开剂构成以及蒸气氛围、滤纸及薄层类型与厚度等不同），因此在进行定性鉴定时，通常用已知的标准样品进行对照试验。例如，药物布洛芬中有关杂质的检查，就是采用对照试验来进行的。各取待测样品和标准样品的氯仿溶液（每 1mL 溶液中含布洛芬 100mg）5μL，点在同一硅胶 GF 薄层板的原点线上，以体积比为 15∶5∶1 的正己烷-乙酸乙酯-冰醋酸混合液作展开剂，展开后将薄层板晾干，用 10.0g/L 的 $KMnO_4$ 的稀硫酸溶液喷雾显色，并在 120℃加热干燥 20min，再置于紫外灯下检视，样品如显杂质斑点，不得深于对照标准样品的主斑点。

半定量分析，可通过对照分离后组分的斑点与标准物质的斑点来进行，常用的方法是比较对应斑点的面积大小和斑点的颜色深浅。若进行定量分析，则可将滤纸上的斑点裁下或将

[1] 原点务必要比展开容器底部盛放展开剂的液面高出一定距离，以防样品溶出。

玻璃板上薄层中的斑点刮下，用适当的溶剂将其溶解后，再选择适当的化学定量分析方法或仪器分析方法进行测定。当然，也可采用专用的薄层色谱仪器直接进行定量分析。

【阅读材料】

超临界流体萃取

该方法是利用超临界流体作为萃取剂的一种萃取分离方法。所谓的超临界流体是指某物质的温度和压力处于它的临界温度和临界压力以上时的状态，它是介于气、液之间的一种既非气态又非液态的物态。

用超临界流体作为萃取剂，主要基于以下优点：超临界流体的密度比气体大数百倍，与液体接近，因而具有类似液体对溶质有较大溶解度的性质；其黏度较小，接近于气体，但比液体小 2 个数量级，因而具有类似气体易于扩散和运动的性质，传质速率远大于液体。故可以利用这些特点来实现快速、高效的萃取分离。

超临界流体的密度随温度和压力的变化非常敏感，而流体对溶质的溶解能力在一定压力下又与其密度呈正相关的关系，因此可通过对温度和压力的控制来改变流体对溶质的溶解度。特别是在临界点附近，温度和压力的微小变化可导致溶质溶解度发生极大变化，这正是超临界萃取分离的根本依据。

超临界流体萃取的操作方法如图 9-2 所示（以 CO_2 超临界溶剂为例）。

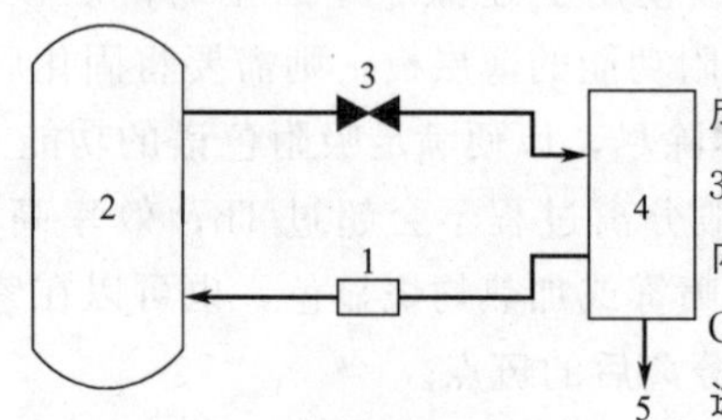

图 9-2 超临界 CO_2 流体萃取过程示意图

1—加压泵；2—萃取器；3—节流阀；4—分离器；5—产品

待萃取分离的原料装入萃取器中，CO_2 气体经热交换器冷凝成液体，用加压泵把压力提升到萃取所需的压力（一般小于 30MPa），同时控制温度在 50℃左右，从萃取器底部输送到容器内，与被萃取物料充分接触进行萃取。而后，溶解萃取物的高压 CO_2 流体携带萃取物经节流阀降压至低于 CO_2 临界压力以下，进入分离器（又称解吸器）分离出目标萃取产品。在分离器中，由于 CO_2 对萃取物的溶解能力急剧下降，被萃取物便可解吸出来且 CO_2 变成相应的气体，该气体再经热交换器冷凝成液体，继续循环使用。

目前，超临界流体萃取技术在食品、香料、药物、化工等生产领域有着广泛的应用，并取得了良好的效果。

同步练习

一、填空题（请将正确答案写在空格上）

9-1 分离与富集的主要目的，是提高化学分析方法的________和________；某些样品中待测组分虽然含量________，但应用现代仪器分析技术也不难达到其________。

9-2 萃取的本质在于________原理；能被有机溶剂萃取的物质，一般其分子结构中常含有________基团。

9-3 液-液萃取分离法中分配比是指________在有机相中的________浓度和溶质在________中的总浓度之比。

9-4 用定________的萃取溶剂、分______次萃取，比使用同样数量溶剂萃取________次的效果要好。

9-5 聚苯乙烯磺酸型阳离子交换树脂是由________和二乙烯苯经________而制取的，其中二乙烯苯起着________的作用。

9-6 在离子交换柱上进行组分的分离与富集，应避免________现象和________现象。

9-7 纸色谱中用作固定相的成分是纤维素上键合的________；薄层色谱中用作固定相的成分是硅胶、________等。前者分离机理属________色谱；后者分离机理属________色谱。将涂布后的________予以________，其目的是实现吸附分离功能。

9-8 纸色谱分离时，溶解度________的组分，沿着滤纸向上移动速度______，最后留在滤纸的________端。

二、单项选择题（在每小题列出的备选项中只有一个是符合题目要求的，请将你认为是正确选项的字母代码填入题前的括号内）

9-9 可以不是有机沉淀剂应当具有的特点是（ ）。

A. 沉淀剂选择性要高　　B. 沉淀物吸附其他的杂质很少

C. 沉淀物应耐马弗炉高温灼烧　　D. 沉淀物的分子量最好大些

9-10 （ ）类似溶剂萃取中的"少量多次"原则。借这个类比，会更便于悟出其中的道理。

A. 少壮不努力，老大徒伤悲　　B. 用水漂洗衣服

C. 只要功夫深，铁杵磨成针　　D. 少吃多餐

9-11 醚等有机物能用作萃取剂的主要原因是（ ）。

A. 其分子中含有孤对电子　　B. 其分子为离子型化合物

C. 其分子为共价型化合物　　D. 其分子中兼具亲油、亲水两性基团

9-12 实验室用于萃取操作的常用装置的是（ ）。

A. 滴定管　　B. 分液漏斗　　C. 离子交换柱　　D. 色谱柱

9-13 强碱型阴离子交换树脂的活性基团是（ ）。

A. 磺酸基　　B. 羧酸基　　C. 季氨基　　D. 胺羧基

9-14 对弱酸型离子交换树脂的亲和力最强的是（ ）。

A. Na^{+}　　B. Fe^{3+}　　C. Ce^{4+}　　D. H^{+}

9-15 常用来分离 Li^{+}、Na^{+}、K^{+} 相似元素的是（ ）。

A. 萃取分离法　B. 色谱分离法　　C. 离子交换分离法　　D. 沉淀分离法

9-16 可用来进行物质的定性鉴定的是（ ）。

A. 分离系数　　B. 分配系数　　C. 溶解度　　D. 比移值

三、是非判断题（请在题前的括号内，对你认为正确的打√，错误的打×）

9-17 （ ）分配系数越大，萃取率就越高。

9-18 （ ）分配定律不适用于溶质在有机相和水相中有多种存在形式，或在萃取过程中发生离解、缔合等反应的情况。

9-19 （ ）鉴于溶液中 H^{+} 的同离子效应，因此弱酸型阳离子交换树脂更适于处理酸性强的溶液。

9-20 （ ）用于软化水的钠型阳离子交换树脂，用过以后可使用氯化钠溶液进行再生。

9-21 （ ）在平板色谱中移动越快（即最靠近溶剂前沿）的成分，与流动相的亲和力则越小。

9-22 （ ）无论是纸色谱还是薄层色谱，加入的展开剂高度都要比原点的位置低；不然，待分离的样品将被溶解至展开剂中，导致实验失败。

四、问答题

9-23 简述分离与富集在无机及分析化学中的重要意义。

9-24 试举例说明共沉淀现象对分析检验所产生的有利和不利影响。

9-25 溶剂萃取的本质是什么？何为分配系数、分配比？两者之间有何区别和联系？

9-26 丁二酮肟既可作为有机沉淀剂，又可作为萃取分离的螯合剂，请举例说明各自的应用条件有什么异同。

9-27 何谓离子交换树脂的交联度、交换容量？为什么弱酸或弱碱型离子交换树脂只能局限在一定的 pH 范围内使用？

9-28 用 OH 型阴离子交换树脂分离 9mol/L 的 HCl 溶液中的 Fe^{3+} 和 Al^{3+}，哪种离子可交换在树脂层上？哪种离子直接流出？若改用 H 型阳离子交换树脂对同一试液进行分离，情况又如何？

9-29 为什么可以把纸色谱理解成连续萃取过程？薄层色谱的应用过程中，是否也有类似的情况？

9-30 请查阅有关资料后完成：采用 APDC-MIBK 萃取体系与原子吸收分光光度法联用技术，测定金属离子的方案设计。

五、计算题（要求写出所用公式、必要的计算步骤、正确表述计算结果以及所求项的单位）

9-31 欲制备纯化的 $ZnSO_4$，可用提高溶液 pH 的办法将粗 $ZnSO_4$ 产品中的 Fe^{3+} 分离除去。计算使 Fe^{3+} 沉淀完全时的最低 pH。

9-32 移取 0.05000mol/L 碘液 25.00mL 加入 25.00mL CCl_4 中，充分振荡后静置分层，吸取 CCl_4 有机相溶液 10.00mL，用 0.05000mol/L $Na_2S_2O_3$ 标准滴定溶液滴定至终点，消耗 $Na_2S_2O_3$ 的体积为 19.80mL。计算 I_2 在有机相和水相中的浓度及该萃取体系的分配系数。

9-33 某溶液中含 Fe^{3+} 10.0mg，若采用的萃取体系的分配比 $D=99$，问用等体积有机溶剂萃取一次、两次后，剩余的 Fe^{3+} 各为多少？若在萃取两次后，将两次分出的有机相合并，再用等体积的水洗一次，将损失多少 Fe^{3+}？

9-34 移取含 $CaCl_2$ 和 HCl 的水溶液 20.00mL，用 0.1000mol/L NaOH 标准滴定溶液滴定至终点，消耗 NaOH 的体积为 15.60mL；另移取该水溶液 10.00mL 稀释至 50.00mL，用强碱型阴离子交换树脂进行交换，流出液用 0.1000mol/L HCl 标准滴定溶液滴定至终点，消耗 HCl 的体积为 22.50mL。计算试液中 HCl 和 $CaCl_2$ 的浓度。

9-35 某溶液中含有两种物质 A 和 B，用 PC 法分离后其比移值分别为 0.45 和 0.65，欲使分离后两斑点间的距离为 2.0cm，问滤纸至少应截取多长为宜？

工业分析检验相关知识练习题

一、判断题

1. 分析工作者只须严格遵守采取均匀固体样品的技术标准的规定。(×)
2. 国家标准是企业必须执行的标准。(×)
3.《中华人民共和国标准化法》于 1989 年 1 月 1 日发布实施。(×)
4. 计量法规包括计量管理法规和计量技术法规两部分。(√)
5.《中华人民共和国质量法》中所称的产品是指经加工、制作,用于销售的产品。(√)
6. 实验室所用的玻璃仪器都要经过国家计量基准器具的鉴定。(√)
7. 砝码使用一定时期(一般为一年)后,应对其质量进行校准。(√)
8. 洗液主要用于清洗不易或不应直接刷洗的玻璃仪器,如移液管、容量瓶、比色管等。(√)
9. 标准物质是指具有一种或多种足够好的确立的特性,用于校准计量器具、评定计量方法或给材料赋值的物质或材料。(√)
10. 凡是基准物质,使用前都要进行灼烧处理。(×)
11. 色谱纯试剂是用于作色谱分析的标准物质。(×)
12. 实验中应该优先使用纯度较高的试剂以提高测定的准确度。(×)
13. 分析结果要求不是很高的实验,可用优级纯或分析纯试剂代替基准试剂。(√)
14. 做空白试验,可以减少滴定分析中的偶然误差。(×)
15. 在消除系统误差的前提下,平行测定的次数越多,平均值越接近真值。(√)
16. 容量瓶与移液管不配套会引起偶然误差。(×)
17. 在没有系统误差的前提条件下,总体平均值就是真实值。(×)
18. 平均偏差常用来表示一组测量数据的分散程度。(√)
19. 化学分析中,置信度越大,置信区间就越大。(√)
20. 可见分光光度计检验波长的准确度是采用苯蒸气的吸收光谱曲线检查的。(×)
21. 线性回归中的相关系数是用来作为判断两个变量之间相关关系的一个量度。(√)
22. 化验室的安全包括:防火、防爆、防中毒、防腐蚀、防烫伤、保证压力容器和气瓶的安全、电器的安全以及防止环境污染等。(√)
23. 氧化还原反应中,两电对的电极电势差值越大,反应速率越快 。(×)
24. 影响氧化还原反应速率的主要因素有反应物的浓度、酸度、温度和催化剂。(√)
25. 氨羧配位剂能与多数金属离子形成稳定的可溶性配合物的原因是含有配位能力很强的氨氮和羧氧两种配位原子。(√)
26. 溶液的 pH 愈小,金属离子与 EDTA 配位反应能力愈低。(√)
27. 当 EDTA 溶解于酸度较高的溶液中时,它就相当于六元酸。(√)
28. 影响配位平衡的主要因素是酸效应和配位效应。(√)
29. 为保证被测组分沉淀完全,沉淀剂应越多越好。(×)

30. 向含 AgCl 固体的溶液中加适量的水使 AgCl 溶解又达平衡时，AgCl 溶度积不变，其溶解度也不变。(√)

31. 稀溶液中溶剂的蒸气压下降值与溶质的物质的量分数成正比。(√)

32. 二次蒸馏水是指将蒸馏水重新蒸馏后得到的水。(×)

33. 实验室三级水 pH 的测定应在 5.0～7.5 之间，可用精密 pH 试纸或酸碱指示剂检验。(√)

34. 吸收池在使用后应立即洗净，当被有色物质污染时，可用铬酸洗液洗涤。(×)

35. 校准玻璃仪器的方法可用衡量法和常量法。(√)

36. 铂坩埚与大多数试剂不反应，可用王水在铂坩埚里溶解样品。(×)

37. 用分光光度计进行比色测定时，必须选择最大的吸收波长进行比色，这样灵敏度高。(×)

38. 氧气瓶、可燃性气瓶与明火距离不应小于 10m。(√)

39. 分解试样的方法很多，选择分解试样的方法时应考虑测定对象、测定方法和干扰元素等几方面的问题。(√)

40. 干燥器内的物品不可过杂，以免互相污染。(√)

41. 空心阴极灯若长期不用，应定期点燃，以延长灯的使用寿命。(√)

42. 滴定管体积校正采用的是绝对校正法。(√)

43. 称量腐蚀性、吸湿性或挥发性强的物品时，必须放在能密塞的容器内进行。(√)

44. 对出厂前成品检验中高含量组分的测定，或在标准滴定溶液测定中，当涉及滴定管的使用时，此滴定管应带校正值。(√)

45. 高压有利于合成 NH_3 的反应。(√)

46. EDTA 标准溶液应储存在玻璃器皿中。(×)

47. 用纯水洗涤玻璃仪器时，使其既干净又节约用水的方法原则是少量多次。(√)

48. 配制仪器分析用标准溶液所用的试剂纯度应在分析纯以上。(√)

49. 在萃取剂的用量相同的情况下，少量多次萃取的方式比一次萃取的方式萃取率要低得多。(×)

50. 氧瓶燃烧法除了能用来定量测定卤素和硫以外，已广泛应用于有机物中硼等其他非金属元素与金属元素的定量测定。(√)

二、单选题[1]

1. 在称量分析中能使沉淀溶解度减小的因素是（ ）。

A. 酸效应　　B. 盐效应　　*C. 同离子效应　　D. 生成配合物

2. 测定一熔点约 170℃的物质，其最佳熔点浴载热体为（ ）。

A. 水　　*B. 液体石蜡、甘油

C. 浓硫酸　　D. 聚有机硅油

3. 氧气通常灌装在（ ）颜色的钢瓶中。

A. 白色　　B. 黑色　　C. 深绿色　　*D. 天蓝色

4. 三级分析用水中可氧化物质的检验，所用氧化剂应为（ ）。

---

[1] 选项前加“*”号的表示正确答案，后同。

A. 重铬酸钾　B. 氯化铁　*C. 高锰酸钾　D. 碘单质

5. 凯氏定氮法的关键步骤是消化，为加速分解过程，缩短消化时间，常加入适量的（　）。

A. 无水碳酸钠　B. 无水碳酸钾　*C. 无水硫酸钾　D. 草酸钾

6. 在实验室中，当皮肤溅上浓碱时，用大量水冲洗后，应再用（　）溶液处理。

A. 5%的小苏打溶液　*B. 5%的硼酸溶液

C. 2%的硝酸溶液　D. 1∶5000 的高锰酸钾溶液

7. 下列几个单位名称中属于 SI 国际单位制的基本单位名称是（　）。

*A. 摩尔　B. 克　C. 厘米　D. 毫升

8. 在滴定分析法测定中出现的下列情况，哪种属于系统误差？（　）。

A. 试样未经充分混匀　B. 滴定管的读数读错

C. 滴定时有液滴溅出　*D. 砝码未经校正

9. 滴定分析中，若试剂含少量待测组分，可用于消除误差的方法是（　）。

A. 仪器校正　*B. 空白试验　C. 对照分析　D. 多做平行实验

10. 滴定分析中，若怀疑试剂在放置中失效，可通过何种方法检验？（　）

A. 仪器校正　*B. 对照分析　C. 空白试验　D. 无合适方法

11. 一个样品分析结果的准确度不好，但精密度好，可能存在（　）。

A. 操作失误　B. 记录有差错　*C. 使用试剂不纯　D. 随机误差大

12. $NaHCO_3$ 纯度的技术指标为≥99.0%，下列测定结果哪个不符合标准要求？（　）

A. 99.05%　B. 99.01%　*C. 98.94%　D. 99.95%

13. 某标准滴定溶液的浓度为 0.5010mol/L，它的有效数字是（　）。

A. 5 位　*B. 4 位　C. 3 位　D. 2 位

14. 用 25mL 的移液管移出的溶液体积应记为（　）。

A. 25mL　B. 25.0mL　*C. 25.00mL　D. 25.000mL

15. 直接法配制标准滴定溶液必须使用（　）。

*A. 基准试剂　B. 化学纯试剂　C. 分析纯试剂　D. 优级纯试剂

16. 现需要配制 0.1000mol/L $K_2Cr_2O_7$ 溶液，下列量器中最合适的量器是（　）。

*A. 容量瓶　B. 量筒　C. 刻度烧杯　D. 酸式滴定管

17. 工业废水样品采集后，保存时间愈短，则分析结果（　）。

*A. 愈可靠　B. 愈不可靠　C. 无影响　D. 影响很小

18. 从下列标准中选出必须制定为强制性标准的是（　）。

A. 国家标准　B. 分析方法标准　*C. 食品卫生标准　D. 产品标准

19. GB/T 7686—2008《化工产品中砷含量测定的通用方法》是一种（　）。

*A. 方法标准　B. 卫生标准　C. 安全标准　D. 产品标准

20. 以下用于化工产品检验的哪些器具属于国家计量局发布的强制检定的工作计量器具？（　）

A. 量筒、天平　*B. 台秤、密度计　C. 烧杯、砝码　D. 温度计、量杯

21. 计量器具的检定标识为黄色说明（　）。

A. 合格，可使用　*B. 不合格，应停用

C. 检测功能合格，其他功能失效　D. 没有特殊意义

22. 计量器具的检定标识为绿色说明（　）。

A. 合格，可使用　　B. 不合格，应停用

*C. 检测功能合格，其他功能失效　　D. 没有特殊意义

23. 分析天平的最大称量能达到（　）。

A. 190g　*B. 200g　C. 210g　D. 220g

24. 下列属于常用的灭火方法的是（　）。

A. 隔离法　B. 冷却法　C. 窒息法　*D. 以上都是

25. 常量分析中滴定管在记录读数时，小数点后应保留（　）位。

A. 1　*B. 2　C. 3　D. 4

26. 下列各组物质按等物质的量混合配成溶液后，其中不是缓冲溶液的是（　）。

A. $NaHCO_3$ 和 Na_2CO_3　*B. NaCl 和 NaOH

C. NH_3 和 NH_4Cl　D. HAc 和 NaAc

27. 碘量法测定 $CuSO_4$ 的含量，试样溶液中加入过量的 KI，下列叙述其作用错误的是（　）。

A. 还原 Cu^{2+} 为 Cu^+　B. 与 Cu^+ 形成 CuI 沉淀

C. 防止 I_2 挥发　*D. 把 $CuSO_4$ 还原成单质 Cu

28. 若只需做一个复杂样品中某个特殊组分的定量分析，用色谱法时，宜选用（　）。

A. 归一化法　B. 标准曲线法　C. 外标法　*D. 内标法

29. 不属于钢铁中五元素的是（　）。

A. 硫　*B. 铁　C. 锰　D. 磷

30. 在用 HCl 滴定 NaOH 时，一般选择甲基橙而不是酚酞作为指示剂，主要是由于（　）。

A. 甲基橙水溶液好　*B. 甲基橙终点 CO_2 影响小

C. 甲基橙是双色指示剂　D. 甲基橙变色范围较狭窄

31. 使用分析天平时，加减砝码和取放物体必须休止天平，这是为了（　）。

A. 防止天平盘的摆动　*B. 减少玛瑙刀口的磨损

C. 增加天平的稳定性　D. 加快称量速度

32. NaOH 溶液标签浓度为 0.300mol/L，该溶液从空气中吸收了少量的 CO_2，现以酚酞为指示剂，用 HCl 标准溶液标定，标定结果比标签浓度（　）。

A. 高　*B. 低　C. 不变　D. 无法确定

33. 使用浓盐酸、浓硝酸，必须在（　）中进行。

A. 大容器　B. 玻璃器皿　C. 耐腐蚀容器　*D. 通风橱

34. 配制 HCl 标准滴定溶液宜取的试剂规格是（　）。

*A. HCl(A.R.)　B. HCl(G.R.)　C. HCl(L.R.)　D. HCl(C.P.)

35. 莫尔法确定终点的指示剂是（　）。

*A. K_2CrO_4　B. $K_2Cr_2O_7$　C. $NH_4Fe(SO_4)_2$　D. 荧光黄

36. 分光光度法中，摩尔吸光系数与（　）有关。

A. 液层的厚度　B. 光的强度　C. 溶液的浓度　*D. 溶质的性质

37. 在高效液相色谱流程中，试样混合物在（　）中被分离。

A. 检测器　B. 记录器　*C. 色谱柱　D. 进样器

38. 在电导分析中使用纯度较高的蒸馏水是为消除（　）对测定的影响。

A. 电极极化　　B. 电容　　C. 温度　　*D. 杂质

39. 在分光光度法中，宜选用的吸光度读数范围为（　）。

A. 0～0.2　　B. 0.1～∞　　C. 1～2　　*D. 0.2～0.8

40. 芳香族化合物的特征吸收带是β带，其最大吸收峰波长在（　）。

A. 200～230nm　　*B. 230～270nm　　C. 230～300nm　　D. 270～300nm

41. 下面所述选项不属于工业分析检验职业道德基本要求内容的是（　）。

*A. 职业兴趣　　B. 忠于职守　　C. 遵章守纪　　D. 关心企业

42. 化学检验人员应具备（　）。

A. 实验室规划设计的能力　　B. 制定标准分析方法的能力

*C. 使用常用的分析仪器和设备并具有一定的维护能力

D. 高级技师的水平

43. 标准化的目的是为了在一定范围内获得（　）。

*A. 最佳秩序　　B. 最佳社会声誉　　C. 最大经济效益　　D. 最优生产条件

44. 普通分析用水 pH 应在（　）。

A. 5～6　　B. 5～6.5　　C. 5～7.0　　*D. 5～7.5

45. 在国家、行业标准的代号与编号 GB/T 18883—2002 中 GB/T 是指（　）。

A. 强制性国家标准　　*B. 推荐性国家标准

C. 推荐性化工部标准　　D. 强制性化工部标准

46. 分析工作中实际能够测量到的数字称为（　）。

A. 精密数字　　B. 准确数字　　C. 可靠数字　　*D. 有效数字

47. 下列物质分别溶于水中，温度显著升高的是（　）。

*A. 浓硫酸　　B. 食盐　　C. NH_4NO_3　　D. 酒精

48. 实验室所有在用的仪器设备均应实行（　）标识的管理。

A. 单色　　B. 双色　　*C. 三色　　D. 四色

49. 工业“废水”中有害物质分两类，第二类有害物质的 pH 最高允许排放指标为（　）。

A. 7～10　　*B. 6～9　　C. 8～10　　D. 5～7

50. 为防止吸入 Cl_2 中毒，可用浸透某种物质溶液的毛巾捂住口鼻，这种物质可能是（　）。

*A. Na_2CO_3　　B. KI　　C. SO_2　　D. 浓氨水

三、多选题

1. 下列哪些物质不能用直接法配制标准滴定溶液？（　）

*A. $KMnO_4$　　*B. I_2　　*C. $Na_2S_2O_3 \cdot 5H_2O$　　D. $K_2Cr_2O_7$

2. 在配制微量分析用标准溶液时，下列说法正确的是（　）。

A. 硅标液应存放在带塞的玻璃瓶中

*B. 需用基准物质或高纯试剂配制

*C. 配制时用水至少要符合实验室三级水的标准

D. 配制 1mg/L 的标准溶液作为储备液

3. 用气相色谱仪分析样品时，若载气漏气，则会出现（　）。

*A. 气体稳压稳流不好　　*B. 峰的丢失
*C. 气路产生的“鬼峰”　　D. 峰数增加

4. 紫外分光光度法对有机物进行定性分析的依据是（　　）等。
*A. 峰的形状　　B. 曲线坐标　　*C. 峰的数目　　*D. 峰的位置

5. 一台分光光度计的校正应包括（　　）等。
*A. 波长的校正　　*B. 吸光度的校正
*C. 杂散光的校正　　*D. 吸收池的校正

6. 分光光度计的检验项目包括（　　）。
*A. 透射比准确度的检验　　*B. 波长准确度的检验
*C. 吸收池配套性的检验　　D. 单色器性能的检验

7. 检验可见及紫外分光光度计的波长正确性时，应分别绘制的吸收曲线是（　　）。
A. 甲苯蒸气　　*B. 苯蒸气　　*C. 镨钕滤光片　　D. 重铬酸钾溶液

8. $Na_2S_2O_3$ 溶液不稳定的原因是（　　）。
A. 诱导作用　　*B. 还原性杂质的作用
*C. 空气的氧化作用　　*D. H_2CO_3 的作用

9. 在碘量法中为了减少 I_2 的挥发，常采用的措施有（　　）。
*A. 使用碘量瓶　　B. 滴定时不能摇动，要滴完后摇
*C. 加入过量 KI　　D. 适当加热增加 I_2 的溶解度，减少挥发

10. 配制 $Na_2S_2O_3$ 溶液时，应用新煮沸并冷却后的蒸馏水，其目的是（　　）。
*A. 除去 CO_2 和 O_2　　B. 使水中的杂质被破坏
*C. 杀死细菌　　D. 使重金属离子水解

11. 下列哪些方法能减小间接碘量法的分析误差？（　　）
*A. 使用碘量瓶　　*B. 反应时放置于暗处
C. 快摇快滴　　D. 加入催化剂

12. 测定化工产品中水分的含量时，所用费休试剂的组成有（　　）。
*A. SO_2 和 I_2　　*B. 吡啶　　*C. 甲醇　　D. 丙酮

13. 标准滴定溶液配制好后，要用符合试剂要求的密闭容器盛放，并贴上标签，标签上要注明（　　）。
*A. 溶液名称　　*B. 浓度　　*C. 介质　　*D. 配制日期

14. 下列溶液中，需储放于棕色细口瓶中的标准滴定溶液有（　　）。
*A. $AgNO_3$　　B. NaOH　　*C. $Na_2S_2O_3$　　D. EDTA

15. 旧色谱柱柱效低，分离不好，可采用的方法是（　　）。
A. 使用合适的流动相或使用流动相溶解样品
*B. 刮除被污染的床层，用同型的填料填补，柱效可部分恢复
*C. 污染严重，则废弃或重新填装
*D. 用强溶剂冲洗

16. 氢火焰点不燃的原因可能是（　　）。
*A. 点火极断路或碰圈　　*B. 空气流量太小或空气大量漏气
*C. 喷嘴漏气或被堵塞　　*D. 氢气漏气或流量太小

17. 气相色谱仪气路系统的检漏包括（　　）。

*A. 钢瓶至减压阀间的检漏　　*B. 汽化室密封圈的检漏

*C. 气源至色谱柱之间的检漏　　*D. 汽化室至检测器出口间的检漏

18. 原子吸收光谱仪中产生共振发射线的是（　　）。

A. 仪器的第二部分　　*B. 仪器的第一部分

*C. 空心阴极灯　　D. 原子化系统

19. 可用于标定高锰酸钾标准滴定溶液的基准物质有（　　）。

A. 三氧化二砷　　*B. 草酸钠　　*C. 纯铁丝　　D. 重铬酸钾

20. 与液-液分配色谱法相比，键合色谱法的主要优点是（　　）。

*A. 适宜用梯度淋洗

*B. 适合于 k 范围很宽的样品

*C. 应用面广

*D. 化学键合固定相非常稳定，在使用过程中不流失

附 录

附录1 弱酸弱碱在水中的解离常数（25℃，I=0）

1. 弱酸

名 称	化学式	酸解离常数 K_a	共轭碱解离常数 K_b
砷酸	H_3AsO_4	$6.3\times10^{-3}(K_{a1})$	$1.6\times10^{-12}(K_{b3})$
		$1.0\times10^{-7}(K_{a2})$	$1.0\times10^{-7}(K_{b2})$
		$3.2\times10^{-12}(K_{a3})$	$3.1\times10^{-3}(K_{b1})$
亚砷酸	$HAsO_3$	6.0×10^{-10}	1.7×10^{-5}
硼酸	H_3BO_3	5.8×10^{-10}	1.7×10^{-5}
焦硼酸	$H_2B_4O_7$	$1.0\times10^{-4}(K_{a1})$	$1.0\times10^{-10}(K_{b2})$
		$1.0\times10^{-9}(K_{a2})$	$1.0\times10^{-5}(K_{b1})$
碳酸	$H_2CO_3(CO_2+H_2O)$	$4.2\times10^{-7}(K_{a1})$	$2.4\times10^{-8}(K_{b2})$
		$5.6\times10^{-11}(K_{a2})$	$1.8\times10^{-4}(K_{b1})$
氢氰酸	HCN	6.2×10^{-10}	1.6×10^{-5}
铬酸	H_2CrO_4	$1.8\times10^{-1}(K_{a1})$	$5.6\times10^{-14}(K_{b2})$
		$3.2\times10^{-7}(K_{a2})$	$3.1\times10^{-8}(K_{b1})$
氢氟酸	HF	6.6×10^{-4}	1.5×10^{-11}
亚硝酸	HNO_2	5.1×10^{-4}	1.2×10^{-11}
过氧化氢	H_2O_2	1.8×10^{-12}	5.6×10^{-3}
磷酸	H_3PO_4	$7.6\times10^{-3}(K_{a1})$	$1.3\times10^{-12}(K_{b3})$
		$6.3\times10^{-8}(K_{a2})$	$1.6\times10^{-7}(K_{b2})$
		$4.4\times10^{-13}(K_{a3})$	$2.3\times10^{-2}(K_{b1})$
焦磷酸	$H_4P_2O_7$	$3.0\times10^{-2}(K_{a1})$	$3.3\times10^{-13}(K_{b4})$
		$4.4\times10^{-3}(K_{a2})$	$2.3\times10^{-12}(K_{b3})$
		$2.5\times10^{-7}(K_{a3})$	$4.0\times10^{-8}(K_{b2})$
		$5.6\times10^{-10}(K_{a4})$	$1.8\times10^{-5}(K_{b1})$
亚磷酸	H_3PO_3	$5.0\times10^{-2}(K_{a1})$	$2.0\times10^{-13}(K_{b2})$
		$2.5\times10^{-7}(K_{a2})$	$4.0\times10^{-8}(K_{b1})$
氢硫酸	H_2S	$1.3\times10^{-7}(K_{a1})$	$7.7\times10^{-8}(K_{b2})$
		$7.1\times10^{-15}(K_{a2})$	$1.4(K_{b1})$
硫酸	HSO_4^-	$1.0\times10^{-2}(K_{a2})$	$1.0\times10^{-12}(K_{b1})$
亚硫酸	$H_2SO_3(SO_2+H_2O)$	$1.3\times10^{-2}(K_{a1})$	$7.7\times10^{-13}(K_{b2})$
		$6.3\times10^{-8}(K_{a2})$	$1.6\times10^{-7}(K_{b1})$
偏硅酸	H_2SiO_3	$1.7\times10^{-10}(K_{a1})$	$5.9\times10^{-5}(K_{b2})$
		$1.6\times10^{-12}(K_{a2})$	$6.2\times10^{-3}(K_{b1})$
甲酸	HCOOH	1.8×10^{-4}	5.5×10^{-11}
乙酸	CH_3COOH	1.8×10^{-5}	5.5×10^{-10}
一氯乙酸	$CH_2ClCOOH$	1.4×10^{-3}	6.9×10^{-12}

续表

名　称	化学式	酸解离常数 K_a	共轭碱解离常数 K_b
二氯乙酸	$CHCl_2COOH$	5.0×10^{-2}	2.0×10^{-13}
三氯乙酸	CCl_3COOH	0.23	4.3×10^{-14}
氨基乙酸盐	$^{+}NH_3CH_2COOH$	$4.5\times10^{-3}(K_{a1})$	$2.2\times10^{-12}(K_{b2})$
	$^{+}NH_3CH_2COO^-$	$2.5\times10^{-10}(K_{a2})$	$4.0\times10^{-5}(K_{b1})$
抗坏血酸	C(=O)—C(OH)═C(OH)—CH（环，经—O—相连），CH₂OH—CHOH—	$5.0\times10^{-5}(K_{a1})$	$2.0\times10^{-10}(K_{b2})$
		$1.5\times10^{-10}(K_{a2})$	$6.7\times10^{-5}(K_{b1})$
乳酸	$CH_3CHOHCOOH$	1.4×10^{-4}	7.2×10^{-11}
苯甲酸	C_6H_5COOH	6.2×10^{-5}	1.6×10^{-10}
草酸	$H_2C_2O_4$	$5.9\times10^{-2}(K_{a1})$	$1.7\times10^{-13}(K_{b2})$
		$6.4\times10^{-5}(K_{a2})$	$1.6\times10^{-10}(K_{b1})$
d-酒石酸	CH(OH)COOH | CH(OH)COOH	$9.1\times10^{-4}(K_{a1})$	$1.1\times10^{-11}(K_{b2})$
		$4.3\times10^{-5}(K_{a2})$	$2.3\times10^{-10}(K_{b1})$
邻苯二甲酸	$C_6H_4(COOH)_2$（邻位）	$1.1\times10^{-3}(K_{a1})$	$9.1\times10^{-12}(K_{b2})$
		$3.9\times10^{-6}(K_{a2})$	$2.6\times10^{-9}(K_{b1})$
柠檬酸	CH_2COOH | C(OH)COOH | CH_2COOH	$7.4\times10^{-4}(K_{a1})$	$1.4\times10^{-11}(K_{b3})$
		$1.7\times10^{-5}(K_{a2})$	$5.9\times10^{-10}(K_{b2})$
		$4.0\times10^{-7}(K_{a3})$	$2.5\times10^{-8}(K_{b1})$
苯酚	C_6H_5OH	1.1×10^{-10}	9.1×10^{-5}
乙二胺四乙酸	H_6Y^{2+}	$0.13(K_{a1})$	$7.7\times10^{-14}(K_{b6})$
	H_5Y^{+}	$3.0\times10^{-2}(K_{a2})$	$3.3\times10^{-13}(K_{b5})$
	H_4Y	$1.0\times10^{-2}(K_{a3})$	$1.0\times10^{-12}(K_{b4})$
	H_3Y^{-}	$2.1\times10^{-3}(K_{a4})$	$4.8\times10^{-12}(K_{b3})$
	H_2Y^{2-}	$6.9\times10^{-7}(K_{a5})$	$1.4\times10^{-8}(K_{b2})$
	HY^{3-}	$5.5\times10^{-11}(K_{a6})$	$1.8\times10^{-4}(K_{b1})$

2. 弱碱

名　称	化学式	碱解离常数 K_b	共轭酸解离常数 K_a
氨水	$NH_3\cdot H_2O$	1.8×10^{-5}	5.5×10^{-10}
联氨	H_2NNH_2	$3.0\times10^{-6}(K_{b1})$	$3.3\times10^{-9}(K_{a2})$
		$7.6\times10^{-15}(K_{b2})$	$1.3(K_{a1})$
羟胺	NH_2OH	9.1×10^{-9}	1.1×10^{-6}
甲胺	CH_3NH_2	4.2×10^{-4}	2.4×10^{-11}
乙胺	$C_2H_5NH_2$	5.6×10^{-4}	1.8×10^{-11}
二甲胺	$(CH_3)_2NH_2$	1.2×10^{-4}	8.5×10^{-11}
二乙胺	$(C_2H_5)_2NH_2$	1.3×10^{-3}	7.8×10^{-12}
乙醇胺	$HOCH_2CH_2NH_2$	3.2×10^{-5}	3.2×10^{-10}
三乙醇胺	$(HOCH_2CH_2)_3N$	5.8×10^{-7}	1.7×10^{-8}
六亚甲基四胺	$(CH_2)_6N_4$	1.4×10^{-9}	7.1×10^{-6}
乙二胺	$H_2NCH_2CH_2NH_2$	$8.3\times10^{-5}(K_{b1})$	$1.2\times10^{-10}(K_{a2})$
		$7.1\times10^{-8}(K_{b2})$	$1.4\times10^{-7}(K_{a1})$
苯胺	$C_6H_5NH_2$	4.3×10^{-10}	2.3×10^{-5}
苯甲胺	$C_6H_5CH_2NH_2$	2.1×10^{-5}	4.8×10^{-10}
吡啶	C_5H_5N	1.7×10^{-9}	5.9×10^{-6}

附录 2 金属配合物的稳定常数 lgK（18～25℃，I＝0.1）

金属离子	配位剂				
	EDTA	DCTA	DTPA	EGTA	HEDTA
Ag^{+}	7.32			6.88	6.71
Al^{3+}	16.3	19.5	18.6	13.9	14.3
Ba^{2+}	7.86	8.69	8.87	8.41	6.3
Be^{2+}	9.2	11.51			
Bi^{3+}	27.94	32.3	35.6		22.3
Ca^{2+}	10.69	13.20	10.83	10.97	8.3
Cd^{2+}	16.46	19.93	19.2	16.7	13.3
Co^{2+}	16.31	19.62	19.27	12.39	14.6
Co^{3+}	36				37.4
Cr^{3+}	23.4				
Cu^{2+}	18.80	22.00	21.55	17.71	17.6
Fe^{2+}	14.32	19.0	16.5	11.87	12.3
Fe^{3+}	25.1	30.1	28.0	20.5	19.8
Ga^{3+}	20.3	23.2	25.54		16.9
Hg^{2+}	21.7	25.00	26.70	23.2	20.30
In^{3+}	25.0	28.8	29.0		20.2
Li^{+}	2.79				
Mg^{2+}	8.7	11.02	9.30	5.21	7.0
Mn^{2+}	13.87	17.48	15.60	12.28	10.9
Mo(Ⅴ)	约 28				
Na^{+}	1.66				
Ni^{2+}	18.62	20.3	20.32	13.55	17.3
Pb^{2+}	18.04	20.38	18.80	14.71	15.7
Pd^{2+}	18.5				
Sc^{3+}	23.1	26.1	24.5	18.2	
Sn^{2+}	22.11				
Sr^{2+}	8.73	10.59	9.77	8.5	6.9
TiO^{2+}	17.3				
Tl^{3+}	37.8	38.3			
VO^{2+}	18.8	20.1			
Zn^{2+}	16.5	19.37	18.40	12.7	14.7
Zr^{4+}	29.5		35.8		
稀土元素	16～20	17～22	19		13～16

注：EDTA——乙二胺四乙酸；DCTA——1,2-二氨基环己烷四乙酸；DTPA——二乙基三胺五乙酸；EGTA——乙二醇二乙醚二胺四乙酸；HEDTA——N-β-羟基乙基乙二胺三乙酸。

附录3　标准电极电势（25℃）

1. 在酸性溶液中

电　　对	电　极　反　应	$\varphi^{\ominus}$/V
Li^+/Li	$Li^+ + e \rightleftharpoons Li$	−3.045
Cs^+/Cs	$Cs^+ + e \rightleftharpoons Cs$	−3.026
Rb^+/Rb	$Rb^+ + e \rightleftharpoons Rb$	−2.93
K^+/K	$K^+ + e \rightleftharpoons K$	−2.925
Ba^{2+}/Ba	$Ba^{2+} + 2e \rightleftharpoons Ba$	−2.91
Sr^{2+}/Sr	$Sr^{2+} + 2e \rightleftharpoons Sr$	−2.89
Ca^{2+}/Ca	$Ca^{2+} + 2e \rightleftharpoons Ca$	−2.868
Na^+/Na	$Na^+ + e \rightleftharpoons Na$	−2.714
La^{3+}/La	$La^{3+} + 3e \rightleftharpoons La$	−2.52
Y^{3+}/Y	$Y^{3+} + 3e \rightleftharpoons Y$	−2.37
Mg^{2+}/Mg	$Mg^{2+} + 2e \rightleftharpoons Mg$	−2.372
Ce^{3+}/Ce	$Ce^{3+} + 3e \rightleftharpoons Ce$	−2.336
H_2/H^-	$\frac{1}{2}H_2 + e \rightleftharpoons H^-$	−2.23
Sc^{3+}/Sc	$Sc^{3+} + 3e \rightleftharpoons Sc$	−2.077
Th^{4+}/Th	$Th^{4+} + 4e \rightleftharpoons Th$	−1.899
Be^{2+}/Be	$Be^{2+} + 2e \rightleftharpoons Be$	−1.8647
U^{3+}/U	$U^{3+} + 3e \rightleftharpoons U$	−1.8798
Al^{3+}/Al	$Al^{3+} + 3e \rightleftharpoons Al$	−1.662
Ti^{2+}/Ti	$Ti^{2+} + 2e \rightleftharpoons Ti$	−1.630
ZrO_2/Zr	$ZrO_2 + 4H^+ + 4e \rightleftharpoons Zr + 2H_2O$	−1.553
V^{2+}/V	$V^{2+} + 2e \rightleftharpoons V$	−0.225
Mn^{2+}/Mn	$Mn^{2+} + 2e \rightleftharpoons Mn$	−1.185
TiO_2/Ti	$TiO_2 + 4H^+ + 4e \rightleftharpoons Ti + 2H_2O$	−0.502
SiO_2/Si	$SiO_2 + 4H^+ + 4e \rightleftharpoons Si + 2H_2O$	−0.857
Cr^{2+}/Cr	$Cr^{2+} + 2e \rightleftharpoons Cr$	−0.913
Zn^{2+}/Zn	$Zn^{2+} + 2e \rightleftharpoons Zn$	−0.763
Cr^{3+}/Cr	$Cr^{3+} + 3e \rightleftharpoons Cr$	−0.744
Ag_2S/Ag	$Ag_2S + 2e \rightleftharpoons 2Ag + S^{2-}$	−0.691
$CO_2/H_2C_2O_4$	$2CO_2 + 2H^+ + 2e \rightleftharpoons H_2C_2O_4$	−0.49
Fe^{2+}/Fe	$Fe^{2+} + 2e \rightleftharpoons Fe$	−0.447
Cr^{3+}/Cr^{2+}	$Cr^{3+} + e \rightleftharpoons Cr^{2+}$	−0.41
Cd^{2+}/Cd	$Cd^{2+} + 2e \rightleftharpoons Cd$	−0.403
Ti^{3+}/Ti^{2+}	$Ti^{3+} + e \rightleftharpoons Ti^{2+}$	−0.37
$PbSO_4/Pb$	$PbSO_4 + 2e \rightleftharpoons Pb + SO_4^{2-}$	−0.356
Co^{2+}/Co	$Co^{2+} + 2e \rightleftharpoons Co$	−0.28
$PbCl_2/Pb$	$PbCl_2 + 2e \rightleftharpoons Pb + 2Cl^-$	−0.266
V^{3+}/V^{2+}	$V^{3+} + e \rightleftharpoons V^{2+}$	−0.255
Ni^{2+}/Ni	$Ni^{2+} + 2e \rightleftharpoons Ni$	−0.257
AgI/Ag	$AgI + e \rightleftharpoons Ag + I^-$	−0.15224
Sn^{2+}/Sn	$Sn^{2+} + 2e \rightleftharpoons Sn$	−0.1375

续表

电对	电极反应	$\varphi^{\ominus}/V$
Pb^{2+}/Pb	$Pb^{2+}+2e \rightleftharpoons Pb$	−0.1262
Fe^{3+}/Fe	$Fe^{3+}+3e \rightleftharpoons Fe$	−0.037
$AgCN/Ag$	$AgCN+e \rightleftharpoons Ag+CN^-$	−0.017
H^+/H_2	$2H^++2e \rightleftharpoons H_2$	0.0000
$AgBr/Ag$	$AgBr+e \rightleftharpoons Ag+Br^-$	0.07133
TiO^{2+}/Ti^{2+}	$TiO^{2+}+2H^++2e \rightleftharpoons Ti^{2+}+H_2O$	0.10
S/H_2S	$S+2H^++2e \rightleftharpoons H_2S(aq)$	0.142
Sn^{4+}/Sn^{2+}	$Sn^{4+}+2e \rightleftharpoons Sn^{2+}$	0.151
Sb_2O_3/Sb	$Sb_2O_3+6H^++6e \rightleftharpoons 2Sb+3H_2O$	0.152
Cu^{2+}/Cu^+	$Cu^{2+}+e \rightleftharpoons Cu^+$	0.153
$AgCl/Ag$	$AgCl+e \rightleftharpoons Ag+Cl^-$	0.22233
$HAsO_2/As$	$HAsO_2+3H^++3e \rightleftharpoons As+2H_2O$	0.248
Hg_2Cl_2/Hg	$Hg_2Cl_2+2e \rightleftharpoons 2Hg+2Cl^-$	0.26808
BiO^+/Bi	$BiO^++2H^++3e \rightleftharpoons Bi+H_2O$	0.320
UO_2^{2+}/U^{4+}	$UO_2^{2+}+4H^++2e \rightleftharpoons U^{4+}+2H_2O$	0.317
VO^{2+}/V^{3+}	$VO^{2+}+2H^++e \rightleftharpoons V^{3+}+H_2O$	0.337
Cu^{2+}/Cu	$Cu^{2+}+2e \rightleftharpoons Cu$	0.3419
$S_2O_3^{2-}/S$	$S_2O_3^{2-}+6H^++4e \rightleftharpoons 2S+3H_2O$	0.5
Cu^+/Cu	$Cu^++e \rightleftharpoons Cu$	0.521
I_3^-/I^-	$I_3^-+2e \rightleftharpoons 3I^-$	0.545
I_2/I^-	$I_2+2e \rightleftharpoons 2I^-$	0.5355
H_3AsO_4/H_3AsO_3	$H_3AsO_4+2H^++2e \rightleftharpoons H_3AsO_3+H_2O$	0.560
MnO_4^-/MnO_4^{2-}	$MnO_4^-+e \rightleftharpoons MnO_4^{2-}$	0.57
$HgCl_2/Hg_2Cl_2$	$2HgCl_2+2e \rightleftharpoons Hg_2Cl_2(s)+2Cl^-$	0.63
Ag_2SO_4/Ag	$Ag_2SO_4+2e \rightleftharpoons 2Ag+SO_4^{2-}$	0.654
O_2/H_2O_2	$O_2+2H^++2e \rightleftharpoons H_2O_2$	0.69
$[PtCl_4]^{2-}/Pt$	$[PtCl_4]^{2-}+2e \rightleftharpoons Pt+4Cl^-$	0.755
Fe^{3+}/Fe^{2+}	$Fe^{3+}+e \rightleftharpoons Fe^{2+}$	0.771
Hg_2^{2+}/Hg	$Hg_2^{2+}+2e \rightleftharpoons 2Hg$	0.7973
Ag^+/Ag	$Ag^++e \rightleftharpoons Ag$	0.7996
NO_3^-/NO_2	$NO_3^-+2H^++e \rightleftharpoons NO_2+H_2O$	0.803
Hg^{2+}/Hg	$Hg^{2+}+2e \rightleftharpoons 2Hg$	0.854
Cu^{2+}/CuI	$Cu^{2+}+I^-+e \rightleftharpoons CuI$	0.86
Pd^{2+}/Pd	$Pd^{2+}+2e \rightleftharpoons Pd$	0.92
NO_3^-/HNO_2	$NO_3^-+3H^++2e \rightleftharpoons HNO_2+H_2O$	0.934
NO_3^-/NO	$NO_3^-+4H^++3e \rightleftharpoons NO+2H_2O$	0.957
HNO_2/NO	$HNO_2+H^++e \rightleftharpoons NO+H_2O$	0.98
HIO/I^-	$HIO+H^++2e \rightleftharpoons I^-+H_2O$	0.987
VO_2^+/VO^{2+}	$VO_2^++2H^++e \rightleftharpoons VO^{2+}+H_2O$	0.999
$[AuCl_4]^-/Au$	$[AuCl_4]^-+3e \rightleftharpoons Au+4Cl^-$	1.002
NO_2/NO	$NO_2+2H^++2e \rightleftharpoons NO+H_2O$	1.05
Br_2/Br^-	$Br_2+2e \rightleftharpoons 2Br^-$	1.065

续表

电对	电极反应	$\varphi^\ominus$/V
N_2O_4/HNO_2	$N_2O_4+2H^++2e \rightleftharpoons 2HNO_2$	1.065
Br_2/Br^-	$Br_2(aq)+2e \rightleftharpoons 2Br^-$	1.0873
$Cu^{2+}/[Cu(CN)_2]^-$	$Cu^{2+}+2CN^-+e \rightleftharpoons [Cu(CN)_2]^-$	1.103
IO_3^-/HIO	$IO_3^-+5H^++4e \rightleftharpoons HIO+2H_2O$	1.14
ClO_3^-/ClO_2	$ClO_3^-+2H^++e \rightleftharpoons ClO_2+H_2O$	1.152
Ag_2O/Ag	$Ag_2O+2H^++2e \rightleftharpoons 2Ag+H_2O$	1.17
ClO_4^-/ClO_3^-	$ClO_4^-+2H^++2e \rightleftharpoons ClO_3^-+H_2O$	1.1989
IO_3^-/I_2	$2IO_3^-+12H^++10e \rightleftharpoons I_2+6H_2O$	1.19
$ClO_3^-/HClO_2$	$ClO_3^-+3H^++2e \rightleftharpoons HClO_2+H_2O$	1.214
MnO_2/Mn^{2+}	$MnO_2+4H^++2e \rightleftharpoons Mn^{2+}+2H_2O$	1.224
O_2/H_2O	$O_2+4H^++4e \rightleftharpoons 2H_2O$	1.229
$ClO_2/HClO_2$	$ClO_2(g)+H^++e \rightleftharpoons HClO_2$	1.27
$Cr_2O_7^{2-}/Cr^{3+}$	$Cr_2O_7^{2-}+14H^++6e \rightleftharpoons 2Cr^{3+}+7H_2O$	1.33
ClO_4^-/Cl_2	$2ClO_4^-+16H^++14e \rightleftharpoons Cl_2+8H_2O$	1.34
Cl_2/Cl^-	$Cl_2+2e \rightleftharpoons 2Cl^-$	1.35827
Au^{3+}/Au^+	$Au^{3+}+2e \rightleftharpoons Au^+$	1.41
BrO_3^-/Br^-	$BrO_3^-+6H^++6e \rightleftharpoons Br^-+3H_2O$	1.423
HIO/I_2	$2HIO+2H^++2e \rightleftharpoons I_2+2H_2O$	1.45
ClO_3^-/Cl^-	$ClO_3^-+6H^++6e \rightleftharpoons Cl^-+3H_2O$	1.451
PbO_2/Pb^{2+}	$PbO_2+4H^++2e \rightleftharpoons Pb^{2+}+2H_2O$	1.455
ClO_3^-/Cl_2	$2ClO_3^-+12H^++10e \rightleftharpoons Cl_2+6H_2O$	1.47
Mn^{3+}/Mn^{2+}	$Mn^{3+}+e \rightleftharpoons Mn^{2+}$	1.5415
$HClO/Cl^-$	$HClO+H^++2e \rightleftharpoons Cl^-+H_2O$	1.482
Au^{3+}/Au	$Au^{3+}+3e \rightleftharpoons Au$	1.498
BrO_3^-/Br_2	$2BrO_3^-+12H^++10e \rightleftharpoons Br_2+6H_2O$	1.50
MnO_4^-/Mn^{2+}	$MnO_4^-+8H^++5e \rightleftharpoons Mn^{2+}+4H_2O$	1.507
$HBrO/Br_2$	$2HBrO+2H^++2e \rightleftharpoons Br_2+2H_2O$	1.601
$HClO/Cl_2$	$2HClO+2H^++2e \rightleftharpoons Cl_2+2H_2O$	1.611
$HClO_2/HClO$	$HClO_2+2H^++2e \rightleftharpoons HClO+H_2O$	1.645
MnO_4^-/MnO_2	$MnO_4^-+4H^++3e \rightleftharpoons MnO_2+2H_2O$	1.679
NiO_2/Ni^{2+}	$NiO_2+4H^++2e \rightleftharpoons Ni^{2+}+2H_2O$	1.678
$PbO_2/PbSO_4$	$PbO_2+SO_4^{2-}+4H^++2e \rightleftharpoons PbSO_4+2H_2O$	1.6913
H_2O_2/H_2O	$H_2O_2+2H^++2e \rightleftharpoons 2H_2O$	1.776
Co^{3+}/Co^{2+}	$Co^{3+}+e \rightleftharpoons Co^{2+}$	1.92
$S_2O_8^{2-}/SO_4^{2-}$	$S_2O_8^{2-}+2e \rightleftharpoons 2SO_4^{2-}$	2.010
O_3/O_2	$O_3+2H^++2e \rightleftharpoons O_2+H_2O$	2.076
F_2/F^-	$F_2+2e \rightleftharpoons 2F^-$	2.366
F_2/HF	$F_2(g)+2H^++2e \rightleftharpoons 2HF$	3.053

2. 在碱性溶液中

电　对	电 极 反 应	$\varphi^{\ominus}$/V
$Mg(OH)_2/Mg$	$Mg(OH)_2+2e \rightleftharpoons Mg+2OH^-$	−2.69
$H_2AlO_3^-/Al$	$H_2AlO_3^-+H_2O+3e \rightleftharpoons Al+4OH^-$	−2.33
$H_2BO_3^-/B$	$H_2BO_3^-+H_2O+3e \rightleftharpoons B+4OH^-$	−1.79
$Mn(OH)_2/Mn$	$Mn(OH)_2+2e \rightleftharpoons Mn+2OH^-$	−1.56
$[Zn(CN)_4]^{2-}/Zn$	$[Zn(CN)_4]^{2-}+2e \rightleftharpoons Zn+4CN^-$	−1.26
ZnO_2^{2-}/Zn	$ZnO_2^{2-}+2H_2O+2e \rightleftharpoons Zn+4OH^-$	−1.215
$[Zn(NH_3)_4]^{2+}/Zn$	$[Zn(NH_3)_4]^{2+}+2e \rightleftharpoons Zn+4NH_3$	−1.04
$[Sn(OH)_6]^{2-}/HSnO_2^-$	$[Sn(OH)_6]^{2-}+2e \rightleftharpoons HSnO_2^-+3OH^-+H_2O$	−0.93
SO_4^{2-}/SO_3^{2-}	$SO_4^{2-}+H_2O+2e \rightleftharpoons SO_3^{2-}+2OH^-$	−0.93
$HSnO_2^-/Sn$	$HSnO_2^-+H_2O+2e \rightleftharpoons Sn+3OH^-$	−0.909
H_2O/H_2	$2H_2O+2e \rightleftharpoons H_2\uparrow+2OH^-$	−0.8277
$Ni(OH)_2/Ni$	$Ni(OH)_2+2e \rightleftharpoons Ni+2OH^-$	−0.72
AsO_4^{3-}/AsO_2^-	$AsO_4^{3-}+2H_2O+2e \rightleftharpoons AsO_2^-+4OH^-$	−0.71
SO_3^{2-}/S	$SO_3^{2-}+3H_2O+4e \rightleftharpoons S+6OH^-$	−0.66
$SO_3^{2-}/S_2O_3^{2-}$	$2SO_3^{2-}+3H_2O+4e \rightleftharpoons S_2O_3^{2-}+6OH^-$	−0.571
S/S^{2-}	$S+2e \rightleftharpoons S^{2-}$	−0.47627
$[Ag(CN)_2]^-/Ag$	$[Ag(CN)_2]^-+e \rightleftharpoons Ag+2CN^-$	−0.31
CrO_4^{2-}/CrO_2^-	$CrO_4^{2-}+2H_2O+3e \rightleftharpoons CrO_2^-+4OH^-$	−0.13
O_2/HO_2^-	$O_2+H_2O+2e \rightleftharpoons HO_2^-+OH^-$	−0.076
NO_3^-/NO_2^-	$NO_3^-+H_2O+2e \rightleftharpoons NO_2^-+2OH^-$	0.01
$S_4O_6^{2-}/S_2O_3^{2-}$	$S_4O_6^{2-}+2e \rightleftharpoons 2S_2O_3^{2-}$	0.08
HgO/Hg	$HgO+H_2O+2e \rightleftharpoons Hg+2OH^-$	0.0977
$Mn(OH)_3/Mn(OH)_2$	$Mn(OH)_2+e \rightleftharpoons Mn(OH)_2+OH^-$	0.15
$[Co(NH_3)_6]^{3+}/[Co(NH_3)_6]^{2+}$	$[Co(NH_3)_6]^{3+}+e \rightleftharpoons [Co(NH_3)_6]^{2+}$	0.108
$Co(OH)_3/Co(OH)_2$	$Co(OH)_3+e \rightleftharpoons Co(OH)_2+OH^-$	0.17
Ag_2O/Ag	$Ag_2O+H_2O+2e \rightleftharpoons 2Ag+2OH^-$	0.342
O_2/OH^-	$O_2+2H_2O+4e \rightleftharpoons 4OH^-$	0.401
MnO_4^-/MnO_2	$MnO_4^-+2H_2O+3e \rightleftharpoons MnO_2+4OH^-$	0.595
BrO_3^-/Br^-	$BrO_3^-+3H_2O+6e \rightleftharpoons Br^-+6OH^-$	0.61
BrO^-/Br^-	$BrO^-+H_2O+2e \rightleftharpoons Br^-+2OH^-$	0.761
H_2O_2/OH^-	$H_2O_2+2e \rightleftharpoons 2OH^-$	0.88
ClO^-/Cl^-	$ClO^-+H_2O+2e \rightleftharpoons Cl^-+2OH^-$	0.81
O_3/OH^-	$O_3+H_2O+2e \rightleftharpoons O_2+2OH^-$	1.24

附录 4　条件电极电势

半 反 应	$\varphi^{\ominus\prime}$/V	介　质
$Ag(\text{II})+e \rightleftharpoons Ag^+$	1.927	4mol/L HNO_3
$Ce(\text{IV})+e \rightleftharpoons Ce(\text{III})$	1.70	1mol/L $HClO_4$
	1.61	1mol/L HNO_3
	1.44	0.5mol/L H_2SO_4
	1.28	1mol/L HCl
$Co^{3+}+e \rightleftharpoons Co^{2+}$	1.85	4mol/L HNO_3
$[Co(en)_3]^{3+}+e \rightleftharpoons [Co(en)_3]^{2+}$	−0.2	0.1mol/L KNO_3 +0.1mol/L 乙二胺(en)

续表

半反应	$\varphi^{\ominus'}$/V	介质
Cr(Ⅲ)+e⇌Cr(Ⅱ)	−0.40	5mol/L HCl
$Cr_2O_7^{2-}+14H^++6e \rightleftharpoons 2Cr^{3+}+7H_2O$	1.00	1mol/L HCl
	1.025	1mol/L $HClO_4$
	1.08	3mol/L HCl
	1.05	2mol/L HCl
	1.15	4mol/L H_2SO_4
$CrO_4^{2-}+2H_2O+3e \rightleftharpoons CrO_2^-+4OH^-$	−0.12	1mol/L NaOH
Fe(Ⅲ)+e⇌Fe(Ⅱ)	0.73	1mol/L $HClO_4$
	0.71	0.5mol/L HCl
	0.68	1mol/L H_2SO_4
	0.68	1mol/L HCl
	0.46	2mol/L H_3PO_4
	0.51	1mol/L HCl 0.25mol/L H_3PO_4
$H_3AsO_4+2H^++2e \rightleftharpoons H_3AsO_3+H_2O$	0.557	1mol/L HCl
	0.557	1mol/L $HClO_4$
$[Fe(EDTA)]^-+e \rightleftharpoons [Fe(EDTA)]^{2-}$	0.12	0.1mol/L EDTA pH 4～6
$[Fe(CN)_6]^{3-}+e \rightleftharpoons [Fe(CN)_6]^{4-}$	0.48	0.01mol/L HCl
	0.56	0.1mol/L HCl
	0.71	1mol/L HCl
	0.72	1mol/L $HClO_4$
I_2(水)$+2e \rightleftharpoons 2I^-$	0.628	1mol/L H^+
$I_3^-+2e \rightleftharpoons 3I^-$	0.545	1mol/L H^+
$MnO_4^-+8H^++5e \rightleftharpoons Mn^{2+}+4H_2O$	1.45	1mol/L $HClO_4$
	1.27	8mol/L H_3PO_4
Os(Ⅷ)+4e⇌Os(Ⅳ)	0.79	5mol/L HCl
$[SnCl_6]^{2-}+2e \rightleftharpoons [SnCl_4]^{2-}+2Cl^-$	0.14	1mol/L HCl
$Sn^{2+}+2e \rightleftharpoons Sn$	−0.16	1mol/L $HClO_4$
Sb(Ⅴ)+2e⇌Sb(Ⅲ)	−0.75	3.5mol/L HCl
$[Sb(OH)_6]^-+2e \rightleftharpoons SbO_2^-+2OH^-+2H_2O$	−0.428	3mol/L NaOH
$SbO_2^-+2H_2O+3e \rightleftharpoons Sb+4OH^-$	−0.675	10mol/L KOH
Ti(Ⅳ)+e⇌Ti(Ⅲ)	−0.01	0.2mol/L H_2SO_4
	0.12	2mol/L H_2SO_4
	−0.04	1mol/L HCl
	−0.05	1mol/L H_3PO_4
Pb(Ⅱ)+2e⇌Pb	−0.32	1mol/L NaAc
	−0.14	1mol/L $HClO_4$
$UO_2^{2+}+4H^++2e \rightleftharpoons$ U(Ⅳ)$+2H_2O$	0.41	0.5mol/L H_2SO_4

附录5 一些常见难溶化合物的溶度积（18～25℃）

难溶化合物	化学式	K_{sp}	pK_{sp}
砷酸银	Ag_3AsO_4	1.0×10^{-22}	22.0
溴化银	$AgBr$	5.0×10^{-13}	12.30
碳酸银	Ag_2CO_3	8.1×10^{-12}	11.09
氯化银	$AgCl$	1.8×10^{-10}	9.75
铬酸银	Ag_2CrO_4	2.0×10^{-12}	11.71
氰化银	$AgCN$	1.2×10^{-16}	15.92
氢氧化银	$AgOH$	2.0×10^{-8}	7.71
碘化银	AgI	9.3×10^{-17}	16.03
草酸银	$Ag_2C_2O_4$	3.5×10^{-11}	10.46
磷酸银	Ag_3PO_4	1.4×10^{-16}	15.84
硫酸银	Ag_2SO_4	1.4×10^{-5}	4.84
硫化银	Ag_2S	2.0×10^{-49}	48.7
硫氰酸银	$AgSCN$	1.0×10^{-12}	12.00
氢氧化铝	$Al(OH)_3$	1.3×10^{-33}	32.90
氢氧化铋	$Bi(OH)_3$	4.0×10^{-31}	30.4
碘化铋	BiI_3	8.1×10^{-19}	18.09
磷酸铋	$BiPO_4$	1.3×10^{-23}	22.89
碳酸钡	$BaCO_3$	5.1×10^{-9}	8.29
铬酸钡	$BaCrO_4$	1.2×10^{-10}	9.93
草酸钡	$BaC_2O_4\cdot H_2O$	2.3×10^{-8}	7.64
硫酸钡	$BaSO_4$	1.1×10^{-10}	9.96
碳酸钙	$CaCO_3$	2.9×10^{-9}	8.54
氟化钙	CaF_2	2.7×10^{-11}	10.57
草酸钙	$CaC_2O_4\cdot H_2O$	2.0×10^{-9}	8.70
硫酸钙	$CaSO_4$	9.1×10^{-6}	5.04
磷酸钙	$Ca_3(PO_4)_2$	2.0×10^{-29}	28.70
氢氧化铬	$Cr(OH)_3$	6.0×10^{-31}	30.2
硫化镉	CdS	7.1×10^{-28}	27.15
氢氧化钴	$Co(OH)_3$	2.0×10^{-44}	43.7
硫化钴	α-CoS	4.0×10^{-21}	20.4
	β-CoS	2.0×10^{-25}	24.7
碳酸镉	$CdCO_3$	5.2×10^{-12}	11.28
硫化铜	CuS	6.0×10^{-36}	35.2
溴化亚铜	$CuBr$	5.2×10^{-9}	8.28
氯化亚铜	$CuCl$	1.2×10^{-6}	5.92
碘化亚铜	CuI	1.1×10^{-12}	11.96
硫化亚铜	Cu_2S	2.0×10^{-48}	47.7
硫氰酸亚铜	$CuSCN$	4.8×10^{-15}	14.32
碳酸铜	$CuCO_3$	1.4×10^{-10}	9.86
氢氧化铜	$Cu(OH)_2$	2.2×10^{-20}	19.66
氢氧化铁	$Fe(OH)_3$	4.0×10^{-38}	37.4
氢氧化亚铁	$Fe(OH)_2$	8.0×10^{-16}	15.1
硫化亚铁	FeS	6.0×10^{-18}	17.2
磷酸铁	$FePO_4$	1.3×10^{-22}	21.89
碳酸亚铁	$FeCO_3$	3.2×10^{-11}	10.50
溴化亚汞	Hg_2Br_2	5.8×10^{-23}	22.24
氯化亚汞	Hg_2Cl_2	1.3×10^{-18}	17.88
铬酸铅	$PbCrO_4$	2.0×10^{-14}	13.70

续表

难溶化合物	化学式	K_{sp}	pK_{sp}
硫酸铅	$PbSO_4$	1.6×10^{-8}	7.79
硫化铅	PbS	8.0×10^{-28}	27.1
草酸铅	PbC_2O_4	2.7×10^{-11}	10.57
氢氧化铅	$Pb(OH)_2$	1.2×10^{-15}	14.97
碳酸镁	$MgCO_3$	1.0×10^{-5}	5.0
氢氧化镁	$Mg(OH)_2$	1.0×10^{-11}	11.0
磷酸铵镁	$MgNH_4PO_4$	2.0×10^{-13}	12.70
草酸镁	MgC_2O_4	9.0×10^{-5}	4.04
硫化锰	MnS	1.0×10^{-5}	5.0
铬酸锶	$SrCrO_4$	4.0×10^{-5}	4.40
氢氧化锌	$Zn(OH)_2$	5.0×10^{-18}	17.30
硫化锌	ZnS	1.0×10^{-24}	24.0
氢氧化钛	$TiO(OH)_2$	1.0×10^{-29}	29.0
碳酸锌	$ZnCO_3$	1.4×10^{-11}	10.84
磷酸锌	$Zn_3(PO_4)_2$	9.1×10^{-33}	32.04
氢氧化锡	$Sn(OH)_4$	1.0×10^{-57}	57.0
氢氧化亚锡	$Sn(OH)_2$	3.0×10^{-27}	26.52
碳酸锶	$SrCO_3$	1.1×10^{-10}	9.96

附录 6　一些化合物的分子量

化合物	分子量	化合物	分子量	化合物	分子量
Ag_3AsO_4	462.52	$BiCl_3$	315.34	$Cr(NO_3)_3$	238.01
AgBr	187.77	BiOCl	260.43	Cr_2O_3	151.99
AgCl	143.32	CO_2	44.01	CuCl	99.00
AgCN	133.89	CaO	56.08	$CuCl_2$	134.45
AgSCN	165.95	$CaCO_3$	100.09	$CuCl_2 \cdot 2H_2O$	170.48
Ag_2CrO_4	331.73	CaC_2O_4	128.10	CuSCN	121.62
AgI	234.77	$CaCl_2$	110.99	CuI	190.45
$AgNO_3$	169.87	$CaCl_2 \cdot 6H_2O$	219.08	$Cu(NO_3)_2$	187.56
$AlCl_3$	133.34	$Ca(NO_3)_2 \cdot 4H_2O$	236.15	$Cu(NO_3)_2 \cdot 3H_2O$	241.60
$AlCl_3 \cdot 6H_2O$	241.43	$Ca(OH)_2$	74.10	CuO	79.55
$Al(NO_3)_3$	213.00	$Ca_3(PO_4)_2$	310.18	Cu_2O	143.09
$Al(NO_3)_3 \cdot 9H_2O$	375.13	$CaSO_4$	138.14	CuS	95.61
Al_2O_3	101.96	$CdCO_3$	172.42	$CuSO_4$	159.06
$Al(OH)_3$	78.00	$CdCl_2$	183.32	$CuSO_4 \cdot 5H_2O$	249.68
$Al_2(SO_4)_3$	342.14	CdS	144.47	$FeCl_2$	126.75
$Al_2(SO_4)_3 \cdot 18H_2O$	666.41	$Ce(SO_4)_2$	332.24	$FeCl_2 \cdot 4H_2O$	198.81
As_2O_3	197.84	$Ce(SO_4)_2 \cdot 4H_2O$	404.30	$FeCl_3$	162.21
As_2O_5	229.84	$CoCl_2$	129.84	$FeCl_3 \cdot 6H_2O$	270.30
As_2S_3	246.02	$CoCl_2 \cdot 6H_2O$	237.93	$FeNH_4(SO_4)_2 \cdot 12H_2O$	482.18
$BaCO_3$	197.34	$Co(NO_3)_2$	182.94	$Fe(NO_3)_3$	241.86
BaC_2O_4	225.35	$Co(NO_3)_2 \cdot 6H_2O$	291.03	$Fe(NO_3)_3 \cdot 9H_2O$	404.00
$BaCl_2$	208.42	CoS	90.99	FeO	71.85
$BaCl_2 \cdot 2H_2O$	244.27	$CoSO_4$	154.99	Fe_2O_3	159.69
$BaCrO_4$	253.32	$CoSO_4 \cdot 7H_2O$	281.10	Fe_3O_4	231.54
BaO	153.33	$CO(NH_2)_2$	60.06	$Fe(OH)_3$	106.87
$Ba(OH)_2$	171.34	$CrCl_3$	158.36	FeS	87.91
$BaSO_4$	233.39	$CrCl_3 \cdot 6H_2O$	266.45	Fe_2S_3	207.87

续表

化合物	分子量	化合物	分子量	化合物	分子量
$FeSO_4$	151.91	$KHC_2O_4 \cdot H_2O$	146.14	$Na_2B_4O_7 \cdot 10H_2O$	381.37
$FeSO_4 \cdot 7H_2O$	278.01	$KHC_2O_4 \cdot H_2C_2O_4 \cdot 2H_2O$	254.19	$NaBiO_3$	279.97
$Fe(NH_4)_2(SO_4)_2 \cdot 6H_2O$	392.13	$KHC_4H_4O_6$	188.18	$NaCN$	49.01
H_3AsO_3	125.94	$KHSO_4$	136.16	$NaSCN$	81.07
H_3AsO_4	141.94	KI	166.00	Na_2CO_3	105.99
H_3BO_3	61.83	KIO_3	214.00	$Na_2CO_3 \cdot 10H_2O$	286.14
HBr	80.91	$KIO_3 \cdot HIO_3$	389.91	$Na_2C_2O_4$	134.00
HCN	27.03	$KMnO_4$	158.03	CH_3COONa	82.03
$HCOOH$	46.03	$KNaC_4H_4O_6 \cdot 4H_2O$	282.22	$CH_3COONa \cdot 3H_2O$	136.08
CH_3COOH	60.05	KNO_3	101.10	$NaCl$	58.44
H_2CO_3	62.03	KNO_2	85.10	$NaClO$	74.44
$H_2C_2O_4$	90.04	K_2O	94.20	$NaHCO_3$	84.01
$H_2C_2O_4 \cdot 2H_2O$	126.07	KOH	56.11	$Na_2HPO_4 \cdot 12H_2O$	358.14
HCl	36.46	K_2SO_4	174.25	$Na_2H_2Y \cdot 2H_2O$	372.24
HF	20.01	$MgCO_3$	84.31	$NaNO_2$	69.00
HI	127.91	$MgCl_2$	95.21	$NaNO_3$	85.00
HIO_3	175.91	$MgCl_2 \cdot 6H_2O$	203.30	Na_2O	61.98
HNO_3	63.01	MgC_2O_4	112.33	Na_2O_2	77.98
HNO_2	47.01	$Mg(NO_3)_2 \cdot 6H_2O$	256.41	$NaOH$	40.00
H_2O	18.015	$MgNH_4PO_4$	137.32	Na_3PO_4	163.94
H_2O_2	34.02	MgO	40.30	Na_2S	78.04
H_3PO_4	98.00	$Mg(OH)_2$	58.32	$Na_2S \cdot 9H_2O$	240.18
H_2S	34.08	$Mg_2P_2O_7$	222.55	Na_2SO_3	126.04
H_2SO_3	82.07	$MgSO_4 \cdot 7H_2O$	246.47	Na_2SO_4	142.04
H_2SO_4	98.07	$MnCO_3$	114.95	$Na_2S_2O_3$	158.10
$Hg(CN)_2$	252.63	$MnCl_2 \cdot 4H_2O$	197.91	$Na_2S_2O_3 \cdot 5H_2O$	248.17
$HgCl_2$	271.50	$Mn(NO_3)_2 \cdot 6H_2O$	287.04	$NiCl_2 \cdot 6H_2O$	237.70
Hg_2Cl_2	472.09	MnO	70.94	NiO	74.70
HgI_2	454.40	MnO_2	86.94	$Ni(NO_3)_2 \cdot 6H_2O$	290.80
$Hg_2(NO_3)_2$	525.19	MnS	87.00	Ni	90.76
$Hg_2(NO_3)_2 \cdot 2H_2O$	561.22	$MnSO_4$	151.00	$NiSO_4 \cdot 7H_2O$	280.86
$Hg(NO_3)_2$	324.60	$MnSO_4 \cdot 4H_2O$	223.06	P_2O_5	141.95
HgO	216.59	NO	30.01	$PbCO_3$	267.21
HgS	232.65	NO_2	46.01	PbC_2O_4	295.22
$HgSO_4$	296.65	NH_3	17.03	$PbCl_2$	278.11
Hg_2SO_4	497.24	CH_3COONH_4	77.08	$PbCrO_4$	323.19
$KAl(SO_4)_2 \cdot 12H_2O$	474.38	NH_4Cl	53.49	$Pb(CH_3COO)_2$	325.29
KBr	119.00	$(NH_4)_2CO_3$	96.09	$Pb(CH_3COO)_2 \cdot 3H_2O$	379.34
KBO_3	167.00	$(NH_4)_2C_2O_4$	124.10	PbI_2	461.01
KCl	74.55	$(NH_4)_2C_2O_4 \cdot H_2O$	142.11	$Pb(NO_3)_2$	331.21
$KClO_3$	122.55	NH_4SCN	76.12	PbO	223.20
$KClO_4$	138.55	NH_4HCO_3	79.06	PbO_2	239.20
KCN	65.12	$(NH_4)_2MoO_4$	196.01	$Pb_3(PO_4)_2$	811.54
$KSCN$	97.18	NH_4NO_3	80.04	PbS	239.26
K_2CO_3	138.21	$(NH_4)_2HPO_4$	132.06	$PbSO_4$	303.26
K_2CrO_4	194.19	$(NH_4)_2S$	68.14	SO_3	80.06
$K_2Cr_2O_7$	294.18	$(NH_4)_2SO_4$	132.13	SO_2	64.06
$K_3[Fe(CN)_6]$	329.25	NH_4VO_3	116.98	$SbCl_3$	228.11
$K_4[Fe(CN)_6]$	368.35	Na_3AsO_3	191.89	$SbCl_5$	299.02
$KFe(SO_4)_2 \cdot 12H_2O$	503.24	$Na_2B_4O_7$	201.22	Sb_2O_3	291.50

续表

化合物	分子量	化合物	分子量	化合物	分子量
Sb_2S_3	339.68	$SrCO_3$	147.63	$Zn(NO_3)_2 \cdot 6H_2O$	297.48
SiF_4	104.08	SrC_2O_4	175.64	ZnO	81.38
SiO_2	60.08	$SrCrO_4$	203.61	ZnS	97.44
$SnCl_2$	189.60	$Sr(NO_3)_2$	211.63	$ZnSO_4$	161.44
$SnCl_2 \cdot 2H_2O$	225.63	$Sr(NO_3)_2 \cdot 4H_2O$	283.69	$ZnSO_4 \cdot 7H_2O$	287.55
$SnCl_4$	260.50	$SrSO_4$	183.69	$ZnCO_3$	125.39
$SnCl_4 \cdot 5H_2O$	350.58	$UO_2(CH_3COO)_2 \cdot 2H_2O$	424.15	ZnC_2O_4	153.40
SnO_2	150.69	$Zn(CH_3COO)_2 \cdot 2H_2O$	219.50	$ZnCl_2$	136.29
SnS_2	150.75	$Zn(NO_3)_2$	189.39	$Zn(CH_3COO)_2$	183.47

附录 7　不同温度下标准滴定溶液的体积补正值

单位：mL/L

温度/℃	水及0.05mol/L以下的各种水溶液	0.1mol/L及0.2mol/L的各种水溶液	盐酸溶液[c(HCl)=0.5mol/L]	盐酸溶液[c(HCl)=1mol/L]	硫酸溶液$\left[c\left(\frac{1}{2}H_2SO_4\right)=0.5mol/L\right]$、氢氧化钠溶液[$c$(NaOH)=0.5mol/L]	硫酸溶液$\left[c\left(\frac{1}{2}H_2SO_4\right)=1mol/L\right]$、氢氧化钠溶液[$c$(NaOH)=1mol/L]	碳酸钠溶液$\left[c\left(\frac{1}{2}Na_2CO_3\right)=1mol/L\right]$	氢氧化钾乙醇溶液[c(KOH)=0.1mol/L]
5	+1.38	+1.7	+1.9	+2.3	+2.4	+3.6	+3.3	
6	+1.38	+1.7	+1.9	+2.2	+2.3	+3.4	+3.2	
7	+1.36	+1.6	+1.8	+2.2	+2.2	+3.2	+3.0	
8	+1.33	+1.6	+1.8	+2.1	+2.2	+3.0	+2.8	
9	+1.29	+1.5	+1.7	+2.0	+2.1	+2.7	+2.6	
10	+1.23	+1.5	+1.6	+1.9	+2.0	+2.5	+2.4	+10.8
11	+1.17	+1.4	+1.5	+1.8	+1.8	+2.3	+2.2	+9.6
12	+1.10	+1.3	+1.4	+1.6	+1.7	+2.0	+2.0	+8.5
13	+0.99	+1.1	+1.2	+1.4	+1.5	+1.8	+1.8	+7.4
14	+0.88	+1.0	+1.1	+1.2	+1.3	+1.6	+1.5	+6.5
15	+0.77	+0.9	+0.9	+1.0	+1.1	+1.3	+1.3	+5.2
16	+0.64	+0.7	+0.8	+0.8	+0.9	+1.1	+1.1	+4.2
17	+0.50	+0.6	+0.6	+0.6	+0.7	+0.8	+0.8	+3.1
18	+0.34	+0.4	+0.4	+0.4	+0.5	+0.6	+0.6	+2.1
19	+0.18	+0.2	+0.2	+0.2	+0.2	+0.3	+0.3	+1.0
20	0.00	0.00	0.00	0.00	0.00	0.00	0.00	0.00
21	−0.18	−0.2	−0.2	−0.2	−0.2	−0.3	−0.3	−1.1
22	−0.38	−0.4	−0.4	−0.5	−0.5	−0.6	−0.6	−2.2
23	−0.58	−0.6	−0.7	−0.7	−0.8	−0.9	−0.9	−3.3
24	−0.80	−0.9	−0.9	−1.0	−1.0	−1.2	−1.2	−4.2
25	−1.03	−1.1	−1.1	−1.2	−1.3	−1.5	−1.5	−5.3
26	−1.26	−1.4	−1.4	−1.4	−1.5	−1.8	−1.8	−6.4
27	−1.51	−1.7	−1.7	−1.7	−1.8	−2.1	−2.1	−7.5
28	−1.76	−2.0	−2.0	−2.0	−2.1	−2.4	−2.4	−8.5
29	−2.01	−2.3	−2.3	−2.3	−2.4	−2.8	−2.8	−9.6
30	−2.30	−2.5	−2.5	−2.6	−2.8	−3.2	−3.1	−10.6
31	−2.58	−2.7	−2.7	−2.9	−3.1	−3.5		−11.6
32	−2.86	−3.0	−3.0	−3.2	−3.4	−3.9		−12.6
33	−3.04	−3.2	−3.3	−3.5	−3.7	−4.2		−13.7
34	−3.47	−3.7	−3.6	−3.8	−4.1	−4.6		−14.8
35	−3.78	−4.0	−4.0	−4.1	−4.4	−5.0		−16.0
36	−4.10	−4.3	−4.3	−4.4	−4.7	−5.3		−17.0

注：1. 本表数值是以 20℃为标准温度以实测法测出的。

2. 表中带有“+”、“−”号的数值是以 20℃为分界，室温低于 20℃的补正值为“+”，高于 20℃的补正值为“−”。

3. 本表的用法——如 1L 硫酸溶液 $\left[c\left(\frac{1}{2}H_2SO_4\right)=1mol/L\right]$ 由 25℃换算为 20℃时，体积补正值为−1.5mL，故 40.00mL 换算为 20℃时的体积为

$$V_{20}=40.00-\frac{1.5}{1000}\times 40.00=39.94\ (mL)$$

参 考 文 献

[1] 大连理工大学无机化学教研室．无机化学．北京：高等教育出版社，2006.
[2] 潘祖亭，黄朝表．分析化学．武汉：华中科技大学出版社，2011.
[3] 池玉梅．分析化学实验．武汉：华中科技大学出版社，2011.
[4] 高琳. 基础化学. 4 版. 北京：高等教育出版社，2019.
[5] 天津大学无机化学教研室. 无机化学. 4 版. 北京：高等教育出版社，2010.
[6] 黄可龙. 无机化学. 北京：科学出版社，2007.
[7] 北京师范大学无机化学教研室等. 无机化学. 4 版. 北京：高等教育出版社，2002.
[8] 唐有祺，等. 化学与社会. 北京：高等教育出版社，2002.
[9] 张铁垣. 化验工作实用手册. 北京：化学工业出版社，2008.
[10] 肖新亮. 实用分析化学. 修订版. 天津：天津大学出版社，2000.
[11] 武汉大学. 分析化学. 5 版. 北京：高等教育出版社，2005.
[12] 武汉大学. 分析化学实验. 5 版. 北京：高等教育出版社，2005.
[13] 高职高专化学教材编写组. 分析化学. 3 版. 北京：高等教育出版社，2008.
[14] 高职高专化学教材编写组. 分析化学实验. 3 版. 北京：高等教育出版社，2008.
[15] 高职高专化学教材编写组. 无机化学. 3 版. 北京：高等教育出版社，2009.
[16] 倪坤仪. 药物分析化学. 南京：东南大学出版社，2001.
[17] 呼世斌，等. 无机及分析化学. 北京：高等教育出版社，2001.
[18] 季剑波，凌昌都. 定量化学分析例题与习题. 2 版. 北京：化学工业出版社，2009.
[19] 北京大学《大学基础化学》编写组. 大学基础化学. 北京：高等教育出版社，2003.
[20] 古国榜，等. 无机化学. 北京：化学工业出版社，2007.
[21] 侯新初. 无机化学. 北京：中国医药科技出版社，2008.
[22] 金若水，等. 现代化学原理. 北京：高等教育出版社，2003.
[23] 倪静安. 无机及分析化学. 北京：化学工业出版社，2005.
[24] 旷英姿. 化学基础. 2 版. 北京：化学工业出版社，2008.
[25] 黄一石，乔子荣. 定量分析化学. 2 版. 北京：化学工业出版社，2008.
[26] 叶芬霞. 无机及分析化学. 2 版. 北京：高等教育出版社，2014.
[27] 刘珍. 化验员读本：上册. 4 版. 北京：化学工业出版社，2004.
[28] 华东理工大学分析化学教研组. 分析化学. 6 版. 北京：高等教育出版社，2009.
[29] 胡伟光，张桂珍. 无机化学（三年制）. 3 版. 北京：化学工业出版社，2013.
[30] 林俊杰，王静. 无机化学. 3 版. 北京：化学工业出版社，2013.
[31] 浙江大学. 无机及分析化学. 北京：高等教育出版社，2003.
[32] 陆永城. 无机化学. 北京：中国医药科技出版社，2002.
[33] 张正兢. 基础化学. 北京：化学工业出版社，2008.
[34] 徐春祥. 医学化学. 北京：高等教育出版社，2008.
[35] 姜洪文. 分析化学. 3 版. 北京：化学工业出版社，2010.
[36] 黄晓云. 无机物化学分析. 北京：化学工业出版社，2000.
[37] 许虹. 无机化学. 北京：化学工业出版社，2004.
[38] 贺伦英，等. 无机与分析化学. 长沙：国防科技大学出版社，2002.
[39] 陈虹锦. 无机与分析化学. 北京：科学出版社，2002.
[40] 俞斌. 无机与分析化学教程. 北京：化学工业出版社，2002.
[41] 武汉大学《无机及分析化学》编写组. 无机及分析化学. 2 版. 武汉：武汉大学出版社，2003.
[42] 张铁垣. 分析化学中的量和单位. 2 版. 北京：中国标准出版社，2002.
[43] 董元彦，等. 无机及分析化学. 北京：科学出版社，2000.

元素周期表

IUPAC 2013

氧化态(单质的氧化态为0，未列入；常见的为红色)

以 $^{12}C=12$ 为基准的原子量(注✦的是半衰期最长同位素的原子量)

95	原子序数
Am	元素符号(红色的为放射性元素)
镅▲	元素名称(注▲的为人造元素)
$5f^{7}7s^{2}$	价层电子构型
243.06138(2)✦	以 $^{12}C=12$ 为基准的原子量(注✦的是半衰期最长同位素的原子量)
+2 +3 +4 +5 +6	氧化态(单质的氧化态为0，未列入；常见的为红色)

s区元素 p区元素 d区元素 ds区元素 f区元素 稀有气体

族 / 周期	1 ⅠA	2 ⅡA	3 ⅢB	4 ⅣB	5 ⅤB	6 ⅥB	7 ⅦB	8 Ⅷ B(Ⅷ)	9 Ⅷ B(Ⅷ)	10 Ⅷ B(Ⅷ)	11 ⅠB	12 ⅡB	13 ⅢA	14 ⅣA	15 ⅤA	16 ⅥA	17 ⅦA	18 ⅧA(0)	电子层
1	1 H 氢 $1s^{1}$ 1.008 −1 +1																	2 He 氦 $1s^{2}$ 4.002602(2)	K
2	3 Li 锂 $2s^{1}$ 6.94 +1	4 Be 铍 $2s^{2}$ 9.0121831(5) +2											5 B 硼 $2s^{2}2p^{1}$ 10.81 +3	6 C 碳 $2s^{2}2p^{2}$ 12.011 −4 +2 +4	7 N 氮 $2s^{2}2p^{3}$ 14.007 −3 −2 −1 +1 +2 +3 +4 +5	8 O 氧 $2s^{2}2p^{4}$ 15.999 −2 −1	9 F 氟 $2s^{2}2p^{5}$ 18.998403163(6) −1	10 Ne 氖 $2s^{2}2p^{6}$ 20.1797(6)	L K
3	11 Na 钠 $3s^{1}$ 22.98976928(2) −1 +1	12 Mg 镁 $3s^{2}$ 24.305 +2											13 Al 铝 $3s^{2}3p^{1}$ 26.9815385(7) +3	14 Si 硅 $3s^{2}3p^{2}$ 28.085 −4 +2 +4	15 P 磷 $3s^{2}3p^{3}$ 30.973761998(5) −3 +1 +3 +5	16 S 硫 $3s^{2}3p^{4}$ 32.06 −2 +4 +6	17 Cl 氯 $3s^{2}3p^{5}$ 35.45 −1 +1 +3 +5 +7	18 Ar 氩 $3s^{2}3p^{6}$ 39.948(1)	M L K
4	19 K 钾 $4s^{1}$ 39.0983(1) −1 +1	20 Ca 钙 $4s^{2}$ 40.078(4) +2	21 Sc 钪 $3d^{1}4s^{2}$ 44.955908(5) +3	22 Ti 钛 $3d^{2}4s^{2}$ 47.867(1) −1 0 +2 +3 +4	23 V 钒 $3d^{3}4s^{2}$ 50.9415(1) 0 ±1 +2 +3 +4 +5	24 Cr 铬 $3d^{5}4s^{1}$ 51.9961(6) −3 0 ±1 ±2 +3 +4 +5 +6	25 Mn 锰 $3d^{5}4s^{2}$ 54.938044(3) −2 0 ±1 +2 ±3 +4 +5 +6 +7	26 Fe 铁 $3d^{6}4s^{2}$ 55.845(2) −2 0 ±1 +2 +3 +4 +5 +6	27 Co 钴 $3d^{7}4s^{2}$ 58.933194(4) 0 ±1 +2 +3 +4 +5	28 Ni 镍 $3d^{8}4s^{2}$ 58.6934(4) 0 ±1 +2 +3 +4	29 Cu 铜 $3d^{10}4s^{1}$ 63.546(3) +1 +2 +3 +4	30 Zn 锌 $3d^{10}4s^{2}$ 65.38(2) +1 +2	31 Ga 镓 $4s^{2}4p^{1}$ 69.723(1) +1 +3	32 Ge 锗 $4s^{2}4p^{2}$ 72.630(8) +2 +4	33 As 砷 $4s^{2}4p^{3}$ 74.921595(6) −3 +3 +5	34 Se 硒 $4s^{2}4p^{4}$ 78.971(8) −2 +2 +4 +6	35 Br 溴 $4s^{2}4p^{5}$ 79.904 −1 +1 +3 +5 +7	36 Kr 氪 $4s^{2}4p^{6}$ 83.798(2) +2 +4	N M L K
5	37 Rb 铷 $5s^{1}$ 85.4678(3) −1 +1	38 Sr 锶 $5s^{2}$ 87.62(1) +2	39 Y 钇 $4d^{1}5s^{2}$ 88.90584(2) +3	40 Zr 锆 $4d^{2}5s^{2}$ 91.224(2) +1 +2 +3 +4	41 Nb 铌 $4d^{4}5s^{1}$ 92.90637(2) 0 ±1 +2 +3 +4 +5	42 Mo 钼 $4d^{5}5s^{1}$ 95.95(1) 0 ±1 +2 +3 +4 +5 +6	43 Tc 锝▲ $4d^{5}5s^{2}$ 97.90721(3)✦ −1 +1 +2 +3 +4 +5 +6 +7	44 Ru 钌 $4d^{7}5s^{1}$ 101.07(2) 0 +1 +2 +3 +4 +5 +6 +7 +8	45 Rh 铑 $4d^{8}5s^{1}$ 102.90550(2) 0 +1 +2 +3 +4 +6	46 Pd 钯 $4d^{10}$ 106.42(1) 0 +1 +2 +4	47 Ag 银 $4d^{10}5s^{1}$ 107.8682(2) +1 +2 +3	48 Cd 镉 $4d^{10}5s^{2}$ 112.414(4) +1 +2	49 In 铟 $5s^{2}5p^{1}$ 114.818(1) +1 +3	50 Sn 锡 $5s^{2}5p^{2}$ 118.710(7) +2 +4	51 Sb 锑 $5s^{2}5p^{3}$ 121.760(1) −3 +3 +5	52 Te 碲 $5s^{2}5p^{4}$ 127.60(3) −2 +2 +4 +6	53 I 碘 $5s^{2}5p^{5}$ 126.90447(3) −1 +1 +3 +5 +7	54 Xe 氙 $5s^{2}5p^{6}$ 131.293(6) +2 +4 +6 +8	O N M L K
6	55 Cs 铯 $6s^{1}$ 132.90545196(6) −1 +1	56 Ba 钡 $6s^{2}$ 137.327(7) +2	57~71 La~Lu 镧系	72 Hf 铪 $5d^{2}6s^{2}$ 178.49(2) +1 +2 +3 +4	73 Ta 钽 $5d^{3}6s^{2}$ 180.94788(2) 0 +1 +2 +3 +4 +5	74 W 钨 $5d^{4}6s^{2}$ 183.84(1) 0 ±1 +2 +3 +4 +5 +6	75 Re 铼 $5d^{5}6s^{2}$ 186.207(1) 0 +1 +2 +3 +4 +5 +6 +7	76 Os 锇 $5d^{6}6s^{2}$ 190.23(3) 0 +1 +2 +3 +4 +5 +6 +7 +8	77 Ir 铱 $5d^{7}6s^{2}$ 192.217(3) 0 +1 +2 +3 +4 +5 +6	78 Pt 铂 $5d^{9}6s^{1}$ 195.084(9) 0 +2 +4 +5 +6	79 Au 金 $5d^{10}6s^{1}$ 196.966569(5) +1 +2 +3 +5	80 Hg 汞 $5d^{10}6s^{2}$ 200.592(3) +1 +2 +3	81 Tl 铊 $6s^{2}6p^{1}$ 204.38 +1 +3	82 Pb 铅 $6s^{2}6p^{2}$ 207.2(1) +2 +4	83 Bi 铋 $6s^{2}6p^{3}$ 208.98040(1) −3 +3 +5	84 Po 钋 $6s^{2}6p^{4}$ 208.98243(2)✦ −2 +2 +4 +6	85 At 砹 $6s^{2}6p^{5}$ 209.98715(5)✦ ±1 +5 +7	86 Rn 氡 $6s^{2}6p^{6}$ 222.01758(2)✦ +2	P O N M L K
7	87 Fr 钫▲ $7s^{1}$ 223.01974(2)✦ +1	88 Ra 镭 $7s^{2}$ 226.02541(2)✦ +2	89~103 Ac~Lr 锕系	104 Rf 𬬻▲ $6d^{2}7s^{2}$ 267.122(4)✦	105 Db 𬭊▲ $6d^{3}7s^{2}$ 270.131(4)✦	106 Sg 𬭳▲ $6d^{4}7s^{2}$ 269.129(3)✦	107 Bh 𬭛▲ $6d^{5}7s^{2}$ 270.133(2)✦	108 Hs 𬭶▲ $6d^{6}7s^{2}$ 270.134(2)✦	109 Mt 鿏▲ $6d^{7}7s^{2}$ 278.156(5)✦	110 Ds 𫟼▲ 281.165(4)✦	111 Rg 𬬭▲ 281.166(6)✦	112 Cn 鿔▲ 285.177(4)✦	113 Nh 鿭▲ 286.182(5)✦	114 Fl 𫓧▲ 289.190(4)✦	115 Mc 镆▲ 289.194(6)✦	116 Lv 𫟷▲ 293.204(4)✦	117 Ts 鿬▲ 293.208(6)✦	118 Og 鿫▲ 294.214(5)✦	Q P O N M L K

★镧系	57 La★ 镧 $5d^{1}6s^{2}$ 138.90547(7) +3	58 Ce 铈 $4f^{1}5d^{1}6s^{2}$ 140.116(1) +2 +3 +4	59 Pr 镨 $4f^{3}6s^{2}$ 140.90766(2) +3 +4	60 Nd 钕 $4f^{4}6s^{2}$ 144.242(3) +2 +3 +4	61 Pm 钷▲ $4f^{5}6s^{2}$ 144.91276(2)✦ +3	62 Sm 钐 $4f^{6}6s^{2}$ 150.36(2) +2 +3	63 Eu 铕 $4f^{7}6s^{2}$ 151.964(1) +2 +3	64 Gd 钆 $4f^{7}5d^{1}6s^{2}$ 157.25(3) +3	65 Tb 铽 $4f^{9}6s^{2}$ 158.92535(2) +3 +4	66 Dy 镝 $4f^{10}6s^{2}$ 162.500(1) +3 +4	67 Ho 钬 $4f^{11}6s^{2}$ 164.93033(2) +3	68 Er 铒 $4f^{12}6s^{2}$ 167.259(3) +3	69 Tm 铥 $4f^{13}6s^{2}$ 168.93422(2) +2 +3	70 Yb 镱 $4f^{14}6s^{2}$ 173.045(10) +2 +3	71 Lu 镥 $4f^{14}5d^{1}6s^{2}$ 174.9668(1) +3
★锕系	89 Ac★ 锕 $6d^{1}7s^{2}$ 227.02775(2)✦ +3	90 Th 钍 $6d^{2}7s^{2}$ 232.0377(4) +3 +4	91 Pa 镤 $5f^{2}6d^{1}7s^{2}$ 231.03588(2) +3 +4 +5	92 U 铀 $5f^{3}6d^{1}7s^{2}$ 238.02891(3) +3 +4 +5 +6	93 Np 镎 $5f^{4}6d^{1}7s^{2}$ 237.04817(2)✦ +3 +4 +5 +6 +7	94 Pu 钚 $5f^{6}7s^{2}$ 244.06421(4)✦ +3 +4 +5 +6 +7	95 Am 镅▲ $5f^{7}7s^{2}$ 243.06138(2)✦ +2 +3 +4 +5 +6	96 Cm 锔▲ $5f^{7}6d^{1}7s^{2}$ 247.07035(3)✦ +3 +4	97 Bk 锫▲ $5f^{9}7s^{2}$ 247.07031(4)✦ +3 +4	98 Cf 锎▲ $5f^{10}7s^{2}$ 251.07959(3)✦ +2 +3 +4	99 Es 锿▲ $5f^{11}7s^{2}$ 252.0830(3)✦ +2 +3	100 Fm 镄▲ $5f^{12}7s^{2}$ 257.09511(5)✦ +2 +3	101 Md 钔▲ $5f^{13}7s^{2}$ 258.09843(3)✦ +2 +3	102 No 锘▲ $5f^{14}7s^{2}$ 259.1010(7)✦ +2 +3	103 Lr 铹▲ $5f^{14}6d^{1}7s^{2}$ 262.110(2)✦ +3